NEW ENERGY
ELECTROCHEMISTRY

新能源电化学

杨　鹰　主编

化学工业出版社
·北京·

内容简介

《新能源电化学》以电化学理论为核心阐释了各种新能源相关的电化学反应原理和工程基础，用尽量少的语言在产业、工程、科研和教学四者之间搭建一个桥梁。将电化学反应方程式—电极活性材料变化过程的图解—清晰易懂的说明文字三者贯穿起来，清楚阐述各种化学电源器件中发生的电化学反应的基本原理，揭示电极结构的设计、电池材料的选择等影响电池性能的基本原则。书中采用了200余幅详细图解来阐明电化学反应过程中活性材料发生的变化，设置了160余道思维训练题培养读者的创新思维，提供了50余幅思维导图协助读者理解巩固书中内容（扫码阅读）。

本书可作为新能源材料与器件、材料化学、应用化学、材料科学与工程等专业本科和研究生教学用书，也适用于化学电源企业的工程师和科研机构的工作者以及对能源电化学感兴趣的同仁。

图书在版编目（CIP）数据

新能源电化学 / 杨鹰主编. -- 北京 : 化学工业出版社，2024. 7. -- ISBN 978-7-122-46024-0

Ⅰ. TK01

中国国家版本馆CIP数据核字第20247BA150号

责任编辑：吕　尤　徐雅妮　　加工编辑：孙倩倩　葛文文
责任校对：王　静　　装帧设计：张　辉

出版发行：化学工业出版社
（北京市东城区青年湖南街13号　邮政编码100011）
印　　装：北京瑞禾彩色印刷有限公司
787mm×1092mm　1/16　印张19¼　字数501千字
2024年8月北京第1版第1次印刷

购书咨询：010-64518888　　售后服务：010-64518899
网　　址：http://www.cip.com.cn
凡购买本书，如有缺损质量问题，本社销售中心负责调换。

定　　价：129.00元

前言

2023年9月7日，习近平总书记在主持召开新时代推动东北全面振兴座谈会时强调，积极培育新能源、新材料、先进制造、电子信息等战略性新兴产业，积极培育未来产业，加快形成新质生产力，增强发展新动能。而以动力电池、电化学储能等为代表的新能源产业是新质生产力的重要组成部分，在电化学领域中进行基础科学、前沿技术和颠覆性技术的创新，是形成新质生产力的重要一环。因此，编写《新能源电化学》的初衷，是希望用尽量少的语言阐释以电化学基础理论为核心、紧密围绕新能源系统的电化学知识，在产业、工程、科研和教学四者之间搭建一个桥梁。希望本书的内容有助于企业的工程师理解测试仪表给出数据背后的原理，让科研院所的研究人员明白所学理论在工程上如何应用，让高校的学生掌握行业的发展动向。

本书的内容分为四个部分：能源电化学基础知识、传统电源电化学、新型电源电化学和能源电化学研究方法。

第一篇“能源电化学基础知识”主要介绍能量的转换方式、电化学热力学与动力学、化学电源的工作原理和基本结构、衡量化学电源性能的参数等内容。本部分重点对能源电化学相关术语的定义和来源进行了解读，以消除中文名词有时引起歧义而给读者带来理解上的困难。本书尽量避免使用“极化”（polarization）这个概念，而使用“超电势”（overpotential）这个术语。极化本意上表示电极流经电流时电极电势从平衡电极电势的偏离，用来表示一种行为或动作是没有问题的，问题在于极化没有体现精确的量化，这对于依托测量科学或分析科学的应用来讲非常不友好。而“超电势”从电化学反应阻力（产生电流的能力，即反应动力学的限制）、电流流动阻力（阻碍电荷流动的能力）和活性材料离子的扩散阻力（及时传质提供电荷的能力）这三个角度具体定义了活化超电势（activation overpotential）、欧姆超电势（Ohmic overpotential）和扩散超电势（concentration overpotential），并且能通过测量伏安曲线（极化曲线）获得这些超电势的数值，因而对于科研人员和工程人员都是非常友好的，从测试结果可以分析清楚影响电极或电池性能的直接原因，从而针对性地提出改进方案。

第二篇“传统电源电化学”主要介绍了在20世纪就已应用成熟的锌锰电池、铅酸蓄电池、镍镉电池、镍氢电池、锌氧化银电池等化学电源的工作原理、材料特征和性能特点。第三篇“新型电源电化学”主要介绍了在21世纪突飞猛进的锂电池、锂离子电池、电化学电容器、金属空气电池、燃料电池、液流电池、光电化学电池、核电池、热电池等化学电源的工作原理、材料特征和性能特点。在这两篇的每一章内容中，首先揭示出核心的电化学反应是什么，设计这样的电化学器件的初衷是什么，继而探讨各种器件的电化学性能参数——电压（热力学）、是否容易充放电（动力学）、成本（材料是否易获得、易制造）、寿命、容量、库仑效率等的特点和制造工艺、应用场景等。钠离子电池与锂离子电池、光催化分解水与光电化学分解水的原理相似，只在相应章节简略介绍。

第四篇“能源电化学研究方法”主要介绍了能源电化学相关的标准和表征技术。第15章“能源电化学的相关标准”中介绍了化学电源相关的国家标准和行业标准，以使读者了解对于电池性能的全方位要求，重点介绍了铅酸蓄电池、锂离子电池、燃料电池和液流电池的相关标准。第16章“能源电化学的表征技术”中对电化学测试仪器的工作原理和电池性能测试方法做了介绍，重点对电池容量、能量密度、功率、效率、寿命、热失控等性能的测试原理和具体方法做了阐释。2023年10月由德国吉森大学的贾内克（Jürgen Janek）教授提出的表征锂电极表面发生的电解质副反应的库仑滴定时间分析（CTTA）方法也在本书中做了详细解读。

本书的特点之一是把重点聚焦于电化学，而不是日新月异的新材料。在各个章节中，把电化学反应作为核心，用化学反应方程式来突出电池放电或充电过程中发生的反应，用200余幅详细的图解阐明电化学反应过程中活性材料发生的变化。如光电化学电池的机理解释中，传统上用能带图来表示半导体/电解液界面处发生的变化［图12.14（b）］。顺着平行界面的方向（看向纸面）看过去，空间电荷层与亥姆霍兹层中实际的电场方向应该垂直于界面［图12.14（a）和（c）中的左右方向］，但在传统的能带图中电场和电子能量的坐标方向却是上下方向［图12.14（b）］，因而对于不熟悉物理学或电化学的读者，较难理解采用这种表示法的电荷在半导体/电解液界面处的传递和交换行为。编者补充了空间电荷层与亥姆霍兹层中实际的电场方向与电势的分布，并将电势的分布在实际情形与传统能带图中的对应关系展示出来，相信读者通过学习这部分内容就能够理解传统表示方法从而推动自己的研究和学习。本书还设置了160余道思维训练题培养读者的创新思维，提供了50余幅思维导图协助读者理解巩固书中内容。真正理解了能源电化学的机理，才能将各种材料应用和技术创新推向新的高度。

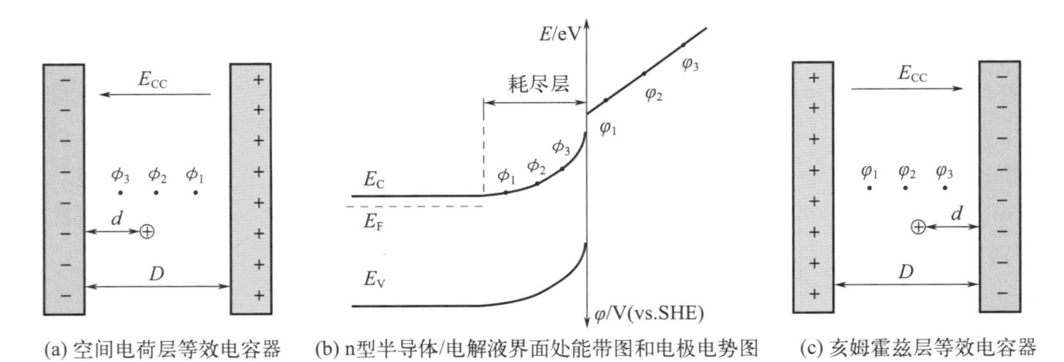

图 12.14 n 型半导体空间电荷层、亥姆霍兹层的等效电容器和对应电势图

本书的特点之二是通过电化学的发展历史讲述能源电化学中涉及的概念、定义和理论。比如为什么英文的阳极叫anode、阳离子却叫cation，阴极叫cathode、阴离子却叫anion（1.3.3节）。再比如锂离子电池的充放电原理，绝大多数解释均基于“摇椅电池”概念。如果仅从“摇椅电池”角度去理解，锂离子电池就成了浓差电池，而浓差电池很难产生3～4V的电压。锂离子电池本质上还是锂金属电池，是二维负极插层材料（intercalation material）的发现使得传统锂电池的枝晶生长问题被物理空间的“限域效应”（confinement effect）克服，锂二次

电池终于得以实用化。因此各种二维插层材料的开发均是利用了“限域效应”的机理，镍氢电池负极材料的应用也遵循了相似的原理。科学认知基本都是来自对实际问题的解决过程，基础理论的形成也是来自对实验现象的剖析与思考。了解了从哪里来，才知道往何处去。通过了解能源电化学的发展历程，可以领略到科学家和工程师在解决一个又一个技术难题和工程难题过程中的奇思妙想，以及这些问题的解决又如何反哺了基础科学研究。

本书的特点之三是将电化学反应方程式与电极的实际工作过程有机地联系起来。电化学反应方程式是静态的，但是实际的电化学过程却涉及物质的传递、电荷的交换、能量的转换、活性材料成分和结构的变化等这些复杂的行为。比如LiNi-FeS_2电池的正极放电机理，反应方程的大多数写法是：

$$FeS_2+2Li^++2e^-\longrightarrow Li_2FeS_2 \tag{1}$$

$$Li_2FeS_2+2Li^++2e^-\longrightarrow Fe+2Li_2S \tag{2}$$

而本书中写为：

$$(Li^+)_3+2FeS_2\longrightarrow(Li^+)_3Fe_2S_4 \tag{3}$$

$$(Li^+)+(Li^+)_3Fe_2(S^-)_4+2e^-\longrightarrow(Li^+)_2Fe(S^-)_2+Fe(S^{2-})+(Li^+)_2(S^{2-}) \tag{4}$$

$$(Li^+)_2(Fe^{2+})(S^-)_2+(Li^+)_2+4e^-\longrightarrow(Fe^0)+2(Li^+)_2(S^{2-}) \tag{5}$$

式（1）和式（2）中的Li^+实际上只参与电荷守恒与正极材料的结构完善，但容易被不熟悉电化学的读者误以为Li^+与电子结合在正极被还原。利用式（3）～式（5），读者能轻而易举地识别出Li^+的作用以及在放电过程中哪些离子被还原和这些元素的价态变化。本书将电化学反应方程式—电极活性材料变化过程的图示—清晰易懂的说明文字三者贯穿起来，阐述清楚各种化学电源中发生的电化学反应的基本原理，揭示电极结构的设计、电池材料的选择等影响电池性能的基本原则。这些基本原理和基本原则，就是进行新型电池设计、新型电池材料开发、新型电极结构设计的核心指导思想。

撰写这本书，一是为了记录自己在多年的教学、科研和服务企业过程中的思考，二是希望能为读者提供可以吸收的正能量。本书面向的读者是化学电源企业的工程师、高校和科研机构的学生以及对能源电化学感兴趣的同仁。编者期望这本书能够在工程应用和学术研究间架起一座桥梁，让基础理论给工程应用解决实际问题带来启发性的指引，让工程应用中的实际问题给学术研究开辟新方向带来指引性的启发。一本书不可能给读者带来所有的答案，但是如果能帮助读者走上正确的道路去寻找答案，编者的目的就达到了。由于编者水平有限，书中难免存在缺陷和疏漏，欢迎读者批评指正。也欢迎读者对于书中未阐释清楚的问题和编者交流探讨，以便及时更正和补充，烦请发送邮件至nwuenergy@qq.com，谢谢！

本书由西北大学杨鹰担任主编和负责统稿，西北大学李延和谢钢、北京化工大学王枫梅担任副主编。西北大学的刘季铨、雷琳、张天龙等同志参与了本书中部分内容的讨论和编写工作。研究生黄利芸、思代强、杨雨晨、李瑞鑫、汪洋、李垚、刘海坤、徐艺凤、雷甜甜、王林帅、李金龙、刘佳惠、姬辉等进行了资料收集、插图绘制、内容讨论等工作。感谢本书的参考文献作者以及可能被遗漏的参考文献作者。武汉市伏安极兮科技有限公司郑成志和深圳市新威尔电子有限公司周吉财对本书进行了审阅。感谢化学工业出版社对本书撰写和出版的帮助和支持，感谢在初审、复审和终审过程中提出细致修改意见和建议的各位编辑老师，你们的辛苦工作提高了本书的科学性和可读性。

感谢西北大学化学与材料科学学院、西北大学榆林碳中和学院和陕西省碳中和技术重点实验室对本书出版的支持。感谢西北大学给予我鼓励与支持的各位同事！

感谢求学期间给予我谆谆教诲和无私帮助的各位恩师！未为师门争光，不敢妄提师名，谨以此书献给恩师。

向二百八十余年来为电化学科学和技术做出贡献的前辈们致敬！

祝愿祖国的新能源事业蒸蒸日上！

杨鹰

2024 年 5 月

目录

第一篇　能源电化学基础知识　/　001

第0章　绪论　/　002

0.1　资源　/　002

0.2　能源　/　002

0.3　能量　/　004

0.4　新能源与电化学的关系　/　007

第1章　能源电化学基础　/　009

1.1　电化学热力学与动力学简介　/　009

1.2　化学电源的发展过程　/　014

1.3　化学电源　/　021

1.4　化学电源的性能参数　/　026

第二篇　传统电源电化学　/　037

第2章　锌锰电池　/　038

2.1　概述　/　038

2.2　锌锰电池电化学　/　042

2.3　电极材料　/　050

2.4　锌锰电池性能参数　/　052

2.5　锌锰电池的制造过程　/　054

第3章　铅酸蓄电池　/　057

3.1　概述　/　057

3.2　铅酸蓄电池电化学　/　061

3.3　铅酸蓄电池的主要性能参数　/　069

3.4　铅酸蓄电池的失效　/　072

3.5　铅酸蓄电池的制造工艺　/　073

3.6　铅炭电池　/　074

第4章　镍镉电池与镍氢电池　/　076

4.1　概述　/　076
4.2　镍镉电池　/　079
4.3　镍氢电池　/　087
4.4　镍氢电池的制造工艺　/　091

第5章　锌氧化银电池　/　094

5.1　概述　/　094
5.2　锌氧化银电池电化学　/　099
5.3　锌氧化银电池的主要性能　/　104
5.4　锌氧化银电池的制造工艺　/　106

第三篇　新型电源电化学　/　109

第6章　锂电池　/　110

6.1　概述　/　110
6.2　锂电池电化学　/　114
6.3　锂电池的主要性能　/　129
6.4　锂电池的制造工艺　/　130

第7章　锂离子电池　/　132

7.1　概述　/　132
7.2　锂离子电池电化学　/　137
7.3　锂离子电池的主要性能　/　147
7.4　锂离子电池的制造工艺　/　148
7.5　锂离子电池的安全性　/　149
7.6　固态锂离子电池　/　149
7.7　钠离子电池与锂离子电池的区别　/　151

第8章　燃料电池　/　153

8.1　概述　/　153
8.2　质子导电型燃料电池　/　160
8.3　氢氧根离子导电型燃料电池　/　165
8.4　氧离子导电型燃料电池　/　167
8.5　碳酸根离子导电型燃料电池　/　169

第9章　液流电池　/　173

9.1　概述　/　173
9.2　全钒液流电池　/　177
9.3　铁铬液流电池　/　182
9.4　锌基液流电池　/　184
9.5　水系新型液流电池　/　186
9.6　非水系液流电池　/　190
9.7　太阳能液流电池　/　191

第10章 金属空气电池 / 194

10.1 概述 / 194
10.2 金属空气电池电化学 / 198
10.3 金属空气电池的主要性能 / 204

第11章 电化学电容器 / 206

11.1 概述 / 206
11.2 典型电化学电容器 / 211
11.3 电化学电容器的主要性能 / 215

第12章 光电化学电池 / 218

12.1 概述 / 218
12.2 半导体电化学基础知识 / 226
12.3 光电化学电池电化学 / 234
12.4 光电化学电池的主要性能 / 237

第13章 热电池 / 239

13.1 概述 / 239
13.2 热电池电化学 / 243
13.3 热电池材料 / 246
13.4 热电池的放电性能 / 247
13.5 热电池的制作工艺 / 248

第14章 核电池 / 249

14.1 概述 / 249
14.2 核电池材料 / 254
14.3 主要性能 / 256

第四篇 能源电化学研究方法 / 257

第15章 能源电化学的相关标准 / 258

15.1 概述 / 258
15.2 我国化学电源相关标准的制定情况 / 262
15.3 原电池型号的表示方法 / 263
15.4 铅酸蓄电池的标准 / 265
15.5 锂离子电池的标准 / 268
15.6 燃料电池的标准 / 273
15.7 液流电池的标准 / 274

第16章　能源电化学的表征技术　/　277

16.1　电化学测试系统　/　277

16.2　电池性能测试方法　/　281

16.3　电极活性材料研究方法　/　290

参考文献　/　296

第一篇

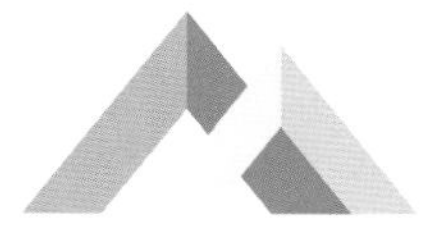

能源电化学基础知识

第0章 绪论

关于能源电化学，如果只是传递、转交知识，那么已经有太多的参考书，很多基础知识已经形成完整的体系，不需要编者再过多介绍。在电化学的基础科学层面上，法拉第（Michael Faraday）、能斯特（Walther Nernst）、马库斯（Rudolph Marcus）、博克瑞思（John Bockris）、巴德（Allen Bard）等开拓者已经为后人打好了坚实的基础，后人要做的就是将这些基础理论转化成为服务人类的技术。因此，本书以电化学理论为核心，聚焦于各种电源相关的工作原理、性能分析及制造工艺研究与应用。

首先，介绍资源、能源和能量的相关术语，以及新能源与电化学的关系。

0.1 资源

资源的原意是“资财的来源，一般指天然的财源”，可以理解为产生经济价值的来源。英文中的“资源”一词为resource，解释为“a source of economic wealth, especially of a country (mineral, land, labour, etc) or business enterprise (capital, equipment, personnel, etc) [经济财富的来源，特别指国家（矿产、土地、劳动力等）或工商企业（资本、设备、人员等）的经济财富来源]”，可以看出resource既指狭义的自然资源，也指各种财富来源。关于资源，虽然至今还没有公认的严格定义，但是通过中英文的解释可以了解到，“资源”一词中含有一个明显的意思即能产生价值，和一个隐含的意思即来源要大量。

0.2 能源

0.2.1 能源的定义

《中华人民共和国节约能源法》第一章第二条给出了能源的定义，能源是指煤炭、石油、天然气、生物质能和电力、热力以及其他直接或者通过加工、转换而取得有用能的各种资源。因此，能源（energy source）是自然界中能为人类提供某种形式能量的物质资源。本节主要讲述能源的概念，能量的概念将在0. 3节介绍。

随着科学技术的发展，已经产生了相较于传统能源特点迥异的各种新型能源。传统能源一般指石油、煤炭、天然气等化石能源。新型能源指核能、地热能、海洋能等，也包括太阳能、风能、生物质能等得到全新利用方式的能源。氢能是未来可能得到大规模生产和利用的能源，因为目前氢还没有实现大规模地生产和利用，所以氢能是一种未来能源。

0.2.2 能源的分类

（1）根据能源的来源分类

① 太阳能（solar energy） 人类能利用的来自太阳的光能和热能。人类所需能量的绝大部分都直接或间接地来自太阳。

思维创新训练 0.1 人们常说太阳辐射到地球的能量有光能和热能。严谨地讲这个说法是否合适？综合辐射的定义、温度的定义和热传导的方式等角度进行探讨。

② 地热能（geothermal energy） 地球内部是一个储存着海量热能的蓄热池，这些热能可通过地下热水、地下蒸汽、干热岩体等途径为人类所利用。另外，地球中含有的放射性元素在衰变过程中也会产生热量。

③ 潮汐能（tidal energy） 月球、太阳等天体对地球的吸引，会引起周期性的潮差，高潮位和低潮位间的水位差表示了海水的重力势能。

④ 核能（nuclear energy）也称原子能（atomic energy），指通过核反应从原子核释放的能量，遵循物理学家爱因斯坦（Albert Einstein）的质能方程。

$$E=mc^2 \tag{0.1}$$

式中，E为能量，J；m为原子核的质量，kg；c为光速，真空中数值为299792458m·s^{-1}。有三种释放核能的方式：核裂变，较重的原子核裂变成较轻的原子核，如铀-235受到一个中子撞击裂变为氪-92和钡-141；核聚变，较轻的原子核聚合在一起形成较重的原子核，如氘和氚结合生成氦；核衰变，原子核自发衰变过程中释放能量。现在人类正在通过利用前面两种释放核能的方式产生热量来发电，利用第三种释放核能的方式来制作电池。

（2）根据能源的产生途径分类

可分为一次能源（primary energy）和二次能源（secondary energy）。

一次能源指可直接利用的能源。煤炭、石油和天然气这三种化石能源是一次能源的核心，它们是现阶段全球能源的基础。

二次能源指由一次能源经直接或间接处理后再经过转换得到的能源，如电能、蒸汽热能等。

（3）按照能否再生分类

这是对一次能源的进一步分类。凡是可以不断得到补充或能在较短周期内恢复再生的能源都被称为可再生能源，反之则称为不可再生能源（nonrenewable energy）。太阳能、风能、生物质能、水能（包括潮汐能、海流能、波浪能等）等是可再生能源；煤、石油和天然气等化石能源是不可再生能源。

（4）根据应用技术的成熟度分类

可分为传统能源（conventional energy）和新型能源。

传统能源，也称为常规能源，指在利用技术上非常成熟、应用上非常普遍的能源，主要包括不可再生的煤炭、石油、天然气等化石能源和可再生的水能等。

由于化石能源在利用过程中会向大气排入二氧化碳，因而人类已经开始开发碳排放低的新型能源，如太阳能、风能、核能、地热能、海洋能、生物质能、氢能等。未来，随着新型能源的大规模利用，某些新型能源也会转变成传统能源。

（5）根据是否产生碳排放分类

可分为清洁能源和非清洁能源（dirtier energy）。清洁能源包括太阳能、水能、风能、地热能、核能等，而非清洁能源主要是化石能源。

（6）根据能源能否作为燃料分类

可分为燃料能源（煤炭、石油、天然气、生物质等）和非燃料能源（水能、风能、地热能等）。

思维拓展训练 0.1 根据以上内容画出能源分类的思维导图。

思维创新训练 0.2 2020 年 9 月 22 日，国家主席习近平在第七十五届联合国大会一般性辩论上郑重宣示：中国将提高国家自主贡献力度，采取更加有力的政策和措施，二氧化碳排放力争于 2030 年前达到峰值，努力争取 2060 年前实现碳中和。通过上面对能源分类的介绍，阐述可以通过哪些方式和途径来实现“双碳”目标。

0.3 能量

能量的英文“energy”源于希腊语ἐνέργεια，最早出现在古希腊思想家亚里士多德的作品《形而上学》（*Metaphysics*）中，可以理解为活动或运动。1644年，法国数学家和哲学家笛卡尔（René Descartes）在《哲学原理》（*Principia Philosophiae*）一书中提出了“质量与速度的乘积（mv）”的概念，即现在物理学中的“动量”概念。笛卡尔从碰撞的经验规律中发现运动的“mv”是不变（守恒）的。1696年，德国数学家和哲学家莱布尼茨（Gottfried Wilhelm Leibniz）认为笛卡尔的mv是不合理的，并将mv称为“死力”。莱布尼茨提出用质量乘以速度的平方（mv^2）来衡量运动，并将之称为“活力”，他认为宇宙中真正守恒的是“活力”的总和，这个“活力”就是今天能量概念的雏形。1807年，英国物理学家托马斯·杨（Thomas Young）在他的《自然哲学讲义》（*A course of lectures on natural philosophy and the mechanical arts*）中第一次给出了能量的现代含义，他指出应该用“能量”表示物体的质量与速度平方的积。1829年，法国数学家彭赛列（Jean-Victor Poncelet）在《工匠工人用实用力学》（*Introduction à la mécanique industrielle, physique ou expérimentale*）一书中支持了法国物理学家科里奥利（Gustave Gaspard de Coriolis）对于术语“功”（力乘以距离）的提议，科里奥利还建议将“活力”乘以1/2并称之为“动能”，并建立了功与动能的数学关系。苏格兰物理学家兰金（William John Macquorn Rankine）于1853年提出了“能量守恒定律”（law of conservation of energy）——宇宙中实际的动能和势能之和保持不变。兰金还指出能量适用于普通的运动、机械功、化学作用、热学、光学、电学、磁学以及一切已知的或未知的动力学问题，并且各种能量是可以转化的，基本确定了能量概念的理论意义和实用价值。

思维拓展训练 0.2 在中学阶段学到的“能量守恒定律”的内容是什么？和兰金提出的“能量守恒定律”有何异同点？

0.3.1 能量的形式

能量以多种形式存在，下面介绍能量的主要形式。

（1）热能（thermal energy）

热能也被称为内能（internal energy），指物质内部原子或分子热运动的动能和原子之间的势能之和，通过温度来表征物质含有热能的多少，温度高的物质所含有的热能（内能）就多。内燃机工作时，燃油被点燃后生成气体膨胀，把燃油含有的热能（内能）变成了发动机转子的动能，这是一个化学能—热能—动能的转换过程。

（2）辐射能（radiant energy）

辐射能指各种电磁波的能量，即光子的能量，因而也称为光能（light energy）。地球接收的主要辐射能是太阳能。太阳辐射光谱中，波长在150～4000nm之间的占99%以上。可见光区（400～760nm）约占太阳辐射总能量的50%，红外区（760～5300nm）约占43%，紫外区（180～400nm）的太阳辐射能较少，只占总量的7%。对于太阳能的利用主要有三种方式：①光合作用，光能转换为化学能以生物质能的形式储存；② 光伏电池，光能转换为电能；③太阳灶，太阳的热能转移到容器或水中。

思维创新训练 0.3 太阳能的三种主要利用方式中，分别利用了太阳光谱的哪些部分？简述其原理。

（3）化学能（chemical energy）

化学能是物质发生化学变化（化学反应）时释放或吸收的能量。发生化学反应时，打开反应物中的化学键要吸收能量，而形成产物中的化学键要放出能量。因此化学键的断裂和形成是化学能变化的主要原因。如果化学能的变化全部转换为了热能，则化学能与反应中热能的变化大小相等、符号相反。在光催化反应过程中，反应物吸收光子的能量生成新的物质，就是光能—化学能的转换。在蓄电池的充放电过程中，充电是电能转换为化学能的过程，放电是化学能转换为电能的过程。生物质能本质上也是化学能，因而生物质可以经由微生物进行氧化或还原反应发电，这就是微生物燃料电池的发电原理。

（4）电能（electric energy）

电能指电以各种形式做功（即产生其他能量）的能力。1831年10月，英国物理学家和化学家法拉第（Michael Faraday）发现了电磁感应现象并提出了电磁感应定律，同时他还发明了圆盘发电机，因此法拉第也被誉为“电学之父”。由此人类开始从“蒸汽时代”进入“电气时代”，电力的广泛利用也成为第二次工业革命的主要标志之一。我们的日常生活已经离不开电能。

电能可以通过很多其他形式的能量转换得到，包括水能（水力发电）、热能（火力发电）、核能（核电）、风能（风力发电）、化学能（化学电源）、光能（光伏电池和光电化学电池）等。当然，电能也可根据需要转换成其他形式的能量，如热能（电饭锅）、光能（电灯）、动能（电动机）等。

思维拓展训练 0.3 请写出上段中各种获得电能过程的能量转换途径。

思维创新训练 0.4 从法拉第发现电磁感应现象到发明圆盘发电机，试着分析科学和技术的关系。

（5）核能（nuclear energy）

原子核的质量比形成它的核子（质子和中子）的总质量小，即自由核子结合成原子核时有能量释放出来，这些能量被称为原子核的结合能，也被称为原子能。每个核子具有的平均结合能不同。中等核的平均结合能小，由轻核聚变为中等核时要释放出结合能，由重核裂变为中等核时也能释放出结合能。质子、中子依靠强大的核力紧密地结合在一起，因此原子核十分牢固，要使它们分裂或重新组合是极其困难的。一旦使原子核分裂或聚合，就可能释放出惊人的能量，这就是核能。利用核裂变能进行发电时，通过缓慢释放核能产生大量的热能，再用热来产生蒸汽，用蒸汽推动汽轮机，汽轮机带动发电机来发电。这是核能—热能—机械能—电能的转换过程。当前全球都在鼎力研究核聚变发电技术，我国的核聚变发电技术走在了世界前列。2023年8月，“中国环流三号”装置（HL-3）首次实现100万A等离子体电流高约束模式运行，再次刷新中国磁约束聚变装置运行纪录，标志我国掌握了可控核聚变高约束先进控制技术。一旦核聚变发电能够实用，全世界的能源需求将不再是一个问题。

思维拓展训练 0.4 阐述核聚变发电的特点。为什么核聚变发电被称为“终极能源”技术？

（6）机械能（mechanical energy）

机械能是动能（kinetic energy）与势能（potential energy）的总和。机械能中的势能包括重力势能（gravitational potential energy）和弹性势能（elastic potential energy），因此把动能、重力势能和弹性势能统称为机械能。质量与速度决定动能，质量和高度决定重力势能，弹性系数与形变量决定弹性势能。

水能发电，其实利用的就是水的势能。利用水能发电时，通过建筑水坝使上游的水位变高，增加水的重力势能。然后打开水坝，高处的水下落时转换为动能，推动水轮机转动，水轮机再带动发电机的转子转动，从而发出电来。这个过程，就是势能—动能—电能的转换过程。

0.3.2 能量的单位

能量是用来衡量物质做功（运动）能力的，因此能量的单位与功的单位相同。能量以内能、机械能、电能、化学能等各种形式出现在不同的物质运动中，并通过做功、传热等方式进行转换。因而，能量单位也出现了各种表达方式：焦耳、卡路里、千瓦时、电子伏特、尔格等。

能量的单位在国际单位制（简称SI）中是焦耳（Joule，简写为J），简称焦。1J指用1N力把物体在力的方向上移动1m所需要的能量。热学和营养学中常用卡路里（calorie, 简写为cal）作为单位，简称卡。1cal是使1g水上升1℃所需要的能量。电学中常用的单位是千瓦时（kW·h），1kW·h就是功率为1000W的电器工作1h的耗电量。粒子物理学和固体物理学中也用电子伏特（electron Volt，简写为eV）作为能量单位，1eV指1个电子经过电势差为1V的电场获得的能量。因为1个电子的电量非常小，所以1eV的能量也非常小，仅在原子和分子水平上的研究中使用。在理论物理学领域，也用尔格（erg）作为能量单位，1erg是1dyn（$1\text{dyn} = 10^{-5}\text{N}$）的力使物体在力的方向上移动1cm所消耗的能量。

能量各种单位的换算关系如表0.1所示。

表 0.1　能量各种单位的换算关系

热学、力学	力学	热学、营养学	电学	物理学
1J	1N·m	0.2388cal	0.278×10^{-6}kW·h	6.2422×10^{18}eV
1cal=4.1868J				
1kW·h=3.6×10^{6}J				
1eV=1.602×10^{-19}J				

思维创新训练 0.5 为什么各种形式的能量可以相互转换？

0.3.3　能量的转换

恩格斯的《自然辩证法》指出，世界是物质的，物质是运动的。而能量被用来衡量物质运动（或做功）的能力，因此能量的起源是物质运动，能量的转换就是物质运动形式的变化。

热能、化学能等起源于微观粒子的运动，如热能（或内能）发源自物质内部原子或分子热运动，化学键的断裂和形成引起了化学能的变化，核能来自原子核的分裂或聚合，光能来自光子携带的能量，电能与电子的定向移动紧密联系在一起。宏观层面上常见的能量转换在机械能中的势能和动能之间进行。宏观物体仍然是由大量的微观粒子组成的，因此能量虽然存在各种不同形式，但其实质就是物质的变化（或运动）。

思维拓展训练 0.5 请举出各种能量之间转换的实例，如化学能转换为电能的应用是干电池。

思维拓展训练 0.6 总结各种能量转换时依据的定理，如表达电能和热能之间转换规律的焦耳定律。

0.4　新能源与电化学的关系

1981年8月10—21日，联合国新能源和可再生能源会议在肯尼亚首都内罗毕召开，会后发布了《促进新能源和可再生能源的发展与利用的内罗毕行动纲领》，该纲领为发展中国家由传统能源向新能源顺利过渡提供了指导建议。新能源（new energy）不同于煤炭、石油等传统能源，指采用了新来源、应用了新技术、使用了新材料等途径或方式的能源，如太阳能、风能、潮汐能等。大多数新能源都是可再生、清洁的能源，因此有时新能源、可再生能源（renewable energy）和清洁能源（clean energy）的概念并不严格区分。

如果说第一次工业革命是以蒸汽机的大量应用为标志，第二次工业革命是以电力和内燃机的广泛应用为标志，第三次工业革命是以互联网的成熟应用为标志，那么第四次工业革命的标志很可能就是新能源的普遍应用。一旦能源的问题得到解决，粮食安全、淡水安全、气候变化、人工智能等全体人类面对的难题将迎刃而解。传统的能源是化石能源——煤炭、石油、天然气。它们既是重要的工业原料，也是产生电力和动力的来源。而新能源则以太阳能、风能、核能、地热能等来发电，虽然发电途径迥异，但最终都生成了电能。在新能源发电得到大规模实现时，化石能源的主要用途将成为工业原料，绝大多数内燃机被电动机取代，解决二氧化碳排放引起的全球变暖、人工智能算力所需的能源等问题也将水到渠成。

新能源系统中有四个主要关键环节——发电、输电、储电、用电。发电将主要利用太阳能的光伏电池发电、利用风能的风力发电以及利用核裂变的核能发电。输电将主要采用我国遥遥领先的超高压和特高压输电技术。储电可能有三种主要途径：化学电池储能、电解水产氢和抽水蓄能。而用电过程中一个新的大规模应用就是电动车，电动车的电源可以使用动力电池，也可以使用燃料电池。和电化学学科息息相关的液流电池、电解水产氢、动力电池、燃料电池占据了新能源系统中储电和用电两个关键环节，能源电化学的重要性可见一斑。

在电化学领域的化学电源、电解、电镀、腐蚀与防护、电化学传感器等各个具体应用中，电化学理论的核心首先应该是能斯特方程（Nernst equation）和巴特勒-福尔默方程（Butler-Volmer equation），前者给出了电化学反应要遵守的热力学限制，后者约束了电化学反应的动力学行为。

为什么刚充完电的电池电压大于该电池的电动势？为什么实验室做的小电池的充放电电流密度比大电池大很多？这些现象，不是依靠一个电化学公式就能够解释清楚的。一种电化学现象的合理解释，牵涉到数学、化学、物理、流体力学、传热学、工程学等多个学科。比如应用伏安曲线解释活性材料离子的扩散行为时，一般会使用兰德斯-赛夫齐克方程阐释峰电流与电势扫描速率之间的关系，进而求出活性材料离子的扩散系数。那为什么发生氧化或还原反应时的伏安曲线表现为驼峰的形状呢？恐怕很多人就不关心了，因为能否解释清楚这个问题，并不干扰进行科学研究或工程应用。这个问题的背后，牵涉到公式（数学模型）—反应（化学模型、材料模型）—传质（力学模型），一旦把这些模型关联起来考虑，这个问题的答案将显而易见。

因此，本书力求从电化学角度解释清楚各种新能源相关的电化学反应原理和工程基础（见图0.1），电化学是核心，物理、材料、力学等方面都围绕着解释电化学原理展开。大道至简，学问为先。本书力求把“道”说清，通过“问”来引导读者思考和理解“道”。本书没有罗列层出不穷的各种材料应用和新成果，不是说这些新成果不重要，而是无论采用哪种新材料，都脱离不开数学模型、化学模型、力学模型、材料模型等基础理论的指导，仍然是在证明这些基础理论的正确性。读者通过理解本书介绍的基础理论、原则和方法，完全可以做出新活性材料、新电极结构、新电池结构、新交叉应用等方面的创造性工作，从而丰富能源电化学的知识内容。

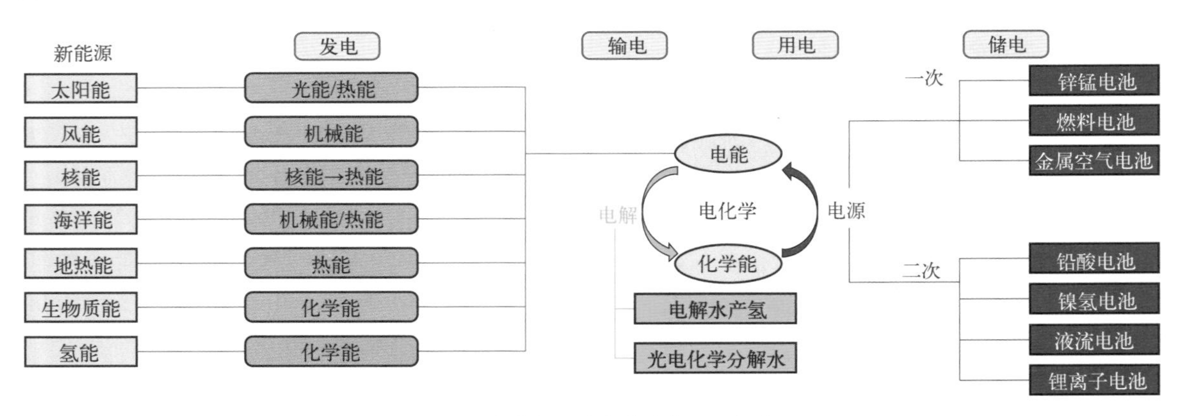

图 0.1　新能源与电化学的关系示意图

扫码获取
本章思维导图

第1章 能源电化学基础

能源电化学（energy electrochemistry）是一门研究电能与化学能相互转换的理论与应用的科学，涵盖各种干电池和蓄电池、燃料电池、液流电池、超级电容器、光电化学电池等能源器件中涉及的电化学原理与应用。能源电化学发端于伏打电堆的发明，随着科学家和工程师对于化学电源的好奇与探索以及生产生活对于电源性能要求的提升，锌锰电池、铅酸电池、镍氢电池、锂离子电池等化学电源相继被发明并实现了商业化。本章主要介绍能源电化学中涉及的基础知识，以一次电池和二次电池等化学电源涉及的电化学为主。对于在二十一世纪兴起的液流电池、超级电容器、光电化学电池等新型电化学器件涉及的基础知识，在后面以专门章节介绍。

1.1 电化学热力学与动力学简介

绪论内容指出，能量虽然存在各种不同的形式，但其转换的实质就是物质的变化（或运动）。那么，物质为什么要变化呢？在化学研究中要应用一个重要思想——平衡。物质之所以变化，是因为存在不平衡，变化的终点就是平衡。物理化学中有两个基本原理都阐释了平衡思想。一个是“最低能量原理”，即体系熵值一定，无约束的内部状态变量在平衡态时，体系能量最低；一个是“熵增原理”，即体系能量一定，无约束的内部状态变量在平衡态时，体系熵值极大。当然，这两个原理是等价的。

在电化学研究中，面对的就是平衡和不平衡问题。平衡问题面对的是热力学，不平衡问题面对的是动力学。

1.1.1 能斯特方程

1889年，德国化学家和物理学家能斯特（Walther Hermann Nernst）揭示了通过电极/电解液界面（interface）建立的电势差的热力学理论，即平衡电极电势（equilibrium electrode potential）理论。由于溶液不传导电子，所以电化学反应是通过电极/电解液界面进行的，在界面处进行电荷的传递和交换。发生电化学氧化反应时，溶液中的反应物在电极/电解液界面处失去电子成为氧化态，电子经由电极导出；发生电化学还原反应时，电子经由电极导入，溶液中的反应物在电极/电解液界面处得到电子变成还原态。当电极/电解液界面处的氧化反应和还原反应的速率相等时，电化学反应就达到了平衡状态。此时的电极电势与电解液中氧化还原电对（redox couple）的氧化态活度（或浓度）和还原态活度（或浓度）之间存在一个定量关系，这就是能斯特方程［式（1.1）］。

$$\varphi = \varphi^{\ominus} + \frac{RT}{nF}\ln\frac{a_{\mathrm{Ox}}}{a_{\mathrm{Red}}} \tag{1.1}$$

式中，φ为电极电势；$\varphi^{\ominus}$为标准状态下的电极电势；R为气体常数，8.314J · mol^{-1} · K^{-1}；T为体系的温度，K；n为电荷转移数；F为法拉第常数，96485C · mol^{-1}；a_{Ox}和a_{Red}分别为氧化还原电对的氧化态活度和还原态活度。从能斯特方程中可以看出：电极电势相对地给出了此时该电极处氧化能力或还原能力的强弱。电极电势越正表示体系的氧化能力越强，电极电势越负表示体系的还原能力越强。这是能斯特方程在热力学上给出的提示，即一个氧化反应或还原反应是否容易发生。

式（1.1）的等号右侧第二项表明电极电势受电极/电解液界面处氧化还原电对的氧化态活度和还原态活度的比值影响，反之也成立。在应用电化学工作站（或恒压电源）控制电极电势时，实际上就是经由电极向电极/电解液界面处注入或抽取电子来控制氧化还原电对的氧化态活度和还原态活度的比值。

思维拓展训练 1.1 写出 25℃时的能斯特方程，并写出其常用的对数形式。

思维拓展训练 1.2 应用能斯特方程写出 pH 计的工作原理。

1.1.2 巴特勒 - 福尔默方程

二十世纪二三十年代，巴特勒-福尔默方程（Butler-Volmer equation）的提出使电极反应得到了更好的理解，该方程表达了给定电极反应的正向和逆向反应速率与电极电势之间的关系，如式（1.2）所示。

$$i = nFAk_0\left\{a_{\mathrm{Ox}}\exp\left[-\frac{(1-\alpha)nF}{RT}(\varphi-\varphi_0)\right] - a_{\mathrm{Red}}\exp\left[\frac{\alpha nF}{RT}(\varphi-\varphi_0)\right]\right\} \tag{1.2}$$

式中，i为通过电极/电解液界面的净电流；A为指前因子；k_0为标准速率常数；α为传递系数。在净电流为零时，反应的正向和逆向速率相等，即正向反应和逆向反应平衡。

1.1.2.1 巴特勒 - 福尔默方程的推导

以银（Ag）的沉积和溶解为例（图1.1），溶液中银离子的浓度为$c_{\mathrm{Ag^+}}$，反应方程如式（1.3）所示：

$$Ag^+ + e^- \rightleftharpoons Ag \tag{1.3}$$

先考虑还原反应，即正向反应为：

$$Ag^+ + e^- \longrightarrow Ag \tag{1.4}$$

处于零电荷电势（电极表面没有过量电荷，即此时只有化学作用，没有电化学作用）时，反应速率v_-为：

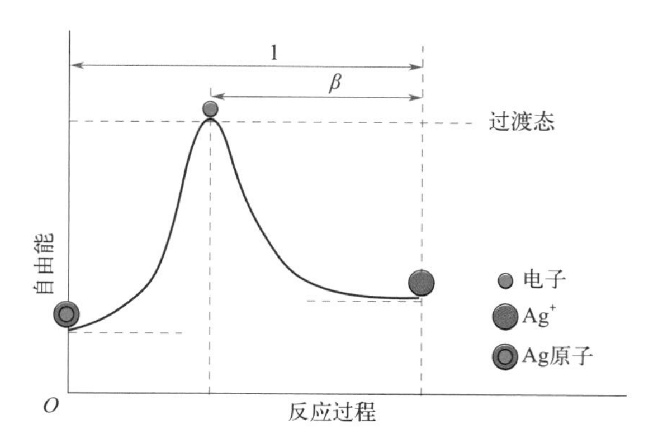

图 1.1　银的沉积和溶解反应过程

$$v_{-} = kc_{\mathrm{Ag}^+} \tag{1.5}$$

此时的反应速率常数k为：

$$k = A\mathrm{e}^{-\frac{E_a}{RT}} \tag{1.6}$$

式中，E_a表示发生反应所需的活化能。

思维拓展训练 1.3 式（1.6）是物理化学课程动力学内容中的什么方程？E_a在反应中表示什么意义？

在电极表面存在过量电荷时，银离子通过双电层时需要做功W_e：

$$W_e = qU = E_{a,e} \tag{1.7}$$

式中，q为银离子所带电量，此处为一个电子的电量；U为双电层两侧的相间电势差，也就是电极电势；$E_{a,e}$表示发生电化学反应时的活化能。

1mol电子的电荷量是$1F$，穿过双电层增加或消耗的能量为$1FU$，此时的速率常数为电化学反应速率常数κ：

$$\kappa = A\mathrm{e}^{-\frac{E_a + E_{a,e}}{RT}} \tag{1.8}$$

则正向电化学反应的速率常数κ_{-}为：

$$\kappa_{-} = A\mathrm{e}^{-\frac{E_a + E_{a,e}}{RT}} = A\mathrm{e}^{-\frac{E_a}{RT}}\mathrm{e}^{-\frac{E_{a,e}}{RT}} = k_{-}\mathrm{e}^{-\frac{E_{a,e}}{RT}} = k_{-}\mathrm{e}^{-\frac{\beta FU}{RT}} \tag{1.9}$$

式中，β为发生反应时银离子到电子能传递的最远位置处的距离与银离子到电极表面的距离的比例，也称为传递系数（图1.1）。式（1.2）中的α也是传递系数，表示电子从表面到能传递的最远位置处的距离，$\alpha+\beta=1$。

因此，正向反应的电化学反应速率v_{-}为：

$$v_{-} = \kappa_{-} c_{-} = k_{-}\mathrm{e}^{-\frac{\beta FU}{RT}} c_{\mathrm{Ag}^+} \tag{1.10}$$

假设一个电化学还原反应的电荷转移数为n，则此时流经的电流i为：

$$i = \frac{Q}{t} = \frac{v_{-} tnF}{t} = nFv_{-} \tag{1.11}$$

式中，Q为时间t内流经电极/电解液界面的总电量。

思维创新训练 1.1 v_-等于什么？i和v_-之间是什么关系？

将式（1.10）代入式（1.11）得：

$$i = nFv_- = nFk_-\mathrm{e}^{-\frac{\beta FU}{RT}}c_{Ag^+} \tag{1.12}$$

c_{Ag^+}是个常数，合并到k_-中，得到正向反应的电流i_-：

$$i_- = nFk_-\mathrm{e}^{-\frac{\beta FU}{RT}} \tag{1.13}$$

同理，逆向反应的电化学反应速率常数κ_+为：

$$\kappa_+ = k_+\mathrm{e}^{+\frac{(1-\beta)FU}{RT}}c_{Ag} \tag{1.14}$$

思维创新训练 1.2 为什么式（1.14）中指数项的负号变为正号了？

则逆向反应的电流（电化学反应速率）i_+为：

$$i_+ = nFk_+\mathrm{e}^{+\frac{(1-\beta)FU}{RT}} \tag{1.15}$$

当银的沉积和溶解处于平衡时，逆向反应的电流和正向反应的电流相等，则

$$i_- = i_+ = i_0 \tag{1.16}$$

式中，i_0为交换电流密度（exchange current density），指处于平衡电极电势时通过电极的阳极电流密度或阴极电流密度。

思维拓展训练 1.4 Ag电极在0.1mol·L^{-1} $AgNO_3$溶液中，在电势为0.74V时，以电流密度表示的溶解速率约为100A·m^{-2}，当把电势分别变正和变负0.24V后，电流密度各变为多少？能总结出什么规律？

思维创新训练 1.3 在电化学实际应用中，什么情况下希望交换电流密度大，什么情况下希望交换电流密度小？为什么？

设有电极反应：

$$\mathrm{Ox} + \mathrm{e}^- \rightleftharpoons \mathrm{Red} \tag{1.17}$$

则还原反应为正向（forward）反应，氧化反应为逆向（backward）反应。

当反应处于平衡时，存在关系：

$$i_0 = i_f = i_b \tag{1.18}$$

式中，i_f为正向反应的电流密度；i_b为逆向反应的电流密度。当正向反应大于逆向反应，则有关系：

$$\frac{i_f}{i_0} = \frac{nFk_0\mathrm{e}^{-\frac{\beta FU}{RT}}}{nFk_0\mathrm{e}^{-\frac{\beta FU_0}{RT}}} \tag{1.19}$$

式中，U为非平衡状态时的电极电势；U_0为平衡电极电势。那么流经电极的阴极电流（cathodic current）密度i_f为：

$$i_f = i_0 e^{-\frac{\beta F(U-U_0)}{RT}} = i_0 e^{-\frac{\beta F(\varphi-\varphi_0)}{RT}} \tag{1.20}$$

同理，流经电极的阳极电流（anodic current）密度i_b为：

$$i_b = i_0 e^{+\frac{(1-\beta)F(\varphi-\varphi_0)}{RT}} = i_0 e^{+\frac{\alpha F(\varphi-\varphi_0)}{RT}} \tag{1.21}$$

则流经电极的净电流密度（net current density）i为：

$$i = i_f - i_b = i_0 e^{-\frac{\beta F(\varphi-\varphi_0)}{RT}} - i_0 e^{+\frac{\alpha F(\varphi-\varphi_0)}{RT}} \tag{1.22}$$

这样就得到了著名的巴特勒-福尔默方程。

思维创新训练 1.4 式（1.2）和式（1.22）在具体形式上稍有不同，但都是正确的，请指出为什么两种形式都是正确的？

思维拓展训练 1.5 请参考《电化学方法原理和应用》（巴德、福克纳著）中的方法重新推导巴特勒－福尔默方程。

思维拓展训练 1.6 标准速率常数 k_0 的意义是什么？试从化学反应的角度去解释。

1.1.2.2 超电势

1938年，英国剑桥大学（University of Cambridge）化学家阿加尔（John Newton Agar）和鲍登（Frank Philip Bowden）建议使用术语“超电势（overpotential）”，以避免使用“极化（polarization）”带来的概念混淆。因为极化没有反映出电极上发生某些特定反应的动力学行为。

超电势常用希腊字母η表示，指电极流经不为零的净电流时的电极电势与平衡电极电势（由能斯特方程得到）的差值，单位为V。超电势用于单个电极反应，是发生电化学反应时的实际电极电势和平衡（可逆）电极电势之间的差。

$$\eta = \varphi - \varphi_0 \tag{1.23}$$

阿加尔和鲍登给出了和电极反应相关的影响电流的三个主要原因。活化超电势（activation overpotential），由电极上电荷转移动力学的限制引起。浓差超电势（concentration overpotential），也被称为扩散超电势，由通过电流时活性材料向电极表面的传质动力学引起。电阻超电势（resistance overpotential），也被称为欧姆超电势（Ohmic overpotential），由电解质的离子电阻、导线中的电子传递电阻和其他电池材料接触电阻引起。

（1）超电势较大时

在银的沉积和溶解过程中，如果对银电极施加较正的电势，则氧化反应（溶解）变得占优势，这意味着还原电流将变得很小。

此时巴特勒-福尔默方程中的阴极电流项［式（1.22）中的第一项］可以忽略不计，则由式（1.22）、式（1.23）可得：

$$\eta = \frac{RT}{\alpha F}\ln i_0 - \frac{RT}{\alpha F}\ln i \tag{1.24}$$

变形为：

$$\eta = a - b\ln i \tag{1.25}$$

通过作图法，对η-ln$i$关系图的线性部分拟合后通过计算截距和斜率求得α和i_0。

知识拓展1.1

"电势（potential）"和"超电势（overpotential）"应该用于单个电极。电势指的是工作电极与参比电极之间的电势差值。一般情况下用三电极系统测量，参比电极的电势保持不变。

"电压（voltage）"和"超电压（overvoltage）"应该用于电解池和蓄电池。电压指的是干电池或蓄电池的正负极（或电解池的阴阳极）两电极之间的电势差值。一般使用两电极系统测量，正极和负极的电极电势均随电流的变化而变化。

（2）超电势较小时

此时巴特勒-福尔默方程变形为：

$$i = -i_0 \frac{\beta F}{RT}\eta \tag{1.26}$$

可看出此时的电流和超电势是线性关系，变形得：

$$R_{ct} = \frac{-\eta}{i} = -\frac{RT}{\beta F i_0} \tag{1.27}$$

式中，R_{ct}为电荷传递阻力（charge transfer resistance）。R_{ct}越小，反应越容易发生。在腐蚀电化学中经常测量腐蚀电势附近的极化曲线并应用式（1.27）来衡量材料的抗腐蚀能力。

1.2 化学电源的发展过程

1.2.1 "电"名字的来源

1600年，英国医生吉尔伯特（William Gilbert）出版了《磁石论》（*De Magnete*），这标志着开始科学认知磁和电现象，吉尔伯特也被称为电磁学之父。吉尔伯特根据琥珀的希腊语（elektron）创造了名词"电"（electricity）。吉尔伯特发明了静电探测仪（versorium）——一根金属针（图1.2）。根据被摩擦的材料是否吸引针头区分"带电"和"不带电"。令人遗憾的是，吉尔伯特没有发现正电和负电。

图1.2 静电探测仪

思维创新训练 1.5 静电探测仪的工作原理是什么？和指南针的工作原理有什么不同？

1736年，法国人杜费（Charles du Fay）在进行实验研究导电过程的基础上，创造了两个科学术语：导体（conductor）和绝缘体（insulator）。输电线应该是“导体”，而输电线的支撑材料应该是“绝缘体”。

电被发现后，静电发电机就被发明出来用于产生电荷，但是怎么储存电成了一个大问题。1746年，在莱顿大学（Leiden University）任教的荷兰科学家穆申布鲁克（Pieter van Musschenbroek）发明了莱顿瓶（Leyden jar），如图1.3所示。最初的莱顿瓶装置由一个装满水的玻璃罐和放置其中的一根黄铜棒组成。由于最初发明的莱顿瓶储存的电量很少，后来对它进行了改进：一个带有外部和内部金属涂层（通常是银或锡箔）的玻璃罐，覆盖底部和侧面；一根顶端为球形的黄铜杆穿过罐子顶部的木塞，并通过金属链条连接内部涂层。

(a)

(b)

图 1.3　莱顿瓶（a）与穆申布鲁克（最右侧手持莱顿瓶）的实验（b）

思维创新训练 1.6 莱顿瓶为什么能够储电？水起什么作用？

思维创新训练 1.7 为什么仅对莱顿瓶内部金属涂层充电，外面涂层也会聚集电荷吗？图1.3（b）中的穆申布鲁克起了什么作用？莱顿瓶内部和外部的电荷有区别吗？

莱顿瓶是储存大量静电的装置，也是“电容器（capacitor）”的早期形式。莱顿瓶的发明，标志着开始对电的本质和特性进行研究。莱顿瓶曾被用来作为电学实验的供电来源，也是电学研究的重要基础。

思维拓展训练 1.7 莱顿瓶直径10cm，锡箔高度20cm，玻璃瓶壁厚度0.62cm，玻璃的相对介电常数取10，真空介电常数为8.854pF · m^{-1}，那么这个莱顿瓶的电容值为多少（精确到pF）？若有0.36J的能量被储存（1kW · h电的能量是 3.6×10^{6}J），则该莱顿瓶的电压是多少伏？0.36J的能量加热1kg水，温度上升多少摄氏度？

美国科学家和政治家富兰克林（Benjamin Franklin）建立了初期的电荷守恒定律（law of conservation of charge），即电力可以无损耗地移动，负电荷的总量必须平衡正电荷的量。他还用术语“正（positive）”电对应玻璃电，用“负（negative）”电对应树脂电。富兰克林还创造了一些其他的电学术语，如充电（charge）、放电（discharge）、电枢（armature）、电气化（electrify）等。

思维创新训练 1.8 根据在高中和大学学过的知识，你认为物体带正电或负电是由什么行为引起的？

1.2.2 原电池的发明

1.2.2.1 伽伐尼发现了“生物电”

1770年左右，受惠于静电机（electrostatic machine）和莱顿瓶，意大利物理学家和医生伽伐尼（Luigi Galvani）开始研究电对肌肉的刺激。1786年，伽伐尼发现用带静电的剪刀接触青蛙的神经时会导致青蛙肌肉抽搐。伽伐尼还研究了闪电对各种动物断肢的影响。他在雷暴期间将青蛙尸体挂放在外面铁栏杆上，四肢会像预期的那样抽搐。但抽搐有时也会发生在干燥和阳光明媚的日子里，只要黄铜和铁都附着在青蛙的四肢上。

思维创新训练 1.9 从上述伽伐尼的实验结果中，对于环境对青蛙抽搐的影响你能得到什么结论？理由是什么？

伽伐尼在继续实验中发现，当铜线和铁线被插入青蛙腿的不同部位时，只要铜线和铁线接触，青蛙腿就会抽搐，而无需静电或闪电。伽伐尼用动物电（animal electricity）来解释这种新的电现象。他推测这种电与摩擦产生的人造（artificial）静电和闪电中的自然（natural）电是完全不同的。他认为这种类型的电是生物组织固有的，腿部抽搐受到青蛙组织本身存储或产生电流的刺激。

思维创新训练 1.10 伽伐尼提出的“动物电”概念有无道理？根据他的实验结果，你能给出什么样的支持或反对证据？

意大利科学家伏特（Alessandro Volta）和伽伐尼是朋友。1791年，伏特得知了伽伐尼做的两种金属线引起青蛙抽搐的实验结果，他不同意伽伐尼的动物电解释。伏特认为青蛙只是传导了在两种金属之间流动的电流，将其称为“金属电（metallic electricity）”。

思维创新训练 1.11 “人工电”“自然电”“动物电”和“金属电”，这些概念的异同之处在哪里？其本质是什么？

1.2.2.2 伏特发明了稳定发电的装置

1800年，伏特为了证明他的想法，制作了一堆铜（或银）和锌（或锡）交替的圆盘，它们被浸泡在盐水中的纸板隔开（图1.4）。当伏特用电线连接电堆的顶部和底部时，在历史上第一次产生了稳定的电流，这种发电装置被称为“伏打电堆（voltaic pile）”。伏打电堆是原电池（primary cell，也被称为一次电池），而不是蓄电池（secondary battery，也被称为二次电池）。

伽伐尼于1798年底去世，他的名字在电化学中的许多术语中保留了下来，例如原电池（galvanic cell）、通电（galvanize）、电流表（galvanometer）、恒电流仪（galvanostat）、伽伐尼电势差（Galvani potential difference）、电偶腐蚀（galvanic corrosion）和电镀塑料（galvano-plastics）等。

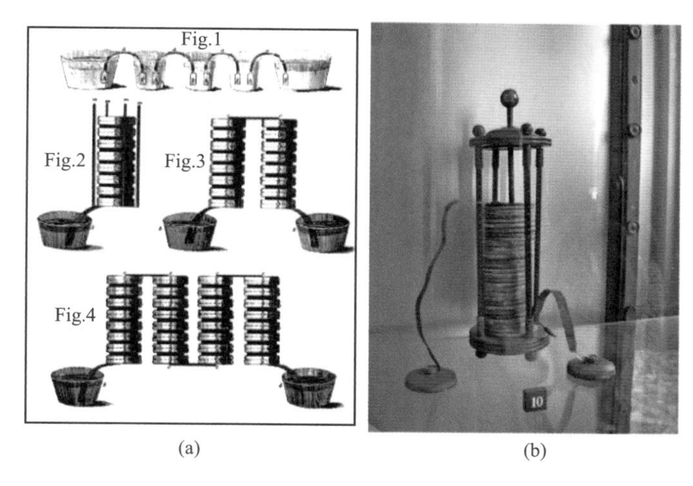

图 1.4　伏打电堆的结构示意图 (a) 与实物图 (b)

伏特（V）是电动势的单位，于1881年以伏特的名字命名。在伏特宣布发明伏打电堆不到六周，英国人尼克尔森（William Nicholson）和卡莱尔（Anthony Carlisle）使用伏打电堆将水分解成氢气和氧气，从而发现了电解（电流引起化学反应）现象。

思维创新训练 1.12 伽伐尼发现了“生物电”，伏特发明了伏打电堆，尼克尔森和卡莱尔开创了电解领域，这些历史给了你什么启示?

1.2.3 电化学时代到来

1.2.3.1 伏打电堆被广泛用于电解实验

1800年3月20日，伏特给皇家学会主席班克斯（Joseph Banks）写信描述了伏打电堆。班克斯向卡莱尔展示了伏特的信件，卡莱尔在好友尼克尔森的帮助下于4月30日组装了一个伏打电堆。5月2日，卡莱尔和尼克尔森发现伏打电堆能够将水分解成氢气和氧气。7月，这一发现被发表在尼克尔森自己的期刊上。但是直到9月，伏特才利用自己的电堆公开展示了“分子分裂（molecular splitting）”的新技术。

19世纪早期，英国化学家戴维（Humphry Davy）意识到伏打电堆是通过金属/电解液界面的化学反应来发电的：在“正”电性的铜盘上产生了氢气，在“负”电性的锌盘上消耗了锌。这种对化学反应和电效应之间关系的认识促使戴维提出了“电化学的（electrochemical）”这个术语，“电化学（electrochemistry）”研究从此展开。戴维进行了大量的电解研究，但直到1834年晚期才由法拉第创造了“电解（electrolysis）”这个新的术语，源自希腊语“lysis（裂解）”，即英语的“separation（分离）”。

德国化学家瑞特（Johann Wilhelm Ritter）不同意伏特的“金属电”观点，他认为电流的真正来源是化学作用。1800年9月，瑞特重复了电解水实验，成功地收集到两种气体，他还发现了燃料电池的发电现象，但是并没有进行深入研究。

1.2.3.2 解决伏打电堆的问题

伏打电堆的成功促使科学家和工程师开始对采用不同正极和负极活性材料的电堆（电池）

进行研究和开发。伏打电堆在当时的问题仍然是太过于笨拙，不利于使用。因此要解决的第一个问题就是方便使用。

科学家想到的第一个办法就是用容器将伏打电堆装起来，他们将两种不同金属的板（或棒）浸入装有合适电解液的容器中。1800年，英国化学家克鲁科尚客（William Cruickshank）设计了第一个能够大量生产的水槽型电池。他把60对正方形的铜板和锌板放进很长的木盒子中，顶部密封起来；电池内部用盐水或稀酸充满。这种设计具有电解液不易干涸的优点，并且比伏特的圆盘电堆提供的电量多。术语“cell”就来自克鲁科尚客水槽型电池中的元件单元（即铜板/纸板/锌板）。

伏打电堆的第二个问题是放电开始后电压下降很快。这是由于电堆放电时在铜片电极侧产生了气体，影响了电池的导电。后来发现这种气体是氢气，因此伏打电堆要维持稳定的放电电压必须消除氢气的影响，这可以通过摇晃、刷洗、旋转或交替升高降低电极来实现。当然，还可以找到一个新的电极反应，这个反应发生时不会生成氢气。这种认识引起了对“双流体”系统的重视和开发。

1836年，英国化学家丹尼尔（John Frederic Daniell）把硫酸铜溶液倒入一个铜杯，把锌片放入盛放硫酸的陶罐内，再把陶罐浸泡在铜杯中的硫酸铜溶液里，发明了丹尼尔电池（Daniell battery，图1.5）。丹尼尔通过使用两种电解液，解决了伏打电堆产生氢气泡导致电压降低和寿命变短的问题。

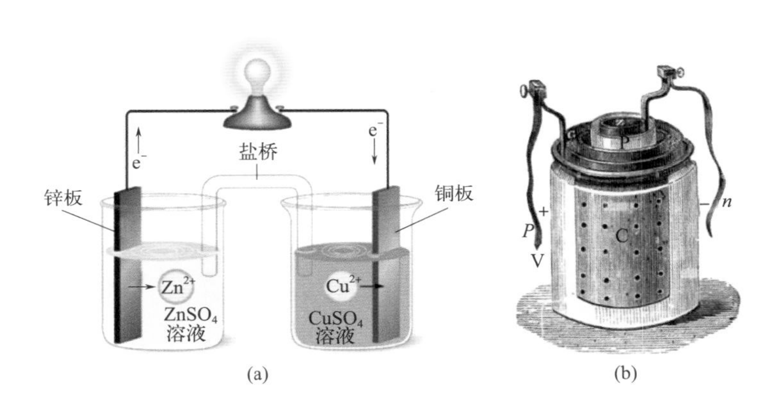

图 1.5 丹尼尔电池的结构示意图 (a) 与实物图 (b)

1839年，英国物理学家格罗夫（William Robert Grove）开发了另一种“双流体”电池，一个电极是稀硫酸中的锌片，另一个电极是浓硝酸中的铂，两种电解液通过多孔容器分隔，这就是格罗夫电池（Grove battery）。1840—1847年，格罗夫用他开发的铂锌电池点亮电灯为他的课堂照明。

1841年，德国化学家本生（Robert Wilhelm Bunsen）用碳棒代替了铂片，发明了本生电池（Bunsen battery），这种电池成本与格罗夫电池相比大大降低。

思维创新训练 1.13 除了机械方法和“双流体”方案，还有什么办法能解决铜板电极侧产生氢气的问题?

丹尼尔电池和本生电池都使用了大量的电解液，仍然不方便使用。1866年，法国工程师莱克朗谢（Georges-Lionel Leclanché）开发了一种电池，用插在二氧化锰和碳糊混合物中的碳棒做正极，负极锌棒插入氯化铵的水溶液中，再把正极部分放入多孔陶杯浸泡在氯化铵的水溶液中（图1.6）。莱克朗谢后来改进了设计，用氯化铵糊代替水溶液，把“湿”电池变成了干电池，因此莱克朗谢被认为是干电池的发明人。莱克朗谢电池就是现在酸性锌锰电池的原型，关于锌锰电池的原理和应用请参阅第2章。

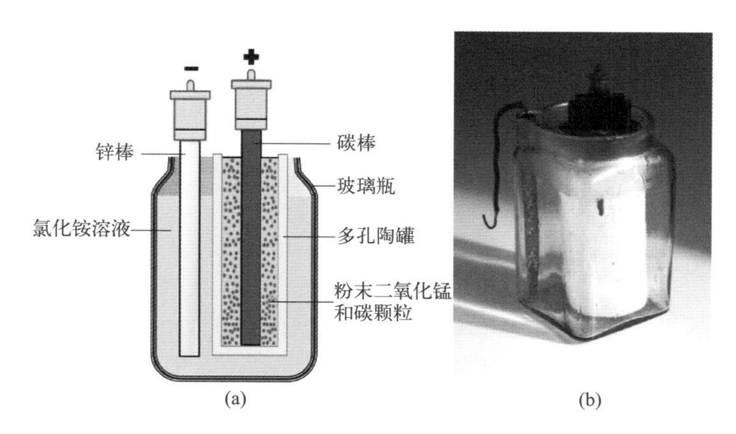

图 1.6　莱克朗谢电池的结构示意图 (a) 与实物图 (b)

1.2.4　蓄电池（二次电池）的发展之路

1.2.4.1　铅酸蓄电池

1851年，英国工程师西门子（Charles William Siemens）通过将醋酸铅溶液中的金属电镀到圆柱形碳电极上，制造了第一个铅酸蓄电池，但是他30年后才发表研究结果。

1854年，德国物理学家辛斯泰登（Wilhelm Josef Sinsteden）发表了他关于使用扁平铅板作为电极和稀硫酸作为电解液的实验结果，而此时大多数人电解时用的是细金属线。辛斯泰登发现由酸溶液中的两个铅板制成的电池可以有效地存储电能并顺利地放电。

1859年，法国物理学家普兰特（Gaston Planté）开始系统地搜索可以通过电化学方法有效储存能量的金属。普兰特发现铅板在硫酸溶液中的二次电压比任何其他金属都更高、更持久，并且超过了当时最强的格罗夫电池或本生电池。

普兰特将两片薄铅片松散地卷在一起，用法兰绒或橡胶条隔开，然后将圆柱形组件插入装有稀硫酸溶液的玻璃瓶中，制成了世界上第一个实用的蓄电池。普兰特电池首先被原电池充电约24h，在正极上形成棕色的二氧化铅并放出氧气，而负极的外观保持不变但释放出氢气。普兰特不是铅酸蓄电池概念的发明人，但他是第一个全面研究铅酸蓄电池的人。普兰特被视为“蓄电池之父”，因为他发明了如何将西门子和辛斯泰登观察到的物理和电化学现象转化为能够制造用于存储电能的有用设备的技术，然而普兰特把铅酸蓄电池的发明归功于辛斯泰登。

关于铅酸蓄电池和铅炭电池的原理和应用请参阅本书第3章内容。

1.2.4.2　镍镉电池和镍氢电池

1899年，瑞典工程师荣格纳（Ernst Waldemar Jungner）发明了镍镉电池。当时，铅酸电池在化学和物理上都遇到了重大问题：体积大、重量大，但功率上又难以维持设备长时间工作。镍镉电池以镉为负极，氧化镍为正极，氢氧化钾溶液为电解液，能快速充电。它的缺点是太贵了，因此荣格纳的镍镉电池直到20世纪40年代才被重视起来。

镍镉电池的镉毒性和记忆效应是其商业化过程中的两个难题，1976年荷兰飞利浦研究院

（Philips Research）发明了镍氢电池来克服这两个问题，于20世纪90年代初开始商业化。镍氢电池使用金属氢化物作为负极活性材料，氢氧化镍作为正极活性材料，氢氧化钾溶液作为电解液，由于性价比较高，至今仍在应用。

关于镍镉电池和镍氢电池的原理和应用请参阅本书第4章内容。

1.2.5 新时代的能源电化学

1.2.5.1 锂电池和锂离子电池

1958年，美国化学家哈里斯（William Sidney Harris）观察到了锂金属在高氯酸锂的碳酸丙烯酯溶液中的钝化层生成现象。1970年，日本松下公司发明了锂-氟化碳电池，这是第一个真正意义上商业化的锂电池。1972年，美国埃克森（Exxon）公司科学家惠廷汉姆（Stanley Whittingham）申请了锂-二硫化钛电池的专利，这是第一个可充电的锂电池。由于金属锂负极在多次充放电循环中容易生成锂枝晶，从而刺穿隔膜引起短路甚至电池过热起火，存在巨大的安全隐患。

1980年，美国化学家阿曼德（Michel Armand）提出了"摇椅电池"（rocking chair battery）的设想，即用锂离子可以插入和脱出的插层材料替代金属锂负极，以含锂化合物为正极活性材料，通过锂离子在正极和负极间的移动来导电，从而获得一种全新理念的二次电池，这就是锂离子电池。

关于锂电池和锂离子电池的原理和应用请参阅本书第6章和第7章。

虽然科学家和工程师们开发了多种多样的二次电池，但只有镍氢电池和锂离子电池在新世纪取得了商业上的成功。

1.2.5.2 燃料电池和液流电池

1842年，格罗夫开发了"气体电池"——通过将氢气和氧气化合生成水来发电。1959年，英国工程师培根（Thomas Francis Bacon）使用氢气作为燃料，纯氧作为氧化剂，制作了一个以镍为电极材料、以热的氢氧化钾溶液为电解液的燃料电池。1962年，美国飞机发动机公司普惠（Pratt & Whitney）在培根电池的基础上改进了碱性燃料电池并在阿波罗登月任务中应用。

碱性燃料电池因为要使用液态的碱性电解液，因此很难用于移动场合。20世纪50年代，美国通用电气公司（General Electric）开发出了使用固态电解质的质子交换膜燃料电池的原型。

液流电池的结构与质子交换膜燃料电池非常相似，最大不同之处在于在质子交换膜两侧流动的分别是液体和气体。液流电池将活性材料溶于电解液中，在循环泵的推动下流经电堆（反应器），在电堆中发生电化学反应实现化学能与电能的转换，从而实现电能的存储与释放。1974年，美国国家航空航天局（NASA）科学家塔勒（Lawrence Thaller）报道了铁铬液流电池，这是第一个具有实际应用意义的液流电池。

关于燃料电池、液流电池和金属空气电池的原理和应用请分别参阅本书第8章、第9章和第10章。

在新时代的能源电化学中，电化学电容器、光电化学电池、热电池和核电池等也都占有一席之地，这些电池的原理和应用将在本书第11章、第12章、第13章和第14章中一一阐述。

1.3 化学电源

1.3.1 分类

1.3.1.1 电源的分类

电源（power source）是将其他形式的能转换成电能的装置。

（1）应用物理原理的电源

摩擦发电机（triboelectric generator）：利用接触起电(contact electrification)和静电感应(electrostatic induction)原理发电的装置，比如给莱顿瓶充电。美国华裔科学家王中林发明的摩擦纳米发电机TENG（triboelectric nanogenerator）也属于这种装置。

发电机（generator）：应用电磁感应（electromagnetic induction）原理将动能转换为电能的设备。

光伏电池（photovoltaic cell，简写为PV cell）：应用光伏效应（photovoltaic effect）将光能转换为电能的器件。

温差电池（thermoelectric cell）：也叫热电池，是应用塞贝克效应（Seebeck effect）将热能转换为电能的器件。除了利用热电器件发电外，还有一种温差发电的方式——海洋温差发电，将海洋表层的温热海水与深层的寒冷海水分别作为热源和冷源，利用热交换器中低沸点工质蒸发和冷凝过程中蒸汽体积的变化推动涡轮机来发电。

压电电池（piezo cell）：利用压电效应（piezoelectric effect）将外力作用转换为电能的器件，如超声波发生器等。

电容器（capacitor）：利用外部电压在充满绝缘物质的两个极板间建立电场来储存能量的器件，如莱顿瓶。

思维拓展训练 1.8 写出静电感应、电磁感应、光伏效应、塞贝克效应、压电效应等现象的原理和应用途径。

（2）应用化学原理的电源

应用化学原理的电源即把化学能转换为电能的装置统称为化学电源（electrochemical power source），通常称为电池（cell或battery）。

氧化还原电池（redox battery）：应用正极活性材料和负极活性材料的氧化还原反应（redox reaction）将化学能转换为电能的设备。常见的干电池和蓄电池、燃料电池、液流电池都属于氧化还原电池。

浓差电池（concentration cell）：利用电解液中电解质的浓度的差异，通过扩散（diffusion）行为将化学能（吉布斯自由能）转化为电能的器件。从总的化学反应方程上看不出变化。锂离子电池既属于氧化还原电池也属于浓差电池。

光电化学电池（photoelectrochemical cell，简写为PEC cell）：通过半导体光电极将光能转换为电能的器件。

电化学电容器（electrochemical capacitor）：通过电化学反应引起的离子吸附与脱附而产生的电荷积累与释放来实现能量储存的电容器。

思维拓展训练 1.9 写出氧化还原反应、扩散、光电化学反应、离子吸附与脱附等现象的原理和应用方式。

1.3.1.2 化学电源的分类

（1）按照能否充电分类

原电池，也被称为一次电池或不可充电（non-rechargeable）电池，因为内部发生的化学反应不可逆，不能被充电，只能一次性使用。锌锰电池等干电池都属于原电池。

蓄电池，也被称为二次电池或可充电（rechargeable）电池。内部发生的化学反应是可逆的，可以被充电而反复使用。锂离子电池、镍氢电池、液流电池、电化学电容器等都属于蓄电池。

（2）按照电池中主要活性材料分类

可分为锌锰电池、铅酸蓄电池、镍镉电池、镍氢电池、锌氧化银电池、锂电池、锂离子电池和锌空气电池等。

（3）按照储电形式分类

可分为干电池、燃料电池、液流电池、金属空气电池、电化学电容器、光电化学电池、热电池和核电池等。

（4）按照活性材料的性状分类

气态电池：燃料电池。

液态电池：液流电池、钠硫电池等。

半固态/固态电池：干电池、锂离子电池等。

（5）按照储存状态分类

可分为储备电池和常规电池。

储备电池在储存状态时电池的活性材料不接触电解液或者电解质不导电，时刻处于待放电状态。使用电池时，向活性材料中加入电解液或者加热熔化电解质使电池放电。储备电池包括海水激活镁氯化银电池、电解液激活锌氧化银电池、热激活锂镍电池等。

（6）按照电池工作温度分类

可分为高温电池和常温电池。

多种电池都属于高温电池，如钠硫电池（工作温度区间300～350℃）、固体氧化物燃料电池（工作温度区间600～1000℃）、熔融碳酸盐燃料电池（工作温度区间600～700℃），还包括一类储备电池——热电池。热电池也被称为热激活储备电池，是利用瞬时放出的高强度热量激活的一次电池，一般采用无机盐作为电解质，这类电解质在高温下熔融成液态，故又称熔融电池。热电池的工作原理和应用将在本书的第13章详细介绍。

1.3.2 化学电源的工作原理和基本结构

在1.1节的开始讲到，电池之所以能够放电，是因为正极活性材料和负极活性材料之间化学势（更严格地说是电化学势）不平衡，当两极活性材料的电化学势接近平衡时电池也就不能放电了。所以要想更好地发出电来，就要通过充电过程使这种不平衡程度变严重。

充电方式通常有两种。一是通过物理方式补充新的正极和负极活性材料，比如锌空气电池中的金属锌负极。另一种是通过化学反应使放电后的正极和负极活性材料的电化学势恢复到充满电的状态。

所以，电池放电的工作原理可简单地描述为：电池的正极电势较正而负极电势较负，因为内电路不导电子，所以电子要从负极通过外电路和负载流向正极，在正极和电解液的界面处还原正极活性材料（阴极反应）；为了保证在整个电路中形成闭环电流，电池内部就要通过阴离子从正极流向负极（同时阳离子反向流动）形成内部电流；为了补充负极流出的电子，在负极和电解液的界面处就要氧化负极活性材料（阳极反应）。电池充电的工作原理与之相反。

思维拓展训练 1.10 根据上段文字描述的内容画出电池充电过程的示意图。

通过化学电源的工作原理，可以推测出电池的基本结构包括外壳、正极、负极和电解液，如图1.7所示。

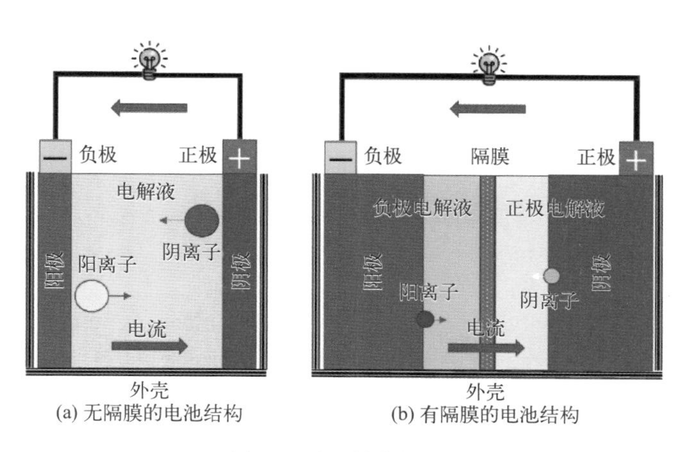

(a) 无隔膜的电池结构　(b) 有隔膜的电池结构

图 1.7　电池的基本结构

1.3.3　化学电源的相关术语

1.3.3.1　电极和离子

在物理学中接触到的电极基本都是金属（或碳材料）做成的探针，而在电化学中接触到的电极（electrode）包括两个部分，一部分是传导电子的金属（或碳材料）——导电体或集流体（current collector），另一部分是传导离子的电解液（electrolyte）。

和电极反应相关的术语很多来自法拉第的命名。最开始，法拉第想要区分电流进入电解池的电极和电流离开电解池的电极，但当时使用的术语“pole”拥有磁或静电的吸引或排斥的含义，不符合法拉第的想法。1833年12月，他的朋友尼科尔（Whitlock Nicholl）给出建议：用electrode（源自希腊语“hodos”，“门口”的意思）代替pole，表示“物质经历电解时电流进入或离开的表面或门口”；“被电流直接分解，元素被释放出来”的物体被称为electrolyte。

1834年5月，法拉第的朋友惠威尔（William Whewell）建议使用anode和cathode区分两个电极。Anode和cathode是从希腊语“anodos”（意为“向上的路”）和“cathodos”（意为“向下的路”）创造的。惠威尔还建议电解中产生的两种元素用anion和cation来表示，统称为ion（图1.8）。法拉第采纳了这个建议，这些术语一直

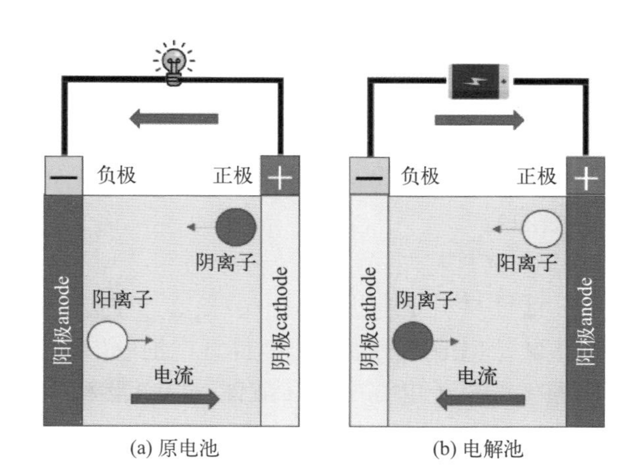

(a) 原电池　(b) 电解池

图 1.8　原电池和电解池中的正极和负极、阴极和阳极、阳离子和阴离子

沿用至今。在使用汉语术语时，anode是阳极，cathode是阴极，朝着阴极运动的是阳离子（cation），朝着阳极运动的是阴离子（anion），容易发生混淆，但是理解了英文术语的由来，就能很容易分辨清楚了。

知识拓展1.2

在1834年法拉第和他的朋友们提出阳离子和阴离子这些术语的时候，人们还不知道原子和分子的结构，更不知道溶液中有离子，法拉第是根据实验现象想象出了粒子导电，他指出“只有在通电的条件下，电解质才会分解为带电的粒子”。直到1884年，才由瑞典化学家阿伦尼乌斯（Svante August Arrhenius）提出电解质会在溶液中自动电离成正离子、负离子的“电离理论”。

因此，无论是在原电池（galvanic cell）还是电解池（electrolytic cell）中，阴离子（anion）的移动方向都是和电流方向一致，在电解液中向阳极移动；阳离子（cation）的移动方向都是和电流方向相反，在电解液中向阴极移动。

不管电池充电还是放电，它的两个电极都保持着各自的极性，即“正极（positive electrode）”和“负极（negative electrode）”。在电池上也清楚地以“+”和“−”标明，不论是一次电池还是二次电池。

从电化学的角度看，电极电势的相对正负决定了正负极，电极电势更正的电极是正极，在电池外部电流从正极流向负极。

因此，应该使用“阴极”和“阳极”来描述电流，使用“正极”和“负极”来表示电极。这样无论是在一次电池还是二次电池中，电极的位置和电流的方向都是确定的，不会发生混淆。在二次电池中不用正极和负极称呼两根电极，而用阴极和阳极来称呼的话，在放电和充电过程中同一根电极的名字就要更换，例如正极在放电的时候是阴极，但在充电的时候是阳极，如果使用正极和负极称呼电极就不会发生这种情况。

1.3.3.2 电池材料

电池材料包括了电极材料（正极材料和负极材料）、电解液、隔膜、外壳材料等。下面主要介绍电极材料和电解液的定义和术语，对于隔膜材料和外壳材料融入后续的各个章节中。

（1）电极材料

电极材料包含活性材料（active material）和辅助材料（auxiliary material，或者supporting material）。

① 活性材料

活性材料是电极材料中的核心，主导着电子的储存与释放，即发生氧化还原反应的材料。如铅酸蓄电池中的金属铅、锌锰电池中的金属锌和二氧化锰、镍氢电池中的储氢合金和羟基氧化镍、锂离子电池中的钴酸锂、氢氧燃料电池中的氢气和氧气、全钒液流电池中的V^{3+}/V^{2+}和VO_2^+/VO^{2+}，这些都是电池的活性材料。

还有另外两种情形，材料本身并没有发生氧化还原，但是都参与了反应。

一种情形主要是为发生氧化还原反应的材料提供空间，因为这种材料也与发生氧化还原反应的材料发生了分子间作用（如范德华力、氢键等），所以也归到活性材料类别。如锂离子电池负极材料中的层状石墨，在充电过程中接收并容纳来自正极的锂离子，并且传导电子使锂离子被还原为锂原子。严格地讲，在锂离子电池负极材料中石墨是辅助材料，锂才是活性材料。属于同样情形的还有镍氢电池负极材料中的储氢合金，在充电过程中接收并容纳氢离子，并且传导电子使氢离子被还原为氢原子。

另一种情形是与发生氧化还原反应的元素结合生成新的物质，因此这种物质或材料的浓度也影响电化学过程。如铅酸蓄电池中的硫酸，在负极和铅反应生成硫酸铅，在正极和二氧化铅反应也生成硫酸铅。再如酸性锌锰电池中的氯化铵，负极金属锌被氧化后与氯化铵生成二氯化二氨合锌沉淀。此处举例的硫酸和氯化铵除了兼具支持电解质的功能外，也是一种活性材料。

② 辅助材料

辅助材料包括导电材料、支撑材料、黏结材料、增稠材料等。

导电材料中有一类主要是增强电子在电池材料中的传导，以降低电池的内阻，多选用石墨粉和乙炔黑等。比如锌锰电池和镍氢电池中均加入乙炔黑增强导电性。还有一类导电材料作为电流集流体，多为金属和碳材料，比如锂离子电池负极的铜箔和正极的铝箔，酸性锌锰电池中的碳棒。

支撑材料用于提供容纳活性材料的空间。如容纳锂离子的石墨、容纳氢原子的储氢合金等，通常也归类到活性材料进行讨论。铅酸蓄电池中的板栅也属于支撑材料。

黏结材料的作用是使活性材料颗粒间以及活性材料与集流体间具有一定的黏附强度，以保证良好的电接触和维持电极形貌。如锂离子电池正极中常用的聚偏氟乙烯和负极中常用的羧甲基纤维素钠，镍氢电池中常用的聚四氟乙烯和羧甲基纤维素钠等。

增稠材料主要在混料时加强活性材料和辅助材料的分散效果，调节浆料的黏稠度，防止出现分层和沉降。如锌锰电池中常用的淀粉和面粉，锂离子电池中使用的*N*-甲基吡咯烷酮等。

（2）电解液

电解液在电池中主要起到传导离子、增强电池内部导电性的作用。电解液主要包含两个部分：溶剂（solvent）和支持电解质（supporting electrolyte）。

① 溶剂

由于不同种类的电池采用的活性材料性质迥异，因此电解液的溶剂分为水和有机溶剂两类。镍氢电池、锌锰电池、全钒液流电池等均采用水作为溶剂。用水作为溶剂的好处是成本低廉、电池便于维护保养，缺点是电压过高时可能发生电解水现象而产生氢气和氧气，除了消耗溶剂还会带来电池胀气和爆炸等安全隐患。而锂离子电池要采用碳酸乙烯酯、碳酸丙烯酯等有机溶剂，因为电池中的锂会和水反应，并且电池电压已经远高于电解水产生氢气和氧气的电压。

② 支持电解质

同样，支持电解质也根据电池采用的活性材料性质而不一。在用水作为溶剂的电池中，全钒液流电池选用硫酸作为支持电解质，碱性锌锰电池、碱性燃料电池选用氢氧化钾或氢氧化钠作为支持电解质，而使用水溶性有机活性材料的液流电池可以用氯化钠或氯化钾作为支持电解质。在使用有机溶剂的液流电池中，可采用六氟磷酸铵（NH_4PF_6）、四氟硼酸铵（NH_4BF_4）、高氯酸钠（$NaClO_4$）等作为支持电解质。锂离子电池中多采用六氟磷酸锂（$LiPF_6$）、四氟硼酸锂（$LiBF_4$）、高氯酸锂（$LiClO_4$）、双（三氟甲烷磺酸基）亚胺锂［$LiN(SO_2CF_3)_2$，简称LiTFSI］、双氟磺酰亚胺锂［$LiN(SO_2F)_2$，简称LiFSI］等。

目前对于电池中应用于两电极侧的电解液，分别从电解池和原电池的角度存在两类称呼：阳极电解液（anodic electrolyte，常缩写为anolyte）和阴极电解液（cathodic electrolyte，常缩写为catholyte），正极电解液（positive electrolyte，常缩写为posolyte）和负极电解液（negative electrolyte，常缩写为negolyte）。

与推荐称呼电池的两电极为正极和负极的理由一样，为防止充放电过程引起的阳极和阴极互换导致的混淆，推荐采用posolyte和negolyte，不建议使用anolyte和catholyte。

1.3.3.3 电势和电压

电势（potential），也被称为电化学势（electrochemical potential），表示工作电极相对于参比电极得到的电压差值，常通过电化学工作站用三电极系统测得，单位为伏特相对于某参比电极（V vs. RE），因此电化学中讨论电势时一定要指出参比电极。Potential在物理化学中多被称为电势，在分析化学中多被称为电位，在能源电化学中推荐使用电势。

电压（voltage）表示正极和负极之间的电势差值，常通过电池测试仪或电化学工作站用两电极系统测得，单位为伏特（V）。因此正极的电极电势减去负极的电极电势就得到了电池电压。

关于电势和电压的测量、两电极系统与三电极系统的详细区别请参阅16.1.2节和16.1.3节。

1.4 化学电源的性能参数

和化学电源相关的性能参数很多，如电池容量、电池能量、功率、放电率、电池电压、电池内阻、效率、寿命、自放电率、热失控等。不同种类的电池因为工作原理不同、使用方式不同，因而衡量各种电池的性能参数也不尽相同，需要具体问题具体对待。下面介绍电池的主要性能参数，具体的测试方法请参阅16.2节。

1.4.1 电池容量

电池容量（battery capacity或charge capacity）是指电池在一定条件（放电率、温度、截止电压等）下能够释放的电量，通常用符号C表示，单位一般为安时（Ampere-hours，简写为A·h）或毫安时（milliampere-hour，简写为mA·h）。一般而言，电池容量就是电池储电量的多少，容量大说明储存的电量就多。

思维拓展训练 1.11 符号C或c在你学过的物理、化学知识中还用来表示什么?

电池容量可细分为理论容量（theoretical capacity）、实际容量（practical capacity）、额定容量（rated capacity或nominal capacity）和剩余容量（residual capacity）。

1.4.1.1 理论容量

理论容量指活性材料全部参加电池反应所放出的电量，用符号C_0表示。可根据法拉第公式[式（1.28）]计算得到。

$$m = \frac{MQ}{nF} \tag{1.28}$$

式中，m为活性材料的质量，g；M为活性材料的摩尔质量，g · mol^{-1}；Q为放电过程放出的电量，这里$Q = C_0$；n为电化学反应中的转移电荷数；F为法拉第常数。则电池的理论容量为

$$C_0 = \frac{nFm}{M} = \frac{1}{K}m \tag{1.29}$$

式中，K为电化学当量（简称为电化当量，electrochemical equivalent），指理论上放出1C电量的活性材料的质量，则$1/K$表示单位质量的活性材料所放出的电量。活性材料的摩尔质量越大，电化学反应中转移的电荷数越小，则电化学当量越大，放出相同电量所需的活性材料的质量越大。

1.4.1.2　实际容量和额定容量

实际容量指电池在一定放电条件（放电电流、截止电压、环境温度等）下实际放出的电量。电池实际容量在恒电流放电模式下的计算公式如式（1.30）所示。

$$C = It \tag{1.30}$$

式中，I为恒定的放电电流，A；t为放电时间，h。

在非恒电流放电模式下的计算公式如式（1.31）所示。

$$C = \int_0^t I(t)\mathrm{d}t \tag{1.31}$$

式中，$I(t)$为t时刻的放电电流，A。当放电过程中电池内阻一定时，计算公式变为：

$$C = \frac{1}{R_{\text{Cell}}}\int_0^t U(t)\mathrm{d}t = \frac{1}{R_{\text{Cell}}}\bar{U}t \tag{1.32}$$

式中，R_{Cell}为电池的内阻，Ω；$U(t)$为t时刻的放电电压，V；$\bar{U}$为放电过程中电池的平均放电电压，V。

支持电解质的导电能力、活性材料的扩散能力等性能不足够好，会使得电池中的活性材料不能被完全利用。因此，可定义活性材料的利用率η_{Cell}为：

$$\eta_{\text{Cell}} = \frac{C}{C_0} \times 100\% \tag{1.33}$$

思维创新训练 1.14　在设计电池时，可以通过哪些手段提高活性材料的利用率？

额定容量指按照国家或行业的相关标准，在设计和制造电池时保证电池在一定的放电条件下应该放出的最低限度的电量，又被称为保证容量、标称容量。因此电池的实际容量往往会稍大于电池的额定容量。

1.4.1.3　剩余容量、电池荷电状态和放电深度

剩余容量指电池在一定条件下放电后剩余的可用容量。

在科学研究、产品开发和工程应用过程中，电池容量还常采用电池荷电状态（state of

charge，简写为SOC）作为性能参数，也被称为剩余电量、储存电量。电池荷电状态指电池在一定条件下使用一段时间后，电池的剩余容量与额定容量的比值。荷电状态在数值上是一个比值，通常用百分数“%SOC”来表示，因此荷电状态的取值范围为0～100%。例如，当电池充了总容量的一半时，可以表示为50%SOC；当电池充满电时，容量就可以表示为100%SOC。

电池荷电状态是电池使用过程中的重要性能参数。蓄电池在使用过程中，电池容量会由于充放电电流大小、充放电次数、工作温度、使用过程等的变化发生不可逆的衰减。因此在蓄电池的实际应用中，比如动力电池剩余电量的精准评估以确定电动车的行驶里程和充电时间，储能电堆容量的精确评估以进行迅速地充电和放电调度等，都显示出精确测量电池荷电状态极其重要的现实意义和价值。

和电池容量相关的还有一个重要概念——放电深度（depth of discharge，简写为DOD），通常用百分数“%DOD”来表示，表示已放完电的电池容量与最大容量之比。放电到至少80%DOD称为深度放电。

知识拓展1.3

电池容量指电池正极活性材料或者负极活性材料的容量，不是正极和负极容量的加和。理论情况下制造电池时应该使得正极和负极的容量相等。但在实际制造电池时，正极和负极容量往往不相等，为了在额定容量下取得更长的使用寿命，会在容量保持率下降过快的电极侧使用相比另一侧过量的活性材料。很多情况下，实际电池设计时采用负极活性材料过量。

1.4.1.4　比容量

比容量（specific capacity）也常被用来表示电池能释放的电量，比容量使得不同电池之间能够比较容量性能。质量比容量指的是单位质量的电池所释放的电量，单位常用$A \cdot h \cdot kg^{-1}$或$mA \cdot h \cdot g^{-1}$；体积比容量指的是单位体积的电池所释放的电量，单位常用$A \cdot h \cdot L^{-1}$或$mA \cdot h \cdot L^{-1}$。

1.4.2　电池能量

电池的能量（energy capacity）指电池在一定放电条件下所能输出的电能，符号为W，单位为W·h或kW·h。与电池的容量概念类似，电池的能量可分为理论能量（theoretical energy capacity）和实际能量（practical energy capacity）。

1.4.2.1　理论能量

理论能量指电池在放电过程处于平衡状态，放电电压保持在该电池的电动势（U_d），并且活性材料的利用率为100%的条件下，电池所输出的电能，用符号W_0表示，即

$$W_0 = U_d C_0 \tag{1.34}$$

由物理化学中的定义可知，理论能量是可逆电池在恒温恒压条件下所做的最大非膨胀功，即

$$W_0 = -\Delta G = nFU_d \tag{1.35}$$

1.4.2.2 实际能量

实际能量指电池放电时实际输出的电能，数值上等于电池实际容量与平均工作电压 $\bar{U}$ 的乘积，即

$$W = C\bar{U} \tag{1.36}$$

电池的能量由电池容量和电池电压共同决定，因此在设计电动车的动力电池时就要综合考虑电池的串联和并联，以同时获得高电压和高容量。高电压用来满足电动车内各种用电设备对不同电压的需求，高容量用来满足电动车的长续航里程需求。在实际设计中，把多个电芯串联起来提高电池电压，再把多组串联好的电芯组（模组）并联起来提高电池容量。

知识拓展1.4

用于电动车的动力电池，一般称为电池包（pack）。电池包中，一组电芯（cell）串联组成了模组（module），数个模组并联集合成电池包。

电芯：动力电池中电能的基本存储单元。

模组：一组电芯串联起来被封装在一个外壳中组成模组。

电池包：数个模组并联后被封装在一个外壳内组成电池包。

电池包由电池管理系统和热管理系统共同管理，组成电池管理系统。

思维拓展训练 1.12 某电动车的电池包使用了 96 个电芯。电芯的容量为 2000mA·h，电芯平均放电电压为 3.7V。12 个电芯串联成电芯组。那么该电池包含有多少个模组？每个模组的容量是多少？该电池包储存的能量是多少？

1.4.2.3 能量密度

在工程应用中，更多地用比能量（specific energy）作为电池的性能参数。单位质量的电池能输出的电能被称为质量比能量或质量能量密度，单位常用 $W \cdot h \cdot g^{-1}$ 或 $W \cdot h \cdot kg^{-1}$；单位体积的电池能输出的电能被称为体积比能量或体积能量密度，也被称为能量密度（energy density），单位常用 $W \cdot h \cdot L^{-1}$。

电池的理论能量密度可根据正极或负极活性材料的理论比容量（如果正极和负极两侧比容量不等，取较低值）与电池的电动势相乘得到。电池的实际能量密度是电池实际输出的电能与电池质量（或体积）的比值。在实际工程应用中，实际能量密度会远小于理论能量密度，因此提高电池的实际能量密度是电池工程师重点关注的目标。

在电动车使用的动力电池中，还有一个性能参数——系统能量密度。它指电芯的能量密度与集成了电芯的整个电池系统质量（或体积）之比。由于电池系统中的电池管理系统、热管理系统、导电线束等也占用系统质量和空间，因此电池的系统能量密度会低于电芯的能量密度。

知识拓展1.5

电动车的动力电池铭牌上，有的标出电池容量，有的标出电池能量。

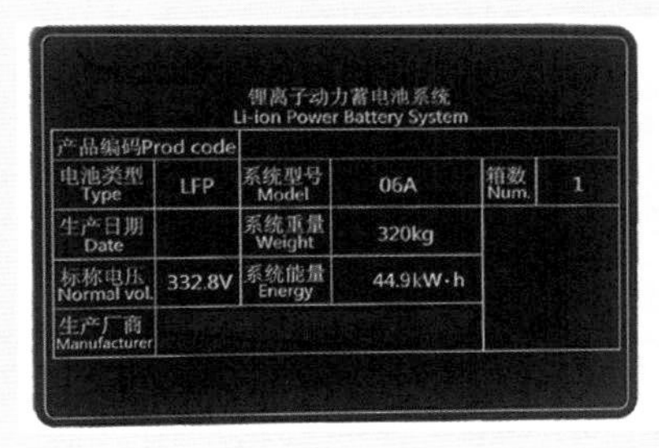

电动车的销售信息中，往往会标明电池包是多少度电（kW·h），即电池能量。从上面的两张电池系统铭牌上可以看出，两款电池包的电芯均为串联，所以每个电池包的容量和电芯的容量是一样的。但是能很明显地看出，每个电池包的能量和电芯的能量相差很大。因此，在电动车的性能信息中，用能量来表示电池系统的蓄电能力，可以间接地表达电动车的续航能力，对于用户来说更为直观和友好。

知识拓展1.6

《中国制造2025》中对于电动车动力电池的发展规划：

2020年，电池能量密度达到300W·h·kg^{-1}；

2025年，电池能量密度达到400W·h·kg^{-1}；

2030年，电池能量密度达到500W·h·kg^{-1}。

1.4.3 电池功率

电池的功率（power）指电池在一定的放电条件下，单位时间内输出能量的大小，符号为P，单位为W或kW。功率的计算公式为：

$$P = IU \tag{1.37}$$

功率可以分为额定功率（rated power）和实际功率（practical power）。额定功率指发电设备能输出或用电设备能被输入的最大功率，额定功率的值在设计时被指定，以保护发电设备或用电设备不会由于过载被损坏。实际功率指实际工作条件下发电设备输出或用电设备被输入的功率。

功率反映了电池对外做功快慢的能力，而1.4.4节将要介绍的倍率则反映了充放电速率的大小。特定倍率下的充放电容量为倍率性能，是反映电池功率性能的一个指标。

比功率（specific power）指单位质量的最大可用功率，单位常用W·kg^{-1}。比功率体现了电池的活性材料性能和封装能力，它决定了实现给定性能目标所需的电池质量。功率密度（power density）指单位体积的最大可用功率，单位常用W·L^{-1}。功率密度同样体现了电池的活性材料性能和封装能力，它决定了实现给定性能目标所需的电池体积大小。

知识拓展1.7

动力电池的能量、容量、功率所表示的意义。

能量：动力电池在一定放电条件下所能输出的电能，单位为kW·h。能量影响电动车的续航里程。同一款车，电池包能量越大，电动车的续航里程就越长。

容量：动力电池存储的电量，单位为A·h。容量决定了电动车充放电电流的最大值，如容量为50A·h的电池充电电流最大为75A，放电电流最大为150A。所以容量影响电动车的最快充电速度，也就影响了充电时间。

功率：动力电池在一定的放电条件下单位时间内所输出的能量，单位为kW。电池的功率和电动机的功率要相匹配，并且要满足电动机的输出功率。因此电池功率会影响电动车的加速性能和爬坡能力。

1.4.4 电池放电率

放电率（discharge rate）是表示蓄电池放电速率的参数，用来衡量蓄电池放电快慢。通常采用恒电流放电的模式对电池进行放电，用下面两种方式表示放电率。

1.4.4.1 时率

时率指用放电时间表示的放电速率，指电池在恒定电流下放出其额定容量时所需要的时间，因为采用的时间单位为h，也被称为小时率。放电时间为1h，称为*C*1放电率；放电时间为5h，称为*C*5放电率。

通过额定容量和时率可以计算出放电电流，放电时间越长，放电电流越小。额定容量为50A·h的蓄电池，在*C*10放电率条件下的放电电流为5A，在*C*20放电率条件下的放电电流为2.5A。

1.4.4.2 倍率

倍率（*C*-rate）指用放电电流相对于额定容量的倍数表示的放电率，即电池在规定的时间内放出其额定容量时所需要的电流值，在数值上等于电池额定容量的倍数。放电电流为额定容量的0.1倍，称为0.1*C*放电率；放电电流为额定容量的10倍，称为10*C*放电率。放电率在0.2*C*以下的称为低倍率，在0.2*C*～1*C*范围内称为中倍率，在1*C*～22*C*内称为高倍率。

通过额定容量和倍率也可以计算出放电电流，倍率越大，放电电流越大。额定容量50A·h的蓄电池以0.1*C*放电率放电时，其放电电流为0.1×50=5A。

从表1.1可以看出，无论是时率还是倍率反映的都是放电电流。倍率大，说明放电电流也大，会导致电池的实际容量变小。由于放电电流会影响电池的实际容量，因此标识额定容量时应该说明其放电率。

表 1.1 容量为 1A·h 的电池的倍率与放电时间、时率与放电电流

倍率	时间	时率	电流
5*C*	12min	*C*0.2	5A
2*C*	30min	*C*0.5	2A
1*C*	1h	*C*1	1A
0.5*C* 或 *C*/2	2h	*C*2	500mA
0.2*C* 或 *C*/5	5h	*C*5	200mA
0.1*C* 或 *C*/10	10h	*C*10	100mA
0.05*C* 或 *C*/20	20h	*C*20	50mA
0.02*C* 或 *C*/50	50h	*C*50	20mA

铅酸蓄电池中常用5小时率（*C*5）、10小时率（*C*10）表示容量。*C*5指在5小时内放完电量的电池容量，相当于0.2*C*电流放电情况下的电池容量。

锂离子电池常用倍率表示容量。由于锂离子电池的内阻较小，可用1*C*以上的高倍率来进行快速充电。

1.4.5 电池电压

电池电压（voltage of battery）指电池正极和负极之间的电势差。电池性能中的电压主要包括开路电压（open-circuit voltage，简写为OCV）、终端电压（terminal voltage）、工作电压（working voltage或operating voltage）、额定电压（nominal voltage）、截止电压（cut-off voltage）、充电电压（charge voltage）和中点电压（mid-point voltage，简写为MPV）等。

1.4.5.1 开路电压和终端电压

开路电压是指电池不向外放电状态（外电路中没有电流流过）下的正极和负极之间的电势差，可用高阻抗的电压表连接正极和负极测得。电池的开路电压受到正极和负极材料状态、支持电解质以及环境温度等因素的影响，与电极的形状和尺寸、活性材料的多少无关。

电池的开路电压一般小于该电池的电动势，是电池在实际工作中能产生的最大电压。通常情况下，铅酸蓄电池的开路电压在2.0V左右，使用钴酸锂正极材料的锂离子电池的开路电压在3.6V左右。

终端电压指接入负载在放电状态下通过正极和负极的终端（极耳、接线柱等）测得的电压。由于超电势的影响，终端电压随着SOC以及充电和放电电流的变化而变化。

1.4.5.2 工作电压和额定电压

工作电压指电池正极和负极之间接入负载（外电路中有电流流过）时的两端电压，即电池放电时的实际电压，也被称为放电电压、负荷电压。

电池的工作电压受到放电条件（如放电电流、放电时间、截止电压、环境温度等）的影

响。工作电压小于开路电压。

思维拓展训练 1.13 考虑电池内阻和超电势的影响，写出工作电压的表达式。

额定电压是设计电池时规定的电池工作电压，通常指在正常使用条件下电池放电电压的平均值。额定电压在商品电池上需要被明确标识出来，也被称为标称电压、公称电压。如镍氢电池的额定电压为1.2V，碱性锌锰电池的额定电压为1.5V。

1.4.5.3 截止电压和充电电压

截止电压是设计电池时规定的在充电或放电过程中的最高充电电压和最低放电电压，也被称为终止电压。由于电池类型众多和放电条件迥异，以及对电池的容量和寿命的要求不同，所以电池放电的截止电压也不尽相同。为了获得较大的实际容量，考虑到大电流放电时电池活性材料的传质能力不足，放电的截止电压可适当降低。对于镍氢电池，在0.2*C*和1*C*放电时的截止电压通常设定为1.0V，2*C*和3*C*放电时的截止电压通常设定为0.9V，5*C*放电时的截止电压通常设定为0.8V。

为了保护蓄电池，放电达到截止电压后要停止电池工作，如果继续放电就会造成电池过放电（也称深度放电）。过放电可能导致储能材料在结构上的不可逆损伤，再一次充电时就很难恢复到初始状态，从而影响电池的寿命。

充电电压指电池充电到额定容量时的电压。充电方案通常有恒流充电、恒压充电、恒功率充电。为了尽量达到额定容量，通常先恒流充电，直到电池电压达到充电电压，然后恒压充电，到充电电流逐渐减小到非常小时再停止充电。充电过程中还有一个概念是浮充电压（float voltage），它是指电池充电至100%SOC后保持的电压，通过补偿电池的自放电来保持该电池的容量。

1.4.5.4 电压平台和中点电压

在实际的电池充放电测试中，还可能接触到电压平台的概念。一般情况下，会在放电曲线（或充电曲线）上找到两个明显的拐点，分别标志着电池的放电（或充电）过程中活化超电势控制与欧姆超电势控制的转变和欧姆超电势控制与浓差超电势控制的转变（图1.9）。那么，电

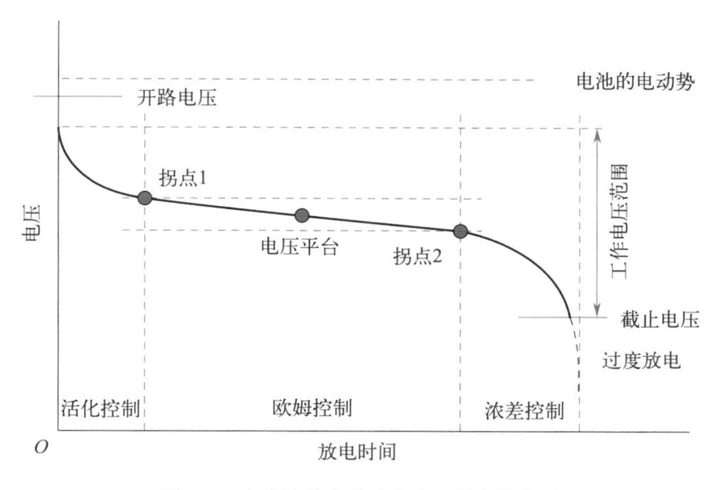

图 1.9　在电池放电曲线上表示的各种电压

压平台可用这两个拐点处的电压的中间值，或者两个拐点中间的范围值来表示。

在实际的电池充放电测试中，还有一个性能参数是放电时间，它指电池在充满电状态下，以一定的放电条件（如倍率和温度等）将电池放电至规定电压所用的时间。

中点电压指电池在充电或放电到一半容量时的电压，也被称为中值电压。一般来讲，放电时的中点电压越高代表电池储存的能量越高，使用的时间也就越久。中点电压和电压平台可能很接近。

由于终止电压和中值电压的读音很近，建议使用中点电压来称呼中值电压，使用截止电压来称呼终止电压。

1.4.6 电池内阻

电池内阻（internal resistance）指的是器件、材料或反应动力学等对电流流经电池时的阻碍作用，本质是不可逆地将电能消耗转换为热量。电池内阻大，电池放电时就会产生大量焦耳热，引起电池温度升高，导致电池放电工作电压降低，放电时间缩短，电池效率和热稳定性都会降低。所以要最大限度地获得电能，就要尽量减小电池内阻。

图1.9中表示了三类电池内阻，即电化学活化内阻、欧姆内阻和扩散内阻，分别反映了发生电化学反应、离子和电子传导电流及活性材料的离子接受或失去电子后的扩散等三种情形引起的阻力，相应地导致了三种超电势——活化超电势、欧姆超电势和浓差超电势，三种超电势的加和就是电池的超电压。

思维创新训练 1.15 根据电池内阻的起因，试着写出降低电池内阻的方法。

电池内阻在电池的充电和放电状态通常是不同的，也受电池荷电状态的影响。因此有时电池内阻被笼统地分为欧姆内阻和极化内阻，通过测量电化学阻抗和极化曲线，可以分别求得欧姆内阻和极化内阻。

1.4.7 电池效率

对电池充放电测试中的一些参数进行处理可以得到电池的效率，效率是衡量电池性能的重要指标之一。电池效率（efficiency of battery）包括库仑效率（coulombic efficiency，简写为CE）、电压效率（voltage efficiency，简写为VE）和能量效率（energy efficiency，简写为EE）等。其中，库仑效率也称为电流效率，指电池在同一充放电循环中的放电电量（$Q_{放}$）与充电电量（$Q_{充}$）的比值，当采用恒电流充放电时也可采用放电容量与充电容量的比值。电池的电量与电流和时间成正比［式（1.38）］。当采用同样的电流（$I_{恒}$）进行恒电流充放电时，电池的库仑效率为电池的放电时间（$t_{放}$）与充电时间（$t_{充}$）之比［式（1.39）］。电压效率指放电电压（$U_{放}$）除以充电电压（$U_{充}$）的值［式（1.40）］。能量效率通常反映从电池中获取的电能相对于充电过程中消耗的电能之比［式（1.41）］。

$$Q = It \tag{1.38}$$

$$\mathrm{CE} = \frac{Q_{放}}{Q_{充}} \times 100\% = \frac{I_{恒} t_{放}}{I_{恒} t_{充}} \times 100\% = \frac{t_{放}}{t_{充}} \times 100\% \tag{1.39}$$

$$VE = \frac{U_{放}}{U_{充}} \times 100\% \tag{1.40}$$

$$EE = VE \times CE \tag{1.41}$$

由于电池内阻的存在，电池在充电和放电过程中放出热量导致能量损失，因此电池的能量效率不会高于100%。内阻越大，电池的能量效率就越低。此外，电池内部的化学反应过程也会导致能量损失，这是由于电池的充放电反应不是完全可逆的。一般情况下，电池充放电过程中的能量效率还会受到环境温度、倍率的影响。环境温度越高，能量效率越低；放电倍率越高，能量效率越低。

1.4.8 寿命

1.4.8.1 循环寿命

蓄电池进行循环性能测试时，经历一次充电和放电过程为一个循环。一般通过测试多次循环后电池性能的保持情况来衡量蓄电池的寿命（durability/lifetime of battery）。循环寿命（cycle life）指电池在规定的充放电条件下进行充放电循环，到电池容量下降到某一规定值时的次数。循环寿命是针对特定充电和放电条件来进行评估的。电池的实际使用寿命受放电速率、放电深度、环境温度等条件的影响。放电深度的值越高，循环寿命越低。

1.4.8.2 容量保持率

容量保持率（capacity retention ratio）指电池在一定充放电循环次数后，其剩余容量与额定容量的比值，这也是衡量电池循环寿命的性能指标。当锂离子电池的容量随着充电和放电循环的过程降低到额定容量的70%时，所获得的充放电次数称为锂离子电池的循环寿命。锂离子电池循环寿命一般要求大于500次，1C条件下电池循环500次后容量保持率需在60%以上。

1.4.9 自放电率

电池在不工作（开路放置）时其容量会自发降低，这种现象称为电池的自放电。自放电一般可分为两种：可逆自放电和不可逆自放电。可逆自放电过程中发生的化学反应与正常放电一样，其损失的容量可以通过充电得到恢复。损失容量无法恢复的自放电为不可逆自放电，其主要原因是电池内部发生了不可逆反应，比如电池活性材料与电解液发生了反应。

自放电率（self-discharge rate），又称荷电保持能力，用来衡量电池在开路状态下所储存电量在一定条件下的保持能力，通过剩余电量与额定容量的百分比表示。自放电率是衡量电池性能的重要参数，主要受电池制造工艺、材料、储存条件等因素影响。国标《电动汽车用动力蓄电池电性能要求及试验方法》（GB/T 31486—2015）中规定锂离子电池和镍氢电池充满电存放28天后荷电保持率不低于初始容量的85%。

思维拓展训练 1.14 造成电池自放电的原因主要有哪些？

1.4.10 热失控

热失控（thermal runaway）指蓄电池在充放电过程中，由于各种原因引起电池急剧升温和产生气体，继而引起电池起火或爆炸。对于锂离子电池组，电池热失控往往从电芯内的负极固体/电解液界面分解开始，接着隔膜被熔化分解，导致负极与正极活性材料直接接触，发生严重的内部短路，温度继续上升造成电解液燃烧，使整个电池组剧烈燃烧甚至爆炸。

扫码获取
本章思维导图

第二篇

传统电源电化学

第2章 锌锰电池

2.1 概述

锌锰电池，全称为锌-二氧化锰电池，是应用最广泛的干电池。与其他一次电池相比，锌锰电池具有功率高、放电性能好、电池容量高、储存寿命长等优点。锌锰电池的历史非常悠久，于1866年由法国工程师莱克朗谢（Georges Leclanché）发明。经过150多年的发展，形式从湿电池到干电池，隔膜从氯化铵糊、纸板到高分子纤维膜，支持电解质从氯化铵、氯化锌到氢氧化钾，负极材料从含汞到无汞，锌锰电池在电池结构、电极材料、组装工艺和电池性能等方面均得到了极大改善。几乎所有用电要求为低压直流的设备和装置都可以使用锌锰电池作为电源，锌锰电池已成为使用最广、产量最大的一次电池。2021年，我国锌锰电池出口144.99亿只，占电池总出口量的41.37%；2022年，我国锌锰电池出口133.73亿只，占电池总出口量的33.86%。锌锰电池是我国各种电池中出口量最大的类型，其他类型出口占比均小于10%。

2.1.1 锌锰电池的发展历史

1866年，法国工程师莱克朗谢把插入氯化铵水溶液中的锌棒作为负极，把碳棒插在二氧化锰和碳粉混合物中作为正极，再把碳棒和混合物放入多孔陶杯，把陶杯浸入玻璃瓶盛放的氯化铵水溶液中，开发出了锌锰电池。这是第一个酸性锌锰电池，也是第一个锌锰湿电池。这种锌锰电池当时被称为锌碳电池，这个名字一直被使用到现在。由于电池采用了水溶液不便于使用，莱克朗谢便改进了设计，用氯化铵、氯化锌、石膏和水混合成的糊状物代替了溶液，把“湿”电池变成了干电池。因此，莱克朗谢被认为是干电池的发明人。1888年，德国科学家盖斯纳（Carl Gassner）将淀粉作为胶凝剂加入电解液中，大大提高了锌锰电池内部材料“干”的程度，为锌锰电池的方便使用和大规模生产奠定了基础。19世纪90年代，锌锰电池在全球范围内开始工业化生产。

进入20世纪后，为了改进锌锰电池的性能，工程师对电池材料和结构做了一系列改进。采用锌粉代替锌筒来提高负极活性材料的比表面积，同时还能解决锌片表面钝化后显著阻碍反应进行的问题。1923年，乙炔黑被用来代替石墨粉，使电池容量提高了40%～50%。1945年，天然二氧化锰被电解二氧化锰取代以提高正极活性材料的纯度，进一步提高了锌锰电池的放电性能。1942年，美国发明家鲁本（Samuel Ruben）开发了碱性锌-氧化汞纽扣电池，以克服第二次世界大战期间锌碳电池在恶劣气候下性能较差的问题，这种电池以紧凑的体积存储了更多的容量。因汞对人类生存环境的严重危害，锌-氧化汞电池后期被其他类型的电池逐渐取代。

1949年，美国天天电池公司（EVEREADY）工程师乌里（Lewis Urry），采用了氢氧化钾（或氢氧化钠）碱性电解液，同时在碱液中加入氧化锌以减缓锌的腐蚀，成功开发了碱性锌锰电池。碱性锌锰电池使用可再生纤维和聚烯烃类化合物制成的隔膜取代了糊状隔层和纸板隔膜；用铜钉和钢片分别取代锌筒和碳棒作为负极和正极集流体，因此使用了与酸性锌锰电池相反的电极结构，这种结构也是在1967年由乌里发明的。相反电极结构设计提高了二氧化锰的填充量，使正极活性材料的容量与负极活性材料相匹配。这些创新性的工作为碱性锌锰电池的发展奠定了基础，因此碱性电池在20世纪50年代得到了迅速的发展，将碱性锌锰电池推向了实用化。

由于人们对电池容量和使用寿命要求的提高，20世纪60年代开始研究多种锌合金作为负极活性材料，以提高电池性能。这个时期还开发了锌合金负极与其他金属正极的电池，如锌银电池和锌铜电池等。由于使用了锌粉和碱性电解液，锌锰电池在制造和使用中会带来爬碱、漏液等问题，因此在20世纪70年代主要通过对密封结构和密封材料进行改进来解决这些问题。

同在20世纪70年代，碱性锌锰二次电池开始受到关注。第一代碱性锌锰二次电池由美国联合碳化物公司（Union carbide corporation）和马洛里公司（Mallory battery company）于20世纪70年代初推出。但由于其放电深度浅、循环寿命短，没有实现商品化。

早期的锌锰电池由于采用了汞齐化锌粉，在20世纪80年代末主要进行了负极活性材料的降汞与去汞研发，通过使用代汞缓蚀剂和对锌进行合金化处理（用铝、铋和铟等）来进行。国外无汞锌粉研究较早，欧洲、美国、日本等在20世纪90年代初都实现了电池的无汞化，国际无汞锌粉市场基本被日本和欧洲的公司控制。我国于1997年规定，自2005年1月1日起禁止在国内生产汞含量大于电池质量0.0001%的碱性锌锰电池，自2006年1月1日起禁止在国内经销汞含量大于电池质量0.0001%的碱性锌锰电池。广州市虎头集团于2009年提交了《无汞全防糊式锌锰电池》发明专利，在行业中率先实现了无汞糊式锌锰电池的产业化。

到了20世纪90年代中后期，为了适应新型电器对大功率电池的需求，工程师对碱性锌锰电池在锌粉组成及用量、二氧化锰纯度和含量、电解液、缓蚀剂等各方面进行了优化，同时增大负极和正极的反应面积，这些措施较好地提升了碱性锌锰电池的高倍率放电性能。

进入21世纪后，高功率电器的使用对电池的高容量和大电流放电提出了更高要求，因此工程师仍在电极材料、电解质配方和结构设计上继续优化锌锰电池性能。无汞化、高功率、高容量仍然是锌锰电池的性能目标。锌锰电池的发展历程如图2.1所示。

思维创新训练 2.1 莱克朗谢发明的锌锰电池为什么被称为锌碳电池？

思维创新训练 2.2 早期的锌锰电池为什么自放电程度较高？为什么要对锌进行汞齐化？

2.1.2 锌锰电池的工作原理和基本结构

2.1.2.1 酸性锌锰电池的工作原理和基本结构

最初的锌锰电池用氯化铵（NH_4Cl）作为支持电解质，电解液呈现微酸性，因此被称为酸

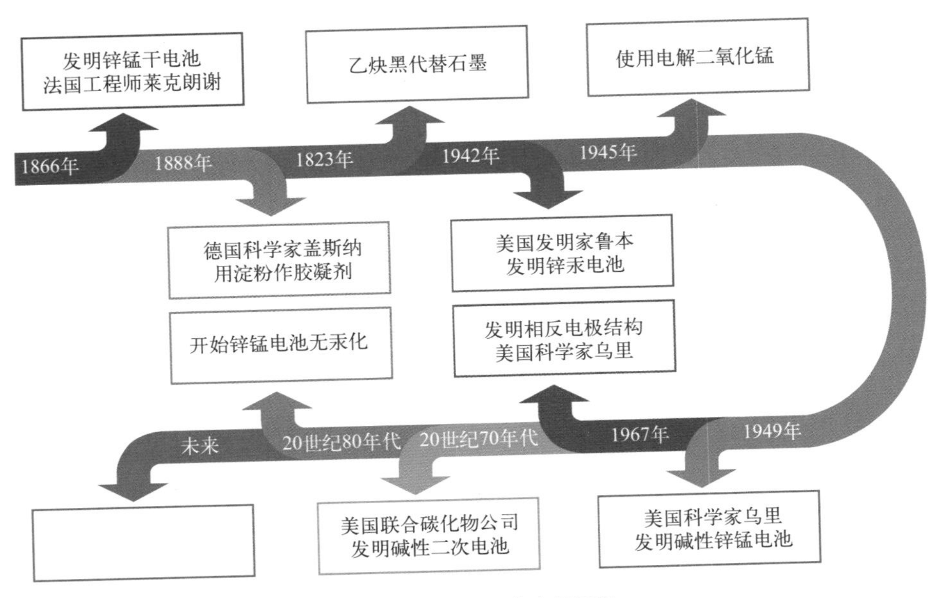

图 2.1　锌锰电池的发展历程

性锌锰电池，有时也被称为中性锌锰电池。该类型电池以金属锌（Zn）和氯化铵作为负极活性材料，二氧化锰（MnO_2）作为正极活性材料，其反应原理如图2.2所示。酸性锌锰电池的负极、正极和电池的放电反应式表示如下。

负极反应：$Zn+2NH_4Cl \longrightarrow Zn(NH_3)_2Cl_2 + 2H^+ + 2e^-$　（2.1）

正极反应：$2MnO_2 + 2H^+ + 2e^- \longrightarrow 2MnO(OH)$　（2.2）

电池反应：$Zn+2MnO_2+2NH_4Cl \longrightarrow 2MnO(OH)+Zn(NH_3)_2Cl_2$　（2.3）

在酸性体系中放电时，负极活性材料金属锌释放出电子被氧化为锌离子（Zn^{2+}），锌离子与氯化铵反应生成二氯化二氨合锌［$Zn(NH_3)_2Cl_2$］沉淀并释放出氢离子。电子经外电路到达正极，将正极活性材料二氧化锰中的Mn^{4+}还原为含Mn^{3+}的羟基氧化锰［MnO(OH)，矿物俗称为水锰矿］，完成整个放电过程。

图2.2还展示了酸性锌锰电池的基本结构。负极活性材料为金属锌片，锌片同时作为负极的集流体。正极活性材料是二氧化锰，通常使用碳棒作为集流体。电解液为氯化铵水溶液，向其中加入氯化锌、淀粉等添加剂后制成糊状，被称为电糊，电糊被用作电池的隔膜。

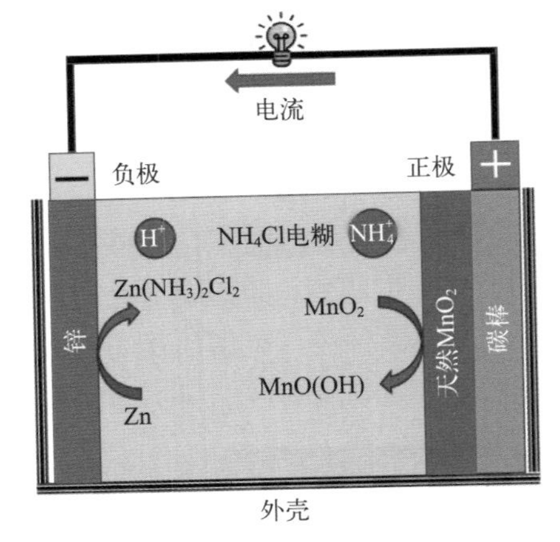

图 2.2　酸性锌锰电池的反应原理和基本结构示意图

思维创新训练 2.3　在酸性锌锰电池中，氯化铵除了作为导电的支持电解质外，还有什么作用?

2.1.2.2　碱性锌锰电池的工作原理和基本结构

碱性锌锰电池的负极活性材料采用锌粉，正极活性材料采用电解二氧化锰，以氢氧化钾水溶液作为电解液，氢氧化钾同时也参与放电反应。氢氧化钾的浓度一般为8 ~ 12mol · L^{-1}（质量分数为34% ~ 46%），并在其中溶解一定的氧化锌以减缓锌负极的自腐蚀。

碱性锌锰电池放电时可能发生的反应如下。

负极反应：

$$Zn+2OH^- \longrightarrow Zn(OH)_2 + 2e^- \quad (2.4)$$

正极反应：

$$2MnO_2 + 2H_2O+2e^- \longrightarrow 2MnO(OH)+2OH^- \quad (2.5)$$

电池反应：

$$Zn+2MnO_2 + 2H_2O \longrightarrow 2MnO(OH)+Zn(OH)_2 \quad (2.6)$$

放电过程中，负极活性材料金属锌释放出电子被氧化为Zn^{2+}，Zn^{2+}与OH^-结合生成氢氧化锌[$Zn(OH)_2$]。电子经外电路放电后到达正极，结合水分子中的氢离子将MnO_2还原成MnO(OH)。其反应原理如图2.3所示。

碱性锌锰电池的基本结构与酸性锌锰电池类似，负极活性材料为锌粉，正极活性材料使用电解二氧化锰。负极集流体使用锌片，正极集流体使用碳棒。与酸性锌锰电池的显著区别是使用了碱性电解液，一般用氢氧化钾作为支持电解质。另一个区别是使用了复合材料隔膜，同样的电池体积可比酸性锌锰电池容纳更多的活性材料。

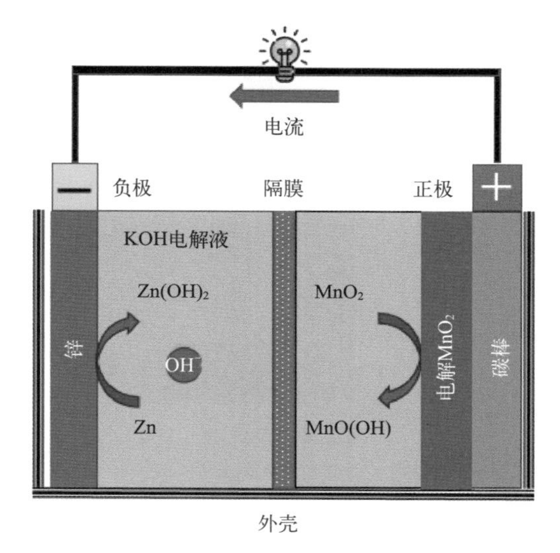

图 2.3　碱性锌锰电池的反应原理和基本结构图

2.1.3　锌锰电池的分类

锌锰电池按电解液pH可以分为碱性、酸性两类，由于酸性电池的电解液pH接近中性，有时也被称为中性电池。

按使用的隔膜类型可以将锌锰电池分为糊式电池、纸板电池和高分子隔膜电池。

糊式电池即传统的莱克朗谢电池，隔膜使用了较厚的以氯化铵为支持电解质的电糊。

纸板电池使用浆层纸作为隔膜。浆层纸是涂有电糊的牛皮纸。该类电池的特点是可以大电流放电。纸板电池又分为氯化铵型（简称铵型）纸板电池和氯化锌型（简称锌型）纸板电池。铵型纸板电池负极活性材料为锌，正极活性材料以天然二氧化锰为主，掺入一定量的电解二氧化锰。支持电解质与糊式电池相同，主要是氯化铵，加入少量氯化锌，电解液pH约5.4。铵型电池容量高，放电时间长。锌型负极活性材料也是锌，正极活性材料为电解二氧化锰。支持电解质主要是氯化锌，加入少量氯化铵，电解液pH约4.6。隔膜使用涂有改性淀粉的浆层纸。锌型电池为高功率电池，可以进行大电流连续放电。

高分子隔膜电池就是常见的碱性锌锰电池。

思维拓展训练 2.1　酸性锌锰电池为什么要采用糊式隔离层？与使用电解液相比具有哪些优缺点？

锌锰电池通常的外形有圆柱形、方形和纽扣形。

第一代锌锰干电池，即糊式锌锰电池，就使用了圆柱形的结构。圆柱形锌锰电池中把锌片冲制成圆筒状作为容器，同时也作为负极活性材料；正极活性材料为二氧化锰颗粒，与乙炔黑和电解液混合后制成圆柱形，插入石墨棒或碳棒作为集流体。在正极材料和负极材料锌筒之间，填充电糊作为隔离层（隔膜），锌筒上方采用沥青封口，其基本结构如图2.4所示。

碱性锌锰电池和酸性锌锰电池都有圆柱形结构，但二者内部结构完全不同。碱性电池在结构上采用了与酸性电池相反的电极配置，负极用锌粉代替锌片增大负极的反应面积，放置于电池的中心部位，二氧化锰糊则围绕在负极锌粉周围，正极材料与负极材料用很薄的隔膜隔开。这种结构可以比使用糊状隔离层有效增大正负极间的相对面积。由于酸性电池已经被使用几十年，电器中放置电池的极性位置都按照酸性电池来设计，因此碱性电池的外部极端配置型式与酸性电池是一样的，正极和负极活性材料的集流体分别通过导线连接外部极端，其基本结构如图2.5所示。

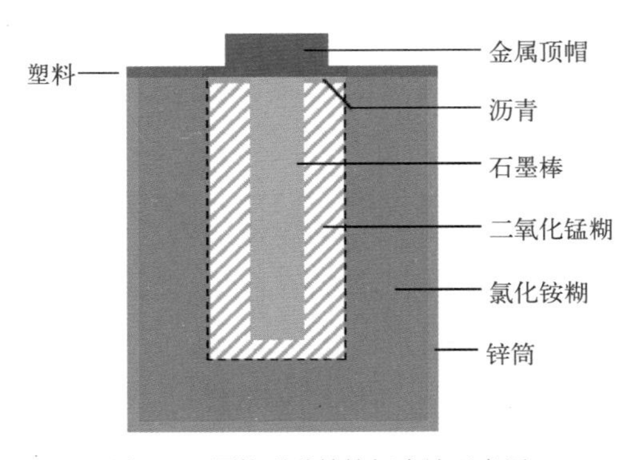

图 2.4　圆柱形酸性锌锰电池示意图

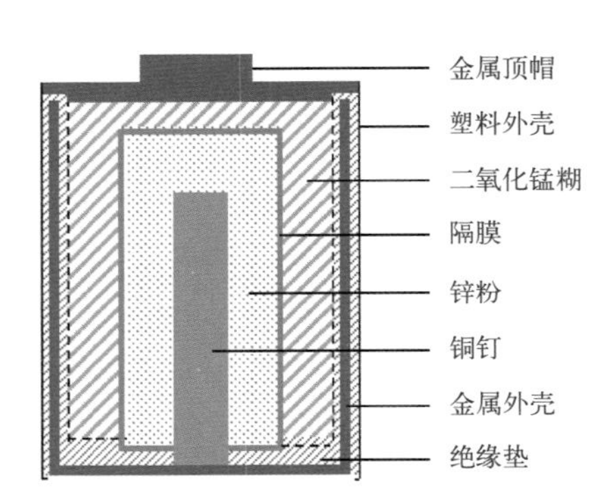

图 2.5　圆柱形碱性锌锰电池示意图

2.2　锌锰电池电化学

2.2.1　碱性锌锰电池电化学

2.2.1.1　负极材料电化学

干电池在应用时只有放电过程，即只经历锌负极材料的氧化过程。对于二次电池，放电过程和干电池一样，但是充电过程却不仅仅是化学上的逆过程，而是产生了新的问题。下面以电解液为10mol·L^{-1}（40%）KOH水溶液的电池为例，阐述锌负极的放电过程和充电过程。

（1）放电过程

在放电过程中，负极活性材料金属锌［图2.6（a）］首先被氧化为Zn^{2+}并结合4个OH^-生成可溶的锌酸根离子［$Zn(OH)_4^{2-}$，图2.6（b）］，反应过程如式（2.7）所示。

$$Zn + 4OH^- \longrightarrow Zn(OH)_4^{2-} + 2e^- \tag{2.7}$$

随着放电进行，电解液中锌酸根离子浓度逐渐升高。锌酸根离子在电解液中达到饱和后［图2.6（c）］，会在负极表面以氢氧化锌［$Zn(OH)_2$］或氧化锌（ZnO）沉淀的形式析出［图2.6（d）］，引起锌电极的钝化，抑制进一步放电反应，因此负极的放电能力会受到电解液浓度和使用量的影响。在碱性溶液中，金属锌氧化后表面沉淀的成分随碱性溶液中OH^-浓度不同

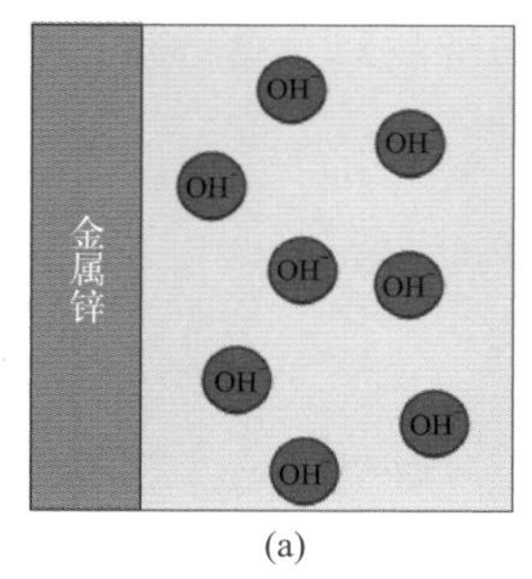

(a)

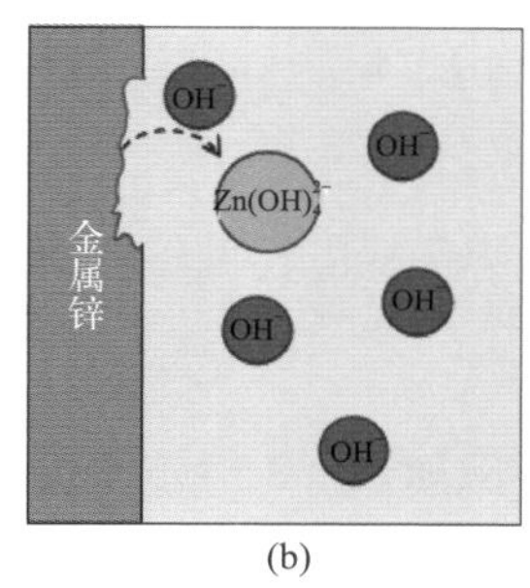

(b)

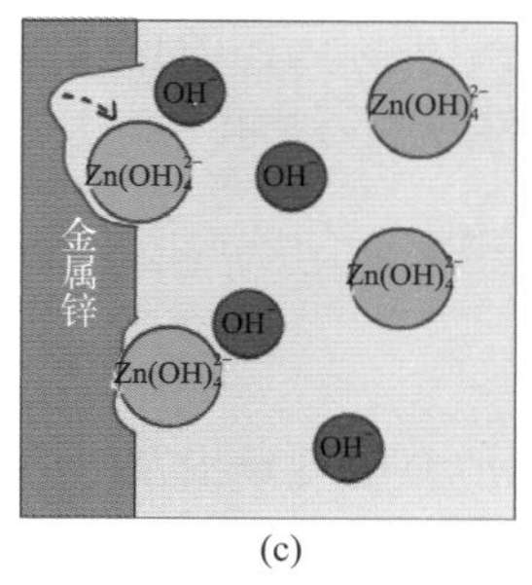

(c)

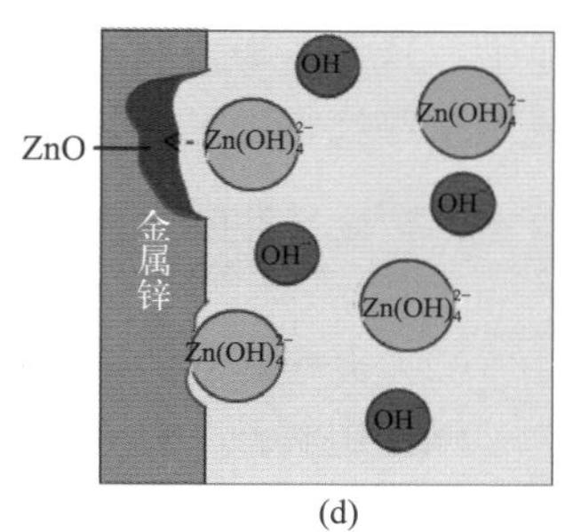

(d)

图 2.6 锌负极的放电过程示意图

(a) 放电前；(b) 锌溶解为锌酸根离子；(c) 锌酸根离子达到饱和；(d) 锌酸根沉积为氧化锌

而变化：当OH^-浓度较低（4 ～ 6.5mol · L^{-1}）时，沉淀主要成分为$Zn(OH)_2$［式（2.4）］；OH^-浓度较高（大于7.5mol · L^{-1}）时，沉淀主要成分为ZnO［式（2.8）］。此外，氢氧化锌在较低的温度下性质稳定，但温度高于35℃时其稳定性开始降低，会脱水生成氧化锌。商品化锌锰电池中的电解液一般浓度较高，为质量分数可达40% ～ 46%的KOH水溶液（物质的量浓度为10 ～ 12mol · L^{-1}）。

$$Zn+2OH^- \longrightarrow ZnO+H_2O+2e^- \tag{2.8}$$

根据式（2.7）得锌电极的电极电势为：

$$\varphi_{Zn(OH)_4^{2-}/Zn} = \varphi^{\ominus}_{Zn(OH)_4^{2-}/Zn} + \frac{RT}{nF}\ln\frac{a_{Zn(OH)_4^{2-}}}{a_{Zn}a^4_{OH^-}} \tag{2.9}$$

式中，$\varphi^{\ominus}_{Zn(OH)_4^{2-}/Zn}$为−1.199V（vs. SHE）。

根据式（2.8）得锌电极的电极电势为：

$$\varphi_{ZnO/Zn} = \varphi^{\ominus}_{ZnO/Zn} + \frac{RT}{nF}\ln\frac{a_{ZnO}a_{H_2O}}{a_{Zn}a^2_{OH^-}} \tag{2.10}$$

式中，$\varphi^{\ominus}_{ZnO/Zn}$为−1.260V（vs. SHE）。式（2.7）和式（2.8）的标准电极电势相差约0.06V，本书采用式（2.8）计算负极的电极电势。当KOH电解液浓度为10mol · L^{-1}，25℃时负极的电极电势为−1.319V（vs. SHE）。

在碱性环境中也可以发生析氢反应：

$$2H_2O+2e^- \longrightarrow H_2 +2OH^- \tag{2.11}$$

这个析氢反应的电极电势为：

$$\varphi_{H_2O/H_2} = \varphi^{\ominus}_{H_2O/H_2} + \frac{RT}{nF}\ln\frac{a^2_{H_2O}}{p_{H_2}a^2_{OH^-}} \tag{2.12}$$

式中，$\varphi^{\ominus}_{H_2O/H_2}$为−0.826V（vs. SHE）。当溶液中的$OH^-$浓度为10mol · L^{-1}时，$\varphi^{\ominus}_{H_2O/H_2}$为−0.885V（vs. SHE）。

所以在同一碱性溶液中，锌生成氧化锌的电极电势比析氢反应的电极电势要负，因此从热力学角度看这两个反应可以组成一个自发进行的电池反应，即锌氧化溶解和析出氢气可以相互促进。这个现象在锌锰电池中被称为锌的自腐蚀。由于自腐蚀会导致锌活性材料含量降低，因此对于锌锰电池的使用和储存是不利的。

思维创新训练 2.4 从电化学角度考虑，抑制锌负极的自腐蚀都有哪些手段？

（2）充电过程

碱性电解液中，锌锰电池充电时负极发生的反应如式（2.13）和式（2.14）所示。

$$ZnO+H_2O+2OH^- \longrightarrow Zn(OH)_4^{2-} \tag{2.13}$$

$$Zn(OH)_4^{2-}+2e^- \longrightarrow Zn+4OH^- \tag{2.14}$$

充电之前，放电过程中形成的氧化锌覆盖着负极表面［图2.7（a）］。氧化锌结合水分子和OH^-转变成锌酸根离子溶解在电解液中［图2.7（b）］，这一步不是电化学反应，是一个化学过程。锌酸根离子在电极表面获得来自正极的电子被还原为金属锌［图2.7（c）］，后面被还原的锌酸根离子优先在前面形成的锌金属上放电，成长为锌枝晶［图2.7（d）］。电池充电时，锌的还原沉积过程在电极表面并不均匀，突出部位的尖端会优先放电还原溶液中的锌离子，引起局部电流密度增大，使得这部位的锌生长更快，从而长成更大的锌枝晶。锌枝晶持续生长就会刺穿隔膜造成电池短路。如果充电电压过高，还可能在锌负极发生析氢副反应，生成的氢气造成电池内部压力上升，不可逆地消耗电解液，导致电池胀气，从而带来安全隐患。

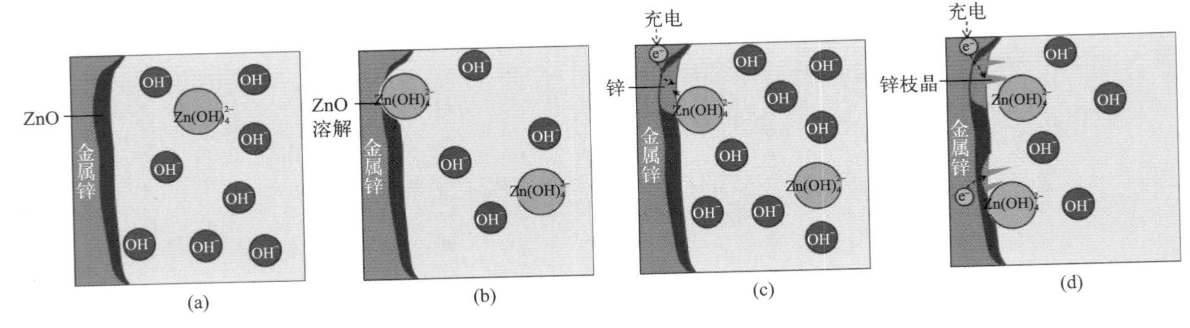

图 2.7　锌负极的充电过程示意图

（a）充电前氧化锌覆盖电极表面；（b）氧化锌溶解为锌酸根离子；（c）锌酸根离子接收电子被还原为金属锌；（d）氧化锌继续溶解，锌枝晶持续长大

在锌锰二次电池的充放电过程中，锌负极重复发生氧化溶解和还原沉积的过程，但是能看到这种溶解和沉积在电极表面上的行为不是可逆的。

思维拓展训练 2.2 请结合锌负极的充电反应方程简述锌枝晶的生长过程，并解释锌枝晶的生长对于电池性能具有哪些危害？

2.2.1.2　正极材料电化学

二氧化锰（MnO_2）是碱性锌锰电池的正极活性材料。二氧化锰是一种n型导电的半导体材料，因此导电性能远远比不上金属锌，所以正极反应过程不像负极锌的反应那样快速和充分。下面分别阐述放电和充电过程。

（1）放电过程

MnO_2的还原可分为两个阶段，在第一个阶段MnO_2被还原成MnO(OH)，在第二个阶段MnO(OH)被还原为$Mn(OH)_2$，大多数电池的放电过程只进行第一个阶段。其中第一阶段又可分两步进行。第一步是Mn^{4+}被还原为Mn^{3+}，以MnO(OH)的形式出现，两个MnO(OH)脱去一分子H_2O即变成Mn_2O_3，因此有时也以Mn_2O_3来表示这一步的反应产物；第二步是MnO_2晶粒内部的MnO_2继续被还原为MnO(OH)的过程，有歧化反应和氢离子扩散两种途径，其中在碱性电解液中通过氢离子扩散的方式进行。

① 第一阶段　MnO_2被还原成MnO(OH)，从化学式的变化可以看出这是一个加氢过程。虽然从化学式上看这个阶段的反应只是加入了1个氢离子，但是整个过程却不简单。目前，关于这一过程的反应机理有着不同的解释，其中氢离子扩散理论有着一定的合理性，这个还原过程如图2.8所示。

第一步：电解液中的H^+被吸附在固液界面处［图2.8（a）］。然后H^+进入MnO_2晶格与O^{2-}结合生成OH^-［图2.8（b）］，同时来自锌负极的电子经正极集流体碳棒和炭黑导电体到达MnO_2晶粒表面。电子将Mn^{4+}还原成Mn^{3+}［图2.8（c）］，生成MnO(OH)。电极上发生的电化学反应如式（2.5）所示。

第二步：H^+能从一个O^{2-}移动到相邻的另一个O^{2-}的位置上，移动的方向是从OH^-浓度较高的区域到OH^-浓度较低的区域［图2.8（d）］，最终的效果可以视为OH^-的移动。这种行为被称为氢离子扩散（也被称为固相质子扩散），扩散的推动力是OH^-的浓度梯度或氢离子的浓度梯度。放电开始后，相对于MnO_2晶粒内部，晶粒表面的H^+浓度（或OH^-浓度）较高，但晶粒内部仍然是大量的O^{2-}，H^+浓度很低。即表层中的H^+浓度大于内部，造成晶粒表层与晶粒内部的H^+浓度存在梯度，从而引起表层中H^+不断向内部扩散，并与内部的O^{2-}结合生成OH^-。由于电子和H^+不断向MnO_2晶粒内部移动，实际效果就是MnO(OH)不断向MnO_2晶粒内部转移［图2.8（e）］。

该过程的反应方程式可以简写为：

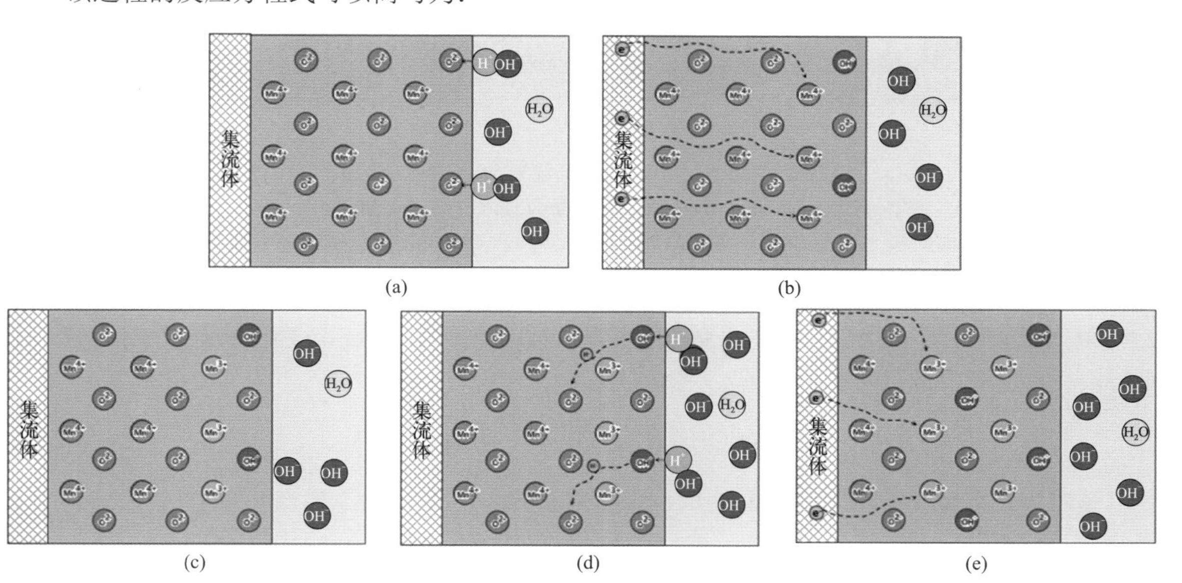

图2.8　二氧化锰在放电过程第一阶段的反应示意图

(a)放电前H^+吸附在MnO_2晶粒表面；(b)H^+与O^{2-}结合；(c)电子将Mn^{4+}还原成Mn^{3+}；(d)H^+持续向晶粒内部扩散；(e)Mn^{4+}持续被电子还原

$$2MnO_2 + H_2O + 2e^- \longrightarrow Mn_2O_3 + 2OH^- \tag{2.15}$$

因此，这个阶段正极的电极电势为：

$$\varphi_{MnO_2/Mn_2O_3} = \varphi^{\ominus}_{MnO_2/Mn_2O_3} + \frac{RT}{nF}\ln\frac{a^2_{MnO_2}a_{H_2O}}{a_{Mn_2O_3}a^2_{OH^-}} \tag{2.16}$$

式中，$\varphi^{\ominus}_{MnO_2/Mn_2O_3}$为0.187V（vs. SHE）。当KOH溶液浓度为10mol·L^{-1}，25℃时正极的电极电势为0.128V（vs. SHE）。

思维创新训练 2.5 为什么要在正极材料中加入乙炔黑和石墨粉?

② 第二阶段　固相MnO(OH)被进一步还原为另一种固相$Mn(OH)_2$。这一阶段通常被认为包含三个连续的步骤，其过程如图2.9所示。

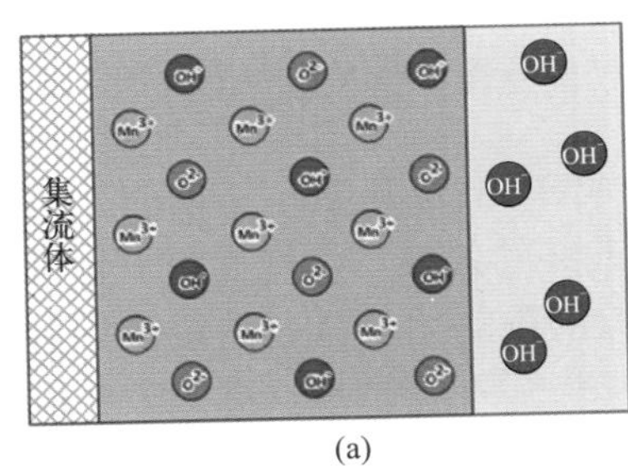

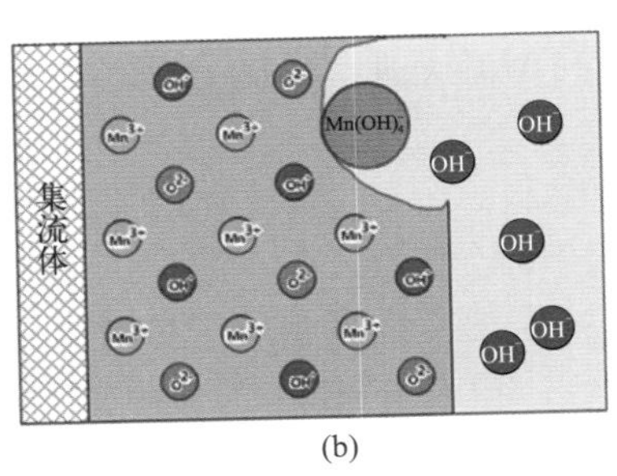

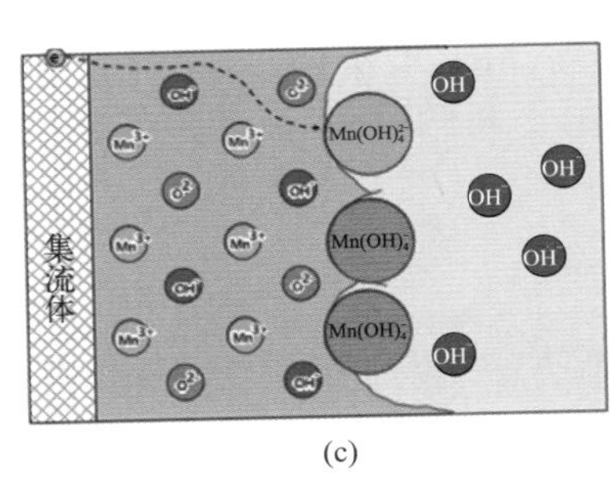

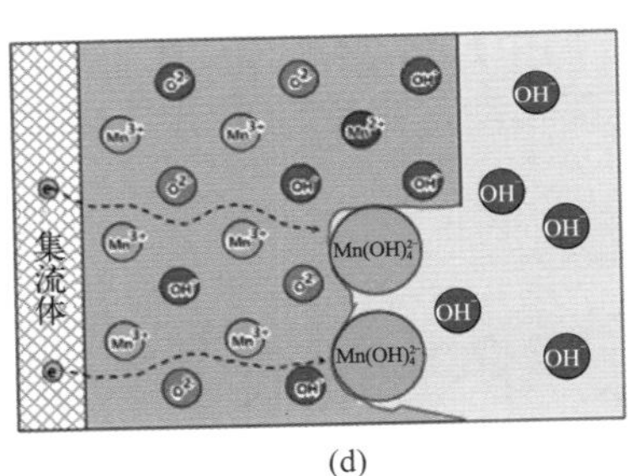

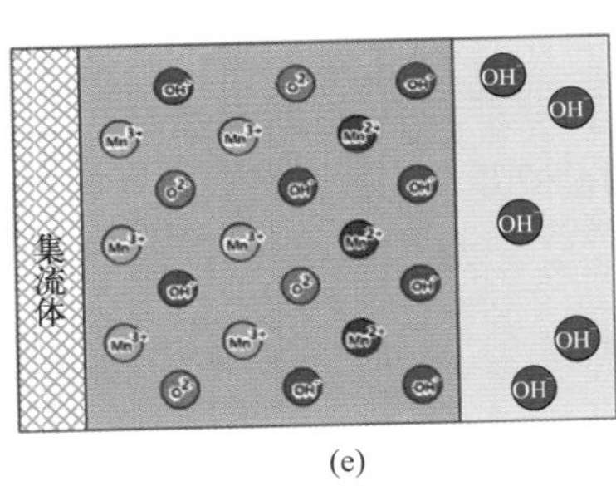

(a)　(b)　(c)　(d)　(e)

图 2.9　二氧化锰在放电过程第二阶段的反应示意图

（a）MnO_2已被还原为MnO(OH)；（b）MnO(OH)溶解为$Mn(OH)_4^-$；（c）$Mn(OH)_4^-$在固液界面被电子还原为$Mn(OH)_4^{2-}$；（d）$Mn(OH)_4^{2-}$饱和后沉淀为$Mn(OH)_2$；（e）MnO(OH)表面被完整覆盖$Mn(OH)_2$

第一步：Mn^{3+}从晶粒表面的MnO(OH)中以$Mn(OH)_4^{2-}$配位离子的形式溶解进入电解液［图2.9（a）］，这步不是电化学过程，只是化学溶解，如式（2.17）所示。由于MnO(OH)溶解，固液界面将向晶粒内部方向移动［图2.9（b）］。

$$MnO(OH) + H_2O + OH^- \longrightarrow Mn(OH)_4^- \tag{2.17}$$

第二步：$Mn(OH)_4^-$在固液界面处接收来自锌负极的电子被还原为$Mn(OH)_4^{2-}$［图2.9（c）］。这一步是电化学反应，如式（2.18）所示，这步对电池放电起到关键作用。

$$Mn(OH)_4^- + e^- \longrightarrow Mn(OH)_4^{2-} \tag{2.18}$$

该反应的电极电势为：

$$\varphi_{Mn(OH)_4^-/Mn(OH)_4^{2-}} = \varphi^{\ominus}_{Mn(OH)_4^-/Mn(OH)_4^{2-}} + \frac{RT}{nF}\ln\frac{a_{Mn(OH)_4^-}}{a_{Mn(OH)_4^{2-}}} \tag{2.19}$$

此处 $\varphi^{\ominus}_{Mn(OH)_4^-/Mn(OH)_4^{2-}}$ 取 $\varphi^{\ominus}_{Mn(OH)_3/Mn(OH)_2}$ 的值0.150V（vs. SHE）。

第三步：$Mn(OH)_4^{2-}$ 在电解液中饱和后在晶粒表面析出 $Mn(OH)_2$ 沉淀［图2.9（d）］。这个过程是化学过程，如式（2.20）所示。

$$Mn(OH)_4^{2-} \longrightarrow Mn(OH)_2 + 2OH^- \tag{2.20}$$

因此，碱性锌锰电池放电至第二阶段时，电池的标准电动势为1.410V。从式（2.19）也可以看出碱性锌锰电池在第二阶段放电时的电化学反应几乎不受pH变化的影响，并且输出电压已经低于电池的标称电压1.5V。

（2）充电过程

和负极活性材料充放电的过程相似，正极活性材料在充电过程的变化也不是放电过程的完全可逆。正极活性材料 MnO_2 在放电过程的第一阶段生成 $MnO(OH)$，它与 MnO_2 具有同样的晶格排列方式。由于晶体结构和原子位置没有发生明显变化，因此充电过程中 $MnO(OH)$ 中的 Mn^{3+} 很容易被氧化为 Mn^{4+}，同时 OH^- 也转变为 O^{2-}，从而恢复为 MnO_2。

但放电到第二阶段时，发生的是材料溶解再沉积，这个过程的第三步中会生成 Mn_3O_4 等与 MnO_2 不同的晶体结构。因此第二阶段充电和放电的可逆性极其不好。为了保证碱性锌锰二次电池的寿命，一定不能深度放电。一般放电量达到总容量的三分之一时就要停止。在碱性锌锰二次电池中一般采用限制负极锌用量的方法将电池的放电容量控制在可逆程度。

2.2.2 酸性锌锰电池电化学

2.2.2.1 负极材料电化学

酸性锌锰电池中典型的支持电解质为 NH_4Cl 或者 $ZnCl_2$ 以及两者的混合物［图2.10（a）］。金属锌在酸性溶液中的电化学氧化过程与在碱性环境中生成锌酸根离子相比较为简单，直接生成锌离子［式（2.21）］，如图2.10（b）所示。

$$Zn \longrightarrow Zn^{2+} + 2e^- \tag{2.21}$$

Zn^{2+} 在酸性氯化铵电解液中进一步反应生成 $Zn(OH)_2$［式（2.22），图2.10（c）］，脱水生成 ZnO［式（2.23），图2.10（d）］，氧化锌与氯化铵反应生成二氯化二氨合锌 $Zn(NH_3)_2Cl_2$ 沉淀［式（2.24），图2.10（e）］。这三步都属于化学反应，没有发生电化学氧化或还原。

$$Zn^{2+} + 2H_2O \longrightarrow Zn(OH)_2 + 2H^+ \tag{2.22}$$

$$Zn(OH)_2 \longrightarrow ZnO + H_2O \tag{2.23}$$

$$ZnO + 2NH_4Cl \longrightarrow Zn(NH_3)_2Cl_2\downarrow + H_2O \tag{2.24}$$

反应产物二氯化二氨合锌难溶于水，生成后覆盖在未反应的金属锌表面，增加了内部的锌失去电子发生氧化反应的阻力。在电池放电过程中，NH_4^+ 提供一个氢离子给正极活性材料 MnO_2 使其变成 $MnO(OH)$，自身变成 NH_3，NH_4^+ 和 NH_3 在电解液中保持动态平衡。当电解液的

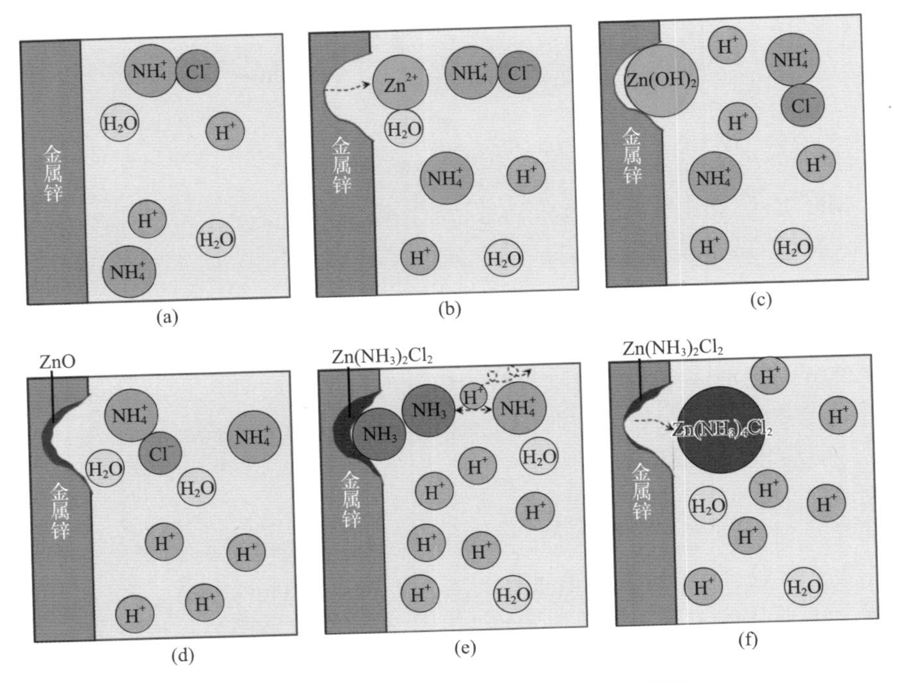

图 2.10　酸性电解液中锌负极的放电过程示意图

（a）放电前；（b）锌溶解为锌离子；（c）锌离子和水反应生成氢氧化锌；（d）氢氧化锌脱水生成氧化锌；（e）氧化锌和氯化铵反应生成二氯化二铵合锌沉积在锌极表面；（f）二氯化二铵合锌与溶解的氨反应生成可溶的二氯化四铵合锌

pH增大到8～9时，$Zn(NH_3)_2Cl_2$会与NH_3结合转化为可溶性的二氯化四氨合锌［$Zn(NH_3)_4Cl_2$］而溶解［式（2.25），图2.10（f）]：

$$Zn(NH_3)_2Cl_2+2NH_3 \longrightarrow Zn(NH_3)_4Cl_2 \tag{2.25}$$

由式（2.21）得锌电极的电极电势为：

$$\varphi_{Zn^{2+}/Zn}=\varphi^{\ominus}_{Zn^{2+}/Zn}+\frac{RT}{nF}\ln\frac{a_{Zn^{2+}}}{a_{Zn}} \tag{2.26}$$

式中，$\varphi^{\ominus}_{Zn^{2+}/Zn}$为−0.762V（vs. SHE)。可见负极的电极电势主要受到Zn^{2+}活度的影响。当Zn^{2+}浓度小于$1mol \cdot L^{-1}$时，电极电势负于标准电极电势；当Zn^{2+}浓度高于$1mol \cdot L^{-1}$时，电极电势正于标准电极电势。随着放电反应的进行，电解液中Zn^{2+}浓度越来越高，电极电势变得越来越正。电池放电到某一程度，当Zn^{2+}活度为$0.1mol \cdot L^{-1}$时，负极的电极电势为−0.792V（vs. SHE)。

与在碱性电解液中不同，发生析氢反应时酸性电池内氢气的来源是氢离子［式（2.27)]，不是碱性电池中的H_2O［式（2.11)]。

$$2H^+ + 2e^- \longrightarrow H_2 \tag{2.27}$$

则析氢反应的电极电势为：

$$\varphi_{H^+/H_2}=\varphi^{\ominus}_{H^+/H_2}+\frac{RT}{nF}\ln a^2_{H^+} \tag{2.28}$$

式中，$\varphi^{\ominus}_{H^+/H_2}$为0.000V（vs. SHE)。当pH = 5时，φ_{H^+/H_2}为0.295V（vs. SHE)。

在标准状态下，Zn^{2+}/Zn的电极电势比H^+/H_2电极电势负0.762V。即使在pH=5的弱酸性条件下，Zn^{2+}/Zn的电极电势比H^+/H_2电极电势负0.467V。从热力学角度看这两个反应仍然可以组成一个自发进行的电池反应，锌氧化溶解和析出氢气可以相互促进。因此在酸性溶液中一样可能发生锌的析氢腐蚀。

2.2.2.2 正极材料电化学

酸性锌锰电池中正极的放电过程也分为两个阶段进行。第一阶段的反应过程与在碱性电解液中相同，MnO_2被还原为MnO(OH)，已在前面2.2.1.1节中进行详细介绍，这一阶段的反应也是锌锰电池工作时主要发生的反应。

在酸性电解液中，当第一阶段反应结束时，该电极反应总的方程式可写为：

$$2MnO_2 + 2H^+ + 2e^- \longrightarrow Mn_2O_3 + H_2O \tag{2.29}$$

在第一阶段正极的电极电势为：

$$\varphi_{MnO_2/Mn_2O_3} = \varphi^{\ominus}_{MnO_2/Mn_2O_3} + \frac{RT}{nF}\ln\frac{a^2_{MnO_2}a^2_{H^+}}{a_{Mn_2O_3}a_{H_2O}} \tag{2.30}$$

式中，$\varphi^{\ominus}_{MnO_2/Mn_2O_3}$为1.014V（vs. SHE）。能明显看出正极的电极电势受到H^+活度的影响。随着放电进行，正极反应消耗的H^+越来越多，电解液pH会增大，电极电势变得越来越负。电池放电到某一程度，比如pH为5时，正极的电极电势为0.719V（vs. SHE）。

第二阶段不同于在碱性电解液中发生的氢离子扩散过程，在酸性电解液中发生MnO(OH)的歧化反应，生成含Mn^{4+}的MnO_2和Mn^{2+}，如式（2.31）所示。

$$2MnO(OH) + 2H^+ \longrightarrow MnO_2 + Mn^{2+} + 2H_2O \tag{2.31}$$

pH变小时，歧化反应速率加快。pH值小于2时，MnO_2被还原的最终产物是Mn^{2+}；pH值在3～7间时，电解液中溶解有Mn^{2+}，但晶粒表面还存在MnO(OH)。由于MnO(OH)的生长和Mn^{3+}的歧化反应都需要氢离子参与，所以两个过程可以同时进行，但MnO(OH)的生长更占优势。

由于MnO_2也具有氧化性，所以还可能从电解液中的NH_4^+上夺走一个氢离子，自己被还原为MnO(OH)，反应方程如式（2.32）所示。这个过程不会影响放电效果，但是可能导致电池内部积累氨气。

$$MnO_2 + NH_4^+ + e^- \longrightarrow MnOOH + NH_3 \tag{2.32}$$

知识拓展2.1

歧化反应指反应中同一分子内部处于同一价态的元素同时发生氧化和还原反应，该元素的一部分被氧化，另一部分被还原，因此反应后该元素的化合价既有上升又有下降。比如氯气溶于水时一个氯原子被氧化，另一个氯原子被还原，生成含+1价氯的次氯酸和含-1价氯的盐酸。有机反应中也会发生歧化，如以意大利化学家坎尼扎罗（Stanislao Cannizzaro）命名的反应，坎尼扎罗在1895年用草木灰处理苯甲醛，得到了苯甲酸和苯甲醇。

酸性锌锰电池在长时间停止放电或存储期间，正极材料中的MnO(OH)极可能发生歧化反应，损坏正极材料，缩短电池寿命。为了减少这些影响，可以缩短停止放电或存储时间。

2.3 电极材料

2.3.1 负极材料

锌具有很高的体积容量密度（$5855mA \cdot h \cdot cm^{-3}$）和质量容量密度（$820mA \cdot h \cdot g^{-1}$）。锌具有较低的标准电极电势［−0.760V（vs. SHE)］。此外，锌的导电性良好，电阻率为$5.9\mu\Omega \cdot cm$。因此，锌是化学电池中一种较为优秀的负极活性材料，是制造锌锰干电池负极的主要材料。

锌作为电池的负极活性材料也存在着一些缺点。首先就是锌负极的自腐蚀（自放电）问题。无论在碱性电解液还是酸性电解液中，由于锌的氧化反应的标准电极电势比析氢反应的标准电极电势都要负，因此这两个反应可以组成一个自发进行的电池反应，促进电池的自放电和析出氢气，使用过程中可能出现电池膨胀现象，严重时会出现爆炸。锌用于二次电池的负极活性材料时，在充放电过程中易出现表面钝化和生长枝晶等问题，导致电池性能迅速降低或电池失效。这部分内容已在第2.2.1.1节和2.2.2.1节进行了详细阐述。

锌负极有锌筒、锌片和锌粉几种形式，其中锌筒用于酸性锌锰电池，锌片用于方形锌锰电池，而锌粉用于碱性锌锰电池。为了提高锌的抗自腐蚀等性能，还可以对锌进行合金化处理，合金化添加的主要金属元素包括镉、铅、铟等。镉、铅、铟具有较高的析氢超电势，可减缓锌的自放电，还可降低表面接触电阻。此外，镉还能提高锌的强度，铅增加锌的延展性。要注意锌中要避免铜、铁、镍等杂质，这些金属元素会降低析氢超电势，促进电池在放置时的自放电。

思维创新训练 2.6 从热力学角度分析在碱性锌锰干电池中，析氢反应与锌自腐蚀是互相促进的。

2.3.2 正极材料

二氧化锰是锌锰电池的正极活性材料，它的来源和晶型等对电池性能有很大的影响。电池工业上使用的MnO_2（常被称为锰粉）有四种，即天然锰粉（natural manganese dioxide，简写为NMD）、电解锰粉（electrolytic manganese dioxide，简写为EMD）、活化锰粉和化学锰粉，主要以前两种为主。天然锰粉又分为软锰矿和硬锰矿。软锰矿一般主要是β-MnO_2，MnO_2含量为70%～75%，活性较差。硬锰矿的晶型多属于α-MnO_2，活性也较差。电解锰粉纯度高，基本上是γ-MnO_2，有害杂质少，化学活性强。

二氧化锰的基本结构单元是由1个锰原子与6个氧原子配位形成的八面体，即［MnO_6］八面体单元（图2.11)。［MnO_6］八面体与相邻的八面体通过共用角顶和棱就可以形成多种多样的密堆积形式，不同的密堆积形式使得二氧化锰呈现出各种晶体结构。锌锰电池正极活性材料中常见的二氧化锰晶体结构有α-MnO_2、β-MnO_2、γ-MnO_2和R-MnO_2等（图2.12），这些晶体的

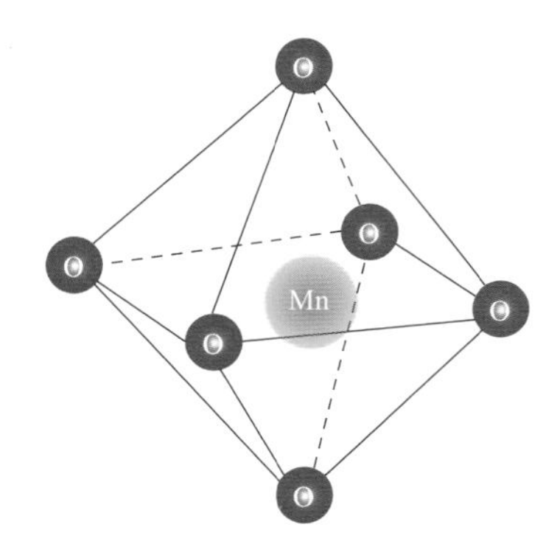

图 2.11 ［MnO_6］八面体结构单元

共同特征是［MnO_6］八面体通过共用角顶和棱在晶体中搭建了不同形式的隧道结构。不同的隧道结构导致了不同的电子传递路径和氢离子扩散路径，因而也表现出不同的储电机理和电池性能。隧道可以用[$m\times n$]的方式来表示，m为隧道的高度，n为隧道的宽度。

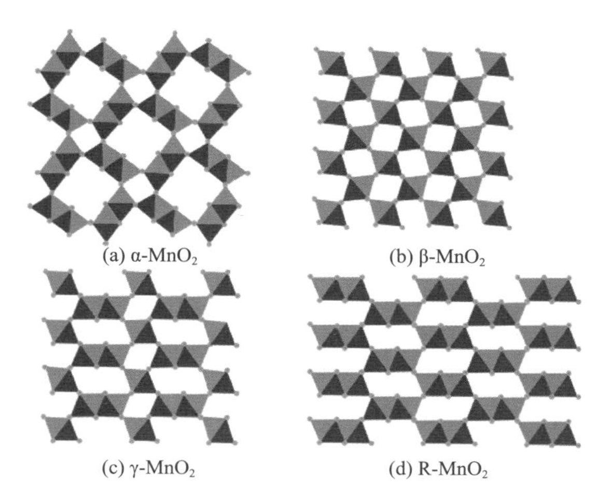

图 2.12 不同晶体结构的 MnO_2 示意图

α-MnO_2是硬锰矿的主要成分，显著特点是晶体结构中含有宽大的［2×2］隧道［图2.12（a）］。α-MnO_2晶体结构中，两个［MnO_6］八面体单元通过共棱方式形成双链，四个双链通过共用角顶的方式形成［2×2］的隧道结构。这种宽大的隧道可以容纳K^+、Na^+和NH_4^+等阳离子和水分子。因此，在锌锰电池充放电的过程中，阳离子和水分子将通过这些宽大的［2×2］隧道进出（插入和脱出）二氧化锰晶体，所以会影响晶体结构的稳定，从而给电池的容量和循环性能带来不利影响。如图2.12（a）所示，α-MnO_2晶体结构同时还存在［1×1］的隧道结构。

β-MnO_2是软锰矿中的主要成分，它具有金红石（TiO_2）结构。β-MnO_2是热力学上最稳定且结构最致密的二氧化锰。在β-MnO_2晶体结构中，［MnO_6］八面体通过共用棱形成八面体单链，这些单链再通过共用角顶形成［1×1］隧道结构［图2.12（b）］。

γ-MnO_2是在天然的六方锰矿（nsutite）中发现的，可以通过化学法或电解法制备。化学法制得的常被称为化学二氧化锰（chemical manganese dioxide，简写为CMD），电解法制得的被称为电解二氧化锰（EMD）。γ-MnO_2的晶体结构中包含［1×1］隧道和［2×1］隧道，通过［MnO_6］八面体单链和双链交替连接角顶组成［图2.12（c）］。γ-MnO_2的晶体结构中［1×1］隧道和［2×1］隧道交替排布的无序性，使得晶体中出现大量的堆垛层错、非化学计量化合物等缺陷，从而使γ-MnO_2在水性电解液中具有良好的性能。γ-MnO_2是锌锰电池中应用最多的正极活性材料。

R-MnO_2是斜方锰矿，晶体结构与β-MnO_2相似，晶体中由［MnO_6］八面体形成的双链通过共用角顶的方式连接后形成［1×2］隧道结构［图2.12（d）］。R-MnO_2的结构在热力学上不稳定，在天然矿物中含量极少。R-MnO_2在碱性或中性电解液中的放电性能差，因此较少用于锌锰电池的活性材料。

除了活性材料，正极材料中还包括一些重要的辅助材料，如石墨和乙炔黑等。石墨的作用是加强对活性材料的电子传递和储存电解液。石墨有显晶型（鳞片状石墨）和隐晶型（土状石墨）两种，它不参与电化学反应，主要是靠自身良好的导电性在集流体和锰粉间传导电子，降低整个电池的内阻。此外，由于石墨的多孔性，它会吸收一定量的电解液，从而加强锰粉在放电过程中的利用率。乙炔黑在正极中起的作用与石墨类似，主要是导电和储液。但是乙炔黑的颗粒比石墨小很多，是极细的粉末，平均粒径在30～45nm，比表面积55～70$m^2\cdot g^{-1}$，乙炔黑的分散性和吸水性都好于石墨，因此将两种材料配合使用可有效提高导电性，降低电池内阻。

2.3.3 隔膜材料

隔膜主要起到阻隔正极和负极接触的作用，同时保证导电离子顺利通过，因此在不同形式的锌锰电池中采用了不同材料的隔膜。糊式电池的隔膜是电糊，锌型、铵型纸板电池的隔膜是浆层纸，碱性电池的隔膜是高分子复合膜。

在锌锰电池的发展历史中已讲过，莱克朗谢最初发明的电池使用了氯化铵水溶液，不便于使用。因此后来用混合了氯化铵、氯化锌、石膏和水的糊状物代替电解液，把“湿”电池变成了干电池。这样的糊状物就具有了现在隔膜的效果，通常被称为电糊。电糊的主要成分一般包括支持电解质（NH_4Cl和$ZnCl_2$）、稠化剂和缓蚀剂。氯化铵是主要的支持电解质，它会补充放电过程中由于正极的还原反应消耗掉的氢离子。一般在正极材料中也加入一定的氯化铵颗粒，以补充放电过程中电解液中减少的氯化铵。氯化锌的主要作用是减缓锌活性材料的自腐蚀。稠化剂面粉和淀粉的作用主要是吸收电解液后成为正极和负极间的固态隔离层，提高电池的可移动性。面粉比淀粉的黏性好，黏附效果好，在使用过程中两者要合理搭配后才能发挥更好的作用。

锌型、铵型纸板电池的隔膜是浆层纸。为了减小糊式电池正极和负极间的距离，使用了涂有一薄层浆料的纸板作为电池隔膜，这使得电池正负两极间的距离可减小到0.15～0.20mm。和使用电糊隔层的电池相比，使用纸板隔膜增加了正极活性材料的填充空间，提高了电池的容量。制造浆层纸的纸板一般使用牛皮纸或电缆纸。使用聚乙烯醇（PVA）、甲基纤维素（MC）、羧甲基纤维素（CMC）和改性淀粉等亲水性材料，加入适量的水配制成浆料，用喷涂、刮涂或滚涂等方式把浆料均匀地涂覆在纸板上，然后在一定温度下烘干，就制得了浆层纸隔膜。

在碱性锌锰电池中，由木质纤维和棉质纤维制造的纸板在强碱性条件下会分解，从而降低电池性能或使电池失效。木质纤维和棉质纤维的主要成分都是纤维素，它的分子链上含有许多亲水性—OH基团，这些羟基通过氢键与碱性电解液中的阳离子发生相互作用，导致纤维素分子链的解聚和脱水反应。如果电池反应中生成了强氧化性的氧离子，氧离子会引起纤维素分子链的断裂和降解，导致电池隔膜的失效。因此现代的碱性锌锰电池采用了高分子复合隔膜，这种隔膜通常由改性木质纤维制造，并加入了能大幅提高隔膜强度和寿命的耐碱高分子纤维。高分子复合隔膜由主隔膜和辅助隔膜组成。主隔膜起到隔离正负极和抗隔膜氧化的作用，一般采用聚乙烯接枝丙烯酸膜、聚乙烯接枝甲基丙烯酸膜、聚四氧乙烯接枝丙烯酸膜等。辅助隔膜起储存电解液作用，一般采用尼龙毡、维纶无纺布、过氯乙烯无纺布等。

使用高分子复合隔膜时，主隔膜需面对正极，辅助隔膜面对负极。碱性锌锰电池的隔膜需要满足以下要求：隔膜中的微孔要保证离子顺利通过；隔膜纤维的粗细长短分布均匀，在使用过程中尺寸稳定，以保证电池放电性能稳定；隔膜中金属杂质含量不能超标，以避免引起自放电及析氢。碱性锌锰电池的隔膜还要具有适宜的抗张强度、挺度及吸碱速度、满足连续生产等性能。

2.4 锌锰电池性能参数

2.4.1 典型的放电曲线

由2.2.1节可知，碱性锌锰电池主要在第一阶段放电，总的电池反应可写为式（2.33），电池电压的能斯特方程为式（2.34）。

$$2MnO_2+Zn \longrightarrow Mn_2O_3+ZnO \tag{2.33}$$

$$U=U^{\ominus}-\frac{RT}{nF}\ln\frac{a_{Mn_2O_3}a_{ZnO}}{a_{MnO_2}^2 a_{Zn}} \tag{2.34}$$

因此，根据式（2.10）和式（2.16）可求出碱性锌锰电池的标准电动势 $U^{\ominus}$ 为1.447V。假设 $Zn(OH)_4^{2-}$ 浓度和 $Mn(OH)_4^{2-}$ 浓度为 $1mol \cdot L^{-1}$，不管电解液中KOH浓度如何变化，电池的电动势仍然保持在1.447V，即碱性锌锰电池的放电电压主要受到反应过程中 $Zn(OH)_4^{2-}$ 浓度和 $Mn(OH)_4^{2-}$ 浓度的影响。商用的碱性电池开路电压范围在1.5～1.8V。随着放电进行，$\ln \frac{a_{Mn_2O_3} a_{ZnO}}{a_{MnO_2}^2 a_{Zn}}$ 项的值不断变大，放电电压越来越低。

图2.13展示了同样规格的碱性锌锰电池和酸性锌锰电池的恒电阻放电曲线（22℃，3.9 Ω）。可以看出这两种电池随着放电进行电压持续下降，但碱性锌锰电池电压的下降速率比酸性锌锰电池电压的下降速率慢，即碱性电池的高倍率放电能力比酸性锌锰电池好，并且大电流连续放电容量也可达到酸性锌锰电池的数倍。碱性锌锰电池的优异放电性能使其应用范围非常广泛，尤其适合高功率的电器使用。

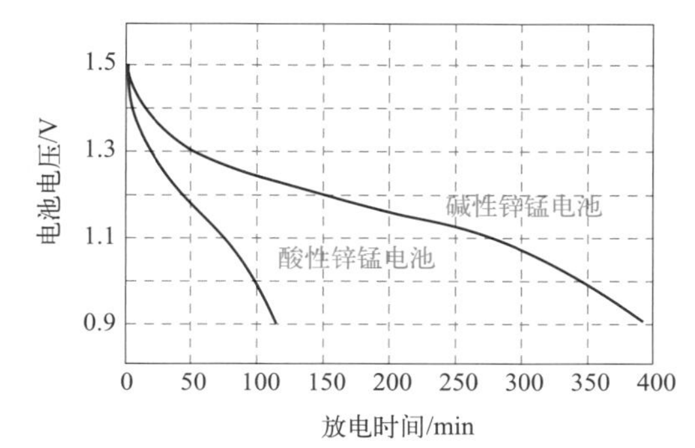

图 2.13　碱性锌锰电池与酸性锌锰电池放电曲线对比图

酸性锌锰电池中负极电势主要受电解液中 Zn^{2+} 浓度影响，因此电解液中所用 $ZnCl_2$ 的浓度会影响负极电势。锌锰电池中所使用的正极活性材料二氧化锰的晶型种类和纯度、辅料的成分和配比、电解液的成分和浓度、环境温度等因素都会影响正极电势。在放电过程中，正极活性材料 MnO_2 逐渐转化为MnO(OH)，因此正极电极电势持续变负，而负极侧电解液中 Zn^{2+} 浓度逐渐升高，因此负极电极电势持续变正，所以放电时电池的工作电压不断降低。放电电流增加时，正极和负极的活化超电势以及欧姆超电势也显著增大，因此电池工作电压下降明显。

由于碱性锌锰电池采用了高纯度的电解锰粉作为正极活性材料、高比表面积的锌粉电极结构和良好离子导电能力的氢氧化钾溶液，碱性锌锰电池的高倍率放电能力远好于酸性锌锰电池，并且高倍率放电时电池的工作电压下降速率也较慢。

锌锰电池在间歇性放电时具有电压恢复的特性。电池在放电时工作电压逐渐下降，而在停止放电后经过一段时间电压又有所回升。间歇性放电时电压恢复的现象主要是由正极活性材料 MnO_2 引起的。放电过程中 MnO_2 被还原的产物MnO(OH)将覆盖在电极表面，导致电荷转移困难，活化超电势和欧姆超电势增加，电压下降。放电停止后，MnO_2 不再被还原生成MnO(OH)，但是 MnO_2 晶粒表面的MnO(OH)将会溶解在电解液中［式（2.17）］，即活性材料中的MnO(OH)浓度下降，所以电池电压将有所回升。这种特性使得锌锰电池更适合以间歇方式放电，尤其当电池进行较大倍率放电时，工作电压下降明显，停止放电一段时间后电压将显著回升，继续进行高倍率的放电。因此锌锰电池适用于以间歇方式供电的电器，如剃须刀、闪光灯、手电筒、电动牙刷、遥控器、电动玩具等。

2.4.2　电池内阻

上一节中活化超电势和扩散超电势的来源都是锌锰电池的极化内阻。除了极化内阻，锌锰电池的内阻还包含欧姆内阻。锌锰电池的欧姆内阻主要由电池的引线、正极和负极电极材料、电解液、隔膜等的本体电阻及各部分间的接触电阻引起。因此，欧姆电阻的大小与电池所用材料的性质和电池装配工艺紧密相关，是电池材料和电池工艺的综合反映。欧姆内阻与放电时的电流密度大小无关。欧姆内阻的大小会很大程度上影响电池的大电流放电性能，是衡量电池性能的一个重要指标。电池的种类不同，欧姆内阻不同。铅酸电池的欧姆内阻大约为几毫欧，而酸性锌锰电池的欧姆内阻可达几百毫欧，碱性锌锰电池的欧姆内阻则为几十毫欧。

2.4.3 电池容量

电池的实际容量主要与两方面因素有关，一是活性材料的填充量，二是活性材料的利用率。活性材料的量越多，电池放出的容量就越高；活性材料的利用率越高，电池放出的容量也越高，而且电池尺寸越小，活性物质的利用率越低，因此，提高电池的容量通常从这两方面着手。碱性锌锰电池容量的大幅度提高就是这两种措施共同作用的结果。

在负极侧，通过提高锌膏中锌的比例、增加锌膏注入量、使用添加剂等措施，负极活性材料的填充量和利用率获得提高。在正极侧，将镀镍钢壳的厚度从0.30mm降低到0.25mm，则LR6型（5号）碱锰电池正极材料的体积可从3.2cm^{3}增加到3.3cm^3，使得正极活性材料填充量增加3%。目前，南孚电池已经将钢壳厚度降低到0.16mm。使用比表面积更大、粒度更小的膨胀石墨，一方面可以减少石墨用量，增加MnO_2的填充量，另一方面，石墨与MnO_2接触性能的改善也提高了正极活性材料的利用率。

2.4.4 储存性能

锌锰电池是一次电池，因此它的储存性能是重要的指标。经过一段时间的储存，电池容量总会降低，这是电池的自放电造成的。锌锰电池的正、负极均有自放电现象，但负极的自放电是主要的。锌锰电池的负极采用无汞工艺后，锌的腐蚀趋势更大，但是通过采用锌合金化、使用缓蚀剂、提高原材料纯度等措施，锌电极的自放电率和使用汞齐化锌粉时相差无几。与酸性锌锰电池相比，碱性锌电池耐漏液性能好，具有很好的储存性能，20℃时可保存5年以上，储存寿命超过普通电池的两倍。在20℃下储存1年容量仅下降约5%，储存3年容量下降10%～20%；在45℃存放3个月容量损失在10%～20%之间。因此碱性锌锰电池也常被用作储备电池。

2.5 锌锰电池的制造过程

2.5.1 碱性锌锰电池的制造过程

制造碱性锌锰电池可分为配制电解液、制造正极、制造负极及负极组件、制造隔膜筒、装配电池等几个部分。传统的碱性锌锰电池采用锰环-锌膏式配置，其制造过程如图2.14所示。

（1）制造正极

这个步骤用于制造正极的环状柱体，一般包括干混、湿混、压片、造粒、筛分、压制正极环等工序。将二氧化锰、石墨粉、乙炔黑和其他辅料等正极粉料通过混合机械搅拌均匀，这步工序叫干混。然后加入湿KOH电解液或蒸馏水进行湿混。湿混后的正极粉料已经具有了黏结成团的性质，通过机械压片使湿粉料中的各种成分紧密接触，减小接触电阻，提高正极容量（装填量）。压片完成后可以进行造粒，降低正极材料的粒径，再经过筛分和干燥后，将正极粉料放在

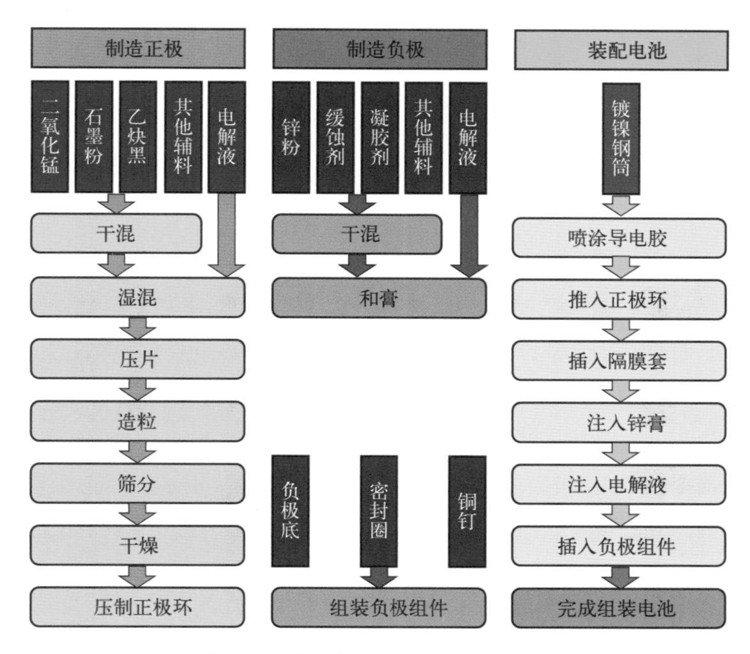

图 2.14　碱性锌锰电池制造工艺流程图

打环机中，在机械作用下压制成环状柱体。

（2）制造负极

这个步骤主要是制备锌膏和负极组件。制备锌膏也分为干混和湿混两步工序，湿混这步工序通常称为和膏。首先将锌粉、缓蚀剂、凝胶剂和其他辅料等用机械混合均匀。然后向混合均匀的负极材料中加入KOH电解液进行和膏。干混与和膏两个过程中与负极材料接触的机械、容器、管道等内壁均要使用非金属材料涂层，以避免负极材料中混进金属杂质，造成锌的自腐蚀。负极组件由负极底、密封圈和铜钉组成，铜钉与负极底焊接在一起后穿过密封圈。铜钉的作用是传导来自负极的电流。负极底既要作为负极端导电，还要作为外壳的一部分，对负极材料进行密封。密封圈主要在负极底和钢壳间进行密封。密封圈一般选用尼龙或聚丙烯材料，设置薄层带作为防爆装置，一旦电池内气压达到一定限度，薄层带就会破裂向外放出气体，避免电池内气压过高引起爆炸。

（3）装配电池

电池的外壳是镀镍钢壳，它同时又作为正极的集流体。装配电池时，首先在钢壳内壁上喷涂一层石墨导电胶，以加强钢壳和正极锰环之间的接触，降低接触电阻。接着将正极环推入圆筒状钢壳，将正极环与钢壳顶紧。然后将隔膜套插入正极环，紧挨正极环的内壁。向隔膜套中注入锌膏并压实，再向内部注入适量电解液，最后将负极组件中的铜钉插入锌膏，使密封圈与正极钢壳紧密贴合，即组装完一个电池。装配电池时要注意，正极环装入钢壳前必须烘干，以保证快速、充分地吸收注入的电解液，并使得电解液在正极环中分布均匀。注入电解液后应放置一段时间后再插入负极组件对电池进行密封，以尽量排出电池内部的气体，防止电池产生气胀和爬碱。

2.5.2　酸性（中性）锌锰电池的制造过程

不同于上一节讲述的碱性锌锰电池制造工艺，酸性锌锰电池的正极和负极位置与之相反

（图2.4和图2.5），因此制造工艺也存在差异（图2.15）。酸性锌锰电池一般采用浆层纸作为隔膜，因此都属于纸板电池。在酸性锌锰电池的正极活性材料中，无论是锌型电池还是铵型电池都要加入一部分电解锰粉。锌型电池作为高功率电池使用，工作时放电电流较大，要求使用大比例的电解锰粉或者全部使用电解锰粉。锌型电池由于不需要在正极材料中加入固体氯化铵，因此也增加了一些锰粉的填充量。

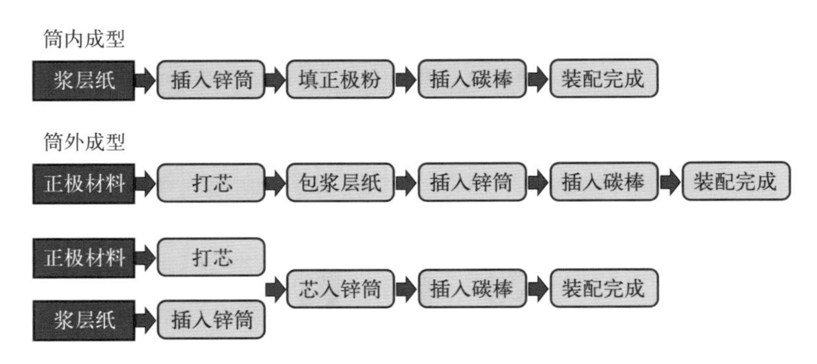

图2.15 酸性（中性）锌锰电池制造工艺流程图

制造正极：制造正极的过程主要是制造正极电芯，其成型方法有两种。一种在筒内成型，直接将正极粉料加入已放置浆层纸的锌筒中，机械加压使正极粉料在锌筒内压紧成型。采用筒内成型可以简化制造工序，但对机械设备的要求较高。另一种在筒外成型，先压制正极电芯（称为打芯）再插入锌筒。打出电芯后，可以将电芯直接插入放置了浆层纸隔膜的锌筒，也可以将电芯包上浆层纸后插入锌筒。正极电芯插入锌筒后再插入碳棒，并经过再次加压使活性材料紧实。

不同于碱性锌锰电池，酸性锌锰电池的负极使用锌筒，装配时所用的浆层纸也是干的，因此电池中所有电解液均来自正极电芯。当电芯插入锌筒后，浆层纸要从电芯吸收电解液，因此要求电芯中含有足量的电解液。锌型电池的电解液含量要比铵型电池高，锌型电池的电芯电解液含量为28%～32%，铵型电池的电芯电解液含量为18%～27%。电池的正极集流体要使用不透气碳棒，以防止电解液中的水分从碳棒透出散失和氧气进入电解液。

从碱性锌锰电池和酸性锌锰电池的制造工艺中可以看出，酸性锌锰电池制造工艺相对简单很多，因而其材料成本和加工成本都较低，因而在干电池市场拥有很高的占有率。

思维创新训练2.7 电池制造工艺中，除了上述的制造电池过程，还需要经过哪些过程才能出厂售卖?

思维创新训练2.8 查找一篇最新的锌锰电池的研究论文，分析论文中的创新点应用了哪些本章所述内容。

扫码获取
本章思维导图

第3章 铅酸蓄电池

3.1 概述

3.1.1 铅酸蓄电池的发展历程

铅酸蓄电池是第一种实现商业化应用的二次电池。1851年，英国工程师西门子在醋酸铅溶液中向圆柱形碳电极上电镀了金属铅，再通过氧化制得了一氧化铅，然后通过在稀硫酸中电解两根铅棒分别获得二氧化铅和金属铅，制造了第一个铅酸蓄电池原型。但是西门子很快放弃了这项工作，并且直到1881年才发表他的发现。

1854年，德国物理学家辛斯泰登将两块铅板放在稀硫酸中，充电时正极产生二氧化铅，负极产生海绵状的铅。将电路断开后，他发现在正极和负极两端可测得约2V的电压，但他并没有做出任何有关其实际用途的结论。

直到1859年，法国物理学家普兰特才提出了可利用辛斯泰登的发现制造一种储存电能的装置。1860年普兰特送给法国科学院一个铅酸蓄电池组，并做了“一个新型奇特的具有巨大能量且可恢复的电堆”的报告，这一报告在学术界正式确认了铅酸蓄电池的诞生，普兰特也被誉为“蓄电池之父”。

早期铅酸电池的电极板制作过程长、容量低，使其应用非常有限。后来，普兰特的学生富尔（Camille Alphonse Fauré）于1880年发明了涂膏式极板，他将红丹（Pb_3O_4）、硫酸和水混合制成铅膏（paste）涂在板栅（grid）集流体上，这样既可以有效减缓活性材料的脱落，又能提高电池的能量密度。

由于充放电前后电极活性材料的体积经历膨胀和收缩，作为活性材料载体的板栅也会随之发生变形。为了解决板栅变形问题，1881年英国人赛隆（John Scudamore Sellon）采用铅锑合金制造板栅，大大提高了电池极板的强度，因此提高了铅酸蓄电池的寿命。

1882年，英国化学家格莱斯通（John Hall Gladstone）和特莱布（Alfred Tribe）进行了一系列实验，证明了铅酸蓄电池的正极和负极上的放电产物都是硫酸铅，因此将铅酸蓄电池体系的工作原理称为“双极硫酸盐理论”（double sulfate theory），由此提出了公认的铅酸蓄电池的化学反应式。

早期的铅酸蓄电池都是敞口的，需要补加蒸发失去的水分，使用中还可能漏酸，因此限制了它的实际应用。1957年，德国阳光公司（Sonnenschein）首次采用凝胶电解液技术，制成了密封铅酸蓄电池并将其市场化。当铅酸蓄电池处于充电后期和过充状态时，电池会产生气体，电池内压增大，导致鼓包变形。为了解决这一问题，1967年美国盖茨（Gates）公司使用玻璃纤维制造电池隔板，并保持电解液在隔板中处于非完全浸透状态，使隔板中保留气体扩散通道，并且让负极比正极多出10%的容量，使充电后期正极释放的氧气穿过隔板与铅负极生成氧化铅，氧化铅再与硫酸发生反应生成水，因此在使用过程中无需加水维护。通过这样的设计就获得了安全可靠的阀控式铅酸蓄电池（valve regulated lead acid battery，简写为VRLA电池，也被称为瓦勒蓄电池）。阀控式铅酸蓄电池早期也被称为密封铅酸蓄电池（sealed lead acid battery，简写为SLA电池）。阀控式铅酸蓄电池在使用过程中几乎不需要维护，极大地增强了用户使用时的便捷性。

进入21世纪后，电动汽车的发展以及储能系统的应用对铅酸蓄电池性能提出了更高的要求，如充电速度快、循环寿命长、能量密度高等。2004年，澳大利亚联邦科学及工业研究组织（commonwealth scientific and industrial research organization，简写为CSIRO）的拉姆（Lan Trieu Lam）等人将碳材料与铅酸蓄电池负极材料复合，制成了一种新型的铅酸蓄电池，称其为铅炭电池（lead carbon battery）。铅炭电池既具备了超级电容器快速充电的优点，又保持了铅酸蓄电池的高能量密度，并且拥有非常好的充放电性能。同时，将高比表面积的碳材料（如活性炭、活性炭纤维、碳气凝胶或碳纳米管等）掺入铅负极中，充分利用高比表面积碳材料的导电性，同时对铅基活性材料高度分散，以提高铅活性材料的利用率，并抑制硫酸铅结晶长大，阻止负极硫酸盐化现象，延长电池寿命。因此，铅炭电池的发明标志着铅酸蓄电池技术得到了进一步的提升。2023年8月22日，工信部、国家发改委、商务部三部门印发《轻工业稳增长工作方案（2023—2024年）》，方案要求大力发展铅炭电池等产品在新能源汽车、储能、通信等领域的应用。

铅酸蓄电池发展历程中的里程碑事件如图3.1所示。

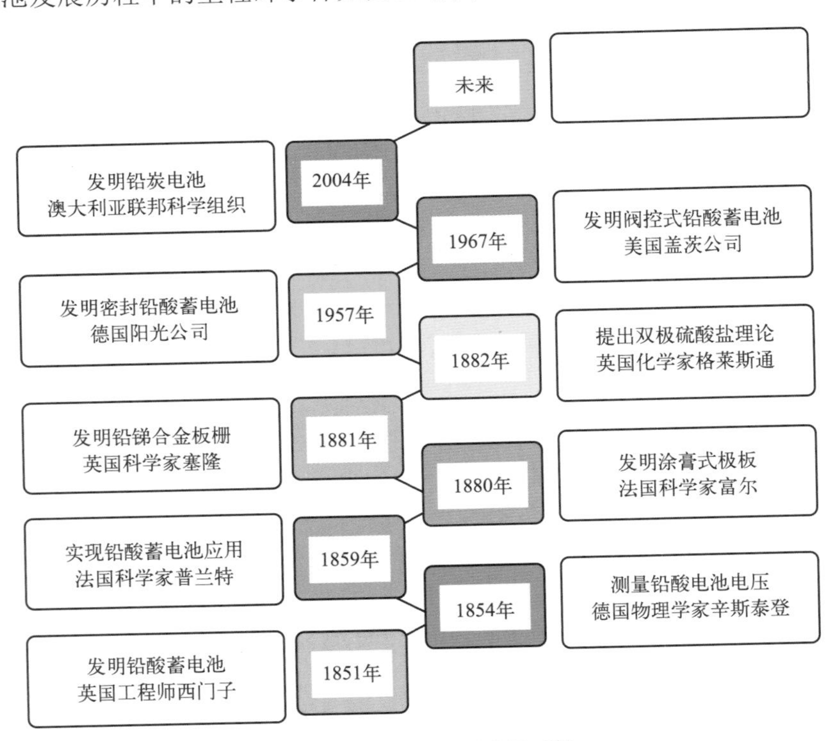

图3.1　铅酸蓄电池的发展历程

3.1.2 铅酸蓄电池的工作原理和基本结构

3.1.2.1 铅酸蓄电池的工作原理

铅酸蓄电池的负极活性材料为海绵状（有时被称为绒状）铅（Pb）和硫酸，正极活性材料为二氧化铅（PbO_2）和硫酸，电解液为稀硫酸（H_2SO_4）溶液。电池放电时，负极中的Pb发生氧化反应失去电子，生成Pb^{2+}，电子通过外电路移动至正极，Pb^{2+}与硫酸溶液中的HSO_4^-结合生成硫酸铅[式（3.1）]。正极的PbO_2在硫酸溶液中解离成为Pb^{4+}，Pb^{4+}发生还原反应生成Pb^{2+}，Pb^{2+}与硫酸溶液中的HSO_4^-结合生成硫酸铅[式（3.2）]。总的电池反应如式（3.3）所示。式（3.1）～式（3.3）中正向反应表示放电过程[图3.2（a）]，逆向反应表示充电过程[图3.2（b）]。

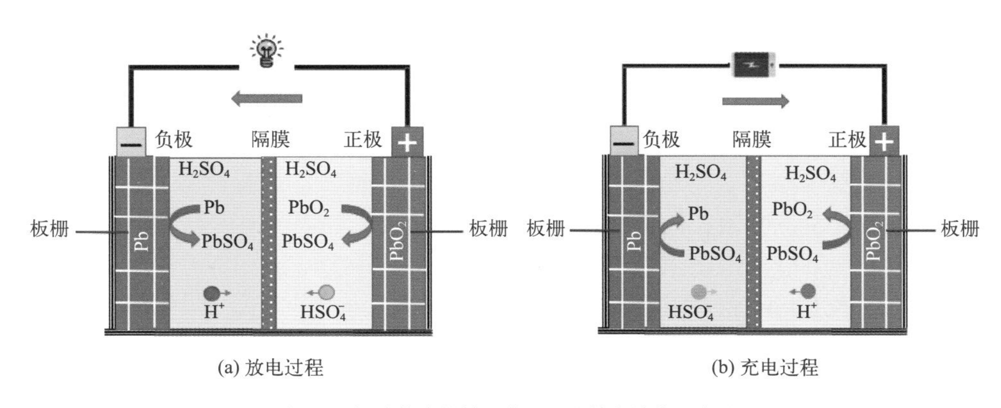

(a) 放电过程　　(b) 充电过程

图 3.2 铅酸蓄电池的工作原理和基本结构示意图

负极反应：$$Pb+HSO_4^- \rightleftharpoons PbSO_4+H^++2e^- \quad (3.1)$$

正极反应：$$PbO_2+3H^++HSO_4^-+2e^- \rightleftharpoons PbSO_4+2H_2O \quad (3.2)$$

电池反应：$$Pb+PbO_2+2H^++2HSO_4^- \rightleftharpoons 2PbSO_4+2H_2O \quad (3.3)$$

思维创新训练 3.1 为什么铅酸蓄电池的负极活性材料铅是“海绵状”的?

3.1.2.2 铅酸蓄电池的基本结构

铅酸蓄电池由负极海绵状Pb、正极PbO_2、硫酸电解液、隔膜及电池槽（外壳）5个主要部分组成。

为了减缓正负极材料的脱落，材料被涂敷固定在板栅上，板栅结构见图3.3。加工后的电极一般为薄板状，正极板和负极板被统称为极板。在一个单电池内，当同极性的极板片数超过两片时，一般用金属条连接起来组成极板组。将正负极板组串联起来得到较高电压的电池。

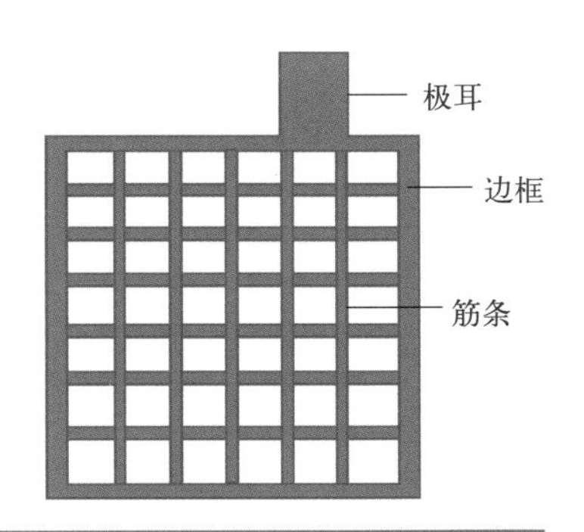

图 3.3 板栅结构示意图

3.1.3 铅酸蓄电池的分类

铅酸蓄电池在国标中按照性能、结构和水损耗被分为了3类，参见15.4节。此外，还可以按照工作场景、电解液的含量和起动电池等方式对铅酸蓄电池分类。

（1）按照工作场景分类

可分为移动式和固定式两类。

固定式铅酸蓄电池在安装后不再移动，常用在通信基站、医院等地方作为电源。

移动型铅酸蓄电池能随着应用场景移动使用，这类电池大多应用在车辆上，例如作为电动车的动力电池、汽车的起动电池。

（2）按照电池中电解液的含量分类

依据电池中注入电解液的多少可将铅酸蓄电池分为贫液式和富液式两类，密封式电池均为贫液式，半密封式电池均为富液式。

传统铅酸蓄电池中，电池槽内除去极板、隔膜等部件占用的空间，其余空间充满硫酸电解液，电池极板完全浸泡在硫酸电解液中，电解液处于足够使用的过量状态，这类电池被称为富液式电池。

富液式电池顶部有一个能够通气而又能够阻挡液体溅出的盖子，在使用过程中蒸发的水分和过充电产生的气体会经由这个通道排出，因此需要通过补加蒸馏水来恢复电解液浓度，也被称为开口式电池。

在贫液式铅酸蓄电池中，电池槽内的剩余空间没有被电解液完全充满，极板没有完全浸泡在电解液中，电解液全部吸附在隔板和极板上，不会造成电解液溢出，习惯上被称为密闭式电池。当密闭式电池内部过充电产生氧气时，氧气可以穿过隔膜与铅负极生成氧化铅，氧化铅再与硫酸发生反应生成水，因而密闭式电池不需要补水。

由于密闭式电池也存在内部压力升高的问题，所以电池上都装有一个重要的安全保护部件——安全阀，它在蓄电池内部气体压力超过设定范围时打开将气体排出，以保证蓄电池内部气压平衡，避免蓄电池发生爆炸。因此这类电池被称为阀控式铅酸蓄电池，早期也被称为密封铅酸蓄电池。阀控式铅酸蓄电池中还有一种型式是把一定量电解液吸收在海绵状玻璃纤维隔板中，这种电池被称为吸收式玻璃毡蓄电池（absorbed glass mat，简写为AGM）。

（3）按照起动电池分类

汽车的启停系统大多使用铅酸起动蓄电池，一般分为增强型富液式蓄电池（enhanced flooded battery，简写为EFB）和吸收式玻璃毡蓄电池（AGM）两大类。

大多数汽车使用的都是EFB电池。EFB蓄电池使用了聚酯绒布（polyester scrim）作为隔膜，绒布的独特设计可有效地吸收和保留电解液，使硫酸和蒸馏水更难分层。EFB蓄电池在传统富液式电池技术基础上，在电池材料中加入特殊添加剂抵抗硫酸盐化，以提高电池长循环性能。EFB蓄电池比传统富液式电池具有更好的循环寿命和充放电性能。

AGM蓄电池采用贫液式设计，与富液式电池不同，电解液不在电池内部自由流动。AGM蓄电池除了极板内部吸有一部分电解液外，大部分电解液吸附在海绵状玻璃纤维隔板中，可以视为一种结构复杂的凝胶电池。

AGM蓄电池通常采用紧装配方式，使极板充分接触电解液。隔板保持一定比例的孔隙不被电解液占据，这是为了给正极析出的氧气提供移向负极的通道，保证氧气更好地扩散到负极，与铅结合生成氧化铅。

AGM蓄电池能够有效防止电解液分层，从而增加蓄电池使用寿命。此外，电池具有比普通蓄电池更低的电阻，具有更好的低温性能。

由于富液式电池中的电解质是自由流动的液体形式，因此这种液体需要在电池中留出大量空间。AGM电池将电解质吸收在玻璃毡上，可以更有效地利用电池的体积。

知识拓展3.1

传统的起动用富液式蓄电池有两个主要缺点，酸分层（acid stratification）和硫酸盐化（sulfation）。两个缺点都会降低充电能力，降低起动车辆的能力，缩短电池的使用寿命。

酸分层指当电解液混合程度越来越差，电池底部主要是硫酸，电池顶部主要是蒸馏水，而电解液浓度过低会极大降低放电性能。电池长时间充电不足、用低电压或小电流充电都会引起酸分层现象。

硫酸盐化是指硫酸铅在电池铅板上聚集形成晶体并硬化，从而无法提供应有的功率。如果不采取措施使电池脱硫，晶体会生长到太硬而无法去除，导致电池没有能力供电。

AGM电池的启动功率远高于所有富液式电池（包括EFB），因为它们具有更大的反应表面积，从而在电池内实现更高的能量密度。

从循环性能上来讲，AGM电池>>EFB电池>>其他富液式电池。

思维创新训练3.2 从电池结构、抗酸分层能力、抗硫酸盐化能力等方面分析AGM电池、EFB电池与其他富液式铅酸蓄电池性能不同的原因。

3.2 铅酸蓄电池电化学

3.2.1 硫酸电化学

硫酸既是电解液中的支持电解质，也要作为活性材料参加负极和正极的反应。在放电过程中，负极和正极都要消耗硫酸，因此电解液中的硫酸浓度逐渐降低；在充电过程中，硫酸又从负极和正极释放回溶液，硫酸在电解液中的浓度逐渐上升。

因为硫酸的一级解离常数远高于二级解离常数［式（3.4）和式（3.5）］，所以参与电化学反应的主要是HSO_4^-，在25℃时

$$H_2SO_4 \rightleftharpoons HSO_4^- + H^+ \qquad K_1=10^3 \tag{3.4}$$

$$HSO_4^- \rightleftharpoons SO_4^{2-} + H^+ \qquad K_2=1.02\times10^{-2} \tag{3.5}$$

因为K_1远大于K_2，所以H_2SO_4解离时主要生成HSO_4^-和H^+。因此，在铅酸蓄电池使用的H_2SO_4浓度范围内，可将H_2SO_4视为1-1型电解质，参加电化学反应的主要是HSO_4^-。

知识拓展3.2

1-1型电解质指一个分子电离出一个阳离子和一个阴离子的电解质。例如氯化钠NaCl、硝酸银$AgNO_3$等。

2-2型电解质指一个分子电离出两个阳离子和两个阴离子的电解质。例如氯化亚汞Hg_2Cl_2。

3.2.2 负极材料电化学

铅酸蓄电池的负极活性材料是海绵状铅和硫酸，充满电后负极板呈现铅的本色灰色，而放完电后极板呈灰白色。一般通过在稀硫酸溶液中电解粗铅的办法制备海绵铅。

3.2.2.1 铅负极反应原理

如式（3.1）所示，铅酸蓄电池的负极在充放电中是两种固体（海绵铅和硫酸铅）的转换，但是这个转换过程却包含着电化学过程［式（3.6）］和化学过程［式（3.7）］，负极反应如式（3.1）所示。

负极的反应原理为：

$$Pb \rightleftharpoons Pb^{2+} + 2e^- \tag{3.6}$$

$$Pb^{2+} + HSO_4^- \rightleftharpoons PbSO_4 + H^+ \tag{3.7}$$

由式（3.1）得负极的电极电势为：

$$\varphi_{PbSO_4/Pb} = \varphi^{\ominus}_{PbSO_4/Pb} + \frac{RT}{nF}\ln\frac{a_{PbSO_4}a_{H^+}}{a_{Pb}a_{HSO_4^-}} = \varphi^{\ominus}_{PbSO_4/Pb} + \frac{RT}{nF}\ln\frac{a_{H^+}}{a_{HSO_4^-}} \tag{3.8}$$

式中，$\varphi^{\ominus}_{PbSO_4/Pb}$为−0.359V（vs. SHE）。

在放电过程中，Pb失去电子发生氧化反应生成Pb^{2+}，同时电子经传递到达板栅，电子由板栅经外电路流向正极［式（3.6），图3.4（b）］；Pb^{2+}与硫酸溶液电离出的HSO_4^-反应生成$PbSO_4$和H^+，溶液的pH下降［式（3.7），图3.4（c）］；随着反应进行，金属铅逐渐被转换为$PbSO_4$［图3.4（d）］。

在充电过程中，$PbSO_4$先溶解为Pb^{2+}和SO_4^{2-}［式（3.9），图3.5（b）］；外电路电子转移至铅颗粒表面［图3.5（c）］；Pb^{2+}接受外电路的电子被还原为铅［式（3.10），图3.5（d）］；随着反应时间的增加，进一步生成更多的铅［图3.5（e）和（f）］。

$$PbSO_4 \longrightarrow Pb^{2+} + SO_4^{2-} \tag{3.9}$$

$$Pb^{2+} + 2e^- \longrightarrow Pb \tag{3.10}$$

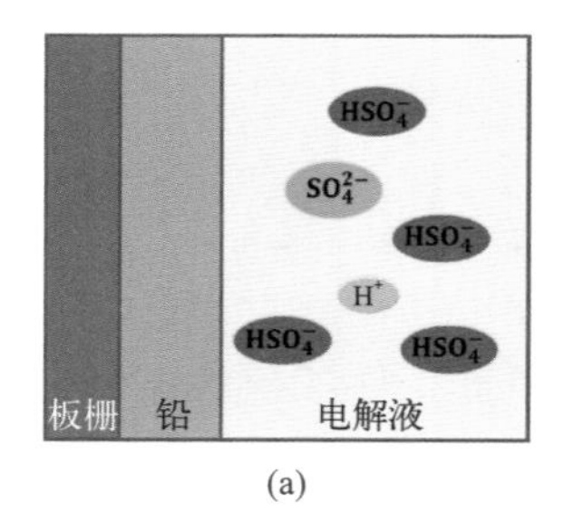

(a)

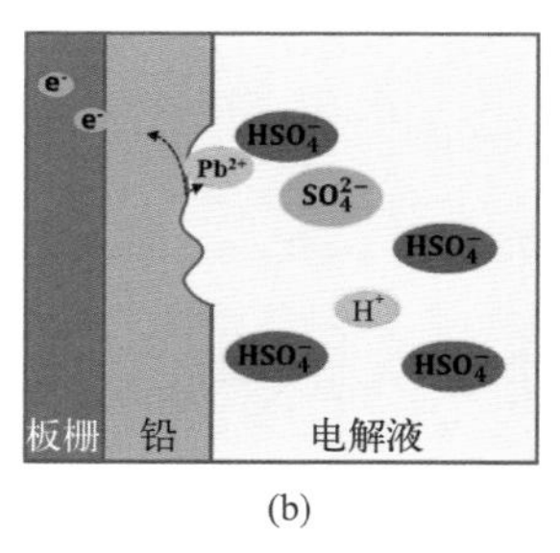

(b)

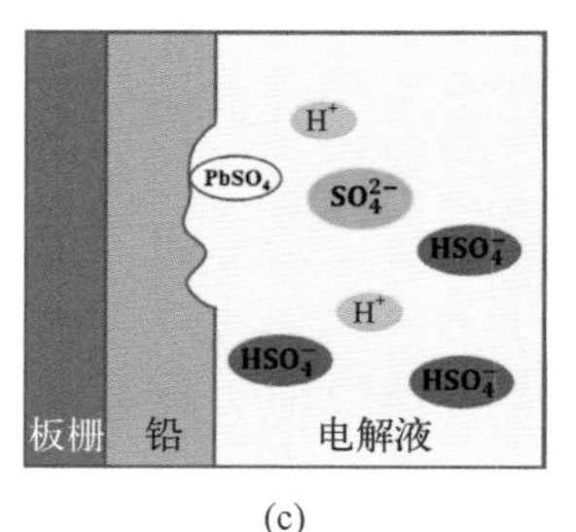

(c)

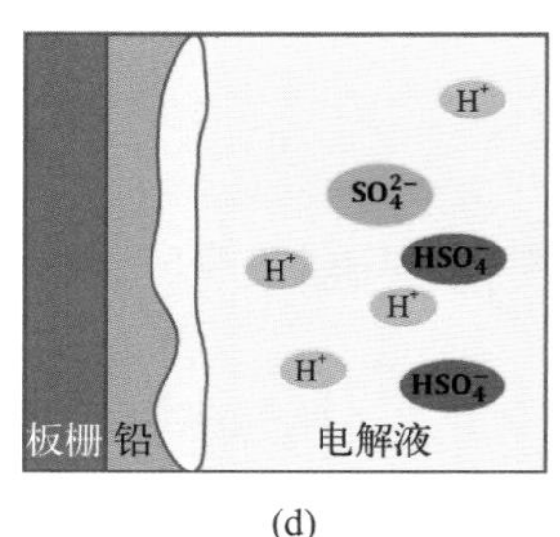

(d)

图 3.4　负极放电机理示意图

（a）放电前；（b）Pb发生氧化反应生成Pb^{2+}；（c）Pb^{2+}与HSO_4^-反应生成$PbSO_4$与H^+；（d）Pb被转换为$PbSO_4$

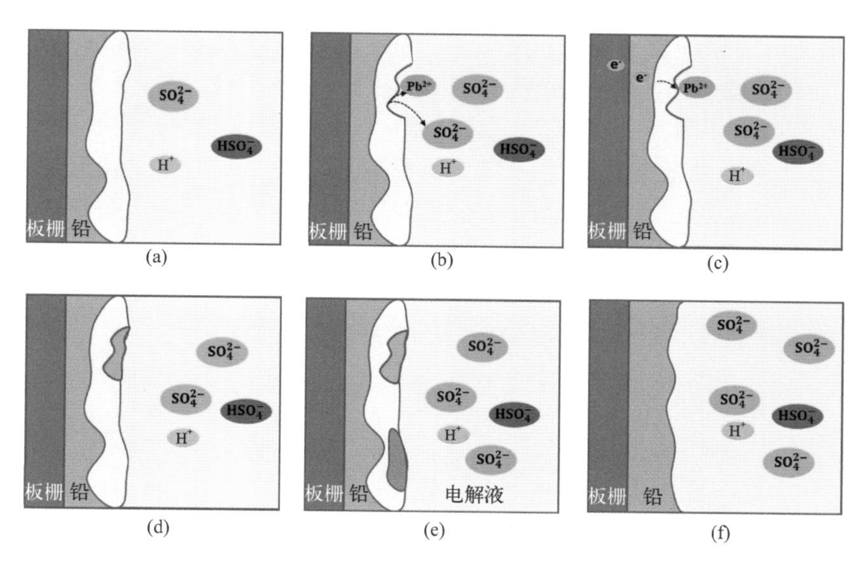

图 3.5 负极充电机理示意图

（a）充电前；（b）$PbSO_4$溶解为Pb^{2+}和SO_4^{2-}；（c）电子到达固液界面；（d）Pb^{2+}被还原为Pb；（e）继续生成Pb；（f）充电完成

3.2.2.2 铅负极的钝化

放电过程中，表面的铅将先发生反应变为$PbSO_4$，随着放电进行$PbSO_4$将覆盖住负极的铅颗粒或铅板表面。硫酸铅结构致密且导电性较差，铅颗粒外部的$PbSO_4$层将阻碍硫酸氢根和电子进入内部进行反应，使得铅的氧化反应速率急剧下降，这就是铅负极的钝化现象。

放电电流密度、硫酸浓度等条件会影响负极与硫酸电解液界面处$PbSO_4$的过饱和度。当$PbSO_4$的过饱和度较高时，会促进形成$PbSO_4$晶核，导致沉积出来的$PbSO_4$晶体细小，形成的$PbSO_4$层更致密。大放电电流密度、高硫酸浓度、低放电温度等条件都会增加负极与硫酸电解液界面处$PbSO_4$的过饱和度，从而使得铅负极的钝化更加严重。

铅负极的钝化行为可以通过使用抗钝化助剂来破坏，目的是阻碍形成完整致密的$PbSO_4$层，在$PbSO_4$层中形成连通电解液与金属铅的通道。常用的抗钝化助剂有硫酸钡（$BaSO_4$）、腐殖酸（humic acids）、木质素磺酸钠（sodium lignin sulfonate）等。

（1）硫酸钡

硫酸钡与硫酸铅的结构相似，并且同样难溶于硫酸溶液，因此可将颗粒尺寸极小（直径1μm甚至更小）的硫酸钡掺入负极铅膏，作为电池放电时沉积$PbSO_4$的晶核和基体，因而可以降低铅颗粒的钝化程度。

（2）腐殖酸

腐殖酸是一种天然的有机高分子化合物，主要由植物遗骸经过微生物的分解和转换而来，腐殖酸分子主要由芳环和脂环构成，环上连有羧基、羟基、羰基、醌基、甲氧基等官能团，与金属离子有交换、吸附、络合等作用，在分散体系中有凝聚、分散等作用。腐殖酸分子在铅膏中吸附在铅颗粒表面，在放电过程中使生成的$PbSO_4$不能全部覆盖住铅颗粒，因而阻碍铅表面的钝化，提高电池的放电容量。

（3）木质素磺酸钠

木质素是由愈创木基、紫丁香基和对羟基苯丙烷3种基本结构单元以C—C键、C—O—

C键等形式连接而成的聚酚类三维网状空间结构高分子量聚合物，与Na_2SO_3在高温碱性条件下反应制得木质素磺酸钠。木质素磺酸钠是一种阴离子表面活性剂，在水中可电离成RSO_3^-和Na^+，RSO_3^-具有疏水基团（R）和亲水基团（SO_3^-）。木质素磺酸钠的疏水基团会吸附在铅颗粒表面，在铅酸蓄电池的放电过程中阻碍表面形成致密的$PbSO_4$层，在充放电过程中维持铅颗粒的多孔性和分散性。木质素磺酸钠在铅酸蓄电池中的显著作用是在大电流放电和低温放电时，推迟负极的钝化过程，因而可以提高放电容量。

（4）硬脂酸钡

硬脂酸钡在硫酸溶液中会反应生成硬脂酸和硫酸钡。硬脂酸也是一种阴离子表面活性剂，在铅酸蓄电池中起的作用与木质素磺酸钠类似。

3.2.2.3 铅负极的硫酸盐化

铅酸蓄电池在正常使用过程中放电时形成的硫酸铅，充电时比较容易地恢复为海绵状铅。如果铅酸蓄电池长时间放置不用或者长期处于充电不足状态，负极材料中的金属铅表面就会生成一层灰白色坚硬粗大的硫酸铅晶体，这种现象叫作铅负极的硫酸盐化，在工程领域被简称为硫化。这个现象也可以视为非常严重的钝化。

硫酸盐化过程形成的硫酸铅，晶粒粗大、导电性差、溶解慢，进行再次充电时难以恢复成海绵状铅，因此会极大降低电池容量并缩短电池寿命。

为了防止铅负极发生硫酸盐化，必须及时对电池进行充电，避免长期不用或过度放电。

思维创新训练 3.3 汽车停止开行一个月甚至数个月后车主发现汽车不能启动，检查发现起动电瓶没电。电瓶经充电后仍然无法正常使用，试分析原因。

3.2.2.4 铅负极自放电

铅酸蓄电池的自放电指充满电后的铅酸蓄电池放置不用一段时间后容量降低的现象。铅酸蓄电池中铅负极出现自放电的原因是海绵铅通过某种方式被氧化，但是失去的电子未流经外电路做功。铅酸蓄电池中铅负极自放电可能通过以下几种途径。

（1）铅和硫酸反应

当放电之后海绵铅表面未完全覆盖硫酸铅，和电解液接触的铅就可能发生氧化反应并放出氢气［式（3.11）］，这种现象通常被称为铅自溶。这是负极自放电的主要方式。

$$Pb+H_2SO_4 \longrightarrow PbSO_4 + H_2 \tag{3.11}$$

（2）铅和氧气反应

如果充电过程中在正极侧产生了氧气，氧气就可以穿过隔膜到达负极。停止充电后负极的铅就可以和氧气发生下面的反应。

$$2Pb+O_2 + 2H_2SO_4 \longrightarrow 2PbSO_4 + 2H_2O \tag{3.12}$$

（3）铅和板栅中金属杂质反应

如果负极板栅合金中存在金属离子杂质，就可能和铅发生氧化还原反应。比如存在杂质铁离子：

$$Pb+2Fe^{3+}+HSO_4^- \longrightarrow PbSO_4+2Fe^{2+}+H^+ \tag{3.13}$$

3.2.2.5　膨胀剂

负极活性材料海绵铅具有大的比表面积，表面吉布斯自由能高，这种高能量体系是不稳定的，有向能量减小方向自发变化的趋势，会出现铅颗粒的收缩，引起反应面积减小，电池容量降低。通常通过加入膨胀剂来解决这一问题。膨胀剂可以吸附在电极表面，降低表面张力，减小吉布斯自由能，从而减小铅颗粒收缩的趋势。在3.2.2.2节中提及的硫酸钡、木质素磺酸钠、腐殖酸、硬脂酸钡都可以作为膨胀剂使用。

3.2.3　正极材料电化学

3.2.3.1　正极活性材料——二氧化铅

铅酸蓄电池的正极活性材料是二氧化铅（PbO_2）和硫酸。二氧化铅为棕褐色，充完电后也变为灰白色的硫酸铅。工业上可以通过电化学方法在稀硫酸溶液中将铅电解合成为二氧化铅。虽然PbO_2的分子式给出氧原子和铅原子的化学计量比是2，但PbO_2实际的氧原子和铅原子比值在1.90～1.98之间变化。这种非化学计量比的二氧化铅由于缺陷（氧原子空位或铅原子过量）引起了特有的金属导电性，使二氧化铅的电阻率降至$10^{-4}\ \Omega \cdot cm$，从而适用于铅酸蓄电池。

与锌锰电池中的正极活性材料二氧化锰类似，二氧化铅的基本结构单元是由1个铅原子与6个氧原子配位形成的八面体，即［PbO_6］八面体单元（图3.6）。［PbO_6］八面体与相邻的八面体通过共用角顶和棱使得二氧化铅呈现出多种晶体结构，常见的有两种：一种是α-PbO_2，另一种是β-PbO_2。α-PbO_2是正交晶系，铌铁矿型，其晶轴为a=4.938nm，b=5.939nm，c=5.486nm；β-PbO_2是四方晶系，金红石型，其晶轴为a=4.925nm，c=3.378 nm。两种晶体的结构见图3.7。

知识拓展3.3

正交晶系晶胞参数：轴角 $\alpha=\beta=\gamma=90°$，轴单位$a \neq b \neq c$。

四方晶系晶胞参数：轴角 $\alpha=\beta=\gamma=90°$，轴单位$a=b \neq c$。

α-PbO_2和β-PbO_2两种晶型的放电特性不同。α-PbO_2的晶体颗粒较大，比表面较小，比β-PbO_2坚硬，在正极中主要起支撑作用，因此作为活性材料的利用率低；β-PbO_2的颗粒尺寸较小而比表面积大，比α-PbO_2软，主要作为活性材料参与充放电。

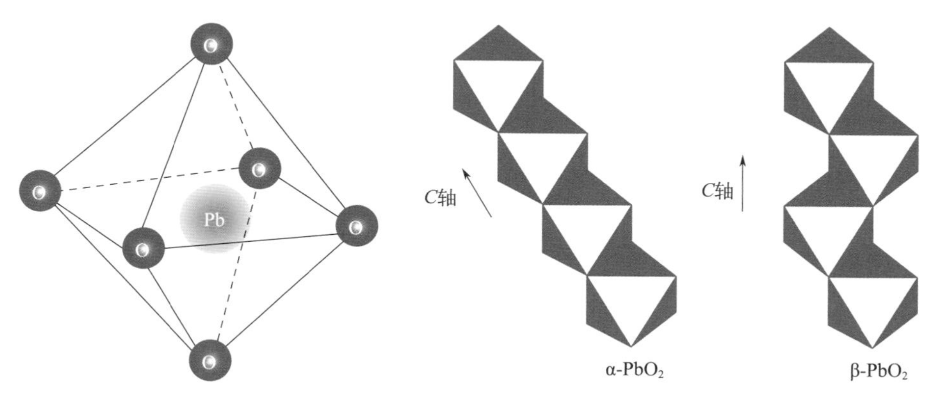

图3.6　二氧化铅的晶胞结构

图3.7　α-PbO_2和β-PbO_2的结构示意图

通常在弱酸性和碱性溶液中生成α-PbO_2；在强酸性溶液中通常生成β-PbO_2。因此虽然新电池的正极中β-PbO_2含量较低，但使用一段时间后β-PbO_2的含量会逐渐变高。如果电池进行深度放电，起到支撑作用的α-PbO_2会变少，引起正极材料的变软脱落。

3.2.3.2 正极活性材料反应机理

铅酸蓄电池的正极在充放电过程中同样是两种固体（二氧化铅和硫酸铅）的转换［式（3.2）］。

正极在放电过程中，PbO_2在硫酸中溶解生成Pb^{4+}，氧负离子结合氢离子生成水，会引起界面处pH上升［式（3.14），图3.8（b）］；Pb^{4+}接受外电路电子被还原成Pb^{2+}［式（3.15），图3.8（c）和图3.8(d)］; Pb^{2+}与电解液中的HSO_4^-反应生成$PbSO_4$晶体，界面处的pH下降［式（3.16），图3.8（e)］。随着反应继续进行，更多的PbO_2被转换为$PbSO_4$晶体［图3.8（f)］。

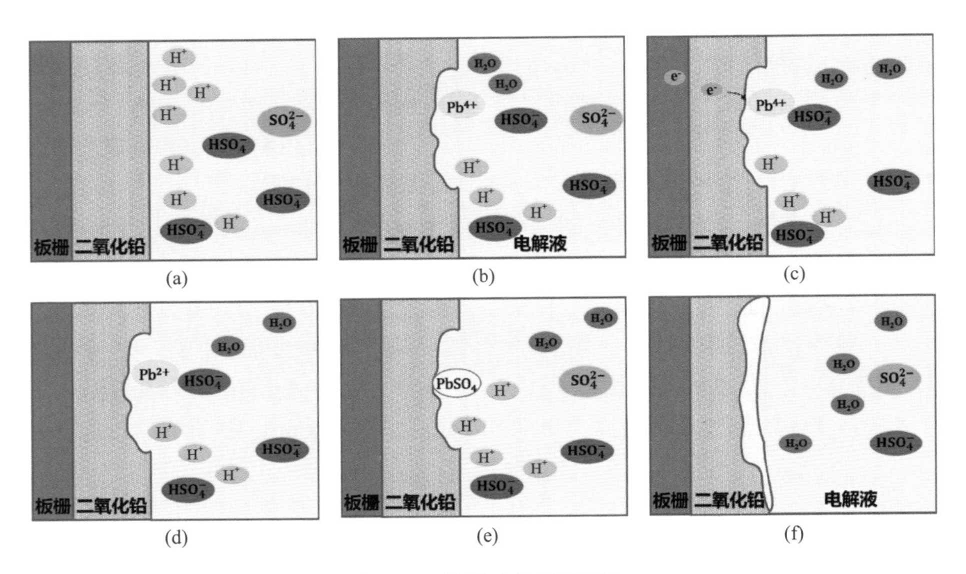

图 3.8 正极放电机理示意图

（a）放电前；（b）PbO_2溶解生成Pb^{4+}与H_2O；（c）电子转移至二氧化铅颗粒表面；（d）Pb^{4+}被还原为Pb^{2+}；（e）Pb^{2+}与HSO_4^-反应生成$PbSO_4$；（f）更多的PbO_2被转换为$PbSO_4$

$$PbO_2 + 4H^+ \longrightarrow Pb^{4+} + 2H_2O \tag{3.14}$$

$$Pb^{4+} + 2e^- \longrightarrow Pb^{2+} \tag{3.15}$$

$$Pb^{2+} + HSO_4^- \longrightarrow PbSO_4 + H^+ \tag{3.16}$$

由式（3.2）得正极的电极电势为:

$$\varphi_{PbO_2/PbSO_4} = \varphi^{\ominus}_{PbO_2/PbSO_4} + \frac{RT}{nF}\ln\frac{a_{PbO_2}a^3_{H^+}a_{HSO_4^-}}{a_{PbSO_4}a^2_{H_2O}} = \varphi^{\ominus}_{PbO_2/PbSO_4} + \frac{RT}{nF}\ln(a^3_{H^+}a_{HSO_4^-}) \tag{3.17}$$

式中，$\varphi^{\ominus}_{PbO_2/PbSO_4}$为1.691V（vs. SHE）。

正极在充电时，$PbSO_4$溶解形成Pb^{2+}和SO_4^{2-}［式（3.18），图3.9（b）］。Pb^{2+}在电极表面失去电子被氧化为Pb^{4+}［式（3.19），图3.9（c）］。Pb^{4+}水解生成$Pb(OH)_4$和H^+［式（3.20），图3.9（d)］，$Pb(OH)_4$脱去一分子水生成$PbO(OH)_2$［式（3.21)］，$PbO(OH)_2$再脱去一分子水转变成PbO_2［式（3.22），图3.9（e)］。随着充电进行，更多$PbSO_4$被转换为PbO_2［图3.9（f)］。

$$PbSO_4 \longrightarrow Pb^{2+} + SO_4^{2-} \tag{3.18}$$

$$Pb^{2+} \longrightarrow Pb^{4+} + 2e^- \tag{3.19}$$

$$Pb^{4+} + 4H_2O \longrightarrow Pb(OH)_4 + 4H^+ \tag{3.20}$$

$$Pb(OH)_4 \longrightarrow PbO(OH)_2 + H_2O \tag{3.21}$$

$$PbO(OH)_2 \longrightarrow PbO_2 + H_2O \tag{3.22}$$

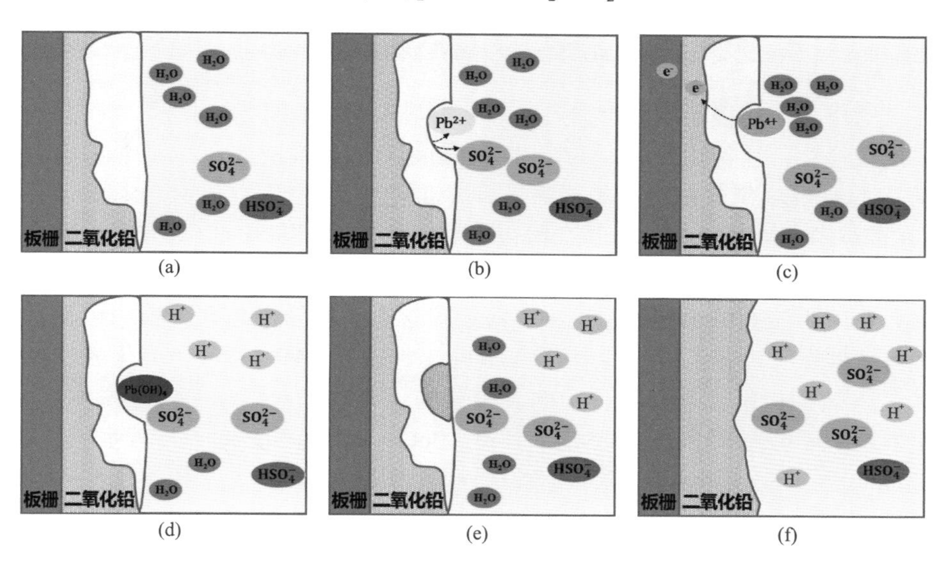

图 3.9　正极充电机理示意图

（a）充电前；（b）$PbSO_4$溶解为Pb^{2+}和SO_4^{2-}；（c）Pb^{2+}失去电子生成Pb^{4+}；（d）Pb^{4+}水解生成$Pb(OH)_4$；（e）$Pb(OH)_4$脱去两分子水生成PbO_2；（f）$PbSO_4$被持续转换为PbO_2

3.2.3.3　正极添加剂

将适当的添加剂添加在正极活性材料中，可以提高和改善的电池性能。

（1）导电添加剂

正极材料中的导电添加剂可以有效提高导电性和孔隙率，从而提高活性材料的利用率。常用的导电添加剂有乙炔黑、碳纤维、石墨粉等。

（2）高分子添加剂

高分子材料主要作为正极材料的黏结剂，用于增加正极材料强度，减缓材料的变软和脱落。主要有聚二氯乙烯、聚酯纤维、聚乙烯醇、聚丙烯酸、聚苯乙烯酸等。

3.2.3.4　二氧化铅的脱落

由于$PbSO_4$的晶胞比PbO_2大，所以放电时正极极板体积将增加，导致板栅被拉长变宽。充电之后$PbSO_4$又转变为PbO_2，但板栅很难恢复到最初的形状。随着充放电循环次数越来越多，PbO_2颗粒间的连接越来越疏松，正极变得越来越软，最终颗粒间失去连接而从板栅上脱落。

3.2.3.5　二氧化铅和正极板栅的腐蚀

如果铅酸蓄电池长期不用，正极板中的二氧化铅会和硫酸反应生成氧气。

$$2PbO_2 + 2H_2SO_4 \longrightarrow 2PbSO_4 + 2H_2O + O_2 \tag{3.23}$$

由于二氧化铅的氧化性很强，可以和板栅中的铅发生归中反应生成一氧化铅，引起正极板栅的腐蚀溶解。

$$PbO_2 + Pb \longrightarrow 2PbO \tag{3.24}$$

正极板栅被腐蚀后，导电性能变差，导致电池内阻增大和实际容量减少。

3.2.4 化成电化学

制造铅酸蓄电池的正极活性材料和负极活性材料中的铅原料是一样的，都是从高纯度铅经过氧化得到的混合物，这种混合物被称为铅粉。铅粉有两种制造方式，一种是将纯铅熔融后打碎成微小液滴与空气中氧气反应制得，另一种是将纯铅块在空气中球磨制得。因此铅粉中含有α-PbO、β-PbO和少量被PbO包裹的金属Pb。铅粉在和膏过程中要和硫酸混合，所以铅膏中还含有三碱式硫酸铅（$3PbO \cdot PbSO_4 \cdot H_2O$）、碱式硫酸铅（$PbO \cdot PbSO_4$）和$PbSO_4$等铅的化合物。因此，在刚组装完的铅酸蓄电池中负极板仅含有少量的Pb，正极板中也几乎没有PbO_2，需要经过电解才能在负极和正极分别生成Pb和PbO_2，这个电解过程被称为化成（formation）。

电池中注入硫酸电解液后，铅膏中的各种铅的化合物在硫酸电解液中发生化学反应生成$PbSO_4$。铅膏中的主要成分$3PbO \cdot PbSO_4 \cdot H_2O$、$PbO \cdot PbSO_4$和PbO先进行水化作用生成$Pb^{2+}$，然后$Pb^{2+}$与$HSO_4^-$反应生成$PbSO_4$［式（3.25）～式（3.27）］。

$$3PbO \cdot PbSO_4 \cdot H_2O + 3H_2SO_4 \longrightarrow 6PbSO_4 + 6H_2O \tag{3.25}$$

$$PbO \cdot PbSO_4 + H_2SO_4 \longrightarrow 2PbSO_4 + H_2O \tag{3.26}$$

$$PbO + H_2SO_4 \longrightarrow PbSO_4 + H_2O \tag{3.27}$$

上述化学反应都消耗了电解液中的H_2SO_4并生成了H_2O，所以电解液的硫酸浓度会逐渐降低。这些化学反应从极板与电解液接触开始可以持续数个小时。除了化学反应，负极板和正极板上还分别进行着电化学反应。

3.2.4.1 负极化成电化学

利用电化学反应，负极中的$PbSO_4$、$3PbO \cdot PbSO_4 \cdot H_2O$、$PbO \cdot PbSO_4$和PbO被电化学还原为铅［式（3.28）～式（3.31）］。

$$PbSO_4 + 2e^- \longrightarrow Pb + SO_4^{2-} \tag{3.28}$$

$$3PbO \cdot PbSO_4 \cdot H_2O + 6H^+ + 24e^- \longrightarrow 6Pb + 3SO_4^{2-} + 6H_2O \tag{3.29}$$

$$PbO \cdot PbSO_4 + 2H^+ + 4e^- \longrightarrow 2Pb + SO_4^{2-} + H_2O \tag{3.30}$$

$$PbO + 2H^+ + 2e^- \longrightarrow Pb + H_2O \tag{3.31}$$

负极中碱式硫酸铅和硫酸铅的表面被还原为铅后，铅颗粒内部的电化学还原将变得困难，活化超电势和扩散超电势将变大，在化成后期将伴随着析氢反应，增加了电能的损耗。化成过程中的电化学还原将消耗电解液中的H^+，生成SO_4^{2-}和H_2O，因此电解液的pH会增大。

3.2.4.2 正极化成电化学

正极中的$PbSO_4$、$3PbO \cdot PbSO_4 \cdot H_2O$、$PbO \cdot PbSO_4$和PbO被电化学氧化为$PbO_2$［式（3.32）～式（3.35）］。

$$PbSO_4+2H_2O \longrightarrow PbO_2+4H^++SO_4^{2-}+2e^- \tag{3.32}$$

$$PbO \cdot PbSO_4 \cdot H_2O+2H_2O \longrightarrow 2PbO_2+6H^++SO_4^{2-}+4e^- \tag{3.33}$$

$$PbO \cdot PbSO_4+3H_2O \longrightarrow 2PbO_2+6H^++SO_4^{2-}+4e^- \tag{3.34}$$

$$PbO+H_2O \longrightarrow PbO_2+2H^++2e^- \tag{3.35}$$

与化成时负极中的情形类似，正极中碱式硫酸铅和硫酸铅的表面被氧化为二氧化铅后，颗粒内部的电化学氧化将变得困难，活化超电势和扩散超电势将变大，在化成后期将伴随着析氧反应，同样增加电能的损耗。化成过程中的电化学氧化将消耗电解液中的H_2O，生成H^+和SO_4^{2-}，因此正极电解液的pH会减小。

化成结束后，正极板变为黑褐色，负极板变成带有金属光泽的浅灰色。

3.2.5 电解液

在铅酸蓄电池中，硫酸既是活性材料也是支持电解质。因为硫酸要参与正极和负极的电化学反应，因此硫酸的浓度会影响铅酸电池的电压。硫酸电解液质量分数为30%～35%时具有最高的电导率，因为硫酸还要参加氧化还原反应，所以实际使用的浓度一般为36%～42%。实际生产中一般用硫酸的密度来表示铅酸蓄电池中的电解液浓度，对应的密度范围为1.1～1.3 $g \cdot cm^{-3}$。密度过大将导致板栅腐蚀，密度过小会导致电池容量下降。

3.2.6 隔膜

最早的铅酸蓄电池没有隔膜，正极极板和负极极板之间距离很大。为了减小电池体积，薄木片作为隔膜被夹在正负极极板间，但木片很容易被正极氧化。后来又出现了橡胶微孔隔膜，橡胶经硫化处理去除双键后抗氧化性得到很大提高，但是橡胶微孔隔膜的韧性不好。工程师又开发了微孔袋式聚乙烯隔膜用于起动用铅酸蓄电池，得到了广泛使用。后来发明的密封电池采用了玻璃纤维隔板（玻璃毡），它的纤维成分由硅酸盐、氧化铝等组成，具有强度高、耐腐蚀的优点。玻璃纤维隔板的优点是化学稳定性好、可完全被电解液浸渍。就循环性能而言，使用袋式聚乙烯隔膜的铅酸蓄电池的循环寿命明显好于使用玻璃纤维隔板的电池，但由于聚乙烯不适合高温环境，因而使用量不高。目前在广泛使用的密封式电池均以玻璃纤维隔板为主。

3.3 铅酸蓄电池的主要性能参数

3.3.1 电压

因为硫酸解离为H^+和HSO_4^-，所以铅酸蓄电池的总反应［式（3.3）］可写为式（3.36）的形式，则电池的电动势如式（3.37）所示。由于H^+和HSO_4^-的浓度之积是硫酸的浓度［式

(3.38)]，因此电池的电动势可以写为式（3.39）。

$$Pb+PbO_2+2H^++2HSO_4^- \rightleftharpoons 2PbSO_4+2H_2O \tag{3.36}$$

$$U_d=U^\ominus-\frac{RT}{2F}\ln\frac{a_{PbSO_4}^2 a_{H_2O}^2}{a_{Pb}a_{PbSO_4}a_{H^+}^2 a_{HSO_4^-}^2}=U^\ominus+\frac{RT}{F}\ln c_{H^+}c_{HSO_4^-} \tag{3.37}$$

$$c_{H^+}c_{HSO_4^-}=c_{H_2SO_4} \tag{3.38}$$

$$U_d=U^\ominus+\frac{RT}{F}\ln c_{H_2SO_4} \tag{3.39}$$

据式（3.8）和式（3.17）可得铅酸蓄电池的标准电动势是2.050V，因此铅酸蓄电池中单体电池的额定电压为2V。

可以看出，除了温度等因素影响铅酸蓄电池的电动势，电池的电动势主要受到电解液中硫酸浓度的影响，随着电解液中硫酸活度的增加而升高。25℃时，当电池中的硫酸质量分数为36%～42%，由式（3.39）计算得出电池电动势的变化范围为2.089～2.094V（表3.1），非常稳定。

表3.1　25℃时不同质量分数的硫酸对应的铅酸蓄电池电动势

质量分数	密度 / $g \cdot cm^{-3}$	浓度 / $mol \cdot L^{-1}$	pH	电池电动势 /V
36%	1.2647	4.6458	−0.9681	2.089
39%	1.2904	5.1353	−1.0116	2.092
42%	1.3167	5.6430	−1.0525	2.094

1918年，美国哈德逊汽车公司（Hudson Motor Car Company）开始使用6V铅酸蓄电池，并带动了汽车灯泡、起动电机、汽车仪表和雨刮器电机等按照6V电压设计。20世纪50年代之后，大排量汽车开始增多，汽车中应用越来越多，空调、娱乐系统、电动车窗等使得6V电压系统已经很难满足要求，工程师通过串联两个6V电池来达到使用要求，形成了12V系统。1955年，6V电池系统逐渐退出了汽车舞台，12V铅酸蓄电池广泛使用并一直沿用至今。12V铅酸蓄电池的放电终止电压为10.5V，充电终止电压为14.4V。

因此，市场上铅酸蓄电池主流产品规格以6V、12V、48V为主，分别由3个、6个和24个串联的2V单体电池组成。12V的铅酸蓄电池常被用于汽车的起动电源，48V的铅酸蓄电池常被用于电动自行车的动力电源，72V的铅酸蓄电池一般用于电动摩托车的动力电源。

3.3.2　能量密度

铅酸蓄电池的能量密度一般在30～50W·h·kg^{-1}，相对较低。这是因为铅酸蓄电池的正负极活性材料为氧化铅和二氧化铅，密度比较大，能量密度相对较低。

3.3.3　寿命

铅酸蓄电池的寿命取决于正极板寿命，当电池正极板栅腐蚀量达到35%，或电池容量低于额定容量的80%时，视为电池寿命到期。

铅酸蓄电池的寿命通常分为循环寿命和浮充寿命两种。铅酸蓄电池的容量减少到规定值以前，其充放电循环次数称为循环寿命；铅酸蓄电池在浮充供电方式下正常工作的时间称为浮充寿命。根据国标GB/T 19639.1—2014，电池在规定的测试条件下，充放循环寿命10A·h以上应≥300次，10A·h及以下≥200次。

知识拓展3.4

浮充

随着蓄电池放置时间越长，蓄电池中的电量会逐渐减少，这是由于蓄电池具有自放电的特性。

为了平衡这种由于电池自放电造成的容量损耗，需要对蓄电池进行一种连续的、长时间的恒电压充电。这种充电模式就是浮充电。

在浮充电模式下，即使电池处于充满状态，充电模块不会停止充电，仍会提供恒定的浮充电压和很小的浮充电流供给蓄电池以使其能经常保持在充电满足状态。

3.3.4 充放电曲线

电池电压U可由式（3.40）表示：

$$U=U_{\mathrm{d}}-\eta_{活化}-\eta_{浓差}-\eta_{欧姆} \tag{3.40}$$

式（3.40）指出电池电压主要与电动势和三类超电势有关。式（3.39）指出铅酸蓄电池的电动势受电池中硫酸浓度影响。图3.10和图3.11分别为典型的铅酸蓄电池恒流放电和充电曲线。

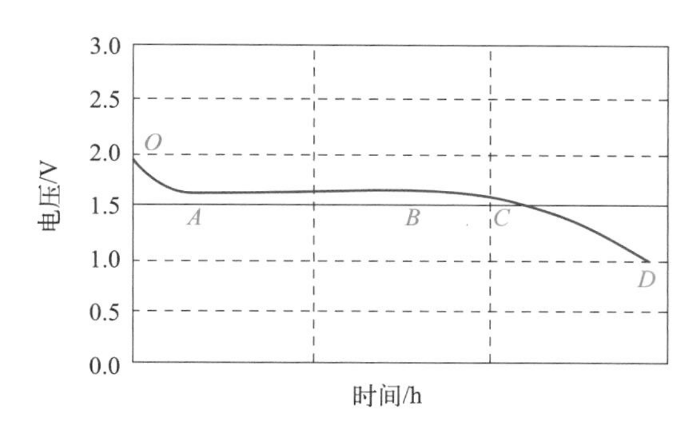

图3.10 铅酸蓄电池的恒流放电曲线

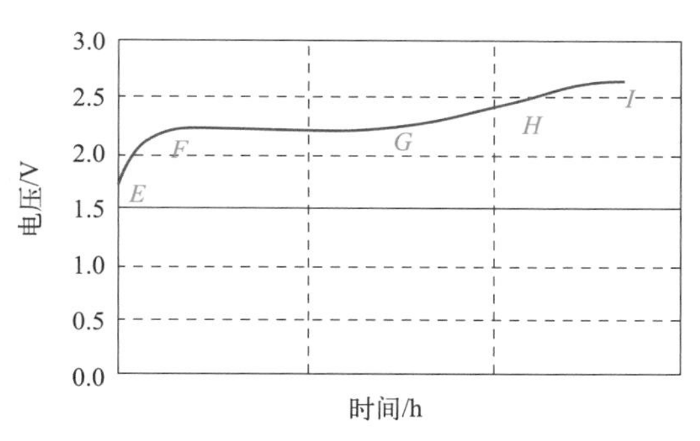

图3.11 铅酸蓄电池的恒流充电曲线

放电开始，由于要提供较大电流，在活化超电势的影响下电池电压开始显著下降（OA段）。由于负极铅和正极二氧化铅表面已被钝化，生成硫酸铅的速率趋于稳定，电解液中硫酸向活性材料表面的扩散也可使消耗掉的硫酸及时得到补充，因此这个阶段放电电压较为稳定（AB段）。在电池反应的后期，硫酸铅在活性材料表面厚度增加，硫酸向活性材料表面的供应也不再及时，电压逐渐下降（BC段）。放电过程最后，正极和负极中均已产生了大量硫酸铅，引起电池内阻增加，欧姆超电势增大，同时硫酸向活性材料内部的扩散越来越困难，浓差超电势增强，所以电压开始显著下降（CD段）。

铅酸蓄电池开始充电时，由于正极和负极的硫酸铅都要发生反应以满足电流，活化超电势是影响充电电压的主要因素，电池电压从开路电压（*E*点）开始显著上升（*EF*段）。当正极和负极的硫酸铅晶粒的最外表面被反应完，正极向二氧化铅的转化及负极向铅的转化与硫酸向晶粒表面的供应都能达到平衡，这个阶段的充电电压较为稳定（*FG*段）。在正极和负极大部分硫酸铅晶粒的外面都被反应完时，内部硫酸铅的反应会越来越难，电压开始逐渐上升（*GH*段）。如果继续充电，当极板上的硫酸铅不足以供给所需电流时，电池开始电解水析出氢气和氧气，电池电压迅速升高（*HI*段）。

3.3.5 容量

放电倍率、温度等会影响电池放电的实际容量。

高倍率放电时，活性材料颗粒表面迅速生成较厚硫酸铅层，导致电解液不能顺利到达活性材料颗粒内部，使得活性材料利用率降低，因而高倍率放电时电池容量降低。

低温会引起硫酸电解液的电导率降低，增大欧姆超电势。硫酸电解液的黏度也会增加，使得硫酸氢根和氢离子的扩散速度减慢，增大了浓差超电势。温度低时反应的活化超电势也会有所增加。以上因素的影响会导致温度较低时电池较快到达截止电压停止放电，致使电池放电容量降低。升温后可将低温时电池未放出的容量放出。

思维创新训练 3.4 分析冬季使用铅酸动力电池的电动车续航里程缩短的原因。

早期容量损失（premature capacity loss，简写为PCL）指阀控式铅酸蓄电池在开始运行数月或1～2年后，其充放电性能迅速变差，容量下降。早期容量损失多发生在贫液式电池，主要表现形式有突然容量损失（PCL-1）、缓慢容量损失（PCL-2）和负极无法再充电（PCL-3）。

PCL-1型早期容量损失表现为电池在最初的10～50次循环内，电池容量突然下降，这是阀控式铅酸蓄电池的主要失效模式。这种现象最初是在使用铅钙合金板栅的电池中发现的，通常被称为无锑效应。铅钙合金板栅和活性材料接触的界面在充放电循环中形成了非导电层或低导电层，从而在正极极板内部引起高电阻，使电池放电容量下降。通过使用铅锑合金板栅可有效解决这个问题。

PCL-2型早期容量损失来自正极活性材料PbO_2的膨胀。在充放电循环过程中正极活性材料颗粒的膨胀和收缩导致活性材料颗粒之间接触变差，降低了正极极板内部的导电性，使得充放电的容量逐渐变低。放电深度越深，放电倍率越大，容量损失就越快。控制PCL-2型早期容量损失的途径为尽量避免深度放电和高倍率放电。

PCL-3型早期容量损失只在阀控式铅酸蓄电池中出现，一般在200多个充放电循环后发生，其表现是负极板底部三分之一处硫酸盐化严重。出现PCL-3型早期容量损失后，向电池充电将非常困难，增加电池充电时间会使得正极析出氧气渗透到负极，使得负极膨胀剂加速失效。解决方案是在负极板中使用更稳定的膨胀剂。

3.4 铅酸蓄电池的失效

铅酸蓄电池的失效是指铅酸蓄电池的寿命缩短。除了铅负极的硫酸盐化（3.2.2.3节）、正极活性材料的软化和脱落（3.2.3.4节）、板栅氧化腐蚀（3.2.3.5节）外，短路和失水也会导致铅酸电池失效。

铅酸电池的失效有两种模式。第一种是由枝晶穿透隔膜引起的短路。在汽车起动电源中，由于不规范使用会出现深度放电。深度放电时，硫酸铅倾向于形成大的颗粒，填充隔膜中的孔，充电时隔膜孔中硫酸铅被还原成金属铅枝晶，引起短路。大孔道隔膜比小孔道隔膜更容易形成枝晶短路。

思维创新训练 3.5 什么样的不规范使用会导致铅酸蓄电池出现枝晶穿透隔膜短路?

第二种短路是由“苔藓”状金属铅引起的。正极活性材料中的二氧化铅颗粒之间断开从板栅脱落后，可能积聚在负极的顶部或边缘，在充电时被还原成“苔藓”状金属铅，导致短路。脱落的正极活性材料也可能沉积在电池底部，造成正负极间的短路。

铅酸蓄电池如果不进行良好的充放电管理，在充电后期和过充电时会发生电解水反应，使得硫酸浓度增加。电解水不仅发生在充电和过充阶段，开路状态时也会以较低速率进行。

思维创新训练 3.6 为什么铅酸蓄电池在开路状态下也会发生电解水反应?

3.5 铅酸蓄电池的制造工艺

制造铅酸蓄电池主要分为制造板栅、制造铅膏、制造生极板、化成和装配电池五个主要工序，如图3.12所示。

制造板栅：首先按照配方制备铅锑合金，再将合金注入模具中，浇铸后冷却成型。板栅也被称为格子体或极栅。

制造铅膏：先通过气相氧化或球磨的方法制备铅粉（3.2.4节）。正极和负极板中的铅膏成分是一样的，由铅粉、硫酸、水和添加剂等混合均匀后制成膏状（3.2.4节），这个过程被称为和膏。

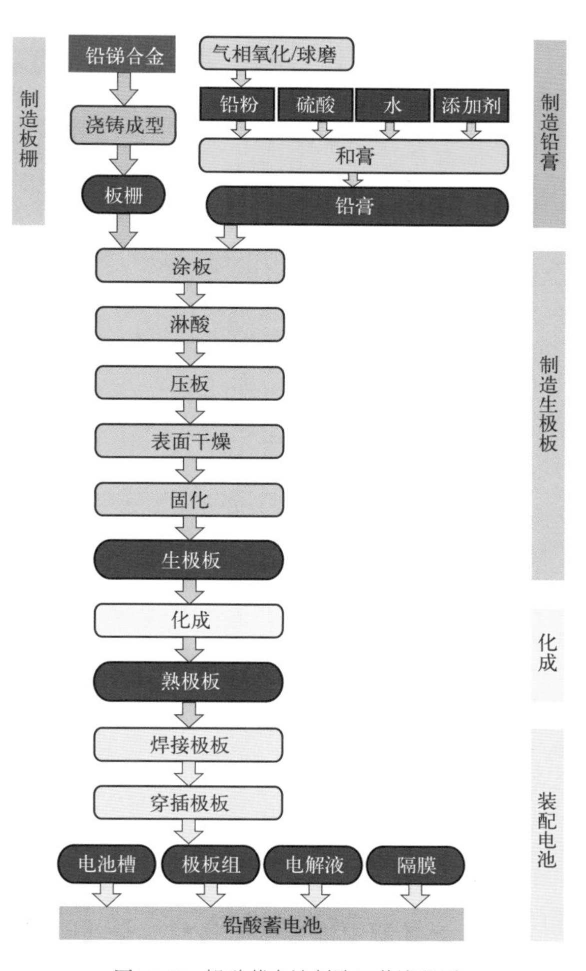

图 3.12　铅酸蓄电池制造工艺流程图

制造生极板：生极板是指在制造过程中未经过充放电处理的铅酸蓄电池极板。将糊状的铅膏涂敷在板栅上，这道工序叫涂板。涂板后将密度为1.1 ～ 1.3g · cm^{-1}的硫酸喷淋到极板表面形成一薄层硫酸铅，防止干燥后出现裂纹，也可防止生极板相互粘连。淋酸后为了使铅膏和板栅接触紧密并具有一定强度，需要对生极板用一定的压力辊压，这步工序被称为压板。压力要适中，以保护生极板内的多孔结构。表面干燥是为了去掉生极板表面的部分水分。干燥过的极板，要在控制湿度和温度的条件下使其失水，形成含有均匀微孔的固态物质，这道工序被称为固化。

固化后制得生极板。

为解决铅酸蓄电池使用中出现的正极活性材料软化和脱落问题，管式正极被发明出来。管式正极是在正极板的导电骨架上套上涤纶管，管中填充活性材料，结构如图3.13所示。管式正极和涂膏式负极配合使用。

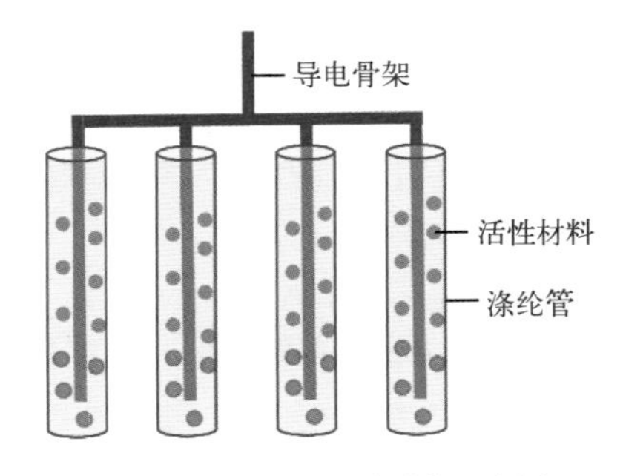

图3.13　正极的管式结构示意图

极板化成：由于生极板中主要成分是氧化铅和碱式硫酸铅，所以要用直流电电解的方法在铅酸电池中制备铅和二氧化铅，这个过程叫极板的化成（3.2.4节）。生极板经过化成后被称为熟极板。

化成的途径主要有两种，分别为外化成和内化成。外化成也被称为槽式化成，将极板放在化成槽进行电解。内化成是在电池装配完成后进行电解。

装配电池：如果采用外化成，化成后经过干燥极板与隔膜、电池槽等部件按要求装配。

相同极板采用金属条（汇流排）焊接，将汇流排与极柱连接。将正极板和负极板互相穿插组合后，在正负极板之间放入隔膜，组成极板组。再将极板组装入电池槽，注入电解液，加盖并密封，即制得铅酸蓄电池产品。

3.6　铅炭电池

铅炭电池（有时被写为铅碳电池）是在铅酸蓄电池基础上开发的一种新型电池，也被称为超级电池。铅炭电池结合了铅酸蓄电池和超级电容器（见本书第11章）的特点，保持了铅酸蓄电池的大能量密度优势，又增加了电容器短时间内大容量充电的优点。

3.6.1　铅炭电池的结构

铅炭电池的正极仍然使用二氧化铅作为活性材料，但是负极材料采取了多种组合。铅酸电池的负极活性材料是铅，而在铅炭电池中负极从铅变成了具有双电层电容特性的碳材料加海绵铅混合组成的双功能复合负极。故铅酸电池是氧化还原电池，而铅炭电池是氧化还原电池和电容器的组合器件。

根据负极材料和结构可以将铅炭电池分为准电容铅炭电池、内并型铅炭电池和内混型铅炭电池（图3.14）。

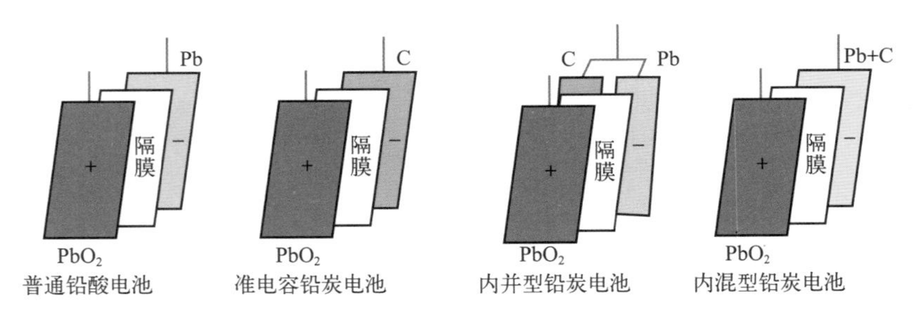

图3.14　铅酸电池和铅炭电池结构示意图

准电容铅炭电池中的负极材料全部用高比表面积的碳材料替代海绵铅，被称为全炭负极。由于负极全部采用了碳材料，电池能量密度会比铅酸电池降低。准电容铅炭电池具有较高的循环寿命和功率。

内并型铅炭电池的负极包括两个部分，一部分是碳材料电极，另一部分是海绵铅电极，两个部分并联后作为一个负极。内并型铅炭电池并联了具备电容特性的炭电极，可大幅度减缓大电流密度对铅电极的影响，降低铅负极的硫酸盐化现象。

内混型铅炭电池将碳材料在和膏过程中与海绵铅直接混合成为一体。这种方式可促进硫酸铅颗粒沉积时晶粒变得更小，从而提高电池的充放电性能，增加电池循环寿命。

思维创新训练 3.7 为什么铅炭电池只改进铅酸蓄电池的负极材料和结构，而不改变正极？这不成为了仅改变单侧电极电容的不对称行为吗？试着分析原因。

3.6.2 碳材料

用于制作铅炭电池的主要碳材料有：活性炭、炭黑、乙炔黑、碳纤维、石墨、碳纳米管、石墨烯等，这些材料的具体特点和性能见11.11节。

碳材料在铅炭电池中有三方面主要作用。

增大电容。多孔碳材料的比表面积大，在碳/电解液界面上能形成较大的双电层电容，故其具有快速大容量充电的优点。

改善铅酸蓄电池的负极充放电性能。铅炭电池在瞬时大电流充放电的工况下，主要由具有电容特性的碳材料提供或消纳大部分电流，减小铅负极的大电流冲击，缓解大电流下容易发生的“硫酸盐化”，有效延长电池的使用寿命。

增强导电网络。碳材料的电导率较高，碳材料比例增加在负极板中构建的导电网络使得电极内阻变小，促进充电过程中导电性较差的$PbSO_4$向Pb的转变。

3.6.3 铅炭电池的特点

铅炭电池的能量密度比铅酸蓄电池的30～50W·h·kg^{-1}稍有提高，可达到60W·h·kg^{-1}。相较于锂离子电池的200～300W·h·kg^{-1}的能量密度，差距还较大。由于负极添加了大量的碳材料抑制了负极硫酸盐化，延长了铅炭电池的循环寿命。

相比于锂离子电池，铅炭电池的能量密度比较低，主要用在对重量和体积都要求不高的储能电站，不适合用于动力电池和移动电源。铅炭电池的生产工艺比铅酸蓄电池复杂，碳材料的比表面积、孔分布、电导率、纯度等性能都会对铅炭电池的性能产生影响。铅炭电池的成本大于铅酸电池，铅酸电池的1kW·h电成本小于0.20元，而铅炭电池的1kW·h电成本为0.45～0.70元。所以目前铅炭电池尚没有实现大规模应用。

思维创新训练 3.8 查找一篇最新的铅酸蓄电池的研究论文，分析论文中的创新点应用了哪些本章所述内容。

扫码获取
本章思维导图

第4章 镍镉电池与镍氢电池

4.1 概述

4.1.1 镍镉电池的发展历史

镍镉电池（nikel-cadmium，简写为Ni-Cd）主要作为二次电池使用。1899年，瑞典科学家荣格纳（Waldmar Jungner）发明了开口型镍镉电池，该电池以金属镉作为负极活性材料，金属镍作为正极活性材料。与铅酸蓄电池相比，镍金属和镉金属材料的高成本限制了其应用推广。1947年，美国发明家纽曼（Georg Neumann）实现了镍镉电池的密封，并且改善了镍镉电池的制造工艺，使镍、镉金属可以被重复利用，这才使镍镉电池走向市场并得到较大规模应用，主要用于起动、照明以及牵引设备的电源。1928年，德国法本公司（I. G. Farbe AG）申请了基于烧结电极（sintered electrode）技术的镍正极专利。烧结式电极提供了支撑活性材料的新手段，由于镍的导电性很好，避免了添加石墨作为导电剂。第二次世界大战期间，由于使用了烧结镍板正极的镍镉电池表现出优异的高倍率性能，德国在飞机上大量地应用。1959年8月6日，在美国发射的探险者6号（Explorer 6）卫星上实现了镍镉电池的首次空间应用。在20世纪60年代，烧结极板式密封镍镉电池不仅满足了大电流放电的要求，而且通过改进延长了电池的寿命，主要用于飞机、坦克、火车等各种引擎的起动。20世纪70年代末，泡沫镍电极、纤维电极和黏结电极等各种新型电极的成功研制，推动了镍镉电池进入民用电子消费品市场。

1956年，我国在河南新乡建设了第一个镍镉电池工厂——风云器材厂（755厂），后期对镍镉电池做了进一步改善并降低了电池成本。在航天领域，镍镉电池在1971年首次被应用于实践一号卫星，设计寿命为1年，实际在太空中工作了8年之久。1981年9月20日，镍镉蓄电池正式作为主储能电源被用于实践二号卫星，开始了作为我国航天飞行器主储能电源的历程。从20世纪80年代开始直到被镍氢电池和锂离子电池取代，镍镉电池在我国被广泛应用在导弹、火箭以及人造卫星的能源系统，常与太阳能电池在空间应用中相匹配。图4.1展示了镍镉电池的发展历程。

镍镉电池是最早应用于手机、笔记本电脑等电子设备的二次电池，具有良好的耐过充放电能力、大电流放电能力，可重复充放电500次以上，操作方便，经济耐用。镍镉电池是一种优

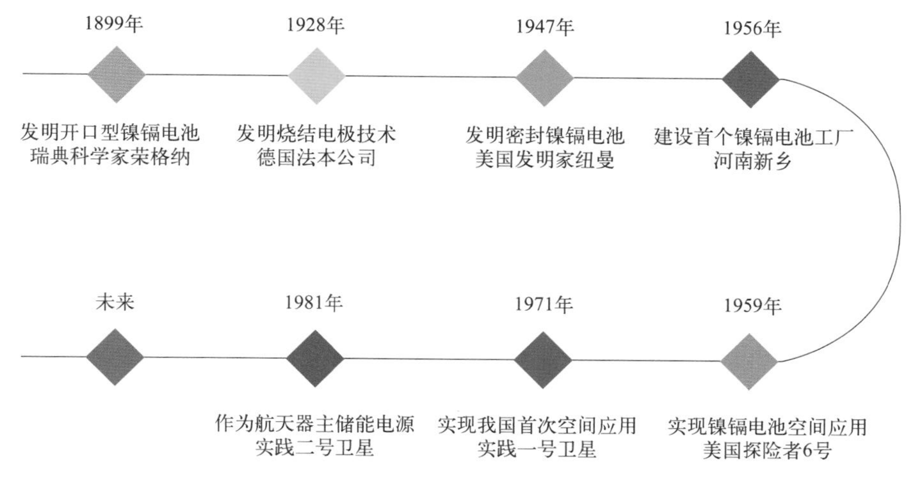

图 4.1　镍镉电池的发展历程

秀的直流供电电池，具有小内阻和高电压的放电特点，可供大电流放电的同时电压变化不大，且可以在较广的温度范围内使用。镍镉电池主要分为标准型、高温型、消费型和大电流放电型等四类，一般用金属容器完全密封，坚固耐用，极少出现电解液泄漏的情况，因而在生产生活领域有着广泛的应用。

如果镍镉电池的充放电进行得不彻底，容易在电池内部留下痕迹使得电池容量降低，这种现象称为电池记忆效应，这是镍镉电池的一项致命缺点。例如，镍镉电池在使用过程中仅放出容量的80%后就进行充电，那么在后面的使用过程中，该电池在充满电时仅能达到最初容量的80%。

镍镉电池出现记忆效应的原因主要是在电池制造过程中，通过传统烧结工艺制备的负极镉的晶粒较粗，在不完全充放电的情况下容易聚集，造成电极膨胀；或者正极生成的NiOOH没有被完全反应，结合形成了较大的晶体，使得电池内容易被利用的活性材料减少，造成镍镉电池容量下降，在放电时形成次级放电平台，降低镍镉电池的放电电压。每一次不完全放电产生的记忆效应会累积，使得镍镉电池的使用寿命持续降低。

思维创新训练 4.1 针对镍镉电池具有记忆效应的特点，如何提高镍镉电池的使用性能及寿命？

此外，镍镉电池的原料——镉及其化合物的毒性巨大，会对环境产生严重的重金属污染，并且给人体造成不可逆转的危害。当环境受到镉污染后，镉可经过食物链富集进入人体，长期接触会引起慢性中毒。因此，镍镉电池的生产和使用受到了越来越严格的限制。

4.1.2　镍氢电池的发展历史

镍氢电池的全称是镍-金属氢化物（nikel-metal hydride，简写为Ni-MH）电池，它由镍镉电池改进而来，其额定电压为1.2V，与镍镉电池相同，是替代镍镉电池最为理想的环保二次电池。

储氢合金材料在一定的压力和温度条件下可以吸收和存储大量的氢，因此又被称为“吸氢海绵”，其储氢密度是标准状态下氢气的1000倍，甚至超过液氢的密度（$0.0708g \cdot cm^{-3}$）。储氢合金在强碱性电解质溶液中可以经历多次充放电而保持性能稳定，是一种优秀的取代镉的负极活性材料。

镍氢电池在1976年由荷兰的飞利浦研究院（Philips Research）发明。飞利浦研究院在1980年通过改进得到了稳定的可以用于镍氢电池的负极活性材料——$LaNi_5$合金，奠定了利用储氢合金作为负极活性材料制备镍氢电池的基础。20世纪80年代开始，美国和日本都致力于研究开发储氢合金电极，美国能源转换公司（Ovonic Battery）、日本的松下和索尼等电池公司先后成功研发出实用的镍氢电池。1987年，开始采用泡沫镍作为正极的集流体，将高密度的球形$Ni(OH)_2$填充到泡沫镍孔隙中，显著提高了活性材料在极板中的负载量，使得镍氢电池容量提高了40%。1991年，索尼公司首次实现了镍氢电池的商用。

20世纪80年代末期，我国开始研究镍氢电池。1983年，南开大学开始研究镍氢电池技术，申泮文院士在我国率先开展金属氢化物化学研究，研制出中国第一代镍氢电池。1989年，我国将镍氢电池研究列入国家“863”计划，研制出我国第一代AA型（5号）镍氢电池，并开始了镍氢电池的商业化。21世纪初期，我国镍氢电池的商业化发展初具规模，如今国产镍氢电池的综合性能已经达到国际先进水平。图4.2展示了镍氢电池的发展历程。

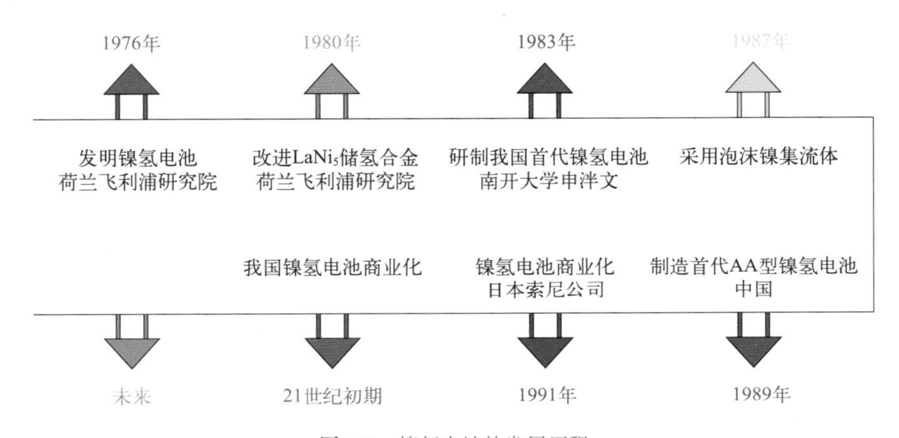

图4.2　镍氢电池的发展历程

镍氢电池不使用重金属镉，绿色安全，使用过程中和用完丢弃后，均不会对环境和人体造成伤害。此外，镍氢电池没有镍镉电池的记忆效应，随时充电放电也不会造成电池容量的降低。镍氢电池与同体积的镍镉电池相比，容量能够增加一倍且镍氢电池的充放电循环次数更高，可达到1000次左右。镍氢电池的自放电率很小，在室温环境下镍氢电池充满电后放置28天，电池容量依旧能保持在80%左右。

镍氢电池是一种性能优异的绿色电池，在生产生活中应用广泛。按照电池内部压力，可分为高内压镍氢电池和低内压镍氢电池两大类。高内压镍氢电池具有较高的比能量、耐过充过放、循环寿命长等特点。但也存在一些明显的缺点，如容器要耐高压、自放电较大、电池密封难度大以及制备成本高等。

这些不足限制了高内压镍氢电池在民用领域的发展，主要应用在航天空间技术领域。对于民用领域，主要采用低内压镍氢电池。20世纪90年代，镍氢电池主要被应用于手机、数码相机、笔记本电脑、便携式录音机等。21世纪以来，镍氢电池的性能得到了进一步的提高，广泛应用于智能手机、平板电脑等电子设备；如今镍氢电池已经成为电动自行车、电动汽车和混合动力汽车使用的电源之一。表4.1对镍镉电池和镍氢电池的主要参数和性能进行了比较。

表 4.1 镍镉电池和镍氢电池的主要参数和性能比较

参数与特性	镍镉电池（Ni-Cd）	镍氢电池（Ni-MH）	参数与特性	镍镉电池（Ni-Cd）	镍氢电池（Ni-MH）
重量能量密度 /W·h·kg^{-1}	27	67	大容量放大能力 /%	60 ～ 70	80
体积能量密度 /W·h·L^{-1}	70 ～ 80	180	循环次数	500	>1000
500 次循环容量保持率 /%	90	95	环境污染	严重	无
1000 次循环容量保持率 /%	84	90	记忆效应	明显	无

思维拓展训练 4.1 根据以上内容总结出镍氢电池与镍镉电池的优缺点。

4.2 镍镉电池

4.2.1 工作原理

镍镉电池的负极活性材料是金属镉（Cd），正极活性材料是羟基氧化镍（NiOOH），一般采用KOH溶液作为电解液。镍镉电池的充放电原理如图4.3所示，在充电和放电过程中发生的电化学反应可以表示为式（4.1）～式（4.3）。

负极反应：$Cd+2OH^- \rightleftharpoons Cd(OH)_2 + 2e^-$ （4.1）

正极反应：$2NiOOH+2H_2O+2e^- \rightleftharpoons 2Ni(OH)_2+2OH^-$ （4.2）

电池反应：$2NiOOH+2H_2O+Cd \rightleftharpoons Cd(OH)_2+2Ni(OH)_2$ （4.3）

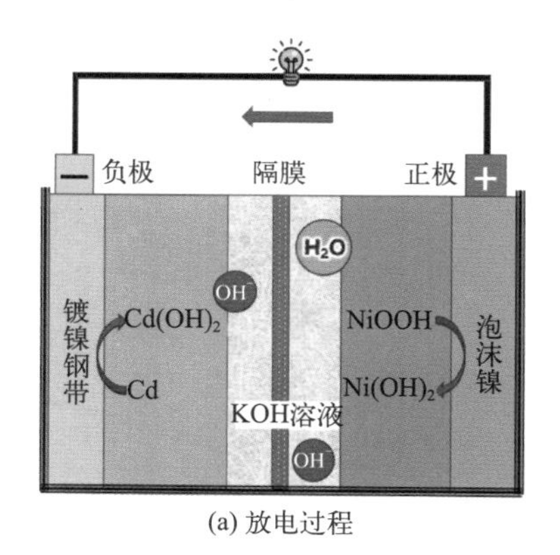

(a) 放电过程

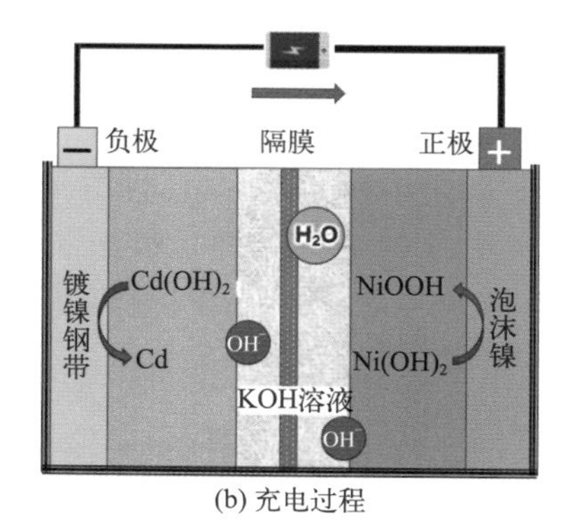

(b) 充电过程

图 4.3 镍镉电池的工作原理和基本结构示意图

镍镉电池放电时，负极的镉被氧化为Cd^{2+}，Cd^{2+}和电解液中的OH^-结合生成氢氧化镉[$Cd(OH)_2$]，释放的电子沿着外电路转移至正极。正极上的羟基氧化镍得到电子，被还原成氢氧化镍［$Ni(OH)_2$］，同时释放出OH^-。因此从总的电池反应看电池中OH^-总量没有发生改变，OH^-除了导电还起到支持负极和正极反应的作用。

对镍镉电池充电时，以上过程正好相反。负极的$Cd(OH)_2$先被电离为Cd^{2+}和OH^-，Cd^{2+}从外电路获得电子，被还原成金属Cd沉积在集流体上，而OH^-则进入电解液参与正极反应。正极的$Ni(OH)_2$与OH^-发生氧化反应，产物为NiOOH和水。镍镉电池在充电时在正极生成水，可能导致电解液液面上升，放电时又消耗水可能导致液面下降［式（4.3）］。虽然对于整个电池反应而言，充电放电前后电池中水的含量不变，但在电池的生产工艺中要注意这个现象。

思维创新训练 4.2 为什么镍镉电池在生产过程中要考虑电解液液面的高低？

思维拓展训练 4.2 根据以上内容，解释镍镉电池“记忆效应”产生的原因。

4.2.2 基本结构

镍镉电池的基本结构包括正极和集流体、负极和集流体、电解液、隔膜和外壳等（图4.3）。镍镉电池的负极活性材料通常为海绵状金属镉，某些镍镉电池在负极中还会加入氧化铁粉，目的是较好地分散镉粉，防止其聚集并增加负极板的容量。负极集流体一般使用镀镍钢带。正极材料为氢氧化镍和石墨粉的混合物，在正极板制造完成之后，一般会通过化成工艺（见4.4节）将$Ni(OH)_2$转化为NiOOH，因此镍镉电池出厂后可直接放电。石墨粉不参与电池反应，其主要作用是增强导电性。正极集流体一般使用泡沫镍。

电解液通常为氢氧化钾溶液，浓度为20%～34%（4.2～8.0mol·L^{-1}）。隔膜一般使用维纶无纺布或尼龙无纺布等高分子材料，以保证正极生成气体时可以向负极扩散，维持镍镉电池内压稳定。

4.2.3 分类

4.2.3.1 根据极板的形状分类

（1）盒状极板电池

盒状极板电池使用冲孔钢带做成盒状作为极板的成型骨架（图4.4），将正极、负极活性材料填充到盒中。这种盒状结构还可以限制活性材料在电池充放电过程中的膨胀。应用这种极板组装的电池被称为盒状极板镍镉电池，主要用于低倍率放电的场合。

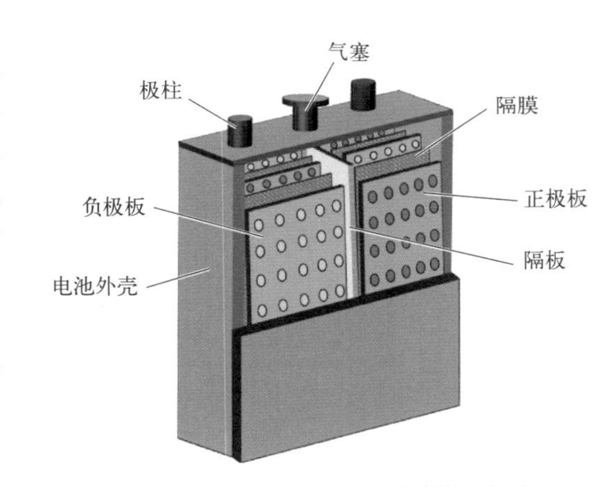

图 4.4　盒状极板镍镉电池的结构示意图

（2）片状极板电池

片状极板是在片状基板上填充活性材料制成的极板。对于负极，既可以在基板上载入活性材料，也可以直接在集流体上压上活性材料。对于正极，都先制成基板再填充活性材料。正极基板是用镍粉涂压于冲孔镀镍钢带，制备过程中加入碳酸氢铵等发泡剂形成孔隙，基板的作用与盒状极板的冲孔钢带相似。

根据基板是否烧结又可以分为烧结式和非烧结式两类。若电池的正极、负极均采用烧结式基板，则称该电池为全烧结式电池；若正极为烧结式，而负极采用涂浆式或电沉积式，则称该电池为半烧结式电池。

① 烧结式电极

烧结式电极，由于各极板间距离小且极板表面积大，可满足大电流密度的放电需求，因此在镍镉电池中被主要采用。烧结式电极中采用模压法与辊压法制造的基板较厚，正基板厚度2 ～ 3mm，负基板厚1.3 ～ 1.8mm；而采用涂浆法制造的基板较薄，为0.5 ～ 1mm，较薄的极板常应用于高倍率放电。

② 涂膏式电极

涂膏式电极是将活性材料［$Ni(OH)_2$或镉粉］与黏结剂（聚四氟乙烯、羧甲基纤维素钠等）相混合通过一定工艺制成，这种方式制备简单且耗镍量最少，但内阻较大，只适合中、低倍率放电电池使用。

常见的还有以泡沫镍作为基板，将高结晶度的球形$Ni(OH)_2$填充在泡沫镍的孔隙中，制成涂膏式泡沫镍电极，显著提高了活性材料的负载量，提高了电池的能量密度。

③ 压制式电极

压制式电极不使用黏结剂，将正负极的活性材料与导电剂等混合均匀后直接压制在集流体上，使得接触电阻减小，欧姆超电势降低，有效提高了电池的高倍率放电性能。

4.2.3.2 根据电池形状分类

（1）圆柱形电池

圆柱形电池的结构如图4.5所示，正极板、隔膜、负极板经过叠压后卷绕成圆柱形放入外壳。圆柱形镍镉电池常采用烧结式、涂膏式及压制式极板，制造工艺已经十分成熟。

（2）扣式电池

这类电池是指高度低于横截面直径的一类电池，形似纽扣，被称为扣式电池，基本结构如图4.6所示。其电池容量一般较低，为0.02 ～ 0.5A・h，常用于小电流充放电。扣式电池的正极和负极一般是将活性材料在圆形模具内压成片状或板状，或是采用烧结式极板冲切成圆片，放入密封圈、弹簧、盖子后冲压密封而成。

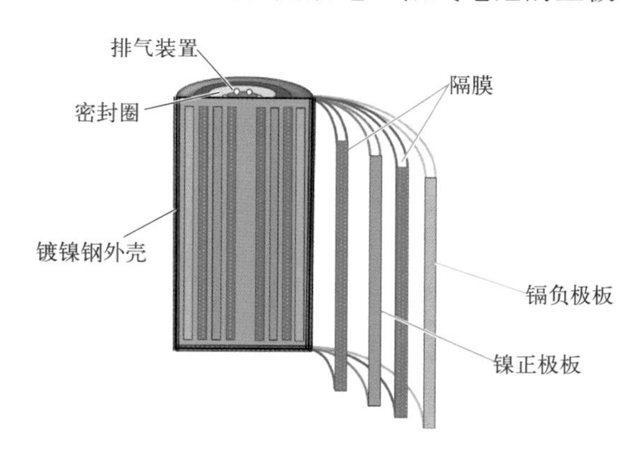

图 4.5　圆柱形镍镉电池的结构示意图

（3）方形电池

方形电池又称角形电池或口香糖电池，容量一般为0.4 ～ 2.4A・h，这种电池组合使用时可充分利用空间，因此得到较快的发展。方形电池的密封盖结构与圆柱形电池盖相似，极板与开口电池相似，电池壳和电池盖用激光焊在一起。

4.2.3.3 根据电池容量分类

（1）标准型电池

标准型电池具有寿命高、性能稳定、操作简单、无需维护等优点，常用于电动玩具和计算器等。

（2）消费型电池

消费型电池可实现大电流放电，虽然额定电压为1.2V，但可以应用于1.5V电池的设备，可应用于电动剃须刀、电子门锁等。

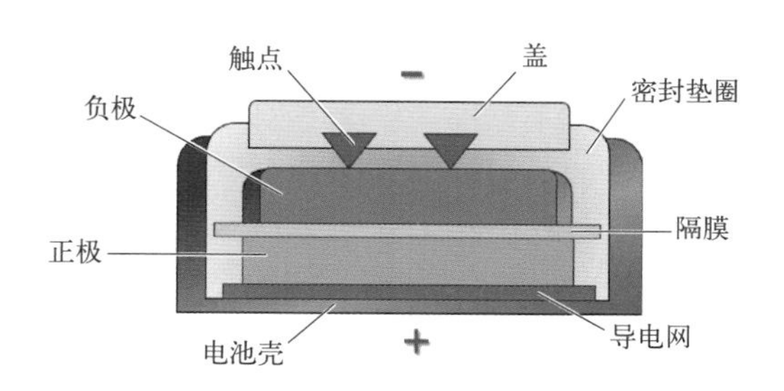

图 4.6　扣式镍镉电池的结构示意图

（3）高温型电池

高温型电池具有优异的高温充放电性能，在35 ~ 70℃的温度区间仍拥有很高的小电流充电效率，并且具有良好的耐过充性能，可作为应急灯、导向灯的电源。

（4）高倍率放电型电池

高倍率放电型电池具有优异的大电流放电特性，以0.2C放电的额定容量为基准，6C放电可放出90%，10C放电可放出85%，常用于高功率放电设备。

4.2.4 镍镉电池电化学

4.2.4.1 负极材料电化学

（1）放电过程

在镍镉电池中，镉负极活性材料放电时失去电子被氧化成Cd^{2+}［式（4.4），图4.7（b）］，一个Cd^{2+}结合电解液中的三个OH^-生成可溶性离子$Cd(OH)_3^-$［式（4.5），图4.7（c）］。当$Cd(OH)_3^-$的浓度在电解液中到达饱和，$Cd(OH)_3^-$会解离出一个OH^-转变成$Cd(OH)_2$沉淀［式（4.6），图4.7（e）］，最终在电极表面沉积一层$Cd(OH)_2$［图4.7（f）］。

$$Cd \longrightarrow Cd^{2+} + 2e^- \tag{4.4}$$

$$Cd^{2+} + 3OH^- \longrightarrow Cd(OH)_3^- \tag{4.5}$$

$$Cd(OH)_3^- \longrightarrow Cd(OH)_2 + OH^- \tag{4.6}$$

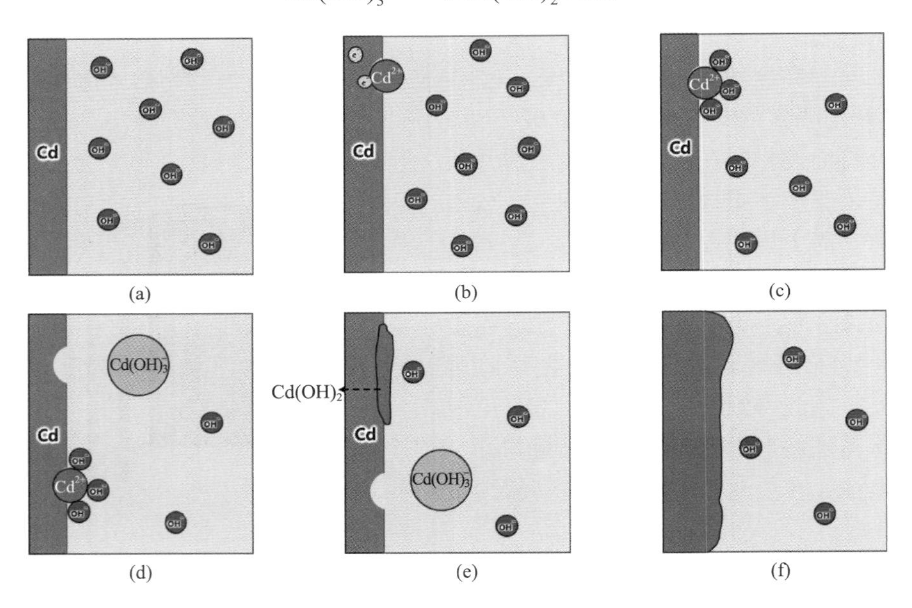

图 4.7 镉负极放电过程原理示意图

（a）放电前；（b）镉失去电子被氧化成Cd^{2+}；（c）Cd^{2+}与OH^-结合生成$Cd(OH)_3^-$；（d）$Cd(OH)_3^-$浓度饱和；（e）$Cd(OH)_3^-$失去OH^-转变成$Cd(OH)_2$沉淀；（f）放电结束

镉负极的电极电势为：

$$\varphi_{Cd(OH)_2/Cd} = \varphi^{\ominus}_{Cd(OH)_2/Cd} + \frac{RT}{nF}\ln\frac{a_{Cd(OH)_2}}{a_{Cd}a^2_{OH^-}} \tag{4.7}$$

式中，$\varphi^{\ominus}_{Cd(OH)_2/Cd}$ 取 $\varphi^{\ominus}_{Cd(OH)_2/Cd(Hg)}$ 的值−0.809V（vs. SHE）。假设镍镉电池使用的电解液KOH浓度为6mol·L^{-1}，25℃时镉负极的电极电势为−0.855V（vs. SHE）。

当电流密度过大、温度过低或KOH浓度过高时，金属镉放电生成的$Cd(OH)_2$又会脱水形成CdO［式（4.8）］。正常放电产生的疏松多孔的$Cd(OH)_2$对镉负极内部活性材料继续放电的影响不大，而脱水生成的致密CdO覆盖住电极表面时，会导致镉电极的钝化，影响电池的放电效率与寿命。

$$Cd(OH)_2 \longrightarrow CdO+H_2O \qquad (4.8)$$

大放电电流密度和高OH^-浓度会容易形成CdO晶核，并且晶粒细小、排列紧密，导致镉电极的钝化严重，使得放电电压下降明显。因此，镍镉电池不能采用过高浓度的KOH电解液。

（2）充电过程

在充电时，负极上的$Cd(OH)_2$得到由外电路传来的电子，被还原为镉单质，同时释放出OH^-补充到电解液中。与疏松多孔的$Cd(OH)_2$不同，还原产物镉容易发生聚集。若充电进行不彻底，致密的镉晶体聚集在电极表面，造成电极内部的$Cd(OH)_2$没有得到充分还原。在下次放电时，仅对聚集在表面的镉进行反应，电极内部的活性材料无法得到充分利用，导致电池容量下降，这是镍镉电池产生记忆效应的原因之一。

思维创新训练 4.3 镍镉电池的记忆效应，与铅酸电池中的哪种现象比较相似?

当镍镉电池被过充电时，电极电势可能将负极处电解液中的H^+还原为H_2［式（4.9）］，正极处电解液中的OH^-氧化为O_2［式（4.10）］。氢气泡和氧气泡聚集在电极表面，会减小电极表面参与电化学反应的面积并且增加电池的内阻；同时会使电池内部的压力显著增加，可能造成电池壳体膨胀甚至破损。

负极副反应：

$$2H_2O+2e^- \longrightarrow H_2+2OH^- \qquad (4.9)$$

正极副反应：

$$4OH^- \longrightarrow O_2+2H_2O+4e^- \qquad (4.10)$$

镍镉电池在设计与制造时，一般多使负极活性材料过量。目的在于当电池过充（正极活性材料已反应完）时，负极仍存在部分金属镉，从而抑制过充电时分解水析出氢气，而正极上产生的氧气扩散到负极被金属镉吸收生成$Cd(OH)_2$［式（4.11）］。这种对充电的保护措施被称为镉氧循环。

$$O_2+2Cd+2H_2O \longrightarrow 2Cd(OH)_2 \qquad (4.11)$$

思维创新训练 4.4 镍镉电池在设计和制备过程中，为什么要使负极活性材料过量?

思维创新训练 4.5 为什么镉和铁、锌相比，在相同浓度的碱液中更不容易钝化?

4.2.4.2 正极材料电化学

（1）放电过程

放电过程中，来自负极的电子经过外电路传导至正极，将NiOOH中的Ni^{3+}还原为Ni^{2+}［式

(4.2)，图4.8（b）]；NiOOH晶粒表面的H^+与晶粒中的O^{2-}结合生成OH^-［图4.8（c）]；由于H^+的浓度梯度作用，H^+不断向电极内部扩散，继续生成$Ni(OH)_2$［图4.8（d）]。电极反应速率受到H^+在NiOOH中的扩散速率影响。

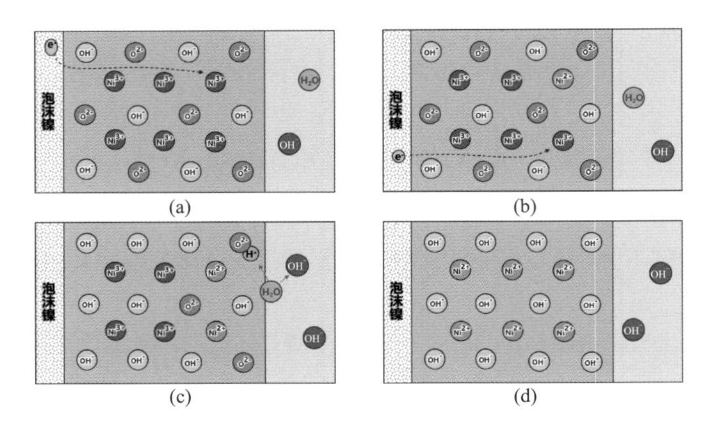

图4.8　正极的放电过程示意图

（a）放电前；（b）Ni^{3+}得到电子还原成Ni^{2+}；（c）H^+与NiOOH中O^{2-}结合成OH^-；（d）放电结束

（2）充电过程

在充电过程中，$Ni(OH)_2$中的Ni^{2+}失去电子变成Ni^{3+}，电子由集流体通过外电路转移至负极集流体［式（4.2），图4.9（a）]；$Ni(OH)_2$中的OH^-失去H^+变成O^{2-}［图4.9（b）]，H^+在界面处与OH^-结合生成H_2O［图4.9（c）]。充电时，在$Ni(OH)_2$/电解液界面处先产生Ni^{3+}和O^{2-}，在OH^-浓度梯度或O^{2-}浓度梯度的作用下，H^+从$Ni(OH)_2$内部向$Ni(OH)_2$/电解液界面扩散［图4.9（d）]。

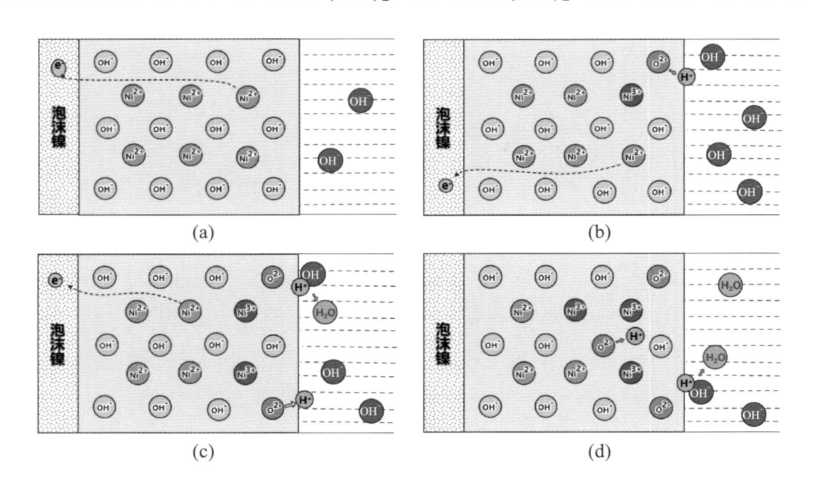

图4.9　正极的充电过程示意图

（a）Ni^{2+}失去电子被氧化成Ni^{3+}；（b）$Ni(OH)_2$中OH^-失去H^+变成O^{2-}；（c）H^+与界面处OH^-结合生成H_2O；（d）H^+持续向界面扩散

根据式（4.2）可得正极的电极电势：

$$\varphi_{NiOOH/Ni(OH)_2}=\varphi^{\ominus}_{NiOOH/Ni(OH)_2}+\frac{RT}{nF}\ln\frac{a_{NiOOH}a_{H_2O}}{a_{Ni(OH)_2}a_{OH^-}} \tag{4.12}$$

式中，$\varphi^{\ominus}_{NiOOH/Ni(OH)_2}$为0.490V（vs. SHE）。NiOOH与$Ni(OH)_2$均为固体，因此正极的电极电势

主要受到OH^-的浓度影响。KOH浓度为$6mol \cdot L^{-1}$，25℃时正极的电极电势为0.444V（vs. SHE）。

（3）正极活性材料

氢氧化镍和羟基氧化镍分别是镍镉电池和镍氢电池的正极活性材料的还原态和氧化态。德国化学家格莱姆瑟（Oskar Glemser）在1950年首次制备出羟基氧化镍，并发现了两种晶体结构β-NiOOH和γ-NiOOH（图4.10），这两种结构与氢氧化镍一样均属于非化学计量化合物，可以视为是NiO_2的层状堆叠。与β-NiOOH相比，γ-NiOOH有着更高的理论放电容量，其晶体层间允许K^+、Li^+、Na^+等水合碱金属离子的插入，具有更好的稳定性。

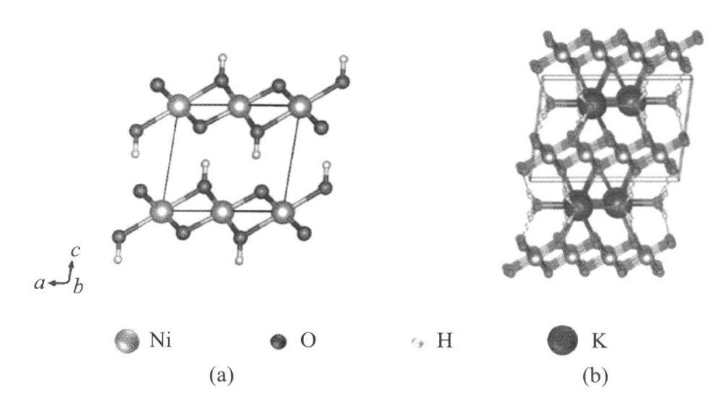

图 4.10　β-NiOOH（a）和γ-NiOOH（b）的晶体结构示意图

$Ni(OH)_2$也存在着两种晶型：α-$Ni(OH)_2$和β-$Ni(OH)_2$（图4.11）。不同之处在于层间距与层间离子存在差异。α-$Ni(OH)_2$的层间存在大量的碱金属水合离子，结晶度较低，根据层间离子种类和水合度的不同，其层间距也随之变化。β-$Ni(OH)_2$是六方水镁石晶型结构，层间依靠范德华力结合，α-$Ni(OH)_2$可以在碱液中经过陈化（aging）转变为β-$Ni(OH)_2$。α-$Ni(OH)_2$发生氧化还原反应时转移的电子数目是β-$Ni(OH)_2$的1.7倍左右。

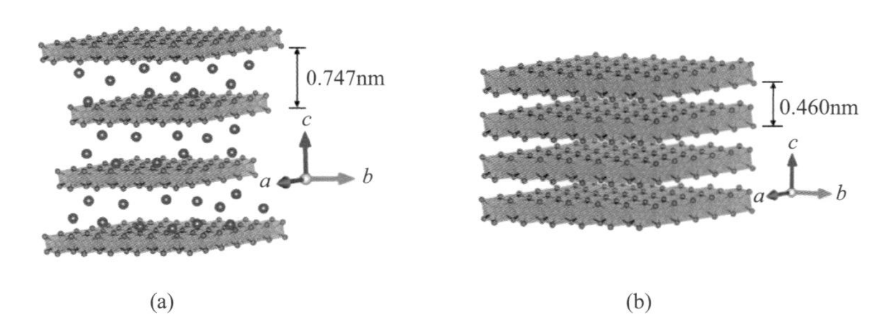

图 4.11　α-$Ni(OH)_2$（a）和β-$Ni(OH)_2$（b）的晶体结构示意图

在充放电循环过程中，$Ni(OH)_2$的两种晶体结构和NiOOH的两种晶体结构之间存在着一定的转化关系，认可度较高的波特（Bode）氧化还原循环机理认为α-$Ni(OH)_2$与γ-NiOOH、β-$Ni(OH)_2$与β-NiOOH在充放电时存在可逆的转化，如图4.12所示。

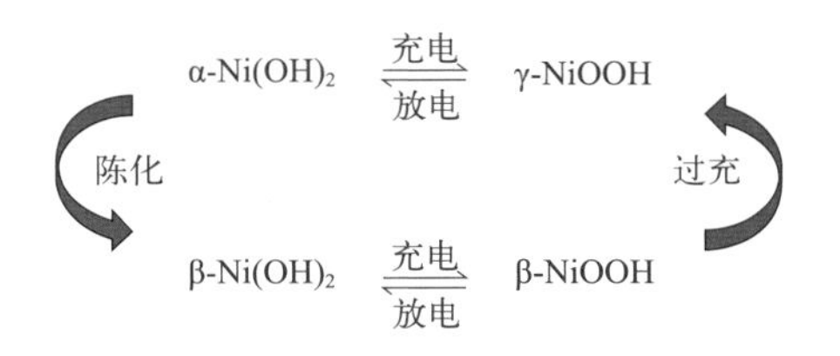

图 4.12　正极活性材料的晶型转化关系

羟基氧化镍在碱性电解液中不太稳定，会发生自放电反应生成$Ni(OH)_2$，反应方程如式（4.13）所示。

$$NiOOH+H_2O+e^- \longrightarrow Ni(OH)_2+OH^- \tag{4.13}$$

4.2.5 主要性能

4.2.5.1 充放电性能

由式（4.7）和式（4.14）可得镍镉电池的标准电动势为1.299V，商用的镍镉电池的额定电压为1.2V，比标准电动势低约0.1V。典型的镍镉电池的充放电曲线如图4.13所示。

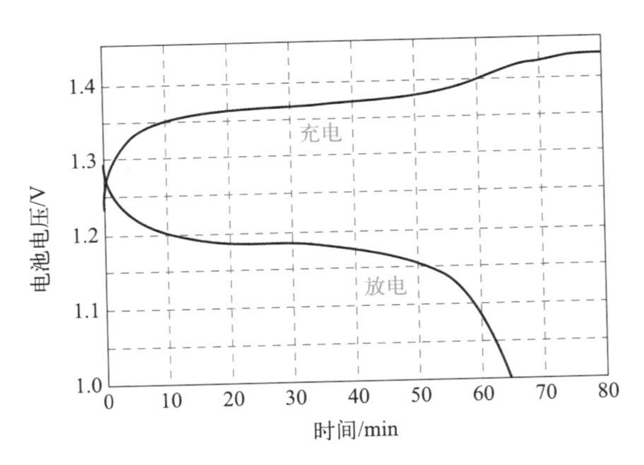

图 4.13 镍镉电池的充放电曲线

充电开始时，电压的显著上升主要由正极和负极电化学反应的活化超电势引起，负极的$Cd(OH)_2$被还原为Cd，正极的Ni^{2+}被氧化为Ni^{3+}。随着充电进行，电化学反应和离子扩散基本稳定，电压变化主要受到欧姆超电势的控制，电池电压缓慢上升。电池容量接近充满时，活性材料内部反应困难，电压上升明显。

镍镉电池的能斯特方程如式（4.14）所示。随着放电进行，$\ln\frac{a_{Cd(OH)_2}a^2_{Ni(OH)_2}}{a^2_{NiOOH}a^2_{H_2O}a_{Cd}}$项的值不断变大，放电电压$U$越来越低。对于镍镉电池的放电过程，一般将截止电压设定为1.0V。

$$U_d = U^{\ominus} - \frac{RT}{nF}\ln\frac{a_{Cd(OH)_2}a^2_{Ni(OH)_2}}{a^2_{NiOOH}a^2_{H_2O}a_{Cd}} \tag{4.14}$$

通常盒状极板电池和密封镍镉电池适用于中小电流放电；而开口烧结式镍镉电池，由于烧结式极板间距较小且极板表面积大，可满足大电流密度的放电需求，适用于高倍率放电。

思维创新训练 4.6 为什么镍镉电池充放电特性曲线中，起始放电电压高于电池的标准电动势？

镍镉电池可以大电流放电，盒状极板镍镉电池以5C放电时，可放出额定容量的60%，而开口烧结式镍镉电池可以高达10C～20C的高倍率电流放电，具有小内阻、大电压的放电特点，且大电流放电时电压比较稳定。图4.14是密封镍镉电池不同放电倍率时的放电曲线。

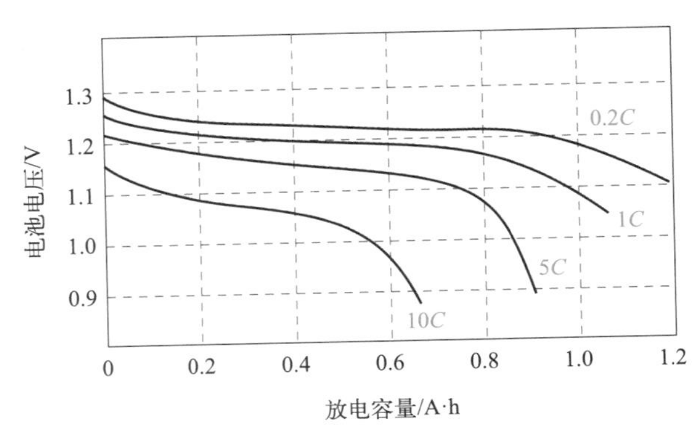

图 4.14 密封镍镉电池在不同放电倍率时的放电曲线

4.2.5.2 电池寿命及温度特性

正常情况下，镍镉电池寿命较长，充放

电循环可达500次以上。由于镉负极不易钝化，因此镍镉电池的低温性能较好。但温度过低时，电解液电阻将增大，使得电池放电容量下降。

镍镉电池在温度较高（60 ℃以上）时容易产生不可逆失效，放电能力会随着环境温度的升高而减弱。此外，高温会使隔膜受损或正负极膨胀而造成电池短路，同时较高的温度可能导致电解液通过密封圈渗透蒸发，造成电池容量下降。

4.3 镍氢电池

镍氢电池是一种绿色二次电池，具有容量高、功率大、安全性高、性能优良、环境友好等优点，在电动自行车、便携式电动工具、电动玩具等方面得到广泛的应用。

4.3.1 工作原理

镍氢电池由金属氢化物（储氢合金）作为负极活性材料，$Ni(OH)_2$作为正极活性材料（正极板制造完成同样需要进行化成，使正极活性材料氧化为NiOOH），电解液一般采用20%～36%（4.2～8.6mol·L^{-1}）的KOH水溶液，通常使用浓度为6mol·L^{-1}。碱性条件下，H_2O/H_2的标准电极电势［−0.828V（vs. SHE）］比$Cd(OH)_2/Cd$的标准电极电势［−0.809V（vs. SHE）］更负，因此可以代替镍镉电池中的镉负极，与氢氧化镍电极组成电压稍高一些的镍氢电池。镍氢电池的工作原理如图4.15所示，反应方程为式（4.15）～式（4.17）。

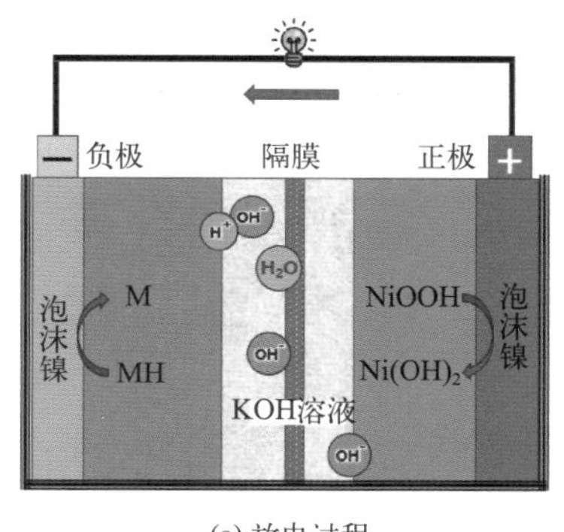

(a) 放电过程

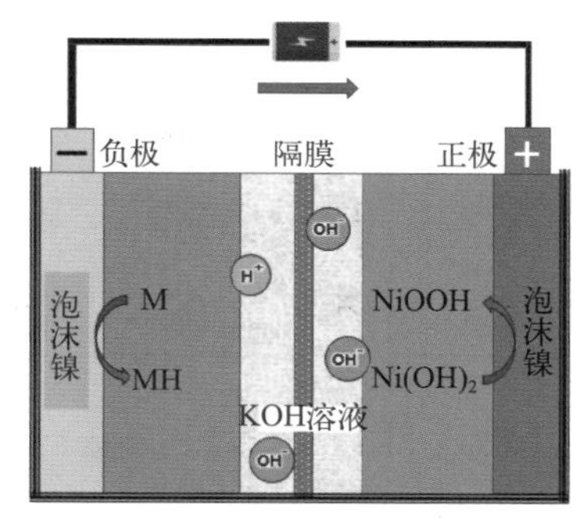

(b) 充电过程

图 4.15　镍氢电池的工作原理和基本结构示意图

负极反应：

$$MH+OH^- \rightleftharpoons M+H_2O+e^- \tag{4.15}$$

正极反应：

$$NiOOH+H_2O+e^- \rightleftharpoons Ni(OH)_2+OH^- \tag{4.16}$$

电池反应：

$$MH+NiOOH \rightleftharpoons M+Ni(OH)_2 \tag{4.17}$$

在放电过程中，负极金属氢化物中的氢原子释放电子并脱离晶格，氢离子在金属表面重新生成水分子，正极的NiOOH接收来自负极的电子，被还原为$Ni(OH)_2$。镍氢电池充电时，氢离子在储氢合金表面被还原为氢原子并进入晶格间隙形成金属氢化物，正极的$Ni(OH)_2$失去电子并脱掉一个氢离子被氧化为NiOOH。电解液中的OH^-不仅起到电池内部导电的作用，而且参与负极反应。

镍氢电池正极和负极在充放电过程中，几乎不会溶解出水溶性金属离子，因而正极和负极活性材料的结构均比较稳定。

4.3.2 基本结构

圆柱形镍氢电池的基本结构与镍镉电池相似（图4.15）。一般采用氢氧化镍作为正极活性材料，泡沫镍作为集流体，将氢氧化镍粉末压制或烧结在泡沫镍上；储氢合金为负极活性材料，用泡沫镍或镀镍钢带做集流体，将储氢合金粉末、添加剂与黏结剂混合均匀涂敷到集流体上干燥后制得。通常以KOH作为支持电解质，尼龙布-聚乙烯接枝膜作为隔膜。

4.3.3 镍氢电池电化学

镍氢电池的正极充放电反应与镍镉电池一样，因此本节只讨论镍氢电池的负极电化学。镍氢电池的负极活性材料是储氢合金。顾名思义，储氢合金不用作电池材料也能够吸收氢气并储存。以典型的储氢合金$LaNi_5$为例，合金的储氢机理如图4.16所示，吸氢反应如式（4.18）所示。

$$LaNi_5 + 3H_2 \longrightarrow LaNi_5H_6 \tag{4.18}$$

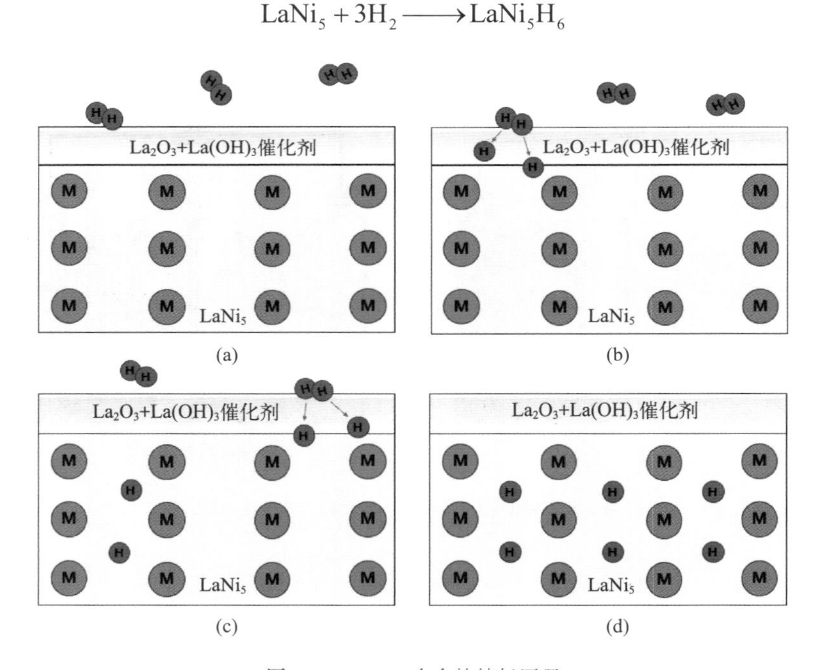

图 4.16　$LaNi_5$ 合金的储氢原理

（a）氢分子吸附在合金表面；（b）氢分子被催化剂分解为氢原子；（c）氢原子在晶格间隙中扩散；（d）形成金属氢化物$LaNi_5H_6$

在一定的压力下，氢分子与合金接触时，首先吸附在合金表面［图4.16（a）］，随后氢分子被催化分解成氢原子［图4.16（b）］，氢原子从合金表面进入晶格间隙并向内部扩散［图4.16（c）］，最后形成金属氢化物（储氢合金）［图4.16（d）］，晶体结构基本保持不变。储氢合金表面具有丰富的催化位点，是快速吸放氢的关键，常用的表面掺杂催化剂有金属氧化物、非金属氧化物、碳材料及有机胺等。从储氢合金中释放氢气，可以通过加温或减压的方式进行。

4.3.3.1 负极电化学

利用储氢合金进行电化学储氢和脱氢的过程与上面所述的过程相似，区别在于氢原子的来源不同，气态储氢的氢原子来源是氢气，电化学储氢的氢原子来源是电解液中的氢离子。

（1）放电过程

在镍氢电池的放电过程中，在储氢合金/电解液界面处氢原子失去一个电子被氧化为氢离子［图4.17（b）］，氢离子在界面处与电解液中的OH^-反应生成水［图4.17（c）］，位于储氢合金内部晶格间隙的氢原子不断向储氢合金/电解液界面扩散，直到储氢合金中的氢原子全部脱出，放电过程结束［图4.17（d）］。

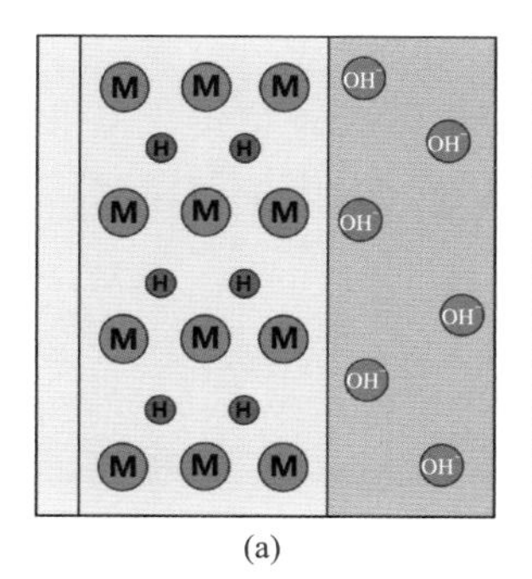

(a)

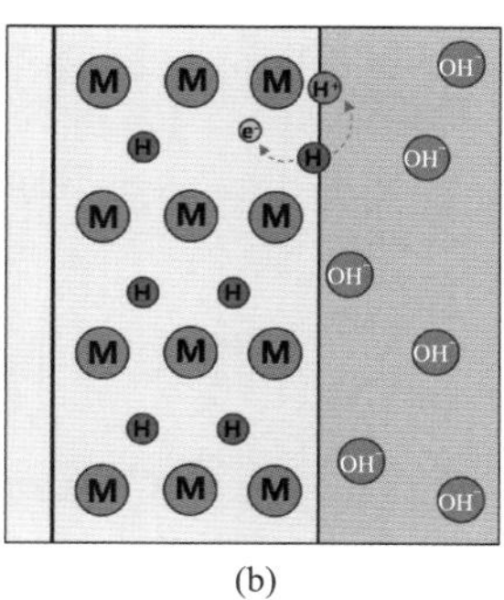

(b)

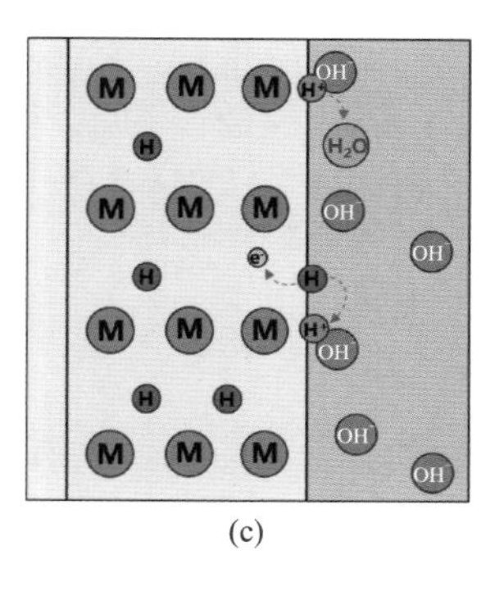

(c)

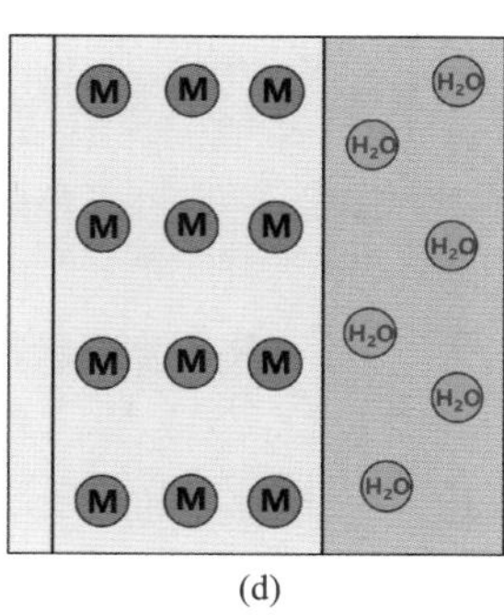

(d)

图 4.17 负极储氢合金放电过程示意图

（a）放电前；（b）氢原子失去电子被氧化成氢离子；（c）氢离子与电解液中的OH^-结合生成水；（d）放电结束

由式（4.15）得负极的电极电势：

$$\varphi_{H_2O/MH} = \varphi^{\ominus}_{H_2O/MH} + \frac{RT}{nF}\ln\frac{a_{H_2O}a_M}{a_{MH}a_{OH^-}} \tag{4.19}$$

式中，$\varphi^{\ominus}_{H_2O/MH}$取$\varphi^{\ominus}_{H_2O/H_2}$的值−0.828V（vs. SHE）。当KOH电解液的浓度为$6mol \cdot L^{-1}$，25℃时负极的电极电势为−0.874V（vs. SHE）。

（2）充电过程

负极的充电过程是放电的逆过程。氢离子在储氢合金/电解液界面处得到来自外电路的电子被还原为氢原子，氢原子进入储氢合金间隙并不断扩散，在浓度梯度的推动下逐渐充满晶格间隙，形成金属氢化物。

一般情况下，负极容量要高于正极容量，制造过程中会将负极容量设计成正极容量的1.3倍甚至更高。充电完成时，正极上的$Ni(OH)_2$全部转化为NiOOH，若继续充电（过充电），此时正极发生碱液的析氧反应［式（4.10）］，负极发生副反应，正极产生的氧气在负极被消耗［式（4.20）和式（4.21）］。

$$O_2 + 2H_2O + 4e^- \longrightarrow 4OH^- \tag{4.20}$$

$$4MH + O_2 \longrightarrow 4M + 2H_2O \tag{4.21}$$

镍氢电池充放电过程中氢原子在储氢合金晶格中可能会形成氢分子，氢分子的压力很大，导致储氢合金的粉化问题，造成镍氢电池的容量降低。

在镍氢电池过充时，可能会引起气体在电池内的迅速积累，导致压力迅速上升，因此镍氢电池都设计了安全阀。当电池内部压力上升到设定值时，安全阀打开，释放气体降低压力。

4.3.3.2 储氢合金的类型

储氢合金一般由两类金属元素构成。一类金属元素（A）与氢的结合能为负，一般为稀土元素；另一类金属元素（B）与氢的结合能为正，一般为过渡金属元素。镍氢电池常用的储氢合金主要可分为AB_5、AB_2、AB_3和A_2B等类型。

（1）AB_5型储氢合金

AB_5型储氢合金最早被用于电极材料，储氢量为1.3%，放电容量范围为250～350mA·h·g^{-1}。20世纪80年代，荷兰飞利浦研究院报道了能够稳定地可逆吸收/释放氢的$LaNi_5$合金，它是典型的AB_5型储氢合金，奠定了储氢合金作为镍氢电池负极材料的基础。$LaNi_5$作为较早投入商业化使用的镍氢电池负极材料，具有易于活化、储氢量大、吸放氢动力学好、电化学容量高等优点。

（2）AB_2型储氢合金

相比于AB_5型，作为第二代储氢合金的AB_2型（典型合金如ZrM_2、TiM_2，其中M=Mn、Cr、V、Fe、Co、Cu等）储氢量为1.8%，具有更高的能量密度，放电容量比AB_5型合金提高了约30%。但由于合金中的Zr、Ti等组分容易在合金表面形成致密的钝化膜，阻碍电极的反应，导致AB_2型合金电极在初期活化困难、高倍率放电性能较差。

（3）AB_3型储氢合金

这一类储氢合金可以视为AB_5型与AB_2型结构共同组成，如式（4.22）所示。

$$3AB_3 \longrightarrow AB_5+2AB_2 \tag{4.22}$$

AB_3型储氢合金最初是为了克服AB_5型合金储氢量低以及AB_2型合金活化性能差等问题。AB_3型合金大部分是$PuNi_3$结构，在常温常压下可进行可逆吸放氢，理论容量可达500mA·h·g^{-1}，但一般只达到360mA·h·g^{-1}，而且循环性能不稳定，高倍率放电差。

（4）A_2B型储氢合金

A_2B型储氢合金主要是镁系储氢合金，其中以Mg_2Ni为典型代表。镁系储氢合金Mg_2NiH_4的储氢量可高达3.6%，理论容量高达1000mA·h·g^{-1}。但由于Mg_2Ni材料吸氢后结构过于稳定，需要在250～300℃才能放氢，并且反应动力学性能较差。Mg_2Ni合金比较活泼，在碱性电解液中容易被氧化腐蚀，导致电极容量和循环寿命的衰减。

4.3.4 主要性能

4.3.4.1 电池容量

从20世纪90年代镍氢电池在市场上实现应用以来，研究人员一直致力于提高电池的容量，由最初的1000mA·h·g^{-1}，到1993年已经提高到1200mA·h·g^{-1}，后来1997年更是提高到1500mA·h·g^{-1}。目前主流的AA型（5号）电池容量已达到2300～2700mA·h·g^{-1}。

4.3.4.2 充放电性能

由式（4.7）和式（4.21）可知，镍氢电池的标准电动势为1.318V，商用的镍氢电池的额定电压为1.2V，比标准电动势降低约0.1V。由式（4.17）可得镍氢电池的能斯特方程为：

$$U_{\mathrm{d}} = U^{\ominus} - \frac{RT}{nF}\ln\frac{a_{\mathrm{M}}a_{\mathrm{Ni(OH)_2}}}{a_{\mathrm{MH}}a_{\mathrm{NiOOH}}} \tag{4.23}$$

图4.18为镍氢电池的典型恒流充电曲线和放电曲线。充电开始时（*OA*段）的电压迅速上升，主要受正极和负极反应的活化超电势控制；随着充电进行，正负极电化学反应平稳进行，镍氢电池电压主要受到欧姆超电势影响，电压平稳且持续上升（*AB*段）；充电反应进行到后期（*BC*段），正极活性材料表面的$Ni(OH)_2$已被完全反应，固相内部的H^+扩散困难，负极储氢合金晶格间隙的氢原子也接近饱和，电压主要受到扩散超电势影响。

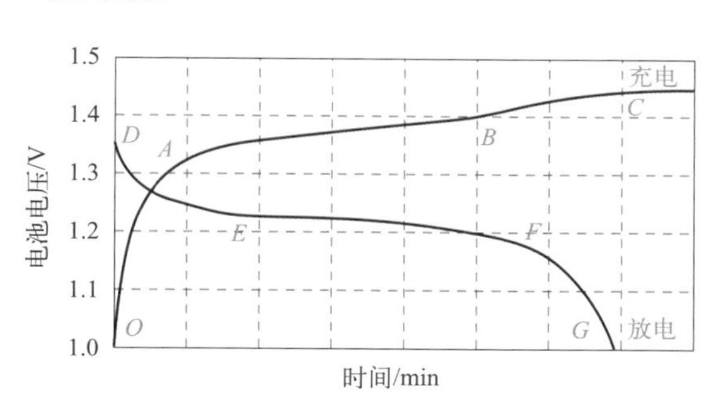

图4.18　镍氢电池的充放电曲线

镍氢电池的放电平台稳定在1.2V左右。放电开始时（*DE*段），活化超电势较大，电压迅速下降。随着反应的进行，负极的氢原子失去电子被氧化为H^+，与碱液中OH^-结合生成水，电子转移到正极，不断将NiOOH还原为$Ni(OH)_2$，电压缓慢下降；放电后期（*FG*段），正极和负极活性材料基本被反应完全，未反应的活性材料向界面扩散阻力较大，由于浓差超电势的影响，镍氢电池电压下降明显。

4.3.4.3　温度的影响

适当地提高温度有利于氢原子在合金晶格间隙的扩散，会提高反应的动力学性能，升温也会增加KOH电解液的电导率，因此适当升温会增加镍氢电池的放电容量。

镍氢电池在储存时温度越高，自放电率越高，镍氢电池容量保持率就越低。一般镍氢电池都采用即充即用的原则，不适宜长时间放置。保存镍氢电池时应选择温度适宜（10 ～ 25℃）的环境。

4.3.4.4　镍氢电池的失效

储氢合金中的金属原子按照一定的规律周期性排列组合而成，称为晶格。金属晶格中原子间大量的间隙可以吸收并储存氢。如果某种储氢合金的晶格间隙较小，氢原子进入后会引起晶格膨胀，释放出氢原子后晶格又收缩到最初状态。多次的吸氢-放氢循环会使得晶格反复地膨胀-收缩，导致该种储氢合金变形或粉化。

如果某种储氢合金的晶格间隙较大，晶格间隙中可能出现两个氢原子生成氢分子，使得晶格内的压力增大，导致储氢合金产生裂纹直至粉化。储氢合金粉化后会减小储氢量，降低电池的容量。

4.4　镍氢电池的制造工艺

镍氢电池的制造工艺可分为制备负极、制备正极、电池的卷绕与组装以及化成这几个工艺，其具体过程介绍如下。

4.4.1 制备镍氢电池的负极

镍氢电池最初采用涂膏工艺制备负极板。先将储氢合金粉与导电剂、黏结剂等混合成浆料，涂敷在泡沫镍或冲孔镀镍钢带等集流体上，再进行高温烘干，切片制成涂膏式电极。黏结剂增大了储氢合金粉末和导电剂之间的接触电阻，充放电过程会增大欧姆超电势。

后来通过两种方法来解决黏结剂的问题。一种方法是将制备好的涂膏式电极在惰性气体保护下进行烧结去除黏结剂，烧结还会增加合金粉末间的接触，降低欧姆超电势。另一种方法是不使用黏结剂，将储氢合金粉末与导电剂等混合均匀后直接压制在集流体上，可有效提高电池的高倍率放电性能。干燥后的极板要进行切片，负极极片的长度根据正极长度来确定，以卷绕时末端盖住正极为准。镍氢电池负极制备流程见图4.19。

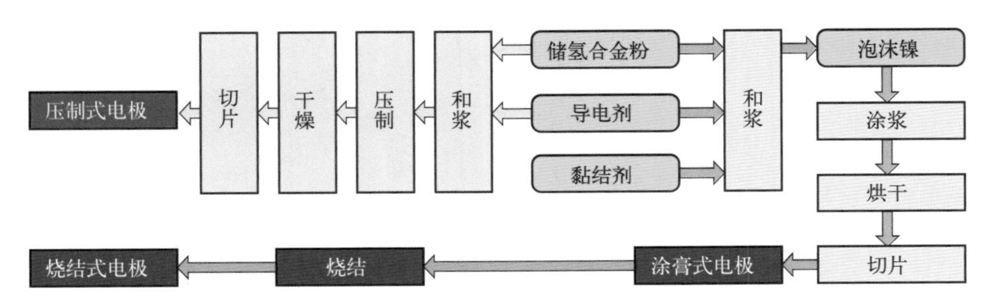

图 4.19　制备负极板的工艺流程图

4.4.2 制备镍氢电池的正极

镍氢电池的正极在制造工艺中常被称为镍电极，制作镍电极主要有烧结加电解和泡沫镍涂浆两种主要工艺。

（1）烧结加电解工艺

烧结加电解制备镍电极的工艺流程如图4.20所示。将镍粉和黏结剂（CMC水溶液）按比例混合均匀制成镍浆，在冲孔镀镍钢带的两侧均涂上镍浆制成基板，经烘干后使镍浆保留约10%的水分，以保证基板的柔韧性。

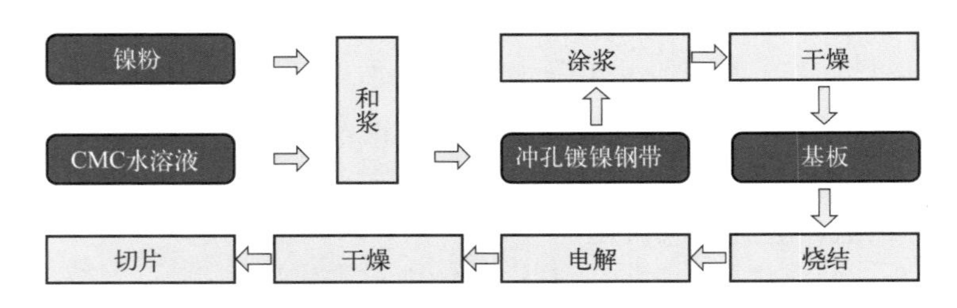

图 4.20　烧结式镍电极的制备工艺流程

将烘干后的基板在氢气气氛中烧结，除去黏结剂，增强基板导电性。将烧结后的基板在碱液中电解，将烧结的镍转化为氢氧化镍。烧结式镍电极的特点是机械强度高，高倍率放电性能好。

（2）泡沫镍涂浆工艺

泡沫镍涂浆工艺流程如图4.21所示。首先球形氢氧化镍、黏结剂（CMC）、导电剂和其他添加剂等按比例投料混合均匀（和浆）。将浆料利用涂浆机在泡沫镍上涂浆，涂浆完成后及时烘干。将烘干后的料带经辊压机轧制到规定厚度，并切成规定尺寸。

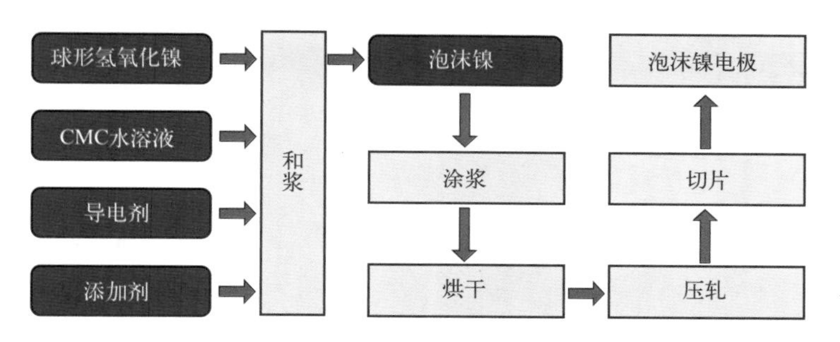

图 4.21 泡沫镍涂浆制备镍电极的工艺流程

泡沫镍涂浆电极与烧结式电极相比，孔隙率高，可高效填充球形氢氧化镍，显著提高电池的能量密度，但此工艺的生产成本较高。

4.4.3 电池的卷绕与组装

电池的卷绕和组装工艺流程如图4.22所示。将正极板和负极板中间用隔膜隔开，使用卷片机进行卷绕制备电芯。电芯装入外壳，分别将正极和负极的极耳连接至电池的顶盖和底部。向电池中注入电解液，封口后即制成了卷绕式镍氢电池。

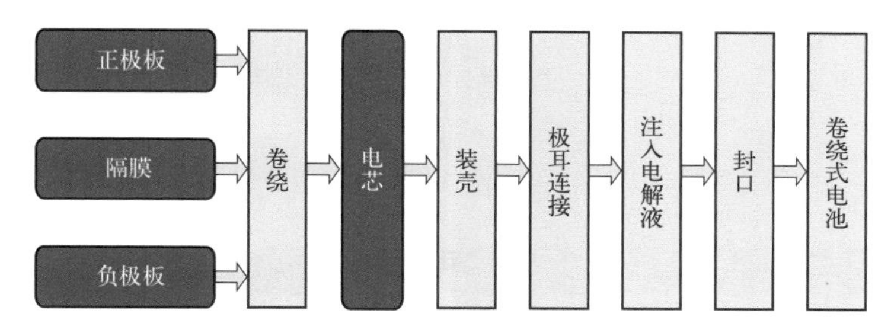

图 4.22 电池的卷绕和组装工艺流程

4.4.4 化成工艺

化成工艺（formation）是指通过几次小电流充放电将正负极活性材料活化的过程。镍镉电池在进行化成之前，负极已经是镉金属，可以直接进行放电，因此只需要对正极板进行化成，使氢氧化镍转化为羟基氧化镍。

制造镍氢电池时，负极活性材料是没有存氢的储氢合金，正极活性材料是氢氧化镍，因此新制作出来的电池是没有储存电能的。所以要经过化成过程将负极转化为真正的储氢合金，氢氧化镍转化为羟基氧化镍。经过化成后镍氢电池已经储存了电能，消费者可以直接使用。

扫码获取
本章思维导图

第5章 锌氧化银电池

5.1 概述

锌氧化银电池（锌银电池）是自20世纪40年代初期开始蓬勃发展起来的一种化学电源。锌氧化银电池的理论能量密度为300W·h·kg^{-1}和1400W·h·L^{-1}，实际能量密度可达到40～110W·h·kg^{-1}和116～320W·h·L^{-1}。除了能量密度高和功率密度大，锌氧化银电池与其他电池相比还具有可靠性强、安全性好、放电电压平稳等优点。但是锌氧化银电池存在成本高、高低温性能较差等缺点，因此锌氧化银电池主要作为储备电池在军事用途上得到了重视和应用，同时作为二次电池应用在航空航天方面，后来又以长寿命一次电池在助听器、手表等领域得到广泛应用。

5.1.1 锌氧化银电池的发展历史

锌氧化银电池有着悠久的发展历史。1800年，意大利物理学家伏特受伽伐尼蛙腿实验的启发，制成了最早的化学电源——伏打电堆。伏特在伏打电堆中既尝试了锌片和铜片作为负极和正极材料，也尝试了锌片和银片作为负极和正极材料，后者为锌氧化银电池的发展奠定了基础。1883年，英国科学家克拉克（C.L. Clarke）申请了首件碱性锌氧化银一次电池专利。1887年，英国工程师邓恩（A. Dun）和哈斯莱特（F. Hasslacher）发明了锌氧化银二次电池。不过，在后面的近60年里，因为未能找到合适的耐氧化、耐强碱、抗枝晶穿透和阻挡银离子迁移等性能的电池隔膜，锌氧化银二次电池的发展非常缓慢。直到1941年，法国工程师安德烈（Henri Andre）采用了一种玻璃纸半透膜作为隔膜，这种隔膜有效地阻挡了银离子由正极向负极迁移以及锌枝晶由负极向正极生长。安德烈还通过实验确定了电解液KOH溶液的最佳浓度，制造出了第一个具有实用价值的锌氧化银二次电池，并在1943年申请了美国专利。1944年，法国工程师雅德尼（Michel. N. Yardney）在美国成立以自己名字命名的公司，并于1948年开始专门进行锌氧化银电池的开发和制造，20世纪50年代他和安德烈合作将锌氧化银二次电池实用化，美国海军将其应用于鱼雷和潜艇中。此后各国都意识到锌氧化银电池的国防应用价值，竞相投入大量精力进行研究，使锌氧化银二次电池和储备电池在这段时期快速发展。

20世纪60年代末，雅德尼公司在电池组的电池单体串联中采用了双极性极板的设计，双极性极板将正极和负极安装在同一个集流体两侧，这样可以减轻电池组重量、节约体积、提高空间利用率。1994年，雅德尼公司将氧化铋作为锌负极的添加剂，使锌氧化银电池有了实质性的改进，电池循环寿命得到提高。我国的锌氧化银二次电池是随着导弹、宇航事业的发展而发展起来的，从20世纪50年代末开始研制，在20世纪60年代中期，我国就成功研制出锌氧化银电池并应用到导弹主电源上。1996年成立的美国ZPower公司率先使锌氧化银电池的体积变得更小，而且能够完全地充放电。2013年，ZPower推出了其首款商业产品——可充电锌氧化银纽扣电池，将其应用于助听器。图5.1展示了锌氧化银电池的发展历程。

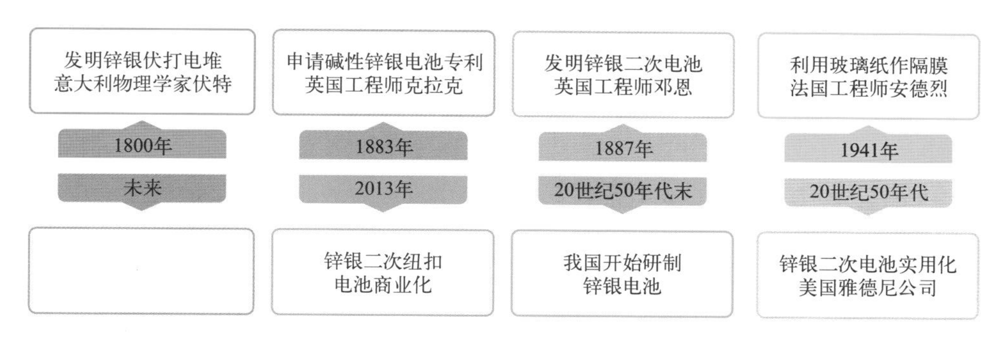

图5.1 锌氧化银电池的发展历程

知识拓展5.1

玻璃纸又被称为赛璐玢（cellophane），英文词由“diaphane”（透明的）和“cellulose”（纤维素）组合而成，是一种透明度高并有光泽的再生纤维素薄膜。

5.1.2 锌氧化银电池工作原理和基本结构

5.1.2.1 锌氧化银电池的工作原理

锌氧化银电池放电时负极活性材料锌（Zn）失去电子发生氧化反应，转变成氢氧化锌［$Zn(OH)_2$］或氧化锌（ZnO），正极活性材料过氧化银和氧化银［AgO和Ag_2O］得到电子发生还原反应，最终变成单质银。KOH水溶液作为电解液时，锌氧化银电池的工作原理如图5.2所示。

负极活性材料锌在放电过程中的产物是氢氧化锌［$Zn(OH)_2$］或氧化锌（ZnO），反应可用式（5.1）和式（5.2）表示。

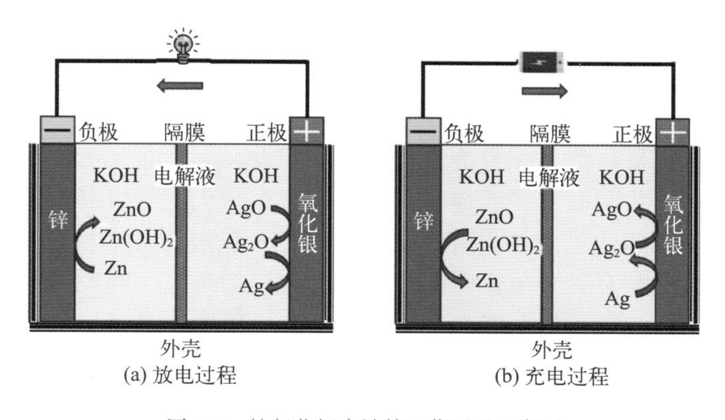

图5.2 锌氧化银电池的工作原理示意图

负极反应：

$$Zn + 2OH^- \longrightarrow Zn(OH)_2 + 2e^- \tag{5.1}$$

$$Zn + 2OH^- \longrightarrow ZnO + H_2O + 2e^- \tag{5.2}$$

正极活性材料AgO或Ag_2O放电过程中被还原为金属Ag，反应分两步进行，如式（5.3）和式（5.4）所示。

正极反应：

$$2AgO + H_2O + 2e^- \longrightarrow Ag_2O + 2OH^- \tag{5.3}$$

$$Ag_2O + H_2O + 2e^- \longrightarrow 2Ag + 2OH^- \tag{5.4}$$

所以电池的总反应在不同的放电条件下可能会出现四种表示形式，如式（5.4）～式（5.8）所示。

电池反应：

$$Zn + 2AgO + H_2O \longrightarrow Zn(OH)_2 + Ag_2O \tag{5.5}$$

$$Zn + Ag_2O + H_2O \longrightarrow Zn(OH)_2 + 2Ag \tag{5.6}$$

$$Zn + 2AgO \longrightarrow ZnO + Ag_2O \tag{5.7}$$

$$Zn + Ag_2O \longrightarrow ZnO + 2Ag \tag{5.8}$$

锌氧化银二次电池的充电反应是上述反应的逆过程。

5.1.2.2 锌氧化银电池的基本结构

锌氧化银电池是一种应用广泛、性能优良的碱性电池，其基本结构如图5.2所示。锌氧化银电池主要由以下几个部分组成：正极活性材料和集流体、负极活性材料和集流体、电解液、隔膜和外壳等。正极集流体一般用银网、铜镀银网、镀银泡沫镍等材料，负极集流体一般用银网、泡沫银等材料，隔膜一般是水化纤维素膜和聚乙烯接枝膜等。

5.1.3 锌氧化银储备电池的应用原理

储备电池由于是长时间处于待启动状态，所以和非储备电池相比使用时多了一个激活步骤。因此储备电池一般由电池组和激活系统组成，有些电池还有加热系统。激活系统一般包括储液槽、气体发生器等，其中储液槽的主要结构有盘管式、圆筒式、活塞式和泡囊式等四种类型，如图5.3所示。

使用电池时，通过电连接器接通外界直流电源对电池提供一定的激活电流，使气体发生器中的电点火头点燃，电点火头随即引燃气体发生器中的火药，火药燃烧释放的高压气体，冲破储液槽的进气口密封膜，进入储液槽内。大量高压气体的进入使出液口密封膜受压破裂，电解液被压入分配通道内，然后再分配至每个单体电池槽，整个过程的时间一般控制在1s内，排气口可以在电解液刚进入时，排出电池堆里的空气，并且在最后防止电解液的溢出，工作原理如图5.4所示。

由于锌氧化银电池最适宜的工作温度为25℃，所以在低温环境下使用时，储备电池一般还配有加热装置，用于在激活前对电解液进行加热。按照加热方式可分为化学加热和电加热，

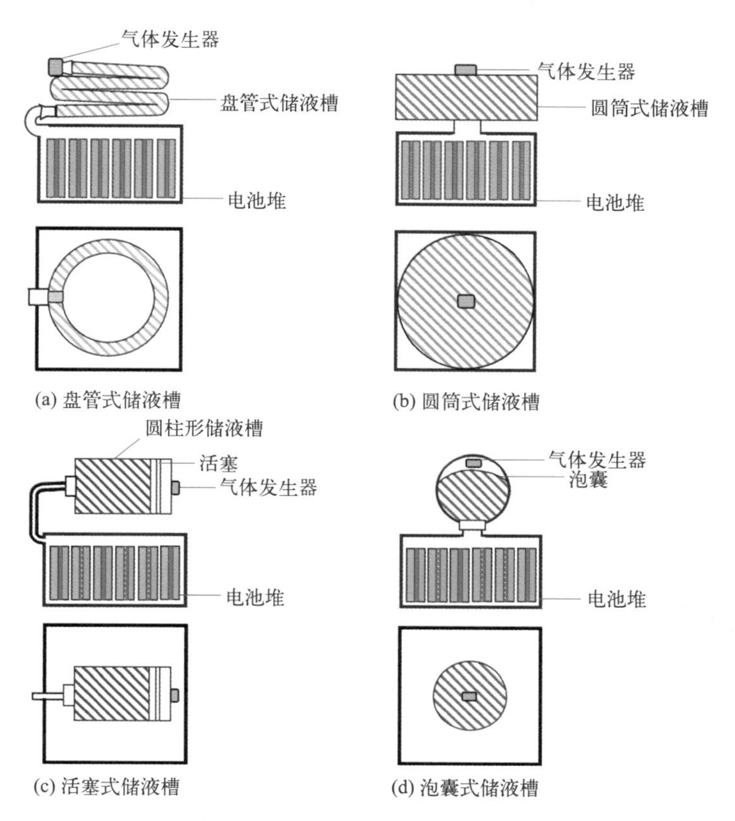

(a) 盘管式储液槽　(b) 圆筒式储液槽

(c) 活塞式储液槽　(d) 泡囊式储液槽

图 5.3　不同类型储液槽结构的示意图

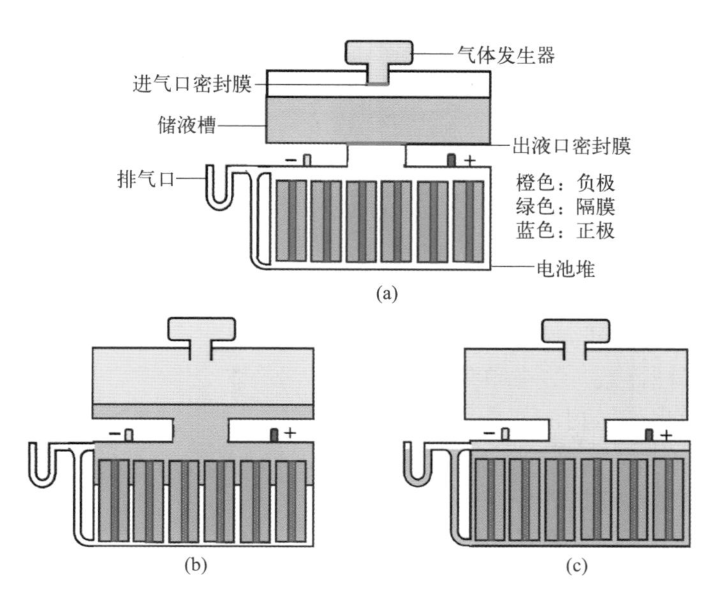

图 5.4　锌氧化银储备电池的工作原理示意图

（a）储备时电解液状态；（b）激活时电解液状态；（c）使用时电解液状态

其中化学加热主要是利用化学物质的燃烧或者中和反应放出的热量来进行加热。电加热采用外部电源，对电池组内部的电加热带进行加热。电加热方式最为普遍。

5.1.4 锌氧化银电池的分类和应用

5.1.4.1 电池的分类

锌氧化银电池根据工作性质可分为一次电池和二次电池。

按照储存状态可分为储备电池和非储备电池。

按照活性材料的荷电状态可分为荷电态电池和非荷电态电池。非荷电态电池属于二次电池，使用前需要经过人工激活，将电池经过数次充放电循环后进入正常工作状态。荷电态电池又可分为干式荷电态电池和湿式荷电态电池两类。干式荷电态电池经过激活才能正常使用，储备电池都属于这类电池。湿式荷电态电池的活性材料已经处于充满电状态，使用时不需要激活。

按照形状可分为扣式电池、盒式电池、圆柱形电池等。

思维拓展训练 5.1 根据以上内容画出锌氧化银电池分类的思维导图。

（1）扣式电池

体积较小，呈扁圆形，结构如图5.5所示。外壳和电池盖由不锈钢制成，内部靠正极壳一端填充由氧化银Ag_2O和少量石墨组成的正极材料，负极一端填充锌粉，电解液为KOH溶液，正负极间用隔膜隔开。

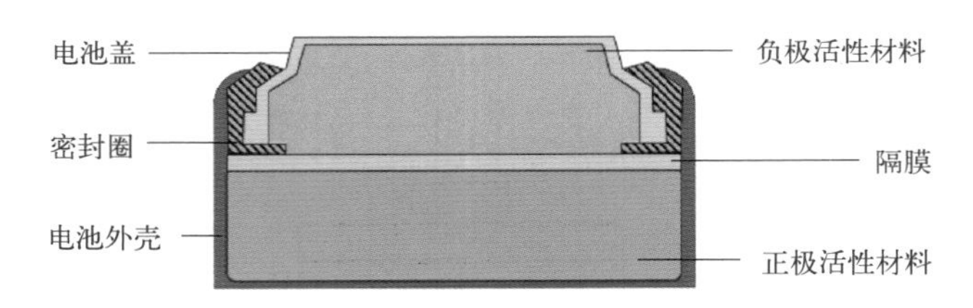

图 5.5 锌氧化银扣式电池结构示意图

（2）盒式二次电池

锌氧化银二次电池一般制成盒式、圆柱式或纽扣式，最常见的是盒式。单体电池结构如图5.6所示，主要由电极组、极柱、气阀、外壳等部分组成。电极组由正极、负极和隔膜组成，电极组的正、负极极耳分别与正、负极柱连接，装在单体电池外壳中。单体电池外壳是用尼龙或聚酰胺树脂注塑而成的。一般在盖的中央留有注液口，注液口处安装排气阀。

单体电池通过跨接片连接在一起形成电池组。为了减少外界环境温度对电池性能的影响，在单体电池和电池组外壳之间往往装有电加热装置、保温层以及防震装置。

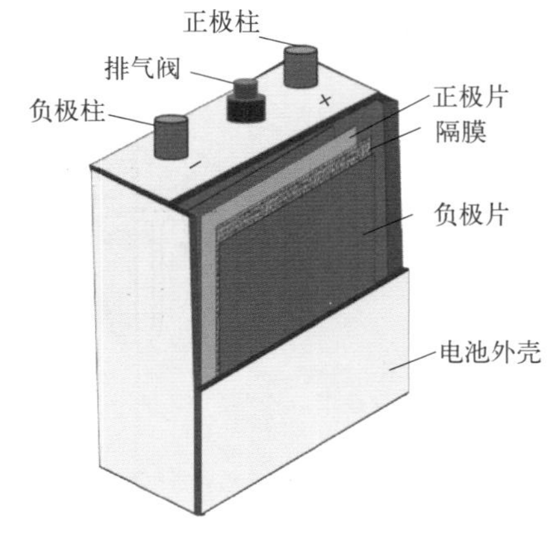

图 5.6 锌氧化银盒式二次电池结构示意图

5.1.4.2 电池的应用场景

锌氧化银储备电池具有能量密度大、大功率放电性能好、可靠性强和安全性高等优点，主要应用在火箭、导弹、鱼雷等军事领域中。

锌氧化银扣式电池能量密度高、体积小，主要应用于助听器、计算器、电子手表等。

锌氧化银二次电池也具有能量密度高、能大功率放电、放电电压平稳等优点，可作为飞船、空间站等宇航设备的启动电源和应急电源，还应用在医疗便携仪器、夜视仪等设备中。

5.2 锌氧化银电池电化学

5.2.1 负极材料电化学

锌氧化银电池的负极活性材料与碱性锌锰电池一样都是金属锌，KOH既是负极的活性材料也作为支持电解质，因此锌氧化银电池和碱性锌锰电池有相同的负极电化学反应过程，详情请参阅2.2.1.1节。

在锌氧化银电池中，KOH电解液常被ZnO所饱和，并且浓度通常在30%～40%（7～10mol·L^{-1}）范围内，因此电池负极的反应通常采用式（5.9）表示，电极电势的能斯特方程如式（5.10）所示，可知锌氧化银电池的负极电势是由KOH的浓度控制的。

$$Zn + 2OH^- \rightleftharpoons ZnO + H_2O + 2e^- \tag{5.9}$$

$$\varphi_{ZnO/Zn} = \varphi^{\ominus}_{ZnO/Zn} + \frac{RT}{nF}\ln\frac{a_{ZnO}a_{H_2O}}{a_{Zn}a^2_{OH^-}} \tag{5.10}$$

式中，$\varphi^{\ominus}_{ZnO/Zn}$为−1.260V（vs. SHE）。当KOH溶液浓度约为10mol·L^{-1}（40%），温度为25℃时，负极的电极电势为−1.319V（vs. SHE）。

5.2.2 正极材料电化学

锌氧化银电池的正极活性材料为过氧化银、氧化银和银。

充满电的电池中的主要活性材料成分为过氧化银。过氧化银分子式写为AgO，但化学式是Ag_2O_2，虽然形式上和过氧化氢（H_2O_2）相似，但是过氧化银中的O是−2价。过氧化银呈灰黑色，银离子的化合价为+2价，其结构如图5.7（a）所示，1个银原子连接4个氧原子，1个氧原子连接2个银原子。

氧化银呈深棕色，银离子的化合价为+1价，其结构如图5.7（b）所示，1个银原子连接2个氧原子，1个氧原子连接4个银原子。

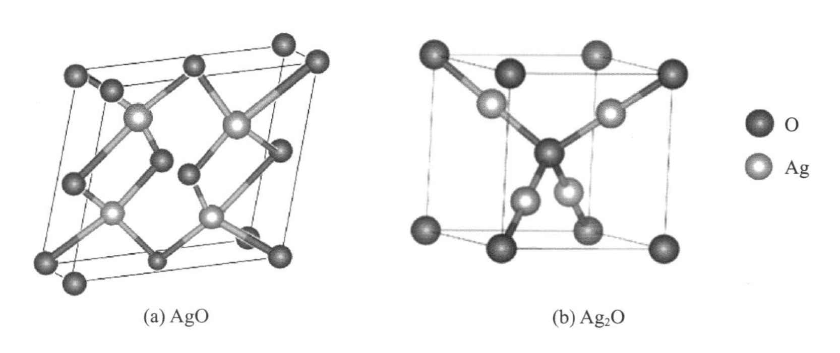

图5.7　正极活性材料的晶体结构示意图

5.2.2.1 放电过程

在放电的第一阶段，首先过氧化银晶粒最外层的Ag^{2+}接收来自负极的电子，被还原为Ag^{+}［式（5.11），图5.8（a）］，同时邻近的O^{2-}向固液界面迁移［式（5.12），图5.8（b）］，在固液界面处与水结合生成OH^{-}［式（5.13），图5.8（c）］。过氧化银晶粒内部的Ag^{2+}继续被还原，O^{2-}向固液界面扩散，最终整个晶粒被还原成Ag_2O［图5.8（d）］。

$$2Ag^{2+}+2e^{-}\longrightarrow 2Ag^{+} \tag{5.11}$$

$$2AgO+2e^{-}\longrightarrow Ag_2O+O^{2-} \tag{5.12}$$

$$O^{2-}+H_2O\longrightarrow 2OH^{-} \tag{5.13}$$

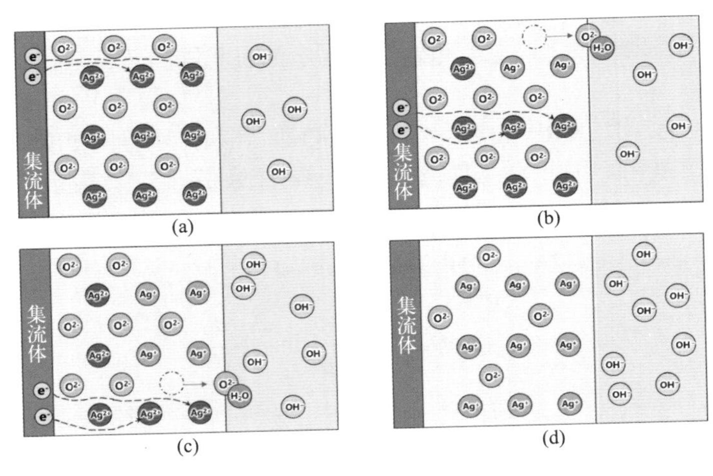

图 5.8 正极放电第一阶段的示意图

（a）Ag^{2+}接收电子；（b）O^{2-}向固液界面扩散；（c）O^{2-}与水结合生成OH^{-}；（d）AgO晶粒被还原为Ag_2O

在放电的第二阶段，第一阶段形成的Ag_2O［图5.9（a）］将结合水分子和OH^{-}转变为$Ag(OH)_2^{-}$溶解在电解液中［式（5.14），图5.9（b）］，这一步是化学过程。$Ag(OH)_2^{-}$在电极表面获得来自正极的电子被还原成金属Ag［式（5.15），图5.9（c）］，这个过程将持续到反应结束［图5.9（d）］。

$$Ag_2O+H_2O+2OH^{-}\longrightarrow 2Ag(OH)_2^{-} \tag{5.14}$$

$$2Ag(OH)_2^{-}+2e^{-}\longrightarrow 2Ag+4OH^{-} \tag{5.15}$$

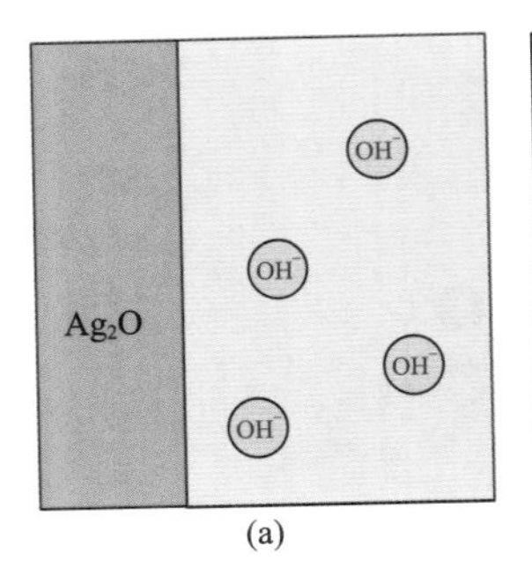

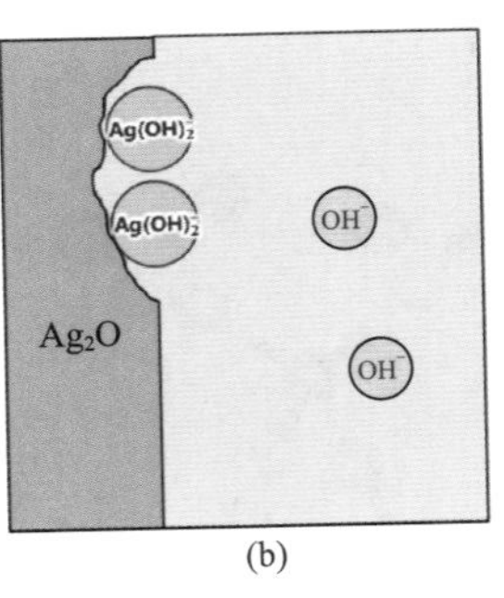

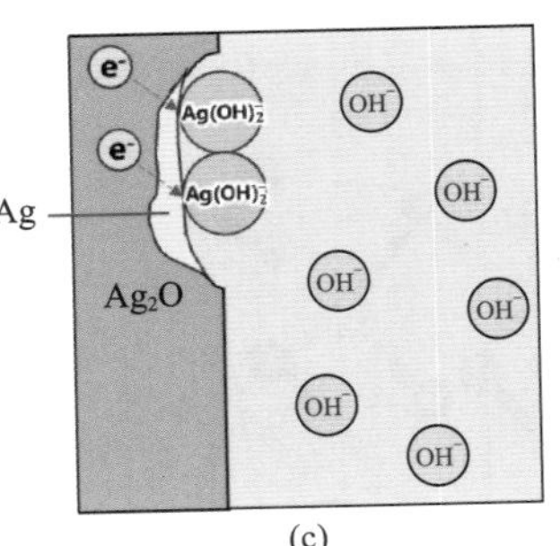

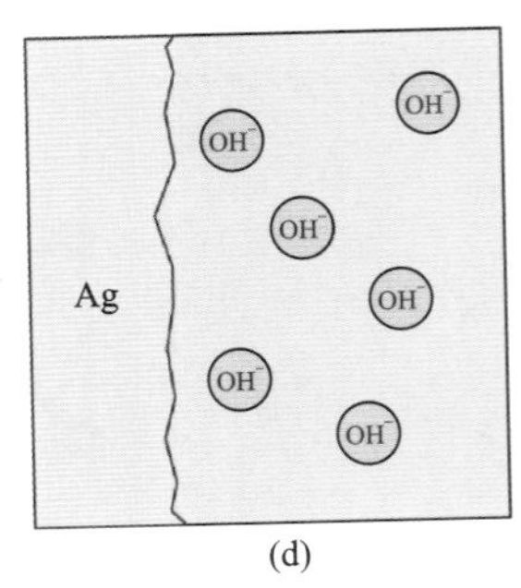

图 5.9 正极放电第二阶段的示意图

（a）第一阶段生成了Ag_2O；（b）Ag_2O溶解为$Ag(OH)_2^{-}$；（c）$Ag(OH)_2^{-}$接收电子被还原为Ag；（d）Ag_2O全部被还原为金属Ag

根据式（5.3）可得正极第一阶段的电极电势为：

$$\varphi_{AgO/Ag_2O}=\varphi^{\ominus}_{AgO/Ag_2O}+\frac{RT}{nF}\ln\frac{a^2_{AgO}a_{H_2O}}{a_{Ag_2O}a^2_{OH^-}} \tag{5.16}$$

式中，$\varphi^{\ominus}_{AgO/Ag_2O}$为0.607V（vs. SHE）。电极电势仅与$OH^-$的浓度有关，当KOH溶液浓度为$10mol \cdot L^{-1}$（40%），温度为25℃时，正极的电极电势为0.548V（vs. SHE）。

根据式（5.4）可得正极放电第二阶段的电极电势：

$$\varphi_{Ag_2O/Ag}=\varphi^{\ominus}_{Ag_2O/Ag}+\frac{RT}{nF}\ln\frac{a_{Ag_2O}a_{H_2O}}{a^2_{Ag}a^2_{OH^-}} \tag{5.17}$$

式中，$\varphi^{\ominus}_{Ag_2O/Ag}$为0.342V（vs. SHE）。电极电势也仅与$OH^-$的浓度有关。当KOH溶液浓度为$10mol \cdot L^{-1}$（40%）时，电极电势为0.283V（vs. SHE）。

虽然OH^-参与了所有的正极和负极的电化学反应过程，但是OH^-并没有在电池的总反应式（5.5）～式（5.8）中出现。因此OH^-浓度会影响正极和负极的电极电势，但是不会影响电池的电动势，因此电池的输出电压将非常稳定，这是锌氧化银电池的优点。电池的电动势计算如式（5.18）所示。

$$U_d=U^{\ominus}=\varphi^{\ominus}_{+}-\varphi^{\ominus}_{-} \tag{5.18}$$

式中，$\varphi^{\ominus}_{+}$为正极的电极电势；$\varphi^{\ominus}_{-}$为负极的电极电势。

当负极产物为$Zn(OH)_2$时，放电第一阶段的电动势为：

$$U_{d1}=\varphi^{\ominus}_{AgO/Ag_2O}-\varphi^{\ominus}_{Zn(OH)_2/Zn}=1.856V \tag{5.19}$$

放电第二阶段的电动势为：

$$U_{d2}=\varphi^{\ominus}_{Ag_2O/Ag}-\varphi^{\ominus}_{Zn(OH)_2/Zn}=1.591V \tag{5.20}$$

当负极产物为ZnO时，放电第一阶段的电动势为：

$$U_{d3}=\varphi^{\ominus}_{AgO/Ag_2O}-\varphi^{\ominus}_{ZnO/Zn}=1.867V \tag{5.21}$$

放电第二阶段的电动势为：

$$U_{d4}=\varphi^{\ominus}_{Ag_2O/Ag}-\varphi^{\ominus}_{ZnO/Zn}=1.602V \tag{5.22}$$

从上面电池反应的电动势可以看出，虽然氧化银电极和锌电极的反应产物不同，但是电池在第一阶段的电动势均在1.86V左右，在第二阶段的电动势均在1.60V左右，第一阶段和第二阶段的电动势也仅相差260mV左右。

思维拓展训练 5.2 为什么锌氧化银电池的输出电压很稳定?

5.2.2.2 充电过程

在充电的第一阶段，负极活性材料金属Ag[图5.10(a)] 失去电子首先被氧化为Ag^+[图5.10(b)]，并结合2个OH^-生成可溶的$Ag(OH)_2^-$［式（5.23），图5.10（c)]。随着充电进行，电解液中$Ag(OH)_2^-$浓度在银晶粒表面逐渐趋于饱和［图5.10（d)]，随后在正极表面析出Ag_2O沉淀［式（5.24），图5.10（e)]。最后Ag被氧化为Ag_2O［图5.10（f)]。

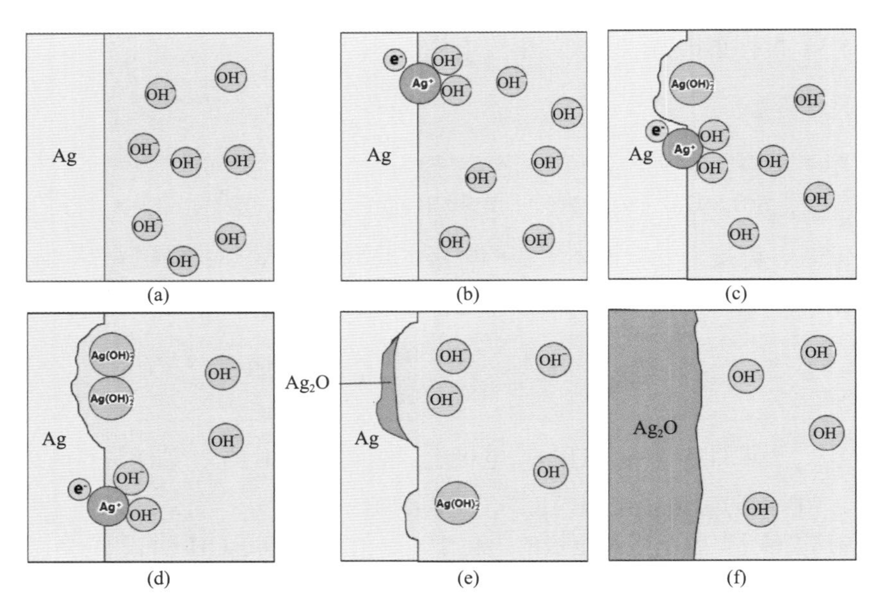

图 5.10 正极充电第一阶段的示意图

（a）充电前；（b）Ag失去电子氧化为Ag^+；（c）Ag^+结合OH^-生成$Ag(OH)_2^-$；（d）$Ag(OH)_2^-$达到饱和；（e）析出Ag_2O沉淀；（f）Ag全被氧化为Ag_2O

$$Ag + 2OH^- \longrightarrow Ag(OH)_2^- + e^- \tag{5.23}$$

$$2Ag(OH)_2^- \longrightarrow Ag_2O + H_2O + 2OH^- \tag{5.24}$$

中间产物$Ag(OH)_2^-$具有氧化性，它会氧化隔膜中的环和侧链上的OH^-基团从而损坏隔膜结构，并且被还原成银颗粒沉积在隔膜上。随着充放电循环的次数增加，氧化隔膜和沉积银颗粒的程度就会增加，最终隔膜被破坏穿孔导致电池短路而失效。

在充电第二阶段，首先Ag^+失去电子，被氧化为Ag^{2+}［式（5.25），图5.11（a）］，同时吸附在固液界面的OH^-失去H^+生成O^{2-}［式（5.26），图5.11（a）］。O^{2-}向Ag_2O晶粒内部扩散［式（5.27），图5.11（b）］，H^+与OH^-结合生成H_2O［式（5.28），图5.11（b）］。Ag_2O晶粒内部的Ag^+继续被氧化，同时O^{2-}向晶粒内部持续扩散［图5.11（c）］，最终整个晶粒被氧化为AgO［图5.11（d）］。

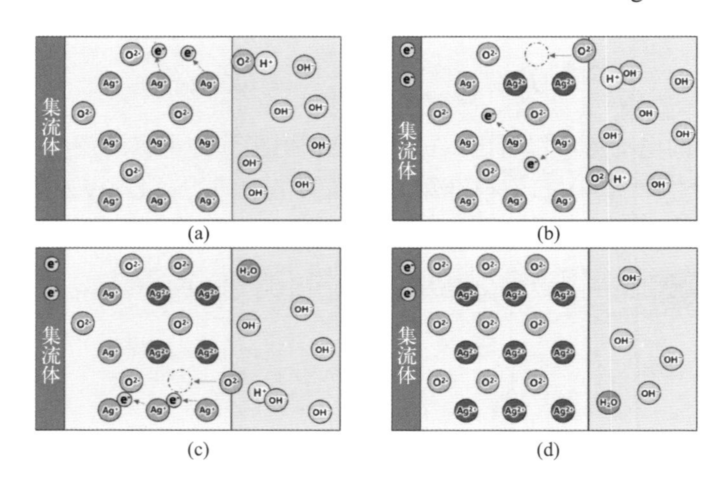

图 5.11 正极充电第二阶段的示意图

（a）Ag^+失去电子，OH^-失去H^+生成O^{2-}；（b）O^{2-}向Ag_2O晶粒内部扩散，H^+与OH^-结合生成H_2O；（c）O^{2-}向Ag_2O内部持续扩散；（d）Ag_2O全被还原为AgO

$$Ag^{+} \longrightarrow Ag^{2+} + e^{-} \quad (5.25)$$

$$OH^{-} \longrightarrow H^{+} + O^{2-} \quad (5.26)$$

$$Ag_2O + O^{2} \longrightarrow Ag_2O_2 + 2e^{-} \quad (5.27)$$

$$H^{+} + OH^{-} \longrightarrow H_2O \quad (5.28)$$

5.2.2.3 自放电

锌氧化银电池的正极活性材料过氧化银热力学上不稳定，如式（5.29）所示。干燥的过氧化银室温下在5～10年内将大部分分解，而在100℃下约1h就能完全分解。过氧化银在碱性条件或加热条件下会加速自分解反应，并且分解速率随着温度升高和KOH溶液浓度增加而变大。

$$4AgO \longrightarrow 2Ag_2O + O_2 \quad (5.29)$$

过氧化银还容易和金属银发生归中反应，生成氧化银：

$$AgO + Ag \longrightarrow Ag_2O \quad (5.30)$$

自分解和归中反应都会给锌氧化银电池造成电池容量损失，缩短电池的寿命。

5.2.3 电解液

锌氧化银电池的电解液一般用KOH溶液，25%～30% KOH电解液的电导率最高。30%～32% KOH电解液的凝固点最低，可低于−60℃。

对于要求高倍率放电的锌氧化银电池，一般使用30% KOH电解液，因为此时电解液的电导率高，凝固点低。对于要求寿命长的锌氧化银电池，一般使用40% KOH电解液，主要考虑高浓度KOH可以减轻纤维素膜溶胀维持隔膜强度，增大电解液黏度减缓$Ag(OH)_2^-$扩散速率，从而延长电池的使用寿命。

K_2CrO_4等添加剂可以起到延长锌氧化银电池寿命的作用。锌氧化银电池在充电时，CrO_4^{2-}被负极锌还原为CrO_2^-［式（5.31）］，CrO_2^-迁移到正极侧，与$Ag(OH)_2^-$进行反应［式（5.32）］，从而使$Ag(OH)_2^-$接触隔膜之前将其还原成金属银，减缓$Ag(OH)_2^-$对隔膜的破坏作用，延长电池的使用寿命。

$$2CrO_4^{2-} + 4OH^{-} + 3Zn \longrightarrow 2CrO_2^{-} + 3ZnO_2^{2-} + 2H_2O \quad (5.31)$$

$$CrO_2^{-} + 3Ag(OH)_2^{-} \longrightarrow 3Ag + CrO_4^{2-} + 2OH^{-} + 2H_2O \quad (5.32)$$

5.2.4 隔膜

锌氧化银二次电池的隔膜除了要保证电阻低、吸水性强、热稳定性好、化学稳定性好等性能外，还要防止锌枝晶生长和$Ag(OH)_2^-$迁移对隔膜的破坏，因此多采用多层复合结构（图5.12），包括主隔膜、负极侧隔膜和正极侧隔膜。部分电池的隔膜被制成袋状，以便将锌电极完全包裹起来。

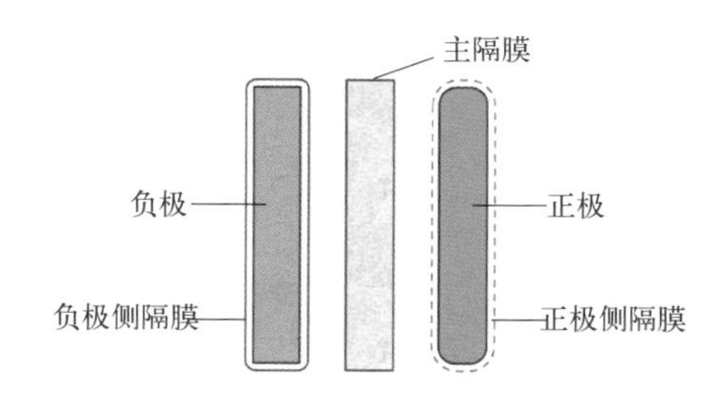

图5.12 复合隔膜及其放置位置示意图

主隔膜一般是纤维素膜，俗称为玻璃纸，其主要成分是纤维素（分子结构如图5.13所示），上面分布有大量的—OH基团，因而具有非常好的亲水性。纤维素分子结构中的环和侧链上的—OH基团具有还原性，能够将银离子还原为金属银，具有较好的阻挡银离子迁移的能力。

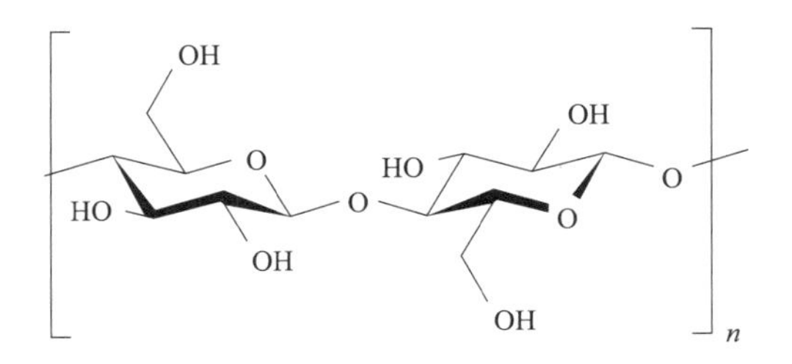

图5.13 纤维素分子结构示意图

水化纤维素的原料是高度聚合的三醋酸纤维素，经过皂化处理“再生”而成。经皂化处理后的膜水洗至中性，烘干即成皂化膜，又称为“白膜”。为了提高水化纤维素膜的抗氧化能力，可进一步用银镁盐处理，处理后的膜用热水清洗至中性，即得银镁盐膜，又称为“黄膜”。纤维素膜在电解液中会有一定的膨胀，膨胀后挤压两侧的正极和负极，限制正极和负极活性材料的脱落。

负极侧隔膜主要成分是耐碱棉纸。耐碱棉纸膜厚度小、韧性强，具有良好的吸储电解液性能，同时支撑负极结构在电解液中保持形状。

正极侧隔膜一般由惰性尼龙布、尼龙毡或聚丙烯毡制成。这种隔膜抗氧化能力强，对KOH电解液有很好的吸收和储存能力，还能阻止$Ag(OH)_2^-$迁移，防止主隔膜被氧化。

5.3 锌氧化银电池的主要性能

5.3.1 充电和放电

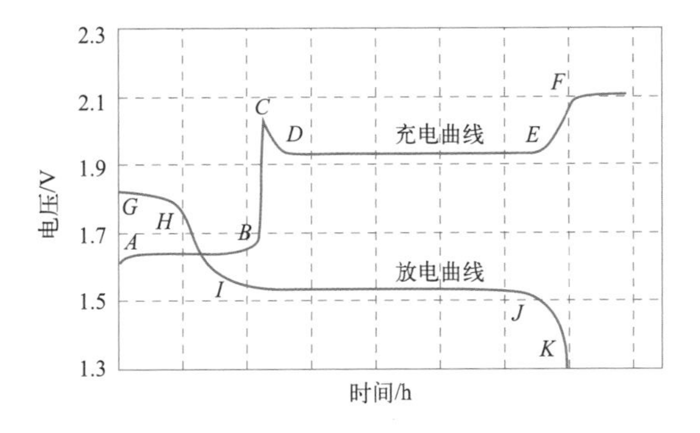

图5.14 锌氧化银电池的恒流放电和充电曲线

锌氧化银电池的充电过程中负极氧化锌被还原为金属锌，正极的金属银先被氧化为氧化银再氧化为过氧化银。由于放电过程中负极电势较为平稳，因此电池电压主要表现出正极电势的变化，在恒流充电和放电曲线上会出现两个电压平台，如图5.14所示。

锌氧化银电池充电过程（图5.14中*A*～*F*）中，正极首先发生金属Ag被氧化为Ag_2O的反应（*AB*段），随着反应进行Ag_2O逐渐增多。因为反应物和产物都是固态，所以AB段的电压较为平稳。由于Ag_2O的电阻率远大于Ag，所以充电过程中欧姆内阻逐渐增大。Ag_2O覆盖住银颗粒表面后氧化反应难以进行，欧姆内阻增加显著，银颗粒内部金属溶解也变得困难，使得电池电压急剧上升（*BC*段），直至达到生成过氧化银的电势（*C*点）。

过氧化银比氧化银的电阻率低7个数量级（表5.1），因此随着过氧化银的生成使电池内阻降低，充电电压有所下降（*CD*段）。随着反应进行，低电阻率的AgO逐渐增多，电极的导电性能得到改善，*DE*段的电压也较为平稳。金属银Ag也可能被直接氧化为过氧化银［式（5.33）］。

$$Ag + 2OH^- \longrightarrow AgO + H_2O + 2e^- \tag{5.33}$$

表5.1 银及其氧化物的电阻率

活性材料	Ag	Ag_2O	AgO
电阻率/Ω·m	1.59×10^{-8}	1×10^{6}	$(1.0\sim1.5)\times10^{-1}$
密度/g·cm^{-3}	10.9	7.15	7.44

随着正极的Ag与Ag_2O几乎都被氧化为过氧化银，O^{2-}向晶粒内部的扩散变得越来越难，继续充电正极将达到氧的析出电势，导致发生副反应生成氧气［式（5.34）］，电池电压随之升高（*EF*段）。

$$4OH^- \longrightarrow 2H_2O + O_2\uparrow + 4e^- \tag{5.34}$$

锌氧化银电池的放电过程中负极金属锌被氧化为氧化锌，正极的过氧化银先被还原为氧化银再还原为金属银。放电过程中负极电势主要受锌酸根离子浓度和OH^-浓度控制，因此电池电压仍然主要表现出正极电势的变化。锌氧化银电池放电过程（图5.14中*G*～*K*）中，正极首先发生过氧化银被还原为电阻率大的氧化银的反应，负极发生锌溶解继而生成氧化锌，电池放电电压缓慢下降（*GH*段）。当Ag_2O覆盖住AgO锌表面也被氧化锌覆盖，电池的欧姆内阻将急剧变大，电池电压迅速减小（*HI*段），正极到达生成金属Ag的电势（*I*点）。Ag的电阻率远小于Ag_2O，所以电极的导电性能被极大增强，这个过程的电池电压比较稳定（*IJ*段）。正极也可能发生AgO直接还原为Ag的反应：

$$AgO + H_2O + 2e^- \longrightarrow Ag + 2OH^- \tag{5.35}$$

低电压放电平台（*IJ*段）持续时间最长，将放出电池总电量的70%左右。随着正极Ag_2O和AgO即将被反应完，电池电压急剧下降（*JK*段）。

5.3.2 放电倍率和温度的影响

锌氧化银电池在1*C*以下的较低倍率放电时，电压平台可以维持较长时间。在较高倍率下放电时工作电压也能维持一段平稳的时间，但是随着放电倍率的增加放电平台变短。锌氧化银电池在不同倍率放电时的放电曲线如图5.15所示。

思维创新训练 5.1 锌氧化银电池在6*C*倍率下放电时（图5.15），为什么电压先下降又上升？

温度对锌氧化银电池的放电性能影响较大。温度降低，电池内阻增大，放电电压降低。在冰点以下的低温放电时，放电电压平台不明显，甚至消失。图5.16为锌氧化银电池以1*C*倍率放电时电压与环境温度的关系。

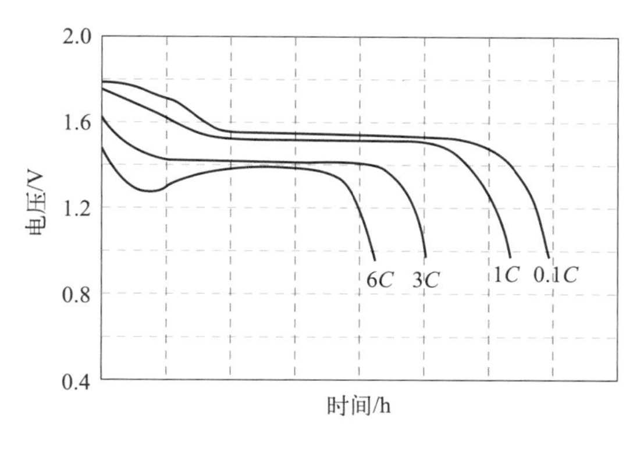

图5.15 锌氧化银电池在不同放电倍率下的恒电流放电曲线

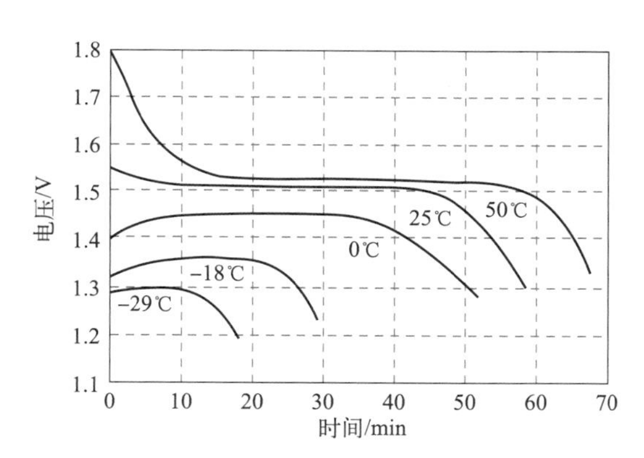

图5.16 锌氧化银电池在不同温度下的恒电流（1*C*）放电曲线

思维创新训练 5.2 锌氧化银电池在0℃以下的环境温度放电时（图5.16），为什么放电开始时电压上升？

5.3.3 能量密度

锌氧化银电池的理论能量密度为300W·h·kg^{-1}和1400W·h·L^{-1}，实际能量密度可达到40～110W·h·kg^{-1}和116～320W·h·L^{-1}，低于锂离子电池，但是高于其他几种二次电池。在严格要求电池质量和体积的情况下，锌氧化银电池具有较大的能量密度优势。表5.2列出了几种常见二次电池的能量密度、容量输出效率和能量输出效率。

表5.2 几种常见二次电池的能量密度、容量和能量输出效率

电池种类	质量能量密度/W·h·kg^{-1}	体积能量密度/W·h·L^{-1}	容量输出效率/%	能量输出效率/%
锂离子电池	120～140	240～340	95～98	90～95
锌银电池	100～150	200～280	＞95	80～85
铅酸电池	30～50	90～120	80～90	65～75
镍氢电池	60～70	170～185	70～85	50～65
镍镉电池	25～35	40～60	75～85	55～65

5.3.4 循环寿命

锌氧化银电池循环寿命较短，主要受两方面影响，锌负极容量损失和隔膜损坏。

由于锌负极在充放电过程中有固体的溶解和沉积，活性材料可能从电极上脱落，造成容量衰减。隔膜损坏主要有两个原因，其一是隔膜被$Ag(OH)_2^-$所氧化（参阅5.2.2.2节），另一个原因是电池在充电过程中负极形成锌枝晶刺穿隔膜，导致电池短路。表5.3给出了几种常用二次电池的循环寿命。

表5.3 室温下几种常用二次电池的循环寿命

电池种类	类型	循环次数/次
锌银电池	低倍率	200～400
	高倍率	30～50
锂离子电池	$LiFePO_4$	2000～6000
	$LiCoO_2$	500～1000
铅酸电池	起动型	约300
	牵引型	1600
镍镉电池	盒状极板式	1000～2000
	片状极板式	500～1000
镍氢电池	低内压	约1000

5.4 锌氧化银电池的制造工艺

锌氧化银干式荷电态电池的制备过程主要包括制备负极、制备正极和装配电池几个主要步骤，具体工序如图5.17所示。

5.4.1 制备电极

5.4.1.1 制备负极

锌氧化银电池的锌负极通常采用四种方式制得：涂膏化成法、粉末压成法、压制烧结法和

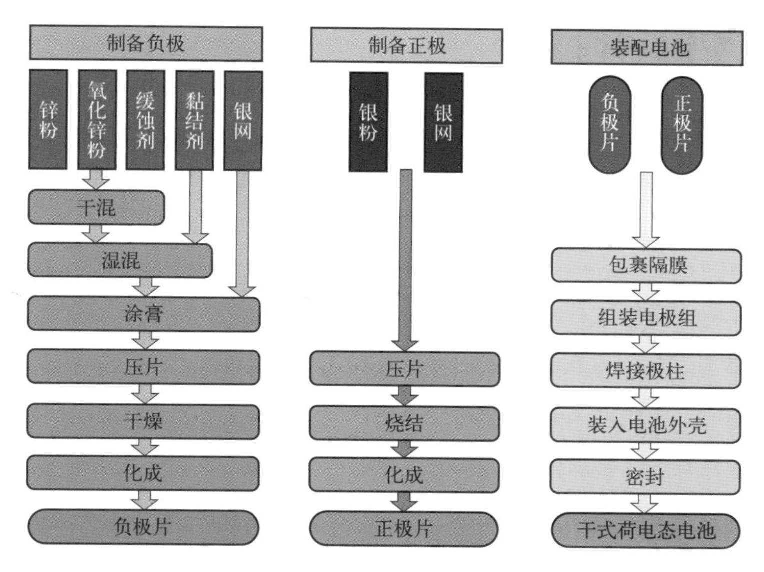

图 5.17 锌氧化银电池制备工艺流程图

电沉积法。常用的涂膏化成法的制造工艺（图5.17）如下。

首先制备锌膏，分为干混和湿混两步工序，湿混这步工序通常称为和膏。将一定比例的金属锌粉、氧化锌粉及缓蚀剂混合均匀（干混），然后向负极材料混合物中加入适量的黏结剂（PVA水溶液）搅拌均匀（和膏），制得黏稠度较好的锌膏。

将锌膏均匀地涂到银网上（涂膏），再将银网放入铺有耐碱棉纸的模具内进行压片。压片完成后，将湿极片在烘箱中干燥。

干燥好的负极片要进行化成后才能用于装配荷电态电池。化成工序在稀碱液中进行，以负极片为工作电极，镍板为辅助电极，对负极片进行小电流密度充电，使极片中的氧化锌转化为金属锌。电解后的负极片经洗涤、干燥后用于装配电池。

5.4.1.2 制备正极

锌氧化银电池的正极有多种型式，使用银做原料的有烧结式电极，使用氧化银做原料的有烧结式电极和涂膏式电极，使用过氧化银作原料的有压成式电极。最常用是烧结式银电极，制备过程（图5.17）如下。

将一定量的银粉放入模具内摊平，放上银网集流体，施加一定压力将银粉压制在银网上（压片）。压制成型后的极片被放入高温炉内烧结。烧结好的电极同样经过化成才能用于装配荷电态电池，将烧结电极作为工作电极，以镍网作辅助电极，在稀碱液中进行电解氧化。化成好的极片经洗涤、干燥后用于装配电池。

5.4.2 装配电池

锌氧化银电池的正极和负极极片都很薄，极片之间放入隔膜后压紧，因此成为紧装配工艺，电池中的电解液量较少。电池的装配流程（图5.17）如下。

将负极片包裹耐碱棉纸，正极片包裹尼龙布或尼龙毡，然后在两片包裹好的电极间夹入水化纤维素薄膜，组成一个电池单体。将电池单体串联叠放制成电极组。

将正极和负极的银网极耳分别与电池盖上的镀银极柱焊接牢固，然后将电极组放入电池外壳，再将盖与外壳密封（封接），即将电池装配好。

锌氧化银荷电态二次电池通常不加注电解液，使用前才加注电解液。

思维创新训练 5.3 查找一篇最新的锌氧化银电池的研究论文，分析论文的创新点应用了哪些本章所述内容。

扫码获取
本章思维导图

第三篇

新型电源电化学

第6章 锂电池

6.1 概述

锂金属因具有理论能量密度高（3860mA·h·g^{-1}）、电极电势低［−3.040V（vs. SHE）］和材料密度低（0.59g·cm^{-3}）等特点，适合作为高电压电池的负极材料。锂金属与基于多电子转换反应的硫正极匹配后可以获得高达2600W·h·kg^{-1}的理论能量密度，远高于传统锂离子电池的200～300W·h·kg^{-1}。

6.1.1 锂电池的发展历程

1912年，美国麻省理工学院教授刘易斯（Gilbert Newton Lewis）提出了锂电池的概念并测量了锂的氧化还原平衡电势。由于锂金属电子结构最外层只有一个电子，反应活性非常高，在室温下就能与水发生剧烈的反应，因此锂作为电池负极要使用有机电解液。

1957年，法国工程师赫伯特（Danuta Herbert）和乌拉姆（Juliuz Ulam）申请了以锂金属或锂合金为负极活性材料、以金属的卤化物或硫化物为正极活性材料、以碱金属卤化物或过氯酸盐电解质溶于脂肪胺中作为电解液的电池专利，提出了锂硫电池、锂碘电池等概念。锂硫电池因多硫化锂很难被再次氧化而难以实现可逆循环，当时只能作为一次电池使用。20世纪70年代末，研究人员发现了基于二甲基亚砜、1,3-二氧五环等有机电解液体系的锂硫电池可以实现常温下充放电。2024年2月，我国科学家报道了目前容量密度最高的锂硫电池，为660W·h·kg^{-1}。

1958年，美国加州大学伯克利分校教授哈里斯观察到了金属锂在含高氯酸锂的碳酸丙烯酯电解液中的钝化现象。1962年，美国洛克希德导弹和航天公司（Lockheed Missile and Space）的小奇尔顿（J. E. Chilton Jr.）和库克（G. M. Cook）提出了非水电解液（nonaqueous electrolyte system）的概念。他们同样使用了锂金属负极，将Cu、Ag、Ni等金属卤化物作为正极，将低熔点的金属盐LiCl-$AlCl_3$溶于碳酸丙烯酯中作为电解液，奠定了碳酸酯类电解液锂电池的雏形。

1964年，美国利文斯顿电子（Livingston Electronic）公司提交了锂二氧化硫电池的专利申请。

1968年，日本松下电气工业公司（Matsushita Electric Industrial）申请了锂氟化碳电池的专利。2021年5月，我国的"天问一号"火星探测器成功着陆，探测器的进入舱使用了中国电子科技集团公司第十八研究所研制的锂氟化碳电池作为主电源。20世纪70年代，德、美、法等国均开始开发锂氯化亚砜（Li-$SOCl_2$）电池。我国于20世纪80年代开始研制锂氯化亚砜电池，1990年成功研制采用方形结构的大容量（300A·h）电池。1996年10月20日，30A·h容量的锂氯化亚砜电池在返回式一号乙第三颗星飞行应用试验获得成功，填补了国内锂电池在空间应用的空白。

1975年，日本三洋公司成功开发了以二氧化锰为正极材料的锂电池，并于1978年实现量产进入市场。

为了降低成本和保护环境，研究人员开始了锂二次电池的研究。然而，锂电池在充电过程中会生长锂枝晶和发生副反应，导致锂二次电池的寿命很短且存在严重的安全问题。因此，锂金属二次电池实用化的关键之一就是解决锂枝晶问题。20世纪70年代初，斯坦福大学（Stanford University）教授阿曼德提出可以使用具有不同电极电势的插层主体材料（intercalation host material）作为锂二次电池的正极和负极材料，引领了"摇椅概念"（rocking chair concept）二次电池的开发热潮。随着对插层化合物（intercalation compound）的深入研究，1972年埃克森公司的惠廷汉姆等人设计了以锂金属为负极、TiS_2为正极、$LiClO_4$为支持电解质、1,3-二氧五环为溶剂的电池，这是第一块可充电的锂电池。20世纪80年代初，以色列耶路撒冷希伯来大学教授佩莱德（E. Peled）提出在大多数电极材料与电解液之间存在"固体/电解液界面"，并指出这种界面影响了电池的性能。1987年，加拿大莫利能源公司（Moli energy）推出锂二硫化钼（Li-MoS_2）电池，成功将锂二次电池商业化。然而1989年锂二硫化钼电池发生燃烧爆炸事故，被迫退出了历史舞台。

进入21世纪以来，消费类电子产品和电动汽车得到了迅猛的发展，使用三元锂、磷酸铁锂等传统正极材料的锂离子电池因为其有限的能量密度已经和产业需求产生了较大距离。因此，锂金属负极凭借自身高容量密度和低电极电势又回到人们的视野。研究人员开发了新型电解液和固态电解质来解决锂枝晶等带来的问题。美国量子远景能源公司（Quantum scape）和固态能量公司（Solid power）已经分别利用氧化物和硫化物固态电解质开发了锂电池。宁德时代已开始研发基于硫化物的固态电池。一旦固态锂电池实现商业化，将给手机、笔记本电脑、电动车等行业带来革命性的进步。

锂金属电池的发展历史如图6.1所示。

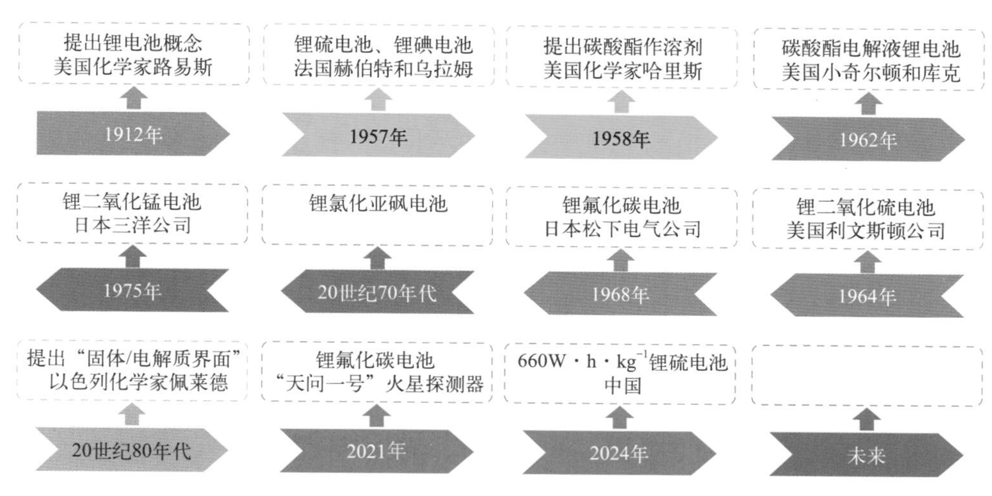

图6.1 锂电池的发展历程

知识拓展6.1

插层化合物

插层化合物是在具有层状晶体结构物质的层中间，插入作为客体的外来原子、分子等形成的化合物。作为插层主体的材料主要有石墨和过渡金属二硫族化合物等。作为插入客体的材料主要有碱金属、稀土金属、过渡金属卤化物、卤族分子、氟化物和强酸等。石墨具有典型的层状结构，容易被其他客体分子插入，形成各种插层石墨。

6.1.2 锂电池的工作原理和基本结构

6.1.2.1 锂电池的工作原理

以锂或锂合金为负极活性材料的化学电源被称为锂金属电池，简称为锂电池，包括锂一次电池和锂二次电池。锂二氧化锰（Li-MnO_2）电池的负极活性材料为金属锂，正极活性材料为二氧化锰，高氯酸锂（$LiClO_4$）为支持电解质，碳酸丙烯酯（propylene carbonate，简写为PC）和1,2-二甲氧基乙烷（也叫乙二醇二甲醚，1,2-dimethoxyethane，简写为DME）的混合物为溶剂。Li-MnO_2电池的工作原理如图6.2所示，放电反应如式（6.1）～式（6.3）所示。在放电过程中，负极锂失去电子生成锂离子进入电解液，同时电子通过外电路流入二氧化锰电极，Mn^{4+}被还原为Mn^{3+}，来自负极的锂离子进入MnO_2晶格形成$LiMnO_2$。

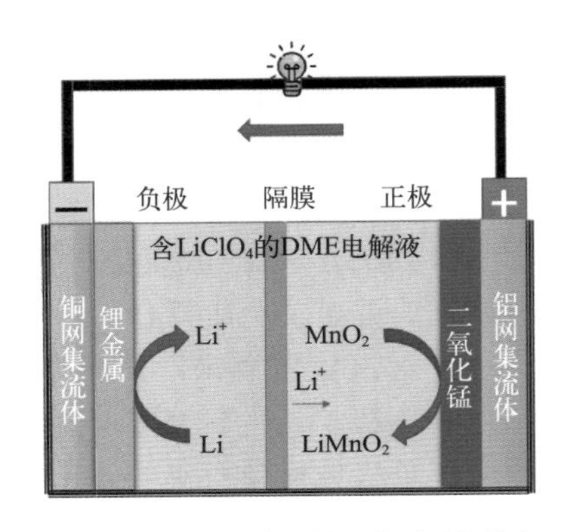

图6.2 Li-MnO_2电池的工作原理和基本结构示意图

负极反应：

$$Li \longrightarrow Li^+ + e^- \tag{6.1}$$

正极反应：

$$(Mn^{4+})O_2 + (Li^+) + e^- \longrightarrow (Li^+)(Mn^{3+})O_2 \tag{6.2}$$

电池反应：

$$Li + (Mn^{4+})O_2 \longrightarrow (Li^+)(Mn^{3+})O_2 \tag{6.3}$$

知识拓展6.2

锂二氧化锰电池的正极反应的写法

锂二氧化锰电池的负极反应为锂被氧化，正极反应是Mn^{4+}被还原为Mn^{3+}。正极反应的传统写法为MnO_2+ Li^++e^- ⟶ $LiMnO_2$，很容易被非专业人员误以为是Li^++e^- ⟶ Li。实际上，来自负极或者电解液中的Li^+在正极材料中起平衡电荷和支撑材料结构的作用，并没有参与氧化还原反应，故在本书中写为式（6.2）的形式，以利于非专业人员阅读。

6.1.2.2 锂电池的基本结构

锂电池的基本结构（图6.2）主要包括负极活性材料（锂金属及其合金）和负极集流体（常用铜箔、铜网或镍网），正极活性材料（卤化物、硫化物、氧化物等）和正极集流体（常用铝箔、铝网或多孔碳电极），传导离子材料可用电解液（无机支持电解质和有机溶剂、无机支持电解质和非水无机溶剂）、固态电解质和熔融盐电解质，隔膜（聚乙烯膜、聚乙烯和聚丙烯复合膜），外壳（铝壳、铝塑膜、不锈钢）等。不同锂电池的电极制备、电解液配制和电池装配有很大差别，正极和负极结构也因电池形状不同而有所区别。

6.1.3 锂电池的分类

6.1.3.1 根据正极活性材料分类

根据正极活性材料，锂电池可分为锂硫基材料电池、锂氧化物电池和锂卤化物电池等，具体的正极活性材料列于表6.1。

表6.1 锂电池使用的正极活性材料

锂电池种类	正极材料
锂氧化物电池	MnO_2、Mn_2O_3、CuO、PbO、V_2O_3、TiO_2、V_6O_{13}、Cr_3O_8、Fe_3O_4、Fe_7O_8
锂硫基材料电池	S、SO_2、$SOCl_2$、FeS、FeS_2、PbS、CuS、Ni_2S_3、Ti_2S_3、MoS_3
锂卤化物电池	I_2、CuF_2、CF_x、CuCl、AgCl

6.1.3.2 根据导电材料的物态分类

根据使用的导电（传导离子）材料的物态，锂电池可分为液态锂电池和固态锂电池两类。

液态锂电池有两类：使用有机溶剂电解液的锂电池，如锂二氧化锰电池中的支持电解质为高氯酸锂，溶剂为PC和DME混合的有机溶剂；使用非水无机溶剂电解液的锂电池，如锂氯化亚砜电池中的支持电解质是无水四氯铝酸锂，氯化亚砜作为溶剂。

固态锂电池使用固态电解质，如锂碘电池中使用的电解质为LiI固体。美国量子远景能源公司已开发了锂镧锆氧（$Li_7La_3Zr_2O_{12}$）作为固态电解质的锂电池，固态能量公司已开发了硫代磷酸锂（Li_3PS_4）作为固态电解质的锂电池。

6.1.3.3 根据电池形状分类

与锌锰电池、锌氧化银电池类似，锂电池的形状也主要为三类：圆柱形、纽扣形和方块形。

（1）圆柱形锂电池

如圆柱形锂氯化亚砜锂电池。负极金属锂制成圆筒状紧靠在不锈钢外壳的内壁。将碳粉、人造石墨粉和聚氯乙烯乳液混合成膏体后辊压到镍网上制成炭包作为正极，正极和负极之间用隔膜隔开。中间为注液管，用来储存氯化亚砜电解液。电池顶部和底部均采用绝缘材料密封。

（2）纽扣形锂电池

指外形尺寸像纽扣的电池，如纽扣形锂二氧化锰电池。把活性材料锂片辊压在铜网集流体上作负极。将正极材料辊压到铝网集流体上作正极。电池外壳一般为不锈钢，通常正极安装在下壳，负极在上壳。中间为聚丙烯隔膜和电解液，上壳和下壳之间用绝缘密封圈密封。纽扣形锂电池的特点是体积小，常见于微型和便携式电子产品中，如遥控器、钟表等。

（3）方形锂电池

方形锂电池是将活性材料金属锂和集流体压制成负极片，正极活性材料和集流体压制成正极片，中间用隔膜隔开。方形电芯串联组成电池模组可以高效利用空间。

6.2 锂电池电化学

6.2.1 负极材料电化学

6.2.1.1 固体/电解质界面

锂电池被装配完成后，金属锂与电解液在固液界面处将发生不可逆的化学反应，生长一层覆盖在锂金属表面的薄膜，这层薄膜被称为固体/电解液界面（solid electrolyte interface，简写为SEI）膜。

以新装配的使用含高氯酸锂的碳酸乙烯酯电解液的锂电池为例，锂金属负极形成SEI膜的过程如图6.3所示。由于活泼的金属锂颗粒表面会携带Li_2O等杂质，电解液中除了含有大量的CO_3^{2-}外，也存在少量的O^{2-}。锂颗粒与电解液接触之后，将与碳酸乙烯酯反应生成主要成分为二碳酸乙烯锂［$(CH_2OCO_2Li)_2$］的有机锂盐和Li_2CO_3、Li_2O等无机锂盐。这些固体在金属/电解液界面逐渐生长［图6.3（b）］，形成一层具有无机锂盐内层和有机锂盐外层的双层结构，直到内层和外层都生长得均匀而致密［图6.3（c）］。SEI膜持续生长到覆盖住锂颗粒表面，将金属锂和电解液分隔开来［图6.3（d）］。

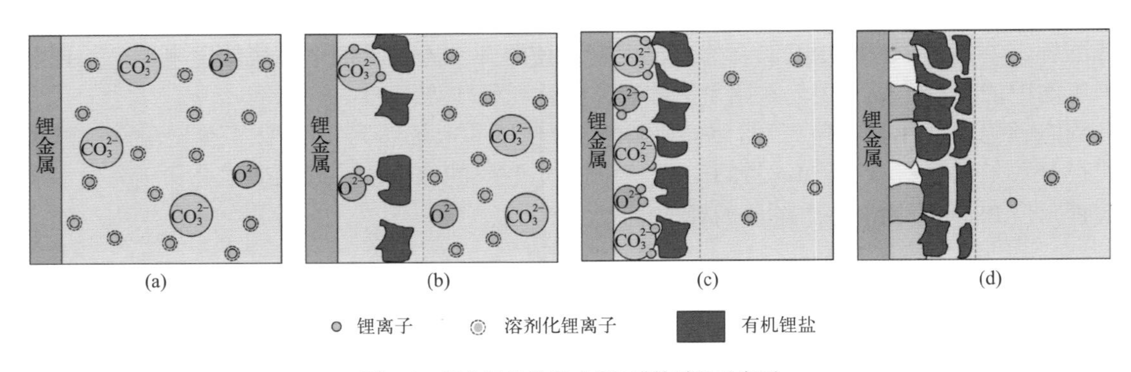

图6.3 锂金属负极形成SEI膜的过程示意图

（a）新装配电池的锂/电解液界面；（b）在界面处生成无机锂盐和有机锂盐；（c）SEI膜继续生长；（d）SEI膜完全覆盖锂金属表面

SEI膜具有良好的电子绝缘性能和锂离子穿透性能。电子绝缘特性使得锂金属难以和电解液继续反应，避免了自放电，这是锂金属电池作为储备电池能够存放长达5～10年甚至10年以上的原因。Li^+穿透特性使得Li^+可以自由地通过SEI膜，Li^+从电解液通过SEI膜时要脱去溶剂分子。

在锂金属二次电池的充放电过程中，锂金属分别发生沉积和溶解，锂颗粒与电解液的界面将发生明显的结构和面积变化，SEI膜容易发生破损，可能会消耗更多的电解液形成新的SEI膜。

6.2.1.2 充电和放电的电化学行为

锂电池的负极活性材料是锂金属或锂合金，因此锂电池负极材料电化学主要围绕着锂的氧化反应和还原反应。锂放电时被氧化为锂离子。对于二次电池，充电时锂离子被还原回金属锂。

$$Li^+ + e^- \longrightarrow Li \tag{6.4}$$

由于锂的活性很高，可能会与有机溶剂发生反应。当溶剂为二甲亚砜（DMSO）、1,3-二氧五环（DOL）等时，锂与溶剂分子发生反应，生成$ROCO_2Li$、ROLi、$RCOO_2Li$等（R代表有机官能团）。这些副反应会导致锂金属和电解液的不可逆消耗，使二次电池的库仑效率下降。

放电过程中，负极金属锂失去电子被氧化为Li^+进入电解液［图6.4（b）］。随着放电进行，负极金属锂不断失去电子生成Li^+［图6.4（c）］，直至停止放电［图6.4（d）］。Li^+或者迁移到正极侧与正极材料结合，或者停留在电解液中［图6.5（a）］。充电时，Li^+就要从正极或电解液中回到负极，在负极表面被还原为锂金属［图6.5（b）］。充电过程中，由于锂金属的导电性非常好，所以后继到达的Li^+会在生成的锂晶体尖端优先还原生长为锂枝晶［图6.5（c）］，随着充电进行，锂枝晶持续长大，最终生长为更大的锂枝晶［图6.5（d）］。充电电流密度越大，枝晶生长就会越严重。锂二次电池使用过程中最主要的问题是充电过程中生长锂枝晶。锂枝晶会刺穿隔膜接触到电池正极材料，引起电池短路，由于内部放电的大电流会导致电池温度急升，严重情况下会引发电解液着火和电池爆炸。

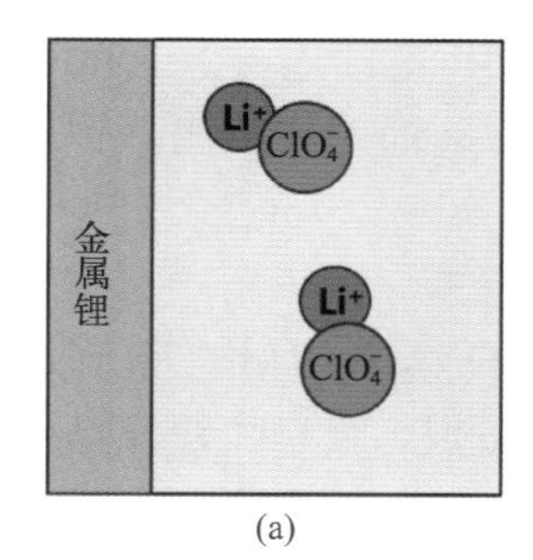

(a)

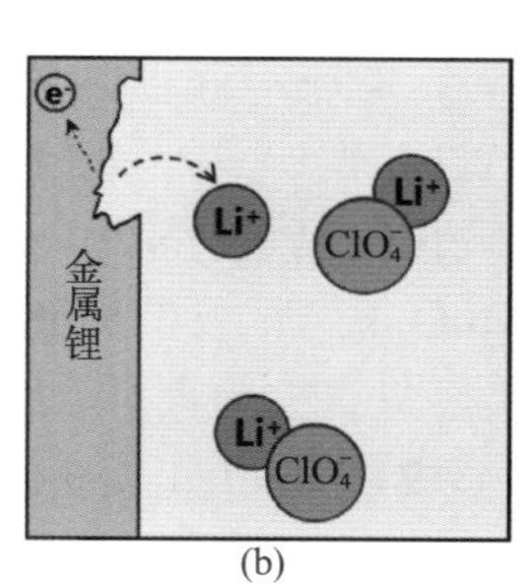

(b)

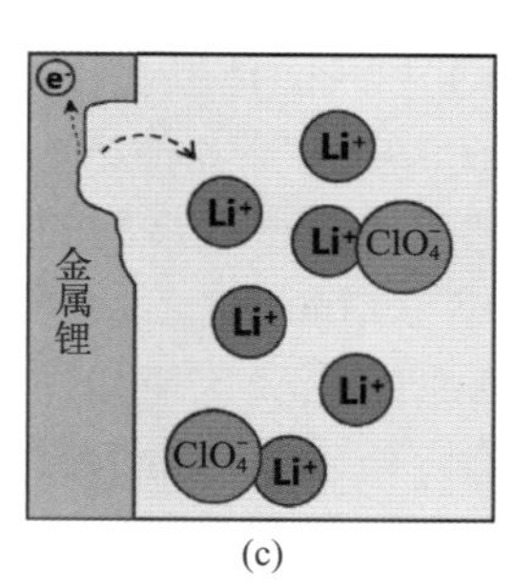

(c)

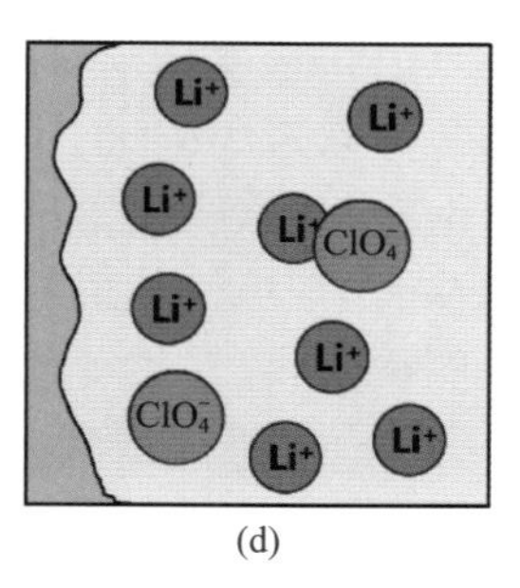

(d)

图 6.4 锂金属负极的放电过程示意图

（a）放电前；（b）锂原子失去电子被氧化为锂离子；（c）锂金属继续被氧化；（d）放电完成

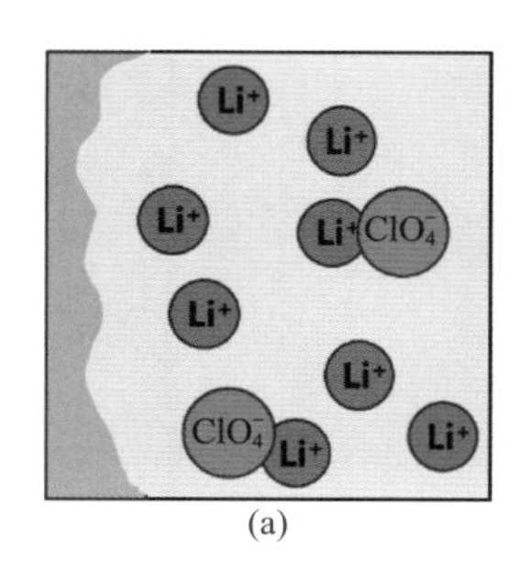

(a)

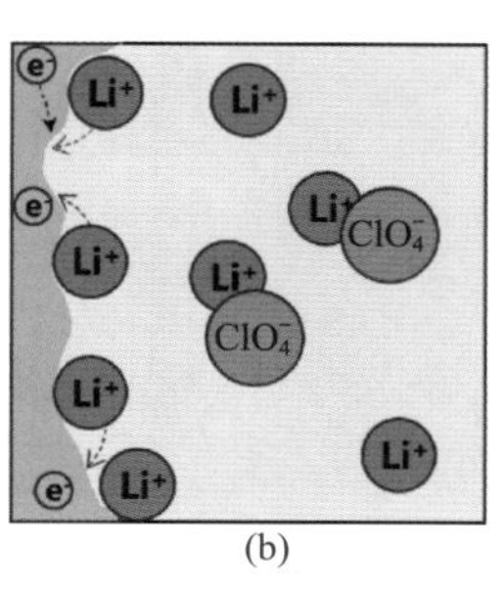

(b)

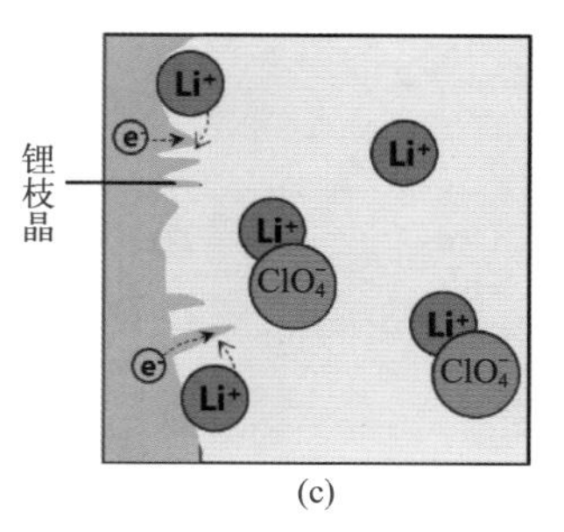

(c)

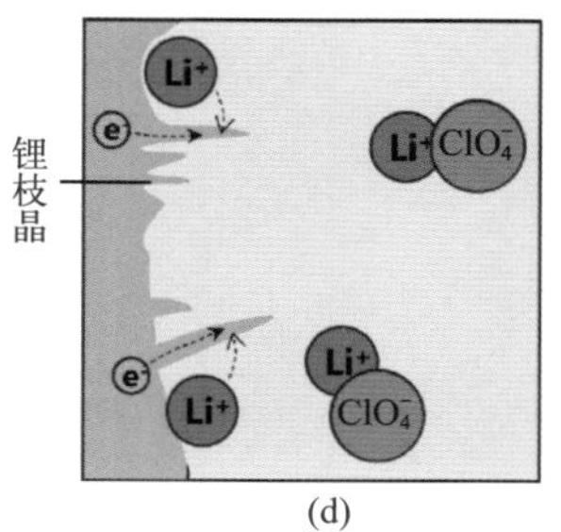

(d)

图 6.5 锂金属电池充电时负极变化的示意图

（a）充电前；（b）Li^+在金属锂表面生成锂晶体；（c）Li^+在锂晶体尖端优先还原生长为锂枝晶；（d）随着放电的进行，锂枝晶持续长大

锂负极的电极电势为：

$$\varphi_{Li^+/Li}=\varphi^{\ominus}_{Li^+/Li}+\frac{RT}{nF}\ln\frac{a_{Li^+}}{a_{Li}} \tag{6.5}$$

式中，$\varphi^{\ominus}_{Li^+/Li}$为−3.040V（vs. SHE）。

6.2.2 正极材料电化学

锂电池的正极活性材料决定了电池的能量密度和成本。正极活性材料的电极电势决定了电池的电压和功率密度。锂电池的正极最好使用具有高放电平台和高能量密度的活性材料。锂电池中常用的正极活性材料有氧化物、硫基材料、卤化物等。

6.2.2.1 氧化物正极材料电化学

作为锂电池正极活性材料的氧化物主要指金属氧化物，包括二氧化锰、二氧化钛、三氧化二钒等。

以使用层状二氧化锰的锂二氧化锰（Li-MnO_2）电池为例。

把活性材料锂片辊压在铜网集流体上作为负极，正极活性材料为二氧化锰，将二氧化锰、乙炔黑、石墨、聚偏氟乙烯（polyvinylidene fluoride，简写为PVDF）、*N*,*N*-二甲基吡咯烷酮（*N*-methyl pyrrolidone，简写为NMP）等按比例混合制成膏料，然后辊压到铝网集流体上制成正极。将支持电解质高氯酸锂溶解到DME有机溶剂中制成电解液。锂二氧化锰电池的正极反应如式（6.3）所示。

二氧化锰晶体由［MnO_6］八面体基本结构单元构成，通过共棱与共角顶连接之后的不同排列，可以形成链状、隧道、层状等多种结构（2.3.2节），Li^+可以容易地插入和脱出。锂电池放电性能与二氧化锰的晶型有关。目前常用的二氧化锰晶型有α、β、γ以及混合γ-β型。其中，γ-β型的MnO_2放电性能最好，β型MnO_2次之，γ型MnO_2稍差，α型MnO_2最差。

图6.6为锂二氧化锰电池的正极放电过程示意图。放电时，二氧化锰中的Mn^{4+}得到电子［图6.6（b）］被还原为Mn^{3+}，Li^+进入MnO_2层间形成$LiMnO_2$［图6.6（c）］，直至二氧化锰中的Mn^{4+}都被还原为Mn^{3+}，层间被Li^+填满［图6.6（d）］。

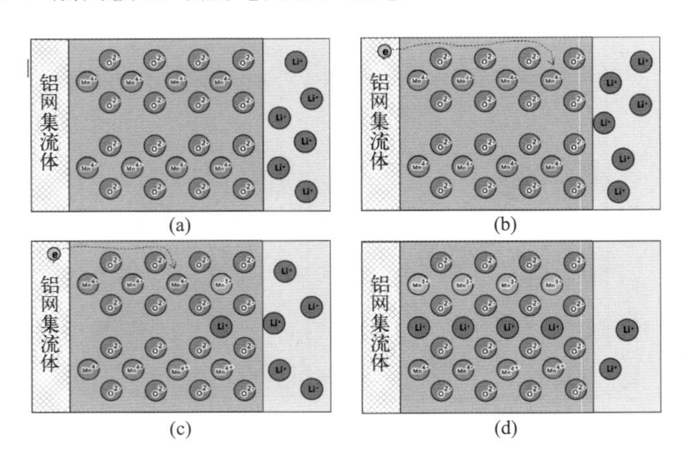

图6.6　锂二氧化锰电池正极放电过程的示意图

（a）放电前；（b）Mn^{4+}得到电子；（c）Mn^{4+}被还原为Mn^{3+}，Li^+插入MnO_2层间形成$LiMnO_2$；（d）某层的Mn^{4+}都被还原为Mn^{3+}，层间被Li^+填满

正极反应的电极电势为

$$\varphi_{MnO_2/LiMnO_2}=\varphi^{\ominus}_{MnO_2/LiMnO_2}+\frac{RT}{nF}\ln\frac{a_{MnO_2}a_{Li^+}}{a_{LiMnO_2}} \tag{6.6}$$

式中，$\varphi^{\ominus}_{MnO_2/LiMnO_2}$取$\varphi^{\ominus}_{MnO_2/Mn^{3+}}$的值0.948V（vs. SHE）。锂二氧化锰电池的标准电动势为3.988V。锂二氧化锰电池的开路电压一般为3.2V，标称电压为3.0V。

图6.7为某型号锂二氧化锰电池在20℃下的放电曲线。放电开始，由于要提供较大电流，而电极表面发生反应生成Li^+的速率较慢，因此活化超电势较大。在活化超电势的影响下电池电压从O点开始显著下降（OA段）。电子进入二氧化锰晶格将Mn^{4+}还原成Mn^{3+}，氧离子的负电荷由Li^+插入晶格进行平衡。当以较低倍率放电时，Li^+的扩散足以满足正极处的插入，锂金属氧化和Mn^{4+}还原的反应容易进行，这个阶段放电电压非常平稳（AB段）；当以较大倍率放电时电压下降较为明显。放电末期，Li^+向二氧化锰晶粒内部插入越来越困难，电压显著下降（BC段）。

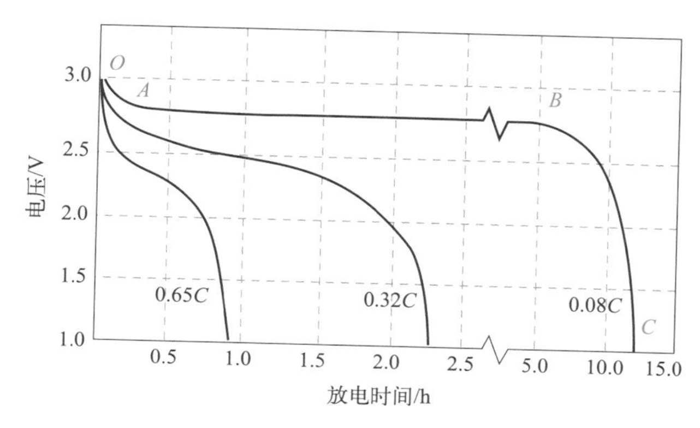

图6.7 锂二氧化锰电池的放电曲线

6.2.2.2 硫基正极材料电化学

（1）氯化亚砜正极活性材料

锂氯化亚砜（$Li\text{-}SOCl_2$）电池是典型的、最成熟的使用非水无机电解液的电池，能量密度很高，低倍率放电时可达650W·h·kg^{-1}。

锂氯化亚砜电池的工作原理和基本结构如图6.8所示。负极活性材料是压制在镍网上的锂箔，正极活性材料是氯化亚砜（也被称为亚硫酰氯，分子式为$SOCl_2$），将碳粉、人造石墨粉和聚氯乙烯乳液混合制成膏体后辊压到镍网上制成多孔碳电极作为正极反应场所。支持电解质是无水四氯铝酸锂（$LiAlCl_4$），氯化亚砜作为溶剂。氯化亚砜既是正极活性材料也是溶剂，这是锂氯化亚砜电池的特点之一。

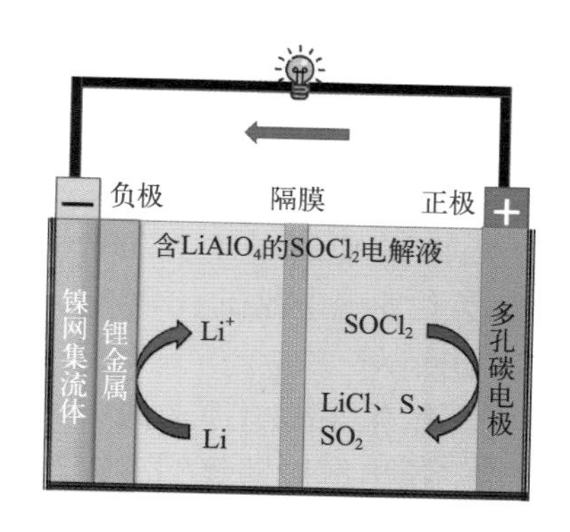

图6.8 锂氯化亚砜电池的工作原理和基本结构示意图

锂氯化亚砜电池的正极放电时，两个氯化亚砜分子在碳电极表面得到4个电子［图6.9（b）］。一个氯化亚砜分子中的硫形成二氧化硫分子，另一个氯化亚砜分子中的S^{4+}被还原为单质硫［式（6.7），图6.9（c）］。4个锂离子结合氯离子形成固体氯化锂沉积在多孔碳电极表面及微孔中［图6.9（d）］。

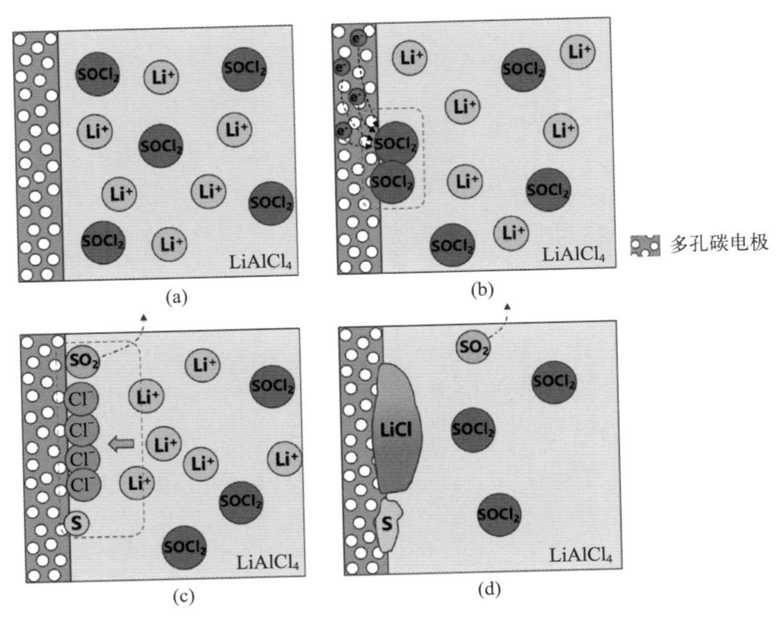

图 6.9 锂氯化亚砜电池放电过程中正极反应的示意图

（a）放电前；（b）两个氯化亚砜分子得到4个电子；（c）两个$SOCl_2$分子中一个S^{4+}被还原为单质硫，另一个S^{4+}形成SO_2；（d）锂离子结合氯离子沉积为固体氯化锂

正极反应：

$$2(S^{4+})OCl_2 + 4e^- + 4Li^+ \longrightarrow (S^{4+})O_2 + (S^0) + 4(Li^+)Cl \tag{6.7}$$

电池反应：

$$2(S^{4+})OCl_2 + 4(Li) \longrightarrow (S^{4+})O_2 + (S^0) + 4(Li^+)Cl \tag{6.8}$$

正极反应的电极电势为

$$\varphi_{SOCl_2/S} = \varphi^{\ominus}_{SOCl_2/S} + \frac{RT}{nF}\ln\frac{a^4_{Li^+}a^2_{SOCl_2}}{a_S p_{SO_2} a^4_{LiCl}} \tag{6.9}$$

式中，$\varphi^{\ominus}_{SOCl_2/S}$ 取 $\varphi^{\ominus}_{S_2Cl_2/S}$ 的值1.230V。电池的总反应如式（6.8）所示，则电池的标准电动势为4.270V。锂氯化亚砜电池的开路电压一般为3.7V，标称电压为3.6V。

电池以不同的倍率放电时，锂氯化亚砜电池的工作电压平台在3.00～3.55V之间，某型锂氯化亚砜电池在不同倍率下的放电曲线如图6.10所示。

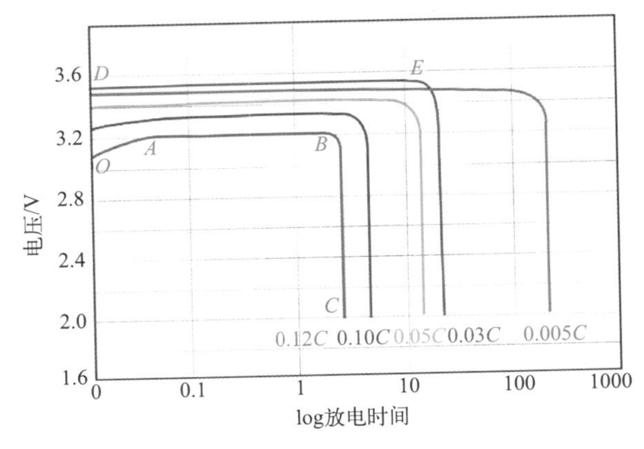

图 6.10 某型锂氯化亚砜电池的放电曲线

锂氯化亚砜电池在储存过程中，电解液中的支持电解质四氯铝酸锂与金属锂会发生化学反应，生成固体氯化锂薄膜覆盖在锂电极表面。氯化锂导电性较差，Li^+在氯化锂薄膜中的迁移速率较小，会阻碍电池的放电反应。所以电池以高倍率放电时开始电压低于放电平台，这种现象被称为电压滞后（图6.10）。当以较高倍率放电时，欧姆超电势

很大。随着反应进行，Li^+逐渐脱出氯化锂薄膜，导致薄膜逐渐破裂，欧姆超电势逐渐变小，放电电压逐渐上升（*OA*段）。氯化锂薄膜消失后，金属锂和氯化亚砜的反应稳定进行，电压较为平稳（*AB*段）。放电末期，正极活性材料表面堆积了单质硫和固体氯化锂，欧姆超电势增大，同时氯化亚砜向电极扩散越来越困难，浓差超电势也变大，电压开始显著下降（*BC*段）。当以较低倍率放电时，氯化锂薄膜中锂离子的迁移速率能够满足要求，产生的欧姆超电势很小，几乎不产生电压滞后现象，放电过程的电压非常稳定（*DE*段）。

氯化亚砜的凝固点低（−110℃）、沸点高（78.8℃），使得电池能够在一个宽广的温度范围（−60 ~ 85℃）内工作。锂氯化亚砜电池在−40℃下容量仍能保持20℃下的60%，低温性能较好。由于锂金属会与氯化亚砜反应生成氯化锂，这层SEI膜随着电池存放时间延长而缓慢增厚，阻止锂与氯化亚砜的进一步反应，使得锂氯化亚砜电池不适合作为储备电池。

思维创新训练 6.1 锂氯化亚砜电池中，锂表面会生成电子绝缘但是锂离子可自由通过的氯化锂薄膜，这层氯化锂薄膜是否可以作为电池的隔膜？为什么？

思维创新训练 6.2 锂氯化亚砜电池在使用过程中可能会发生剧烈放热的“热失控”现象，起因是氯化锂堵塞了多孔碳电极的微孔。试分析发生热失控的具体过程。

（2）二氧化硫正极活性材料

锂二氧化硫（$Li\text{-}SO_2$）电池把负极活性材料锂片辊压在铜网集流体上，正极活性材料SO_2经过加压液化之后以液态注入电池中，正极集流体采用聚四氟乙烯（PTFE）和炭黑制成的多孔碳电极。电解液中用溴化锂（LiBr）作为支持电解质，采用碳酸丙烯酯和乙腈（acetonitrile，简写为AN）的混合物作为溶剂。隔膜采用多孔聚乙烯薄膜。外壳采用镀镍钢壳。锂二氧化硫电池的工作原理和基本结构如图6.11所示。

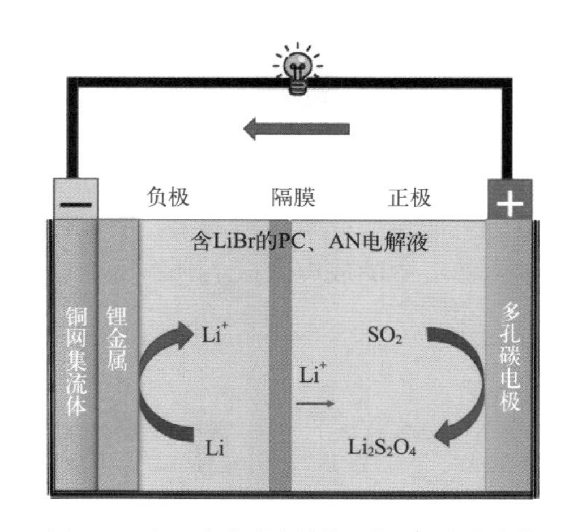

图6.11　锂二氧化硫电池的工作原理和基本结构示意图

锂二氧化硫电池放电时，2个二氧化硫分子得到2个电子［图6.12（b）］，这2个S^{4+}都被还原为S^{3+}，生成连二亚硫酸根$S_2O_4^{2-}$［式（6.10），图6.12（c）］。$S_2O_4^{2-}$与2个Li^+生成$Li_2S_2O_4$固体覆盖在正极表面［图6.12（d）］。随着放电持续进行，固体$Li_2S_2O_4$不断沉积在多孔碳电极表面［图6.12（e）］。

正极反应：

$$2(S^{4+})O_2 + 2e^- + 2Li^+ \longrightarrow (Li^+)_2(S^{3+})_2O_4 \tag{6.10}$$

电池反应：

$$2(S^{4+})O_2 + 2Li \longrightarrow (Li^+)_2(S^{3+})_2O_4 \tag{6.11}$$

正极反应的电极电势为：

$$\varphi_{SO_2/Li_2S_2O_4} = \varphi^{\ominus}_{SO_2/Li_2S_2O_4} + \frac{RT}{nF}\ln\frac{a^2_{SO_2}}{a_{Li_2S_2O_4}} \tag{6.12}$$

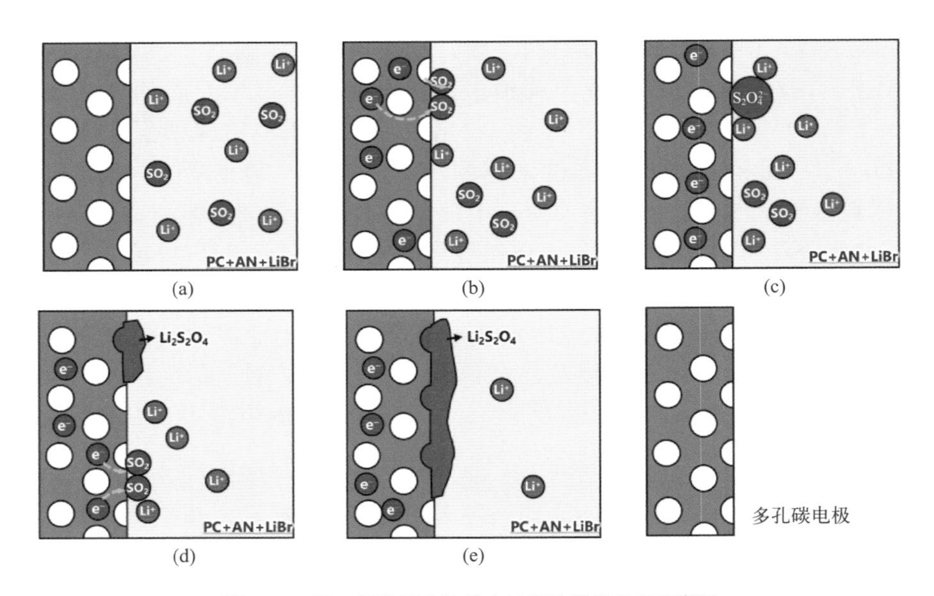

图 6.12 锂二氧化硫电池放电过程的正极反应示意图

（a）放电前；（b）2个二氧化硫分子在正极表面获得电子；（c）生成$S_2O_4^{2-}$；

（d）$S_2O_4^{2-}$和Li^+结合生成固体$Li_2S_2O_4$；（e）$Li_2S_2O_4$沉积在多孔碳电极表面及微孔中

式中，$\varphi^{\ominus}_{SO_2/Li_2S_2O_4}$ 取 $\varphi^{\ominus}_{H_2SO_3/HS_2O_4^-}$ 的值−0.056V（vs. SHE）。锂二氧化硫电池的总反应如式(6.11）所示，电池的标准电动势为2.984V。锂二氧化硫电池的开路电压一般为3.0V，标称电压为2.8V。

锂二氧化硫电池的放电曲线如图6.13所示。由于电池在储存过程中二氧化硫与金属锂会自发反应生成连二亚硫酸锂薄膜，所以锂二氧化硫电池放电时也存在电压滞后现象。锂二氧化硫电池放电曲线中的放电电压上升、平稳放电和电压下降的原因，可参考锂氯化亚砜电池的放电过程。

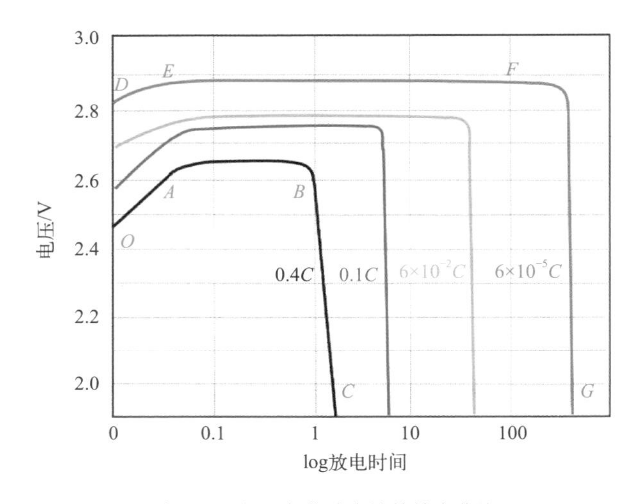

图 6.13 锂二氧化硫电池的放电曲线

锂二氧化硫电池工作温度范围为−60 ～ 70℃，在−40℃时仍能输出其室温容量的80%左右，显示了良好的低温放电特性。锂二氧化硫电池储存寿命长，可以在20℃下每年容量下降不超过2%。由于具有低温放电性能好、储存寿命长的特性，锂二氧化硫电池多在水雷引信电源、航天器、水下航行器动力源等军事和航天工业领域内应用。

思维创新训练 6.3 二氧化硫的熔点 -75.5℃，沸点 -10.08℃，在常温时呈气态。为什么常温下锂二氧化硫电池不会爆炸?

思维创新训练 6.4 锂二氧化硫电池中二氧化硫作为正极材料进行放电，而锂氯化亚砜电池正极反应生成二氧化硫，二氧化硫能继续作为正极活性材料放电吗?

（3）硫正极活性材料

锂硫（Li-S）电池的正极活性材料是单质硫，储量丰富、价格低廉，材料理论容量密度和电池理论能量密度分别达到1675A·h·kg^{-1}和2600W·h·kg^{-1}，比锂离子电池高近一个数量级。

锂硫电池的负极将锂金属辊压在铜网集流体上制成。单质硫一般通过两种支撑材料担载，一种是碳材料，另一种是金属化合物。将硫粉用支撑材料担载后与导电剂混合制成浆料，涂覆在集流体铝箔上辊压成正极。将六氟磷酸锂（$LiPF_6$）溶解于有机溶剂（二甲亚砜、1,3-二氧五环等）中制成电解液。隔膜采用聚乙烯膜。锂硫电池的工作原理和基本结构如图6.14所示。

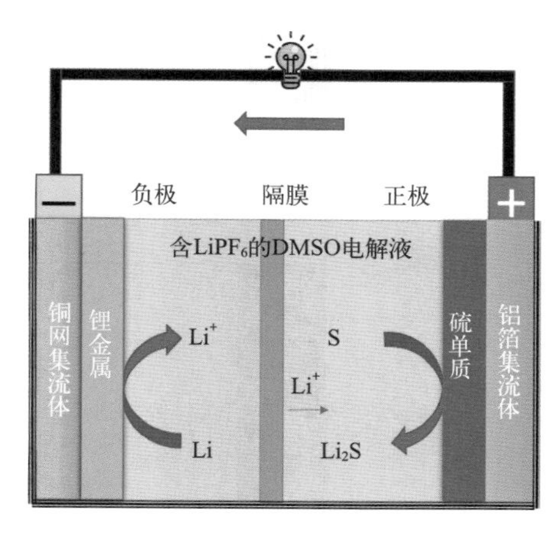

图 6.14　锂硫电池的工作原理和基本结构示意图

锂硫电池放电时发生的反应如式（6.13）所示，但正极活性材料硫从单质S_8到S^{2-}的还原是多步反应［式（6.14）～式（6.16）］。整个还原过程如图6.15所示，电池电压变化如图6.16所示。

$$S_8^0+2e^- \longrightarrow S_8^{2-} \tag{6.13}$$

$$S_8^0+2e^- \longrightarrow S_{8-n}^{2-}+S_n^{2-}(n=3,4,5,6,7) \tag{6.14}$$

$$2n(Li^+)+(2n-4)e^-+2S_n^{2-} \longrightarrow n(Li^+)_2(S_2^{2-})(n=3,4,5,6,7) \tag{6.15}$$

$$(Li^+)_2(S_2^{2-})+2(Li^+)+2e^- \longrightarrow 2(Li^+)_2(S^{2-}) \tag{6.16}$$

正极反应：

$$16(Li^+)+(S_8^0)+16e^- \longrightarrow 8(Li^+)_2(S^{2-}) \tag{6.17}$$

电池反应：

$$16(Li^0)+(S_8^0) \longrightarrow 8(Li^+)_2(S^{2-}) \tag{6.18}$$

锂硫电池放电过程中正极硫的变化可分为四个阶段，过程中的关键物质为S_8、S_8^{2-}、S_6^{2-}、S_4^{2-}和S^{2-}，S_6^{2-}和S_4^{2-}是主要的中间体，S_4^{2-}是决定整个正极硫还原反应动力学的关键中间体。

第一阶段：固液转化。放电开始时单质硫（S_8）得到两个电子［图6.15（a)］，S_8中的2个硫原子被还原为S^-，生成可溶于电解液的S_8^{2-}［(图6.15（b），式（6.13)］。这个过程中电池电压将出现比较明显的下降（图6.16中*AB*段)。

第二阶段：液液转化。S_8^{2-}在电极/电解液界面处又获得电子［图6.15（c)］转变为一系列溶于电解液的S_n^{2-}［n=3, 4, 5, 6, 7，式（6.14)］和S_2^{2-}，但主要生成可溶的S_6^{2-}［离子中有2个S^-，图6.15（d)］，这个过程将出现一个约2.4V的放电电压平台（图6.16中*BC*段)。生

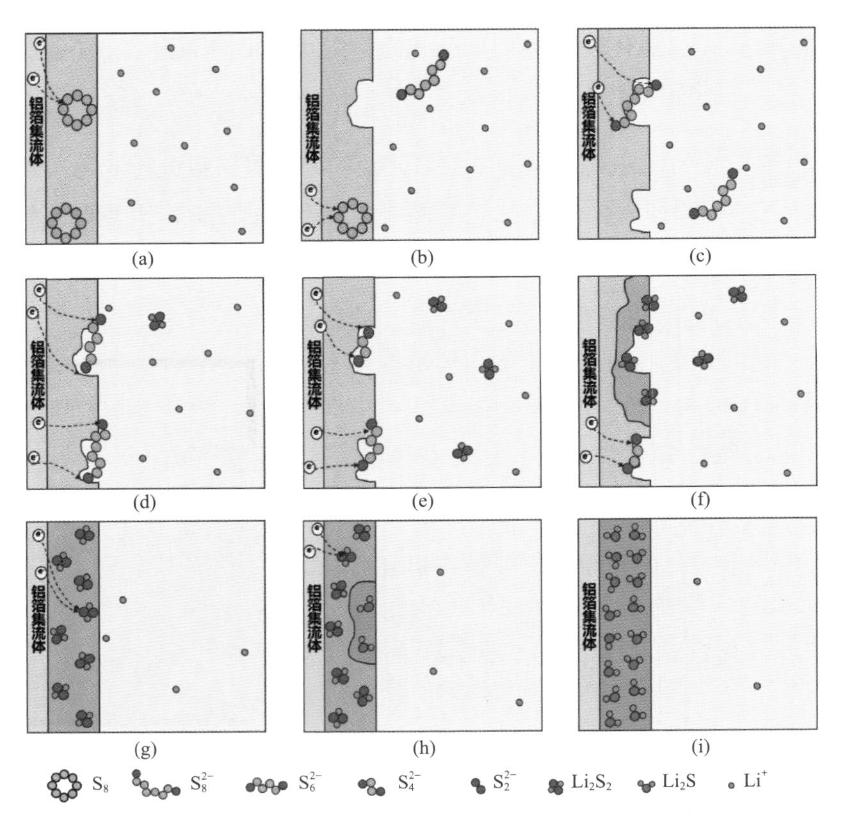

图 6.15 锂硫电池放电过程中正极反应示意图

（a）放电开始，S_8得到2个电子；（b）生成可溶于电解液的S_8^{2-}；（c）S_8^{2-}在电极表面获得电子；（d）生成可溶于电解液的S_6^{2-}和不溶的Li_2S_2，S_6^{2-}在电极表面获得电子；（e）生成可溶于电解液的S_4^{2-}，S_4^{2-}在电极表面获得电子；（f）生成大量S_2^{2-}，Li_2S_2沉积在电极表面；（g）单质S_8已全部被还原为Li_2S_2；（h）Li_2S_2被还原为Li_2S；（i）Li_2S_2全部被还原为Li_2S

成的S_2^{2-}会结合2个Li^+生成不溶于电解液的Li_2S_2，因此电解液呈现浑浊状态。S_6^{2-}在电极/电解液界面处获得2个电子转变为可溶于电解液的S_4^{2-}和S_2^{2-}［图6.15（e）］，这个过程又出现了明显的放电电压下降（图6.16中*CD*段）。由于前面的各步反应都伴随着生成S_2^{2-}，因此随着放电进行，电解液中S_2^{2-}越来越多，其中一部分会与Li^+生成Li_2S_2。

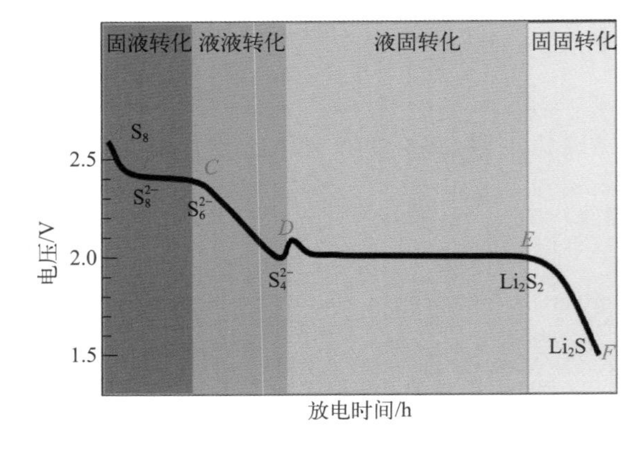

图 6.16 锂硫电池放电曲线

第三阶段：液固转化。S_4^{2-}在电极/电解液界面处获得2个电子生成2个S_2^{2-}，这个过程将有大量的Li_2S_2生成［图6.15（f）］，出现一个约为2.1V的放电电压平台（图6.16中*DE*段）。放电平台开始处有一个电压的突增又很快下降，这是因为反应由液相向固相转化，反应相较于液相反应困难，同时要克服的欧姆超电势增大，造成电压有一小段急剧下降。

第四阶段：固固转化。当电解液中的S_2^{2-}全部被沉积为Li_2S_2后［图6.15（g），图6.16中*E*点］，将开始进行固相反应。电子将S^-还原为S^{2-}，同时Li^+插入晶格将Li_2S_2转化为Li_2S［式

(6.16)，图6.15（h）]，直至所有Li_2S_2被还原为Li_2S［图6.15(i)］。这步反应中放电电压将持续下降（图6.16中*EF*段）。

正极反应的电极电势为：

$$\varphi_{S_8/Li_2S}=\varphi^{\ominus}_{S_8/Li_2S}+\frac{RT}{nF}\ln\frac{a_{S_8}a^{16}_{Li^+}}{a^{8}_{Li_2S}} \tag{6.19}$$

式中，$\varphi^{\ominus}_{S_8/Li_2S}$取$\varphi^{\ominus}_{S_8/S^{2-}}$的值−0.476V（vs. SHE）。锂硫电池的标准电动势是2.564V。

锂硫电池的充电过程基本是放电的逆过程，此处不再详细阐述，请参考图6.17。充电过程的电压变化如图6.18所示。

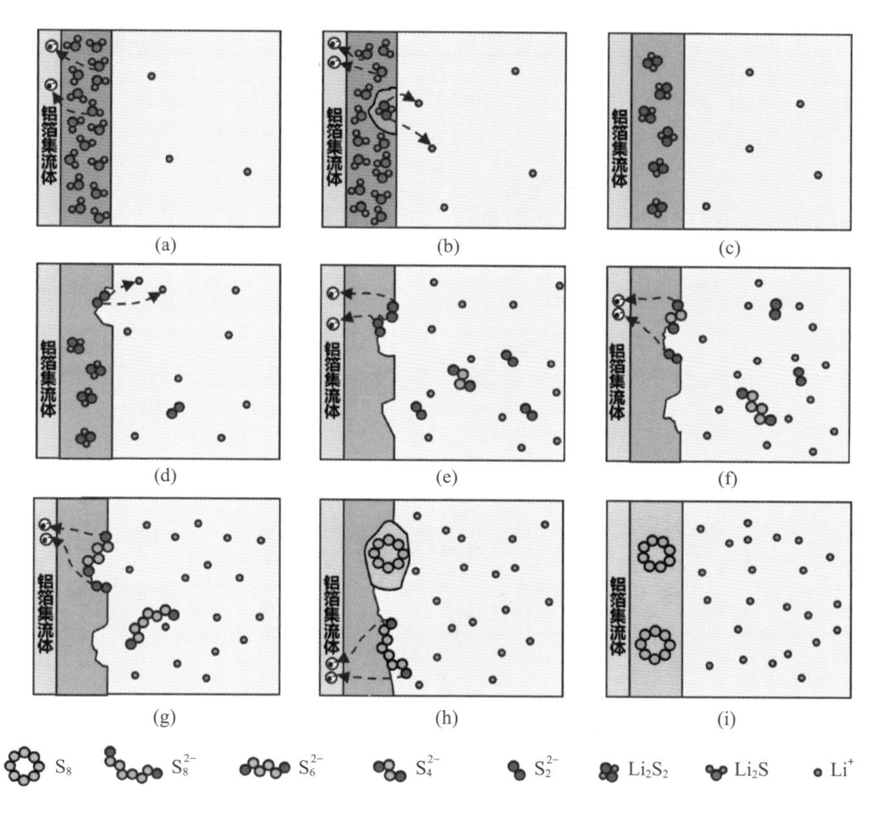

图6.17　锂硫电池充电过程的正极反应示意图

(a)Li_2S中的S^{2-}失去电子被还原为S^-；(b)Li^+从Li_2S中脱出生成Li_2S_2；(c)Li_2S全部转变成Li_2S_2；(d)Li^+从Li_2S_2脱出，S_2^{2-}溶解到电解液中；(e) 2个S_2^{2-}在电极/电解液界面失去2个电子生成S_4^{2-}；(f) S_4^{2-}与S_2^{2-}在电极/电解液界面失去2个电子生成S_6^{2-}；(g) S_6^{2-}与S_2^{2-}在电极/电解液界面失去2个电子生成S_8^{2-}；(h) S_8^{2-}在电极/电解液界面失去2个电子生成单质S_8；(i) 完全被还原为S_8

思维拓展训练6.1　试按照图6.17和图6.18详细阐述锂硫电池充电时正极活性材料的变化过程。

在充电和放电过程中，锂硫电池的正极活性材料均经历了固-液-固的相态变化。这种复杂的相态变化，给锂硫电池维持良好的导电性、结构稳定性和容量保持率等带来了很大的难题。

单质硫在常温下的电导率极低（5.0×10^{-30}S·cm^{-1}），其放电产物Li_2S和Li_2S_2也是电子绝缘体，因此电极活性材料本身引起的电池内阻就很大。此外，放电过程中形成的Li_2S和Li_2S_2会

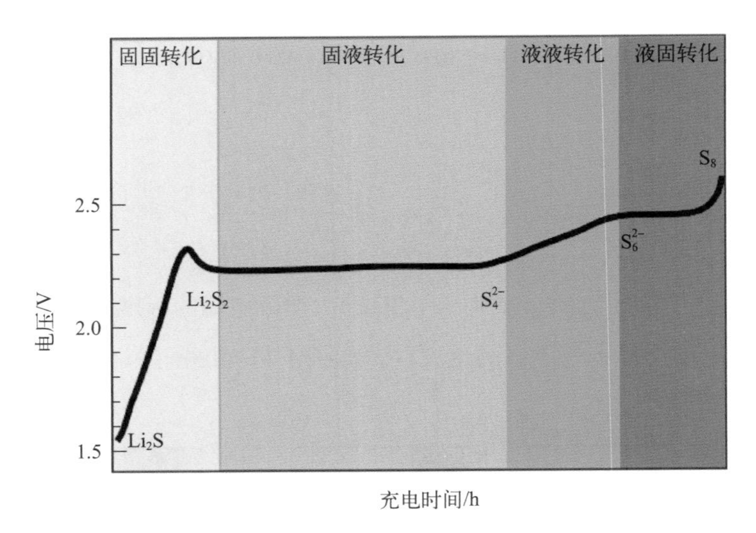

图 6.18　锂硫电池的充电曲线

在硫的表面阻碍电子传递，影响硫的还原反应。放电过程中生成的S_8^{2-}、S_6^{2-}、S_4^{2-}等离子溶解后增大了电解液的黏度，增大了电解液中的离子电荷传递阻力。

S_8、Li_2S_2和Li_2S的密度分别为2.07g · cm^{-3}、1.71g · cm^{-3}和1.66g · cm^{-3}，因此放电过程中S_8向Li_2S的转变过程中会比原体积膨胀约80%。在多次的充放电过程中，正极活性材料密度变化引起的收缩-膨胀行为会引起与支撑材料的结合力变弱甚至脱落，造成电池容量的不可逆衰减。

思维创新训练 6.5 锂硫电池的正极活性材料在充放电过程中的收缩－膨胀行为和前面学过的哪种电池正极的充放电行为相似？试比较异同点。

放电过程中正极处硫被还原生成的S_n^{2-}（$3 \leqslant n \leqslant 8$）可以穿过隔膜移动至负极，$S_6^{2-}$和$S_8^{2-}$等离子接触到负极锂可被还原为$S_4^{2-}$、$Li_2S_2$或$Li_2S$，造成锂的自放电，引起电池容量和库仑效率的降低。

思维拓展训练 6.2 锂硫电池可用的正极支撑材料都有哪些？

思维创新训练 6.6 锂硫电池中硫单质作为正极材料进行放电，而锂氯化亚砜电池正极反应生成硫单质，生成的硫能继续作为正极活性材料放电吗？为什么？

6.2.2.3　卤素正极材料电化学

（1）氟化碳正极活性材料

锂氟化碳（Li-CF_x）电池的正极活性材料是固态的氟化碳（CF_x，$0.5 \leqslant x \leqslant 1.3$）。将氟化碳和石墨、乙炔黑和黏结剂等混合成膏状涂于铝箔集流体上制得正极片。电解液通常为含四氟硼酸锂（$LiBF_4$）的碳酸丙烯酯。隔膜采用聚丙烯膜。锂氟化碳电池的工作原理和基本结构如图6.19所示。

CF_x是碳材料（焦炭、石墨、碳纤维等）与氟气或含氟气体在特定压力和温度下反应生成的一种氟插层碳化物，x表示氟原子与碳原子的比值。氟碳比为1 ∶ 1时，氟含量可达62%（分子式为$CF_{1.0}$），此时氟化碳能量密度最高，理论能量密度为2160W·h·kg^{-1}，实际能量密度可达480W·h·kg^{-1}。

正极活性材料氟化碳中的F是0价，在锂氟化碳电池放电过程中被还原为−1价［式（6.20）］。放电时，氟化碳中的F^0得到电子被还原为F^-［图6.20（b）］，锂离子插入氟化碳颗粒平衡氟离子的负电荷［图6.20（c）］，反应进行，氟化碳中的F^0持续被还原，锂离子持续插入晶粒［图6.20（d）］。反应过程中可能有氟离子脱出引起氟化锂沉淀在氟化碳晶粒表面［图6.20（e）］。

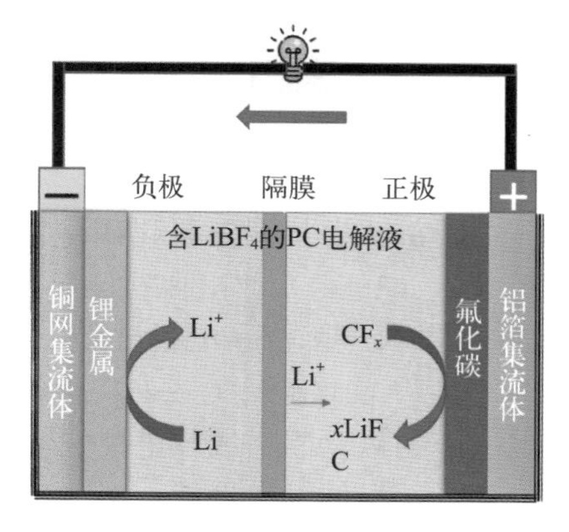

图6.19 锂氟化碳电池的工作原理和基本结构示意图

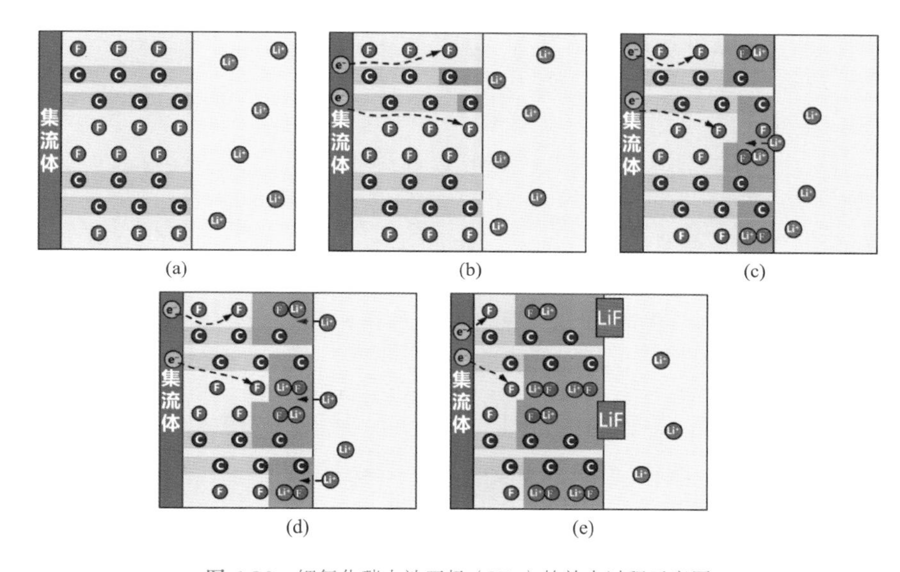

图6.20 锂氟化碳电池正极（$CF_{1.0}$）的放电过程示意图

（a）放电前；（b）氟原子获得电子；（c）F^0被还原为F^-，Li^+插入平衡电荷；（d）反应持续进行；（e）有氟离子脱出引起氟化锂沉淀氟化碳晶粒表面

正极反应：

$$(C^0F_x^0)+xLi^++xe^- \longrightarrow (C^0)+x(Li^+)(F^-) \tag{6.20}$$

电池反应：

$$(C^0F_x^0)+x(Li^0) \longrightarrow (C^0)+x(Li^+)(F^-) \tag{6.21}$$

由式（6.20）得正极反应的电极电势为：

$$\varphi_{CF_x/LiF}=\varphi^{\ominus}_{CF_x/LiF}+\frac{RT}{nF}\ln\frac{a_{CF_x}a^x_{Li^+}}{a^x_{LiF}a_C} \tag{6.22}$$

式中，$\varphi^{\ominus}_{CF_x/LiF}$取$\varphi^{\ominus}_{F_2/F^-}$的值2.866V（vs. SHE）。锂氟化碳电池的标准电动势为5.906V，开路电压一般在4.5V，标称电压是3.0V。

思维创新训练 6.7 锂氟化碳电池的标准电动势接近6V，为什么标称电压却只有3V？试着分析原因。

图6.21为某型锂氟化碳电池在20℃下的恒电阻（300Ω）放电曲线。氟化碳中大量的C—F共价键降低了电极材料的导电性。放电开始后，氟化碳中C—F共价键断裂，导电性能差的氟化碳生成导电性能较好的碳材料，提高了正极的导电性能，电池内阻有所降低，所以锂氟化碳电池的放电电压经历一段升高的过程（*OA*段）。放电过程中导电性能差的氟化碳逐渐转变为导电性好的碳，增加了电池的电导率，提高了放电电压的平稳性和电池的放电效率，电压平台基本保持平稳（*AB*段）。放电末期，放电产物氟化锂会在正极材料表面不断沉积，引起欧姆超电势增大，还导致锂离子向氟化碳颗粒内部扩散困难，电池电压开始显著下降（*BC*段）。

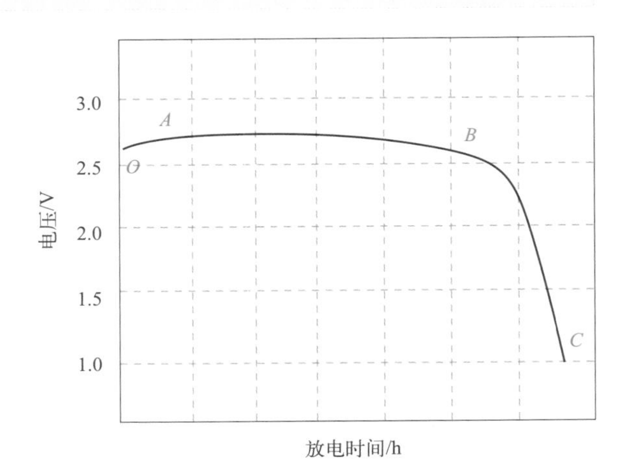

图 6.21　锂氟化碳电池的放电曲线

锂氟化碳电池的能量密度高、工作温度范围宽（−40 ～ 80℃）、自放电率低（储存期间<3%）、储存寿命长（10年以上），适合低温要求较高的应用，如航天和军事领域。但是氟化碳的电子导电性较差，所以电池内阻较大，导致初始放电电压延迟、高倍率放电性能差、放电时电池发热等问题，实际应用中以中低倍率放电为主。

思维创新训练 6.8 我国设计的“天问一号”火星探测器的进入舱上使用了锂氟化碳电池作为主电源，试着分析不使用其他电池作为主电源的原因。

（2）碘正极活性材料

锂碘（Li-I_2）电池是一种全固态电池，由于其生物相容性好、体积小、重量轻而作为心脏起搏器电源被广泛使用。锂碘电池中金属锂作为负极活性材料，聚乙烯吡咯烷酮碘［I_2（PVP）］作为正极活性材料。新制造的电池中不需要放置隔膜，金属锂和碘单质生成的碘化锂（LiI）固态电解质作为隔膜。锂碘电池的工作原理和基本结构如图6.22所示。

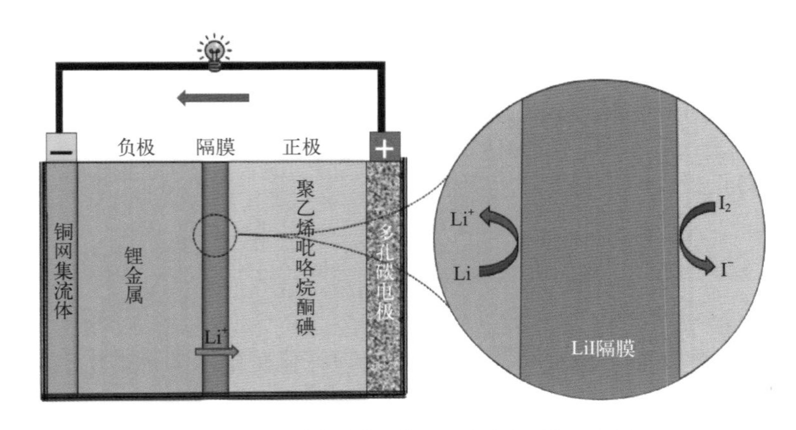

图 6.22　锂碘电池的工作原理和基本结构示意图

在新电池被制造出来后，正极活性材料聚乙烯吡咯烷酮碘与负极金属锂接触［图6.23（a)］。由于金属锂十分活泼，会向碘单质释放电子［图6.23（b)］，碘单质得到电子被还原为碘离子［图6.23（c)］，锂离子和碘离子结合生成锂化碘固态电解质［图6.23（d)］，起到隔膜的作用。反应方程见式（6.23）和式（6.24）。

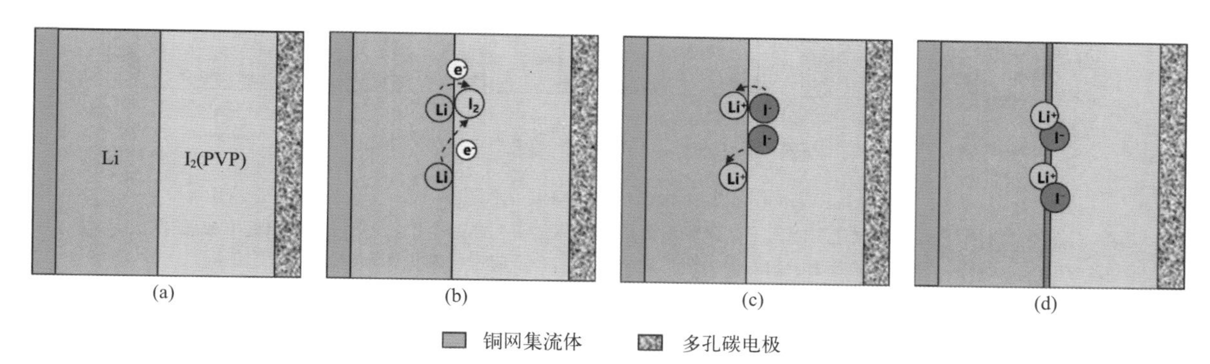

图6.23　锂碘电池中生成锂化碘固态电解质的示意图

（a）新装配的电池；（b）金属锂向碘单质释放电子；（c）碘单质得到电子生成碘离子；（d）锂离子和碘离子结合生成碘化锂

正极反应：

$$2Li^+ + n(I^0)_2(PVP) + 2e^- \longrightarrow (n-1)(I^0)_2\,(PVP) + 2Li^+(I^-) \tag{6.23}$$

电池反应：

$$n(I^0)_2(PVP) + 2Li \longrightarrow (n-1)(I^0)_2\,(PVP) + 2(Li^+)(I^-) \tag{6.24}$$

正极反应的电极电势为：

$$\varphi_{I_2\,(PVP)/I^-} = \varphi^{\ominus}_{I_2\,(PVP)/I^-} + \frac{RT}{nF}\ln\frac{a^n_{I_2(PVP)}}{a^2_{I^-}a^{n-1}_{I_2(PVP)}} \tag{6.25}$$

式中，$\varphi^{\ominus}_{I_2(PVP)/I^-}$取$\varphi^{\ominus}_{I_2/I^-}$的值0.536V（vs. SHE）。锂碘电池的标准电动势为3.576V，标称电压为2.8V。

电池放电时，活性材料的变化先在碘化锂固态电解质两侧进行，金属锂在锂/碘化锂界面处失去电子被氧化［图6.24（a)］，与扩散过来的碘离子结合生成碘化锂，同时锂离子也向正极侧扩散；负极失去的电子通过外电路被传递至正极，碘单质得到电子被还原为碘离子，碘离子与扩散过来的锂离子结合同样生成碘化锂，同时碘离子也向负极侧扩散［图6.24（b)］。随着反应进行碘化锂隔膜变厚［图6.24（c)］。

锂碘电池能量密度高、性能稳定、自放电率很低，储存时间可达十年以上。由于是全固态电池，因此没有电解液泄漏的风险，适用于对安全性能要求高的场景，如作为心脏起搏器的电源。锂碘电池在放电过程中内阻逐渐增大，不适合用于高倍率放电的场合。

图6.25为锂碘电池的恒电阻放电曲线。可以看出锂碘电池的稳定放电时间达数年至十数年（*OA*段）。仅在电池寿命快到期时，由于碘化锂隔膜厚度太大，锂离子和碘离子的扩散极其困难，导致放电电压快速下降（*AB*段）。

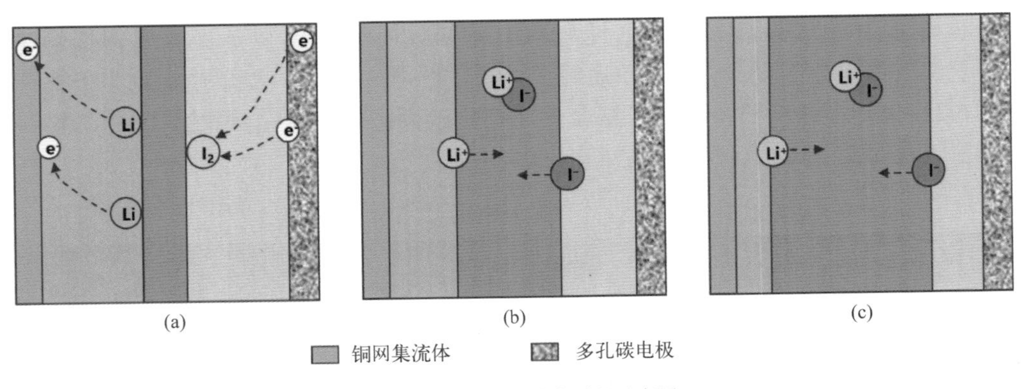

图 6.24　锂碘电池放电过程示意图

（a）金属锂失去电子被氧化为锂离子，碘单质被还原为碘离子，在两个电极/电解质界面处生成碘化锂；（b）锂离子和碘离子向对面电极扩散；（c）随着反应进行碘化锂隔膜的厚度增加

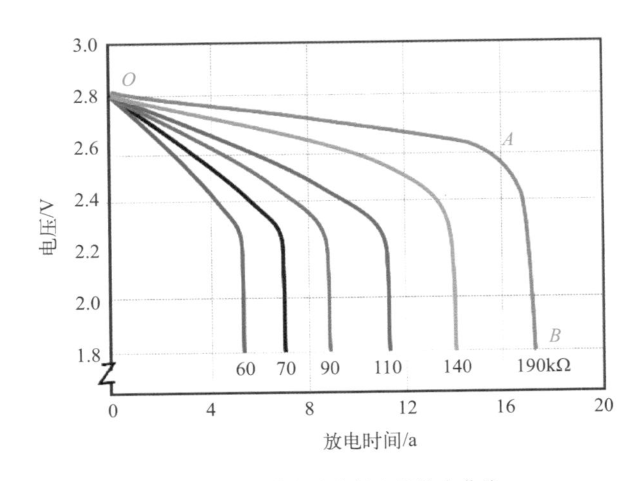

图 6.25　锂碘电池的恒电阻放电曲线

思维创新训练 6.9 锂碘电池与液态锂电池相比，优点和缺点各是什么？

思维创新训练 6.10 为什么锂碘电池的自放电率很低？

6.2.3　电解液和固态电解质

锂金属电池由于使用了多种正极活性材料，因此使用的导电材料也分为了很多种，如锂二氧化锰、锂氯化亚砜、锂二氧化硫、锂氟化碳和锂硫电池等采用的液态电解液，锂碘电池使用的固态电解质（详见第7章锂离子电池中的7.6.1节），还有锂二硫化亚铁热电池使用的熔融盐电解质（详见第13章热电池中的13.3节）。

液态电解液包括有机电解液、无机非水电解液。

6.2.3.1　有机电解液

锂金属电池的有机电解液主要由有机溶剂和支持电解质组成。

有机溶剂不能与金属锂或正极活性材料发生反应。由于电解液是通过离子定向移动导电的，因此有机溶剂要具有较高的介电常数，以尽可能多地溶解支持电解质，要具有较低的黏度以减少离子运动的阻力。另外，有机溶剂的熔点要尽可能低，沸点尽可能高，以使锂电池的工作温度范围较宽。锂电池常用的有机溶剂有碳酸酯和醚两类，它们的介电常数和黏度如表6.2所示。

表6.2 锂电池常用有机溶剂的介电常数和黏度

溶剂	结构式	介电常数 /F·m^{-1}	黏度 /mPa·s	溶剂	结构式	介电常数 /F·m^{-1}	黏度 /mPa·s
碳酸乙烯酯 (EC)		89.1（40℃）	1.9（40℃）	乙腈 (AN)	$H_3C-\equiv N$	37.5（25℃）	0.93（20℃）
碳酸丙烯酯 (PC)		64.4（25℃）	2.54（25℃）	二甲基甲酰胺 (DMF)		36.71（25℃）	0.802（25℃）
二甲亚砜 (DMSO)	$H_3C-S(=O)-CH_3$	46.4（25℃）	1.10（27℃）	甲酸甲酯 (MF)	$HC(=O)-OCH_3$	8.5（40℃）	
γ-丁内酯 (γ-BL)		39.1（25℃）	1.73（25℃）	四氢呋喃 (THF)		7.1（25℃）	0.53（20℃）

碳酸乙烯酯（ethylene carbonate，简写为EC）、碳酸丙烯酯和碳酸二甲酯（dimethyl carbonate，简写为DMC）等碳酸酯类溶剂具有介电常数较高、抗氧化能力强的特点。亲电的碳酸酯类溶剂会跟亲核的多硫化锂发生亲核加成反应生成乙二醇和硫代碳酸酯，因此碳酸酯类溶剂一般不用于锂硫电池。

醚类溶剂的抗氧化能力较差，一般不用于高电压锂电池。但是醚类溶剂具有较强的抗还原能力，并且不容易与多硫化锂、超氧化物等反应，因此在锂金属电池中被经常采用。常用的醚类溶剂有DME、四乙二醇二甲醚(tetraethylene glycol dimethyl ether，简写为TEGDME)等。

有机电解液中的支持电解质是锂盐，常见的锂盐有$LiClO_4$、$LiBF_4$、$LiAlCl_3$、LiBr、LiI等。还有一类基于酰亚胺结构的锂盐，如双（三氟甲磺酰）亚胺锂［lithium bis (trifluoromethyl sulfonyl) imide，简写为LiTFSI］和双氟磺酰亚胺锂（lithium difluorosulfonimide，简写为LiFSI）。

6.2.3.2 无机电解液

无机非水电解液由非水无机溶剂和无机电解质组成。

非水无机溶剂一般应具有黏度低、电化学窗口宽、工作温度范围大、反应活性低等特点。无机溶剂主要是卤氧化物，如$SOCl_2$、SO_2Cl_2、$POCl_3$等，这几种无机溶剂既是溶剂又可作为锂电池的正极材料。这些无机溶剂电导率处于$10^{-9}\sim10^{-8}$ S·cm^{-1}，加入无机锂盐后电导率会显著提高，如在$SOCl_2$中加入1.0mol·L^{-1}的$LiAlCl_4$，电导率可达到1.46 S·cm^{-1}。

能应用于锂金属电池无机溶剂的锂盐非常少，$LiAlX_4$（X代表卤素）是常用的锂盐，在非水无机溶剂中溶解度较高。

6.3 锂电池的主要性能

（1）电压

由于锂金属电池均使用锂金属负极，所以正极活性材料的电极电势决定了电池的电压。使用不同正极活性材料的锂电池的工作电压差别较大。表6.3为常见锂电池的工作电压。

表 6.3 常见锂电池的电压

电池	开路电压 /V	工作电压 /V	电池	开路电压 /V	工作电压 /V
锂二氧化锰	3.2	3.0	锂硫	2.9	2.4、2.1
锂氯化亚砜	3.7	3.6	锂氟化碳	4.5	3.0
锂二氧化硫	3.0	2.8	锂碘	2.9	2.8

（2）能量密度

常见的化学电源中，锂氯化亚砜电池的能量密度是最高的，其能量密度是铅酸蓄电池的8倍、镍氢电池的3倍、锌氧化银电池的2倍。表6.4列出了常见锂电池的理论能量密度和实际能量密度。

表 6.4 常见锂电池的能量密度

电池	理论能量密度 /W·h·kg^{-1}	实际能量密度 /W·h·kg^{-1}	电池	理论能量密度 /W·h·kg^{-1}	实际能量密度 /W·h·kg^{-1}
锂二氧化锰	768	400	锂硫	2600	660
锂氯化亚砜	1460	650	锂氟化碳	3280	480
锂二氧化硫	1114	330	锂碘	1900W·h·L^{-1}	650W·h·L^{-1}

（3）容量

锂电池的实际容量会受到放电电流、工作温度、截止电压等因素的影响，如表6.5所示。实际容量一般会低于厂家给出的标称容量。其他条件相同，较低放电电流或较高工作温度会增加实际容量。

表 6.5 3种锂金属电池的容量性能（截止电压均为 2.0V）

电池	电池型号	标称容量 /A·h（放电电流，工作温度）	实际容量 /A·h（放电电流，工作温度）
锂二氧化锰	M19	10.3（150mA, 20℃）	10.1（100mA, −15℃）
			9.8（500mA, −15℃）
锂氯化亚砜	LS 17500	3.6（3mA, 20℃）	1.8（10mA, −40℃）
			3.2（10mA, 40℃）
锂二氧化硫	G062	0.95(80mA, 20℃)	0.5(200mA, 0℃)
			0.8(200mA, 20℃)

（4）工作温度

不同种类的锂金属电池有不同的最佳使用温度，过高或过低的温度都会对电池的放电容量产生影响，常见锂电池的工作温度范围如表6.6所示。锂二氧化硫电池在−40℃时仍能输出其室温容量的80%左右，是具有最佳低温放电性能的锂电池。

表 6.6 常见锂电池的工作温度范围

电池	工作温度 /℃	低温性能	高温性能	电池	工作温度 /℃	低温性能	高温性能
锂二氧化锰	−40 ～ 70	好	好	锂硫	−40 ～ 70	差	好
锂氯化亚砜	−60 ～ 85	好	好	锂氟化碳	−40 ～ 80	差	好
锂二氧化硫	−60 ～ 70	好	好	锂碘	20 ～ 40	差	差

6.4 锂电池的制造工艺

以卷绕式锂二氧化锰电池为例，制造工艺主要分为制备负极、制备正极、制备电芯和装配电池等四个主要步骤（图6.26）。

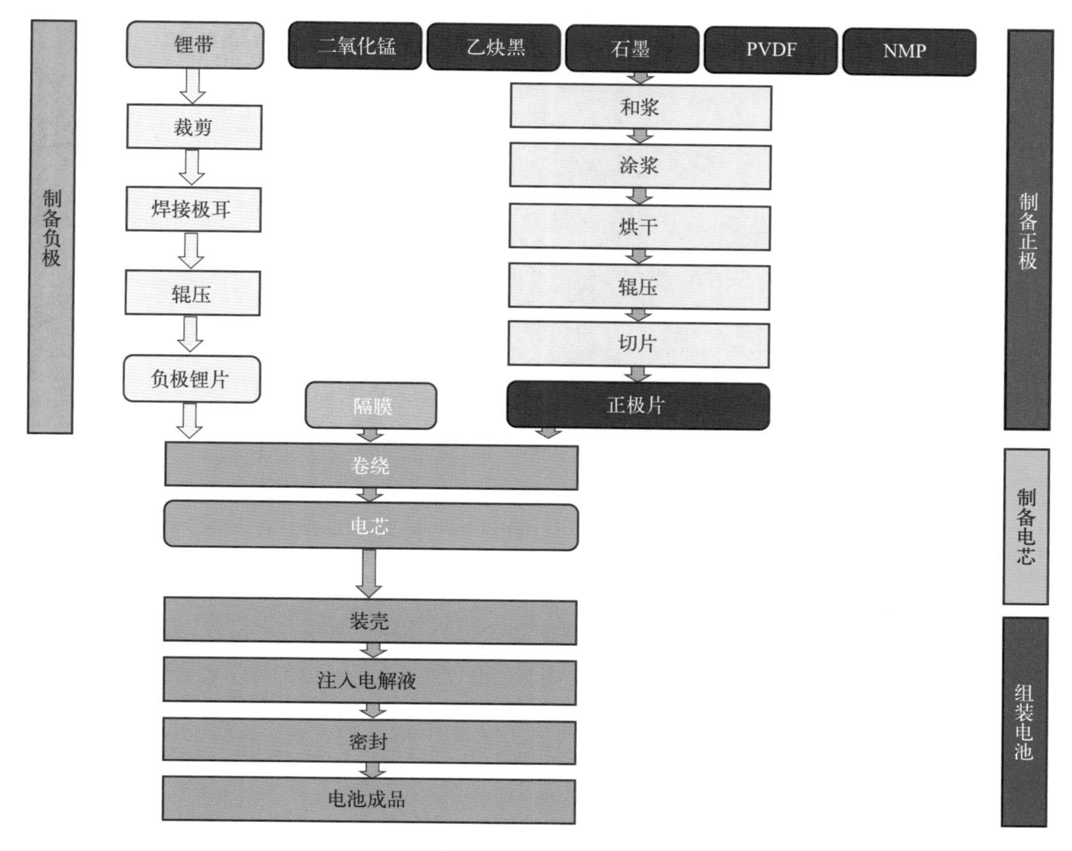

图 6.26　卷绕式锂二氧化锰电池的制造工艺流程图

制备负极：将锂带裁成符合要求的长度，再将极耳焊接在裁好的锂带上，接着将锂带辊压在铜网集流体上制成负极片。

制备正极：将二氧化锰、乙炔黑、石墨、PVDF和NMP等按比例混合均匀制成浆料，然后涂布到铝网集流体上，烘干后经过辊压、切片制成正极片。

制备电芯：将负极片和正极片用隔膜隔开后用卷绕机卷绕成电芯。

装配电池：将电芯插入钢壳，向电芯中注入电解液，将电池盖与钢壳焊接密封好，就装配成了锂金属电池。装配好的电池经过检测、包装等工序后即可交付用户使用。

思维创新训练 6.11　**无阳极锂电池**

目前锂金属电池中出现了一类新型电池——无阳极锂电池。试查询资料并结合所学过内容讨论无阳极锂电池的优缺点。

思维创新训练 6.12　查找一篇最新的锂金属电池的研究论文，分析论文中的创新点应用了哪些本章所述内容。

扫码获取
本章思维导图

第7章 锂离子电池

7.1 概述

7.1.1 锂离子电池的发展历史

锂离子电池是20世纪90年代开发成功的高能电池，是在锂金属二次电池基础上发展起来的电池。锂离子电池具有高能量密度、长循环寿命、低自放电率等优点，被广泛用作手机、笔记本电脑和电动车的电源。

1965年，德国化学家吕多夫（Walter Rüdorff）发现在一种层状结构的金属硫化物二硫化钛（TiS_2）中可以插入锂离子。美国纽约州立大学宾汉姆顿分校（Binghamton University）化学家惠廷汉姆经过研究证明了可以实现锂在TiS_2层间的电化学可逆储存，并采用TiS_2作为正极活性材料于1976年成功制得首块锂金属二次电池。但由于锂金属负极在多次充放电循环中容易生成锂枝晶，刺穿隔膜后引起短路甚至电池过热起火，这种安全风险使锂二次电池的发展陷入了困境。

借助惠廷汉姆的发现和思想，美国斯坦福大学化学家阿曼德等人发现K^+、Cs^+、TaS_2等离子和分子可以插入二硫化合物的层间结构中。他们还研究了Li^+插入石墨晶格中的过程，并指出碱金属插入石墨的混合材料能够获得较负的电势，可与正电势的正极材料组成电池。1977年，阿曼德为嵌锂石墨申请了专利。1980年，他首次提出了“摇椅电池”的构想，即用锂离子可以插入和脱出的石墨替代锂金属负极，以锂离子可以插入和脱出的插层化合物作为正极活性材料，通过锂离子在正极和负极间的移动来进行导电，制成了一种全新概念的二次电池。这种概念为锂电池的发展带来了新的生机，并且促进了各种使用新型正极材料和负极材料的锂离子电池的开发。

首先取得突破的是正极活性材料。1980年，时任英国牛津大学（University of Oxford）教授的古迪纳夫（John B. Goodenough）经过探索和研究，合成了能够可逆地插入和脱出Li^+的插层化合物$LiMO_2$(M=Ni、Co、Mn)，即镍酸锂、钴酸锂和锰酸锂，最先为构建摇椅式锂离子电池提供了实用化的正极活性材料。后来，古迪纳夫教授还开发了磷酸铁锂正极材料、固体锂电池等，被业界尊称为“锂离子电池之父”。

同一时期，正在日本旭化成（Asahi kasei）工作的吉野彰（Akira Yoshino）和小组成员试验了多种碳基材料，终于在1983年发现Li^+在石油焦炭层间可以反复插入和脱出。吉野彰采用石油焦炭作为负极活性材料，用钴酸锂作为正极活性材料，成功研发出世界上第一块锂离子电池。锂离子电池在充放电过程中可以有效避免生成锂枝晶，极大地提高了可充电锂电池的安全性。随后吉野彰以开发的锂离子电池与索尼公司合作，于1991年将锂离子电池成功商业化。钴酸锂正极活性材料中锂含量偏高，高电压下会有过量的锂离子脱出并迁移至负极生成枝晶，当时采用的电解液的主要成分碳酸酯的闪点和沸点较低，在温度较高的情况下会燃烧甚至爆炸，因此作为动力电池使用时安全性较低。

1996年，已就任美国得克萨斯大学奥斯汀分校（University of Texas at Austin）教授的古迪纳夫开发了另一种更加稳定安全的正极活性材料磷酸铁锂（$LiFePO_4$），但是其能量密度较低，通常为120～140W·h·kg^{-1}。2002年，加拿大达尔豪斯大学（Dalhousie University）教授达恩（Jeff Dahn）成功研制出世界上首个采用三元（镍钴锰）正极材料的锂离子电池，三元正极材料极大地提高了锂离子电池的能量密度，为200～250W·h·kg^{-1}。但是由于镍含量越高，材料的稳定性越差，安全性也就越差，因此三元正极材料安全性不高是其应用过程中的突出问题。然而，磷酸铁锂和三元锂电池各有所长、相互补充，适用于不同的应用场景，成为目前动力电池市场上应用最广的两种电池。

我国的锂电池产业起步较晚。1998年，由“中国锂电之父”陈立泉院士负责的国内首条18650电池生产线落成。在政策扶持和行业发展的推动下，我国锂电池产业开始后来居上。2004年，中国锂电行业开始崛起，随着力神、光宇、宁德时代、比克等大型电池厂的投产，这一年我国锂离子电池年产8亿只，占全球份额38%，仅次于日本。随着新能源电动车的兴起，中国锂电行业迎来爆发，宁德时代和比亚迪成为行业的领军企业，比亚迪的“刀片电池”和宁德时代的“麒麟电池”都是世界上技术最领先的动力电池。2022年，我国锂离子电池行业产量持续快速增长，产业规模不断扩大，行业总产值突破1.2万亿元，产能位居全球第一。

2017年，94岁高龄的古迪纳夫再度发力，带领团队研发出固态锂离子电池，完成1200次循环，又一次引发锂电行业的革命。2019年10月29日，诺贝尔化学奖授予古迪纳夫、惠廷汉姆和吉野彰，以表彰他们对锂离子电池的发展所做的贡献。如今，锂离子电池的应用场景早已变得多元，随着技术进步和产品迭代，锂离子电池已经渗透到多个领域，从通信、办公到出行。在发展过程中，锂离子电池也出现了更多新的形式，比如聚合物锂离子电池、全固态锂电池、锂硫电池等，未来锂离子电池将会为人类的能源事业做出更大贡献。锂离子电池的发展历史如图7.1所示。

7.1.2 锂离子电池的基本结构和工作原理

7.1.2.1 锂金属电池和锂离子电池的区别

锂电池可分为两类：锂金属电池（lithium battery或lithium cell）和锂离子电池（lithium-ion battery或Li-ion battery，简称为LIB）。锂金属电池和锂离子电池在工作原理上有所不同。

锂金属电池是以金属锂作为负极活性材料，正极活性材料可用氧化物、硫化物、卤化物甚至有机物。放电时锂被氧化生成锂离子，根据正极活性材料不同，锂离子可能会迁移至正极，也可能留在负极。

锂离子电池的负极活性材料多是可以插入锂离子的碳材料，正极活性材料多是层状的金属氧化物。充放电过程中锂离子必须在正极和负极间来回移动。

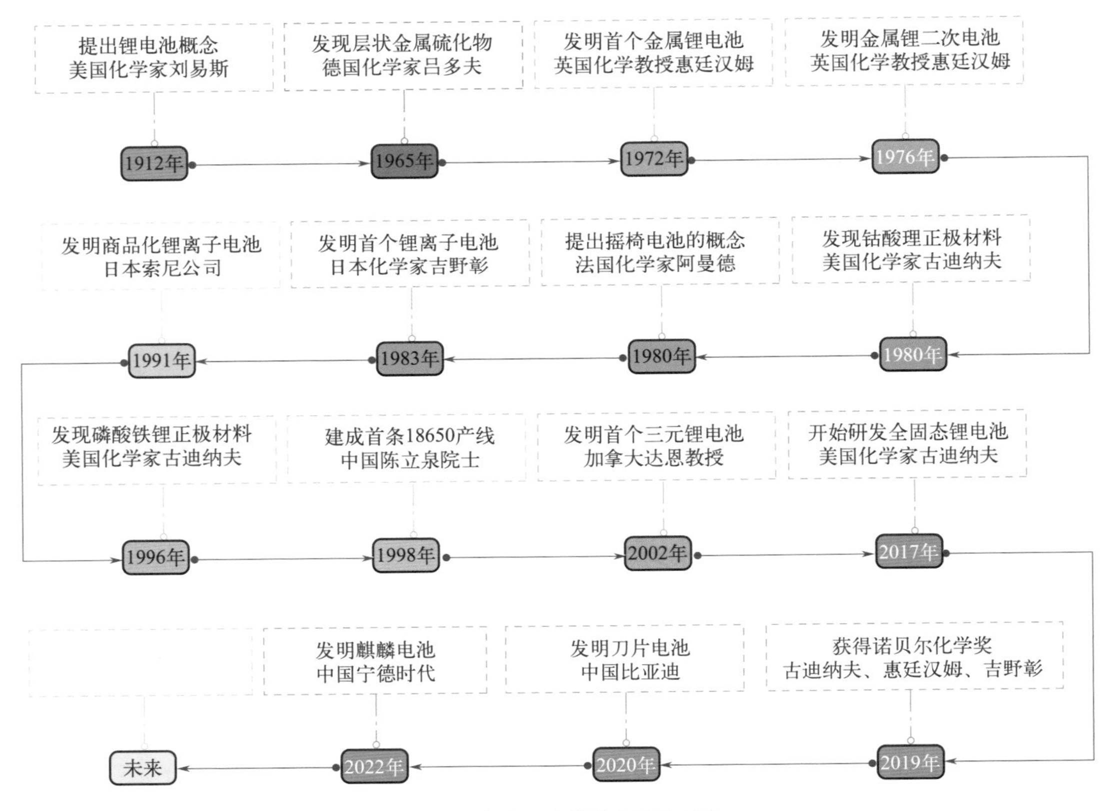

图 7.1　锂离子电池的发展历史图

7.1.2.2　锂离子电池工作原理

之所以被称为锂离子电池，是因为表面上看在充放电过程中锂离子在正极和负极间往复移动，实际上负极反应和锂金属电池的负极反应是一样的，都是锂原子和锂离子之间的氧化和还原。以石墨-钴酸锂（$LiCoO_2$）电池为例，充电时［图7.2（a）］正极活性材料的钴离子被氧化，电子通过外电路移动至负极；同时锂离子从正极脱出通过隔膜移动至负极，进入石墨层间被还原为锂原子。由于石墨层间的空间限域作用（confinement effect），锂离子或锂原子在石墨中只能以单层存在，这就防止了在充电过程中锂原子以金属块体的形式聚集或生长，从而有效避免锂金属电池负极的枝晶问题，这就是锂离子二次电池比锂金属二次电池安全性高的根本原因。放电为充电的逆过程［图7.2（b）］，负极的锂原子失去电子并从石墨层间脱出，移动至正极后插入层状钴酸锂中，同时来自外电路的电子将钴离子还原。锂离子电池的反应如式（7.1）～式（7.3）所示。

负极反应：

$$(Li^0)_x(C^0)_6 \rightleftharpoons 6(C^0)+x(Li^+)+xe^- \ (0<x<1) \tag{7.1}$$

正极反应：

$$(Li^+)_{1-x}(Co^{3+x})(O^{2-})_2+x(Li^+)+xe^- \rightleftharpoons (Li^+)(Co^{3+})(O^{2-})_2 \tag{7.2}$$

电池反应：

$$(Li^+)_{1-x}(Co^{3+x})(O^{2-})_2+(Li^0)_x(C^0)_6=(Li^+)(Co^{3+})(O^{2-})_2+6(C^0) \tag{7.3}$$

在锌锰、铅酸、镍氢等电池中，正极和负极活性材料中进行氧化还原的离子不会在正极和负极间互窜；在电池内部导电的离子与活性材料中参与氧化还原的离子不同，比如锌锰电池和镍氢电池中的OH^-和铅酸电池中的H^+。但是在锂离子电池中的情况则不同，Li^+除了参与在负极的电化学氧化还原反应［式（7.1）中绿色Li^+］，还要承担在正负极间的电荷传递，还要参与正极材料的电荷平衡［式（7.2）中黑色Li^+］。因此，在锂离子电池的充放电过程中，部分锂离子就处于在正极和负极之间来回运动的状态。这种行为有点像跷跷板或摇椅的上下运动，因此有时把锂离子电池称为摇椅式电池。

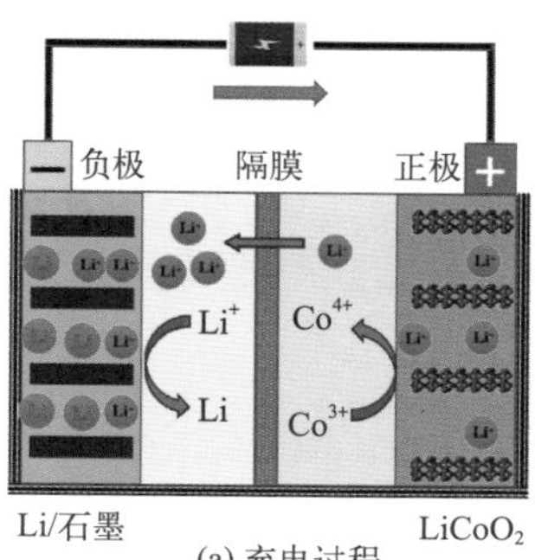

(a) 充电过程

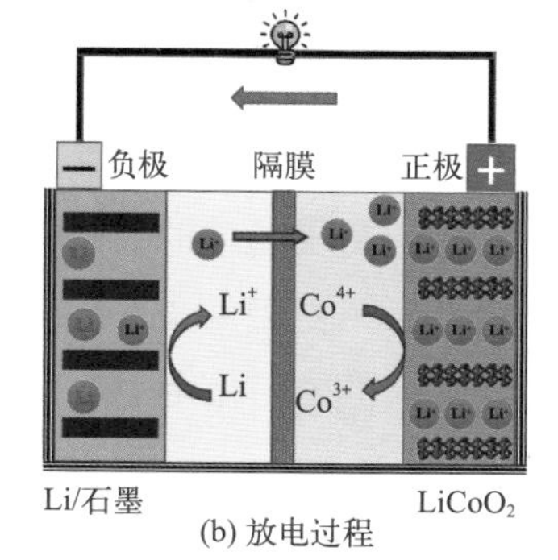

(b) 放电过程

图 7.2　锂离子电池的工作原理示意图

跷跷板或摇椅这种类比形象地描绘了锂离子电池中锂离子在正极和负极间运动的表现，这和其他电池的工作原理差异很大。如果不考虑锂离子在负极的电化学反应，这种摇椅行为就让锂离子电池变成了浓差电池，而正极和负极的锂离子浓度相差1000倍的浓差电池最多只能产生0.177V的电压，这和通常锂离子电池3～4V的电压比较起来微不足道。因此，摇椅电池的说法会掩盖锂离子电池高电压的产生原因。

在正常的充放电过程中，Li^+在层状石墨负极和层状氧化物正极的层间插入和脱出，一般只引起材料的层间距变化，同时使锂枝晶难以形成，从而保证了电池的循环寿命和安全性能。

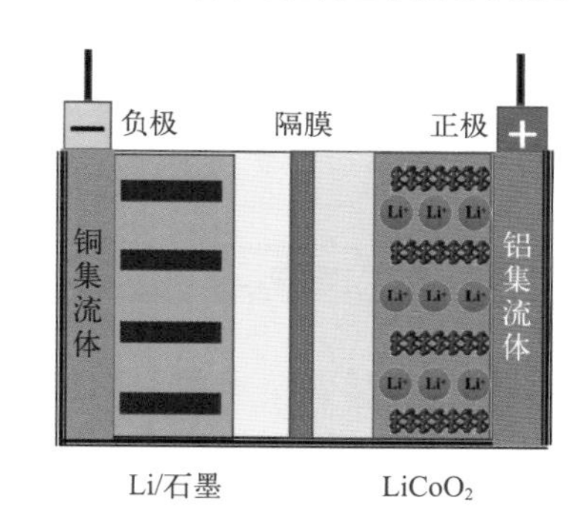

图 7.3　锂离子电池的基本结构示意图

7.1.2.3　锂离子电池的基本结构

锂离子电池主要由正极材料和集流体、负极材料和集流体、电解液、隔膜和壳体等部分组成（图7.3）。

锂离子电池的正极和负极一般做成片状，由电极材料（也被称为粉体涂覆层）和集流体两部分组成。正极极片由铝箔和正极粉体涂覆层组成，正极粉体涂覆层含有正极活性材料钴酸锂、导电剂、黏结剂（PVDF）等。负极极片由铜箔和负极粉体涂覆层组成，负极粉体涂覆层含有负极活性材料石墨、导电剂、黏结剂（PVDF、SBR）等。锂离子电池的正极极片和负极极片结构相似，如图7.4所示。

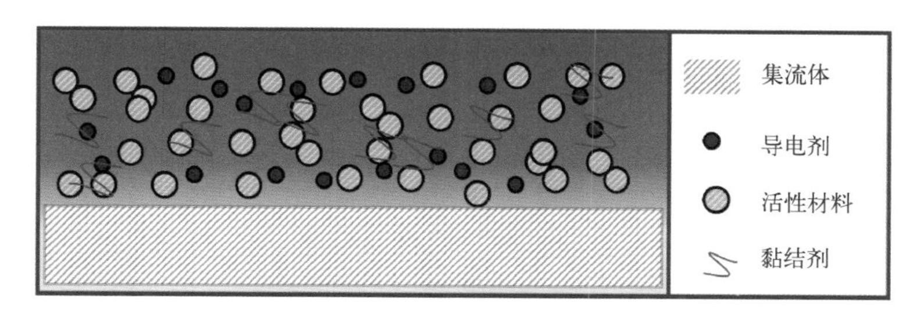

图 7.4　锂离子电池的电极结构图

知识拓展7.1

浓差电池与对称电池

如果锂离子电池仅是浓差电池，则该电池的能斯特方程（25℃）为：

$$U=\varphi_{正}-\varphi_{负}=\varphi_{正}^{\ominus}+\frac{RT}{nF}\ln(a_{Li^+})_{正}-\left[\varphi_{负}^{\ominus}+\frac{RT}{nF}\ln(a_{Li^+})_{负}\right]$$
$$=0.059\text{V}\log10^3=0.177\text{ V}\left(注:\varphi_{正}^{\ominus}=\varphi_{负}^{\ominus}=\varphi_{Li^+/Li}^{\ominus}\right)$$

假设充满电后正极的锂离子浓度是负极的10^3倍，此时电池的电压仅为0.177V。

浓差电池本质上还是氧化还原电池，只不过在正极和负极发生的是同一种活性材料的氧化还原，只是由于两个电极处的离子浓度不同而产生了电势差。浓差电池中活性材料离子通过扩散在两电极间运动。

当浓差电池隔膜两侧分别是氧化态离子和还原态离子且浓度一样时，这个浓差电池就被称为对称电池（symmetric cell）。

电解液和固体电解质主要起到在电池正极和负极间传导锂离子的作用。电解液一般由锂盐、溶剂和添加剂三部分组成，三者共同决定了电解液的性能。固体电解质是一种能传导Li^+或O^{2-}等离子的固态物质，固态锂离子电池使用传导Li^+的固体电解质。

隔膜用来隔绝正极和负极活性材料，防止它们直接接触引起电池短路，隔膜只允许锂离子通过。

7.1.3 锂离子电池的分类

根据传导锂离子材料的状态，锂离子电池可以分为液态电池、半固态电池和固态电池，主要的参数和性能区别如表7.1所示。

表7.1 使用不同传导锂离子材料的锂离子电池主要参数和性能

电池类型	液态电池	半固态电池	全固态电池
电池中液体含量/%	25	5～10	0
电解液/电解质	有机溶剂+锂盐	聚合物+氧化物复合电解质	硫化物/氧化物/聚合物
隔膜	传统隔膜	隔膜+氧化物涂覆	无隔膜
正极	三元、铁锂	高镍三元、铁锂	高镍三元、铁锂、镍锰氧、富锂锰基
负极	石墨	硅+石墨	硅+石墨/金属锂
电池能量密度/$W\cdot h\cdot kg^{-1}$	150～300	300～360	400～500
工作温度/℃	–20～60	–30～80	–50～200

根据外壳材料，锂离子电池可分为硬壳电池和软包电池。硬壳电池的外壳材料通常为钢壳和铝壳，主要用于计算器、蓝牙耳机和动力电池等。软包电池的外壳材料通常为铝塑复合膜材料，可以有效提高能量密度，主要用作手机、平板电脑的电池等。

根据外观形状，锂离子电池可以分为圆柱形电池、方形电池、软包电池等，特点如表7.2所示。

表7.2 不同形状的锂离子电池的特点

电池类型	硬壳-圆柱形	硬壳-方形	软包
制造工艺	卷绕	叠片、卷绕	叠片、卷绕
主要应用	动力、储能	动力、储能	数码产品
外壳材料	金属，一般为钢壳	金属，一般为钢壳	铝塑膜
主要优点	工艺成熟、成本较低	安全性高	容量密度高
主要缺点	单体容量低	能量密度低	成本高、安全性低

根据正极活性材料，锂离子电池可以分为钴酸锂电池、锰酸锂电池、三元锂电池、磷酸铁锂电池等类型。

根据应用场景，锂离子电池可以分为消费型锂离子电池、动力型锂离子电池、储能型锂离子电池等。

消费型锂离子电池由于体积小储能高，与人们日常生活联系最紧密，应用范围最广，主要应用于手机、笔记本电脑、平板电脑等电子产品。

动力型电池主要为铅酸电池、镍氢电池和锂离子电池。锂离子电池的能量密度高、自放电少、循环寿命长，已成为纯电动汽车、混合动力汽车、电动摩托车等的主流电源。锂离子动力电池中的主流产品是三元锂电池和磷酸铁锂电池。

储能型电池主要有锂离子电池、铅酸电池、全钒液流电池等。锂离子电池储能系统的能量密度高、放电倍率大，但是成本高昂。

7.2 锂离子电池电化学

刚装配完的锂离子电池中，负极活性材料是纯石墨，还没有锂离子或者锂原子，锂离子只存在于正极活性材料中。因此装配完的电池要经过化成（经过2～3次充放电循环）才能出厂。

7.2.1 负极材料电化学

7.2.1.1 化成电化学

装配完的锂离子电池还没有储存电能，因此要在负极活性材料表面通过充电形成固态电解质界面（SEI）膜，并在负极石墨中插入锂离子，这个过程就是锂离子电池的化成过程。Li^+可以顺利地通过SEI膜，但是电子无法通过。经过化成的电池才具有稳定的充放电循环性能，因此化成工艺对于生产合格的锂离子电池非常重要。化成过程一般分为预化成和主化成两个阶段。

（1）预化成阶段

预化成的主要目的是通过小电流充电使石墨颗粒表面生成较为致密的SEI膜。由于大多数锂离子电池主要用碳酸乙烯酯（EC）和碳酸二甲酯（DMC）作溶剂，六氟磷酸锂（$LiPF_6$）作支持电解质，所以在首次充电时这些溶剂和支持电解质将与锂离子反应并在石墨颗粒表面形成一层固态的薄膜（即SEI膜），化成过程中发生的主要反应如式（7.4）～式（7.8）所示。SEI膜的主要成分是碳酸锂（Li_2CO_3）、二碳酸乙烯锂［$(CH_2OCO_2Li)_2$］、二碳酸丁烯锂［$(CH_2CH_2OCO_2Li)_2$］和氟化锂（LiF）等，还含有其他种类的有机锂盐和无机锂盐化合物。

$$C_3H_4O_3 + 2e^- \longrightarrow CH_2{=}CH_2 + CO_3^{2-} \tag{7.4}$$

$$2Li^+ + CO_3^{2-} \longrightarrow Li_2CO_3 \tag{7.5}$$

$$C_3H_4O_3 + 2e^- + 2Li^+ \longrightarrow (CH_2CH_2OCO_2Li_2) \tag{7.6}$$

$$2C_3H_4O_3 + 2e^- + 2Li^+ \longrightarrow CH_2{=}CH_2 + (CH_2OCO_2Li)_2 \tag{7.7}$$

$$LiPF_6 \longrightarrow LiF + PF_5 \tag{7.8}$$

在预化成过程中，如果充电电流过大，将使得SEI膜结构疏松，与石墨颗粒接触不好，同时溶剂化的锂离子未经历通过SEI膜时的去溶剂分子过程，将携带溶剂分子插入石墨层中，破坏石墨的有序层状结构，导致电池性能变差。

（2）主化成阶段

主化成的目的是在负极石墨颗粒表面生成SEI膜之后，将锂离子插入到石墨层间，同时修复SEI膜存在缺陷的地方。因此主化成阶段采用比预化成电流更大的电流进行充电。

在主化成阶段，Li^+在穿过SEI膜时脱去溶剂分子插入石墨颗粒的层间，Li^+插入石墨层间后接收来自正极的电子被还原为锂原子，这个反应可表示为式（7.1），式中的x表示锂离子与石墨中碳原子的比例。理论上，每个Li^+与6个碳原子相匹配时在热力学上最稳定。

石墨具有典型的层状结构［图7.5（a）］，每一层石墨内的碳原子以共价键相互牢固结合，而石墨层间则仅靠微弱的范德华力连接。石墨的层状结构将以空间限域作用影响锂离子在石墨中的迁移和存储，锂离子或锂原子只能以单层的形式在石墨层间插入、脱出和存储，合适的层间距（0.335nm）使得锂离子在插入和脱出石墨时不破坏石墨结构。锂离子插入石墨层间时，会出现多种结构［图7.5（b）］。所有石墨层间都被插入锂离子时，被称为Ⅰ阶（stage）嵌锂层间化合物，间隔n层石墨被称为n阶嵌锂层间化合物。

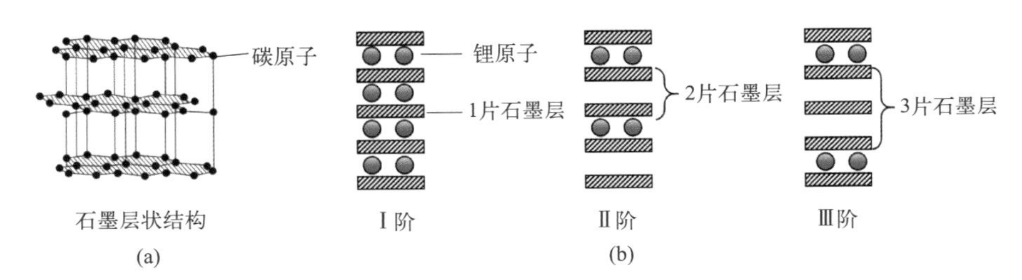

图7.5 石墨的(a)层状结构和(b)不同阶的石墨层间化合物示意图

首次充电时，在0.8V（vs. Li^+/Li）左右会出现一个不可逆的电势平台，该平台与石墨插层化合物无关，而是SEI膜形成的平台。当SEI膜形成后，低含量的锂将随机分布在整个石墨晶格中，以I^*阶（稀释Ⅰ阶）的形成存在，后续各个阶段的电势平台如表7.3所示。

表7.3 石墨插层化合物

名称	化学式	Li_xC_6中x	电势平台/V（vs. Li^+/Li）	平台典型反应
I^*阶	LiC_n(n>36)	<0.08	>0.2	式（7.9）
Ⅳ阶	LiC_{36}	0.17	0.2～0.14	式（7.10）
Ⅲ阶	LiC_{24}	0.25	0.14	式（7.11）
Ⅱ阶	LiC_{12}	0.50	0.12	式（7.12）
Ⅰ阶	LiC_6	1.00	0.09	式（7.13）

新电池在充电前，负极石墨层间没有锂离子，此时是负极电势最正的时候。充电刚开始，来自正极的锂离子会在石墨颗粒表面形成SEI膜，消耗一定的锂离子。SEI膜形成后，正常情况下会一直保持在石墨颗粒表面。形成稳定的SEI膜后，穿过SEI膜的少量锂离子会随机分布在石墨颗粒的晶格中，就像锂离子稀释在石墨“溶剂”中，以稀释阶的形式存在，在稀释阶中锂离子的浓度很低，锂离子在石墨中的含量低于5%。在稀释阶过程中电势变化很快，迅速从约0.80V（vs. Li^+/Li）降到约0.20V（vs. Li^+/Li）。稀释阶向Ⅳ阶转变过程的电势约在0.20V（vs. Li^+/Li），Ⅲ阶向Ⅱ阶转变过程的电势在0.14 ～ 0.12V（vs. Li^+/Li），Ⅱ阶向Ⅰ阶转变过程的电势约为0.09V（vs. Li^+/Li）。可以看出在充电过程中，插入石墨层间并被还原的锂离子逐渐增加，电极电势逐渐变负，高阶石墨插层化合物向低阶转变。石墨负极在充电过程中的电势变化是连续的，图7.6示意了充电过程中负极电势变化与石墨中锂离子含量的关系。充电结束时，石墨插层化合物最终形成Ⅰ阶（LiC_6），达到最大理论容量372mA·h·g^{-1}。各个平台的典型反应如式（7.9）～式（7.13）所示。

$$C_{72}+Li^{+}+e^{-} \rightleftharpoons (Li^{0})C_{72} \tag{7.9}$$

$$LiC_{72}+Li^{+}+e^{-} \rightleftharpoons 2(Li^{0})C_{n}\ (n=30\sim36) \tag{7.10}$$

$$2LiC_{36}+Li^{+}+e^{-} \rightleftharpoons 3(Li^{0})C_{24} \tag{7.11}$$

$$LiC_{24}+Li^{+}+e^{-} \rightleftharpoons 2(Li^{0})C_{12} \tag{7.12}$$

$$LiC_{12}+Li^{+}+e^{-} \rightleftharpoons 2(Li^{0})C_{6} \tag{7.13}$$

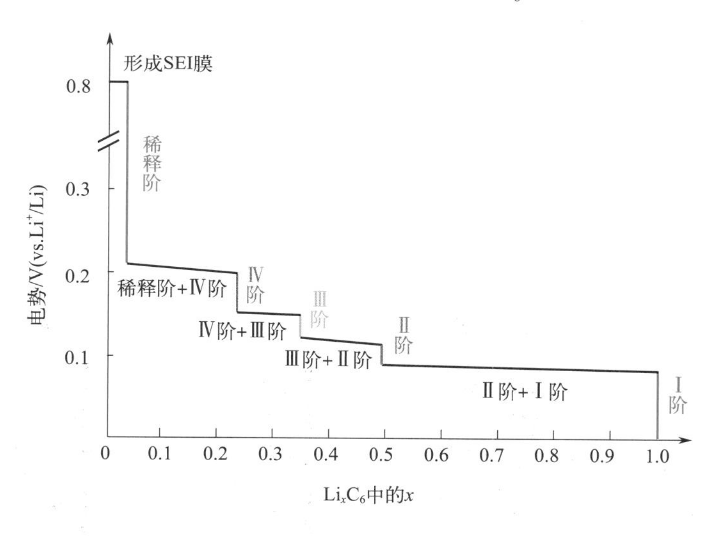

图 7.6　石墨负极在充电过程中的电势变化

锂离子电池的化成过程如图7.7所示。在预化成阶段以小电流充电，在石墨晶粒表面形成SEI膜［图7.7（b）］，形成SEI膜后以较大电流充电向石墨层间插入锂离子［图7.7（c）］，锂离子被还原为锂原子［图7.7（d）］，直至电池充满电，化成结束［图7.7（e）］。

对于一个新电池，当石墨负极全部转化为LiC_6时，化成过程结束。化成后电池再经过老化就可以出厂供用户使用了。因此锂离子新电池到达用户手中时是储存了电能的。由于在化成过程已经形成了SEI膜，用户对新电池正常充放电使用就可以了。

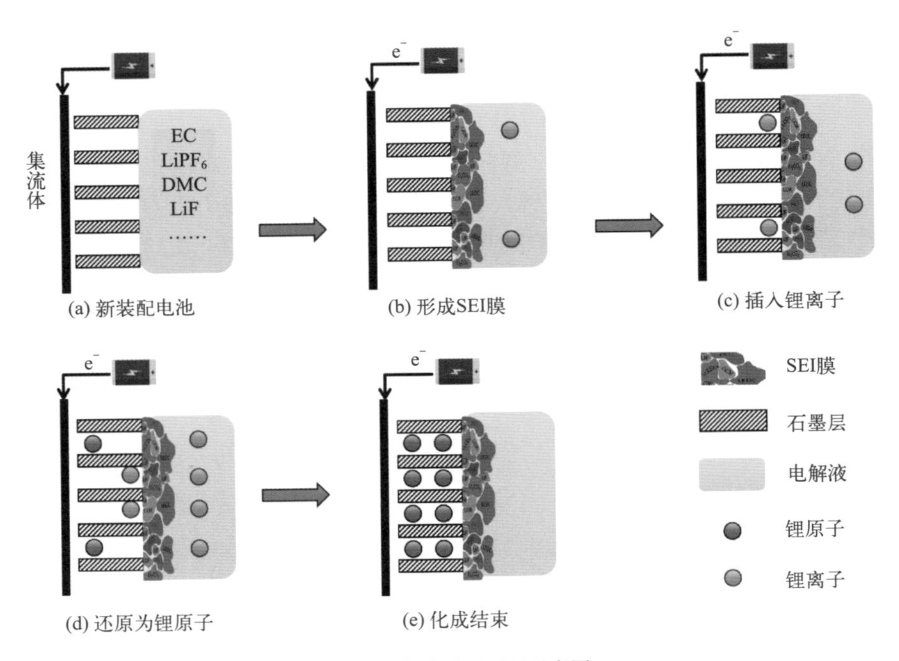

图 7.7　化成过程原理示意图

思维创新训练 7.1　锂金属电池是否需要化成过程？锂金属电池和锂离子电池中 SEI 膜的形成过程相同吗？有什么不同？为什么会出现这些不同？

7.2.1.2　负极电化学

锂离子电池的充电过程和主化成过程基本一样，放电过程如图7.8所示。锂离子电池的负极放电前石墨层间储存了大量锂原子［图7.8（a)］，接通负载后锂原子释放电子氧化为锂离子［图7.8（b)］，锂离子从石墨层间中脱出向正极迁移［图7.8（c)］。随着放电持续进行，锂离子不断从负极脱出，达到放电截止电压后结束放电，此时石墨层间会保留一定的锂原子［图7.8（d)］。

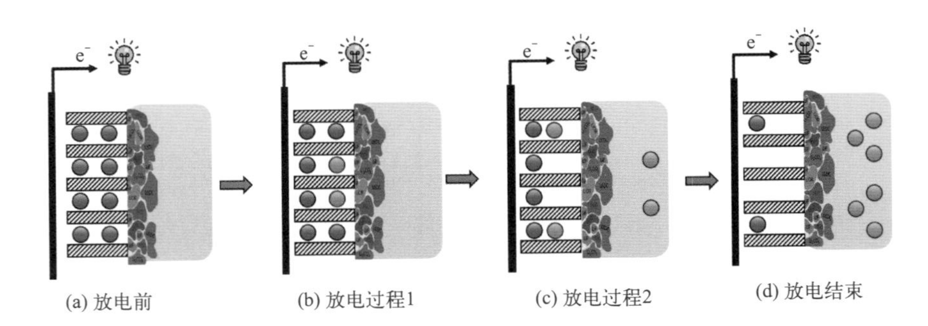

图 7.8　放电过程原理示意图

由式（7.1）得嵌锂石墨负极的电极电势为：

$$\varphi_{Li^+/Li}=\varphi^{\ominus}_{Li^+/Li}+\frac{RT}{nF}\ln(a_{Li^+})^x \quad (0<x<1) \tag{7.14}$$

式中，$\varphi^{\ominus}_{Li^+/Li}$ 为−3.040V（vs. SHE）。随着放电进行，负极石墨中脱出的锂离子越来越多，

a_{Li^+} 变小，负极电势变正。

7.2.1.3 负极材料

负极材料是锂离子电池的重要原材料之一。锂离子电池的负极材料要满足以下性能：锂离子在材料中的插入和脱出要可逆；在材料中的插入电势要尽可能负；锂离子的插入和脱出对晶体结构变化的影响小；材料在电池充放电过程中的化学稳定性好等。

锂离子电池负极材料按主要成分可以为碳材料和非碳材料。碳材料又可以分为石墨类碳材料和非石墨类碳材料。石墨类碳材料包括天然石墨、人造石墨、复合石墨，非石墨类碳材料根据石墨化难易程度可分难石墨化碳材料和易石墨化碳材料。非碳材料包括锡基材料、硅基材料、氮化物、钛基材料、过渡金属氧化物等。

已经商业化生产的锂离子电池负极材料主要包括天然石墨、人造石墨、钛酸锂材料、硅基材料等。应用最广的负极材料是天然石墨和人造石墨，常见负极材料的主要性能如表7.4所示。

表 7.4 常见的锂离子电池负极材料的主要性能

负极材料	理论比容量 /mA · h · g^{-1}	电极电势 /V（vs. Li^+/Li）	循环寿命 / 次
天然石墨	340 ～ 370	0.2	>1000
人造石墨	310 ～ 370	0.2	>1500
软碳	250 ～ 300	0.5	>1000
硬碳	250 ～ 400	0.5	>1500
硅基材料	380 ～ 950	0.3 ～ 0.5	300 ～ 500
钛酸锂	165 ～ 170	1.5	>30000

石墨类碳材料导电性好，有良好的层状结构，适合锂离子的插入和脱出。锂离子在石墨中的脱出电势平台在0 ～ 0.25V（vs. Li^+/Li），与正极材料钴酸锂、锰酸锂、镍酸锂等组成的电池电压高。石墨是目前应用最广泛的负极材料。

人造石墨一般是将石油焦或针状焦经过石墨化高温处理制得，减少了天然石墨的表面缺陷。人造石墨的晶体各向异性会导致电池高倍率性能差、低温耐受性差、充电过程易析锂等问题。常见人造石墨有中间相碳微球和石墨纤维。

天然石墨是富碳有机物在高温高压的地质作用下形成的。天然石墨有无定形石墨和鳞片石墨两种。天然石墨表面缺陷多，也存在严重的各向异性，高倍率性能差，溶剂化锂离子插入现象严重，充电过程易析锂，无法直接作为锂离子电池的负极材料。

思维创新训练 7.2 天然石墨如何处理才可以用作锂离子电池的负极材料？

硬碳是高分子聚合物的热解碳，属于难石墨化碳。硬碳在2500℃以上的高温也难以石墨化，常见的硬碳有树脂（酚醛树脂、环氧树脂、糠醇树脂等）热解碳、有机聚合物（PVA、PVC、PVDF、PAN等）热解碳、炭黑（乙炔黑）。硬碳的储锂容量大（500 ～ 1000 mA · h · g^{-1}），但首次充放电效率低，无明显的充放电平台，因含杂质原子而引起严重的电势滞后等。

软碳指在2500℃以上的高温下能石墨化的无定形碳，属于易石墨化碳。软碳的结晶度低，晶粒尺寸小，晶面间距较大，与电解液的相容性好，但首次充放电的不可逆容量较高，输出电压较低，无明显的充放电平台电势。常见的软碳有石油焦、针状焦、碳纤维等。

思维创新训练 7.3 判断软碳和硬碳哪种更适合用于锂离子电池负极，并阐述理由。

非碳材料主要包括锡基材料、硅基材料、氮化物、钛基材料、过渡金属氧化物等。目前商业化锂离子电池负极材料主要为石墨类碳负极材料，其理论比容量仅为372mA·h·g^{-1}，严重限制了锂离子电池的进一步发展。非碳材料的优点是容量远大于碳材料，但是技术尚不成熟，成本较高。

锡基复合化合物的可逆容量在500～1200mA·h·g^{-1}之间，被认为是很有前景的负极材料。锡基负极材料主要有锡单质、锡氧化物、锡合金、锡复合物等，SnO_2理论容量高，可达782mA·h·g^{-1}。

钛酸锂的理论容量为175mA·h·g^{-1}，电极电势为1.5V（vs. Li^+/Li）左右，电导率和离子扩散系数都较低。

思维创新训练 7.4 钛酸锂无法取代石墨负极材料地位的原因有哪些?

硅负极材料的理论容量可达4200mA·h·g^{-1}，超过石墨材料10倍，同时在硅中的锂离子插入电势高于碳材料，充电时析锂的程度低，更加安全。硅的储量丰富，是替代石墨负极最有前景的材料。硅负极材料有主要硅单质、硅的氧化物、硅复合物等。

7.2.2 正极材料电化学

7.2.2.1 正极电化学

锂离子电池正极材料主要起到两个作用。一个作用是正极材料中的过渡金属元素（钴、锰、镍、铁等）氧化和还原配合石墨负极中锂的还原和氧化，完成电池的充电和放电反应。第二个作用是充放电过程中对两个电极中插入和脱出的Li^+进行数量和电荷上的平衡。

以钴酸锂为例，根据式（7.2）得钴酸锂正极的电极电势为：

$$\varphi_{CoO_2/LiCoO_2}=\varphi^{\ominus}_{CoO_2/LiCoO_2}+\frac{RT}{nF}\ln\frac{(a_{Li^+})^x a_{Li_{1-x}Co^{3+x}O_2}}{a_{LiCoO_2}} \tag{7.15}$$

式中，$\varphi^{\ominus}_{CoO_2/LiCoO_2}$取$\varphi^{\ominus}_{CoO_2/Co_2O_3}$的值1.477V（vs. SHE）。充电过程中，$Co^{3+}$被氧化为$Co^{4+}$，$Li^+$不断向正极材料中插入，正极$a_{Li_{1-x}Co^{3+x}O_2}$和$a_{Li^+}$变大，$a_{LiCoO_2}$变小，正极电极电势逐渐变正。

钴酸锂晶体为层状结构，六方晶系，如图7.9所示。钴酸锂晶体可以简单地理解为层状二氧化钴（CoO_2）与锂离子组成，而锂原子与钴原子呈交替式排列分布，分别以共价键与氧原子构建了［CoO_6］和［LiO_6］两种八面体结构。Co—O键作用力强于Li—O键，利于Li^+在CoO_2层间顺利插入和脱出。

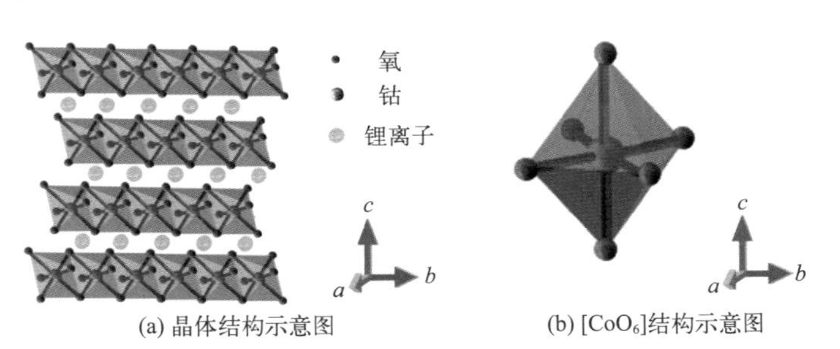

(a) 晶体结构示意图　(b) [CoO_6]结构示意图

图 7.9　钴酸锂结构示意

钴酸锂正极的充电过程如图7.10所示。充电前，钴酸锂接近$LiCoO_2$的化学计量比［图7.10（a）］。充电开始后，钴酸锂中的Co^{3+}被氧化为Co^{4+}，同时锂离子从$LiCoO_2$脱出进入电解液并插入负极石墨层间［图7.10（b）］。随着充电进行，当$Li_{1-x}CoO_2$中x=0.5时充电结束［图7.10（c）］。放电过程是充电过程的逆过程，不再赘述。

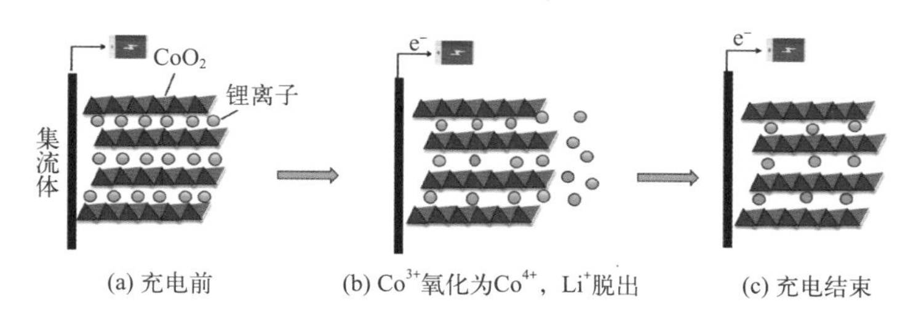

图 7.10　钴酸锂正极充电原理示意图

上面描述的是正常充电过程，如果$Li_{1-x}CoO_2$中x到达0.5后继续充电，钴酸锂的晶体结构将经历一系列复杂变化，直到Li^+全部脱出得到CoO_2［图7.11（a）］。x在0～0.5范围内时，随着x增加，a轴尺寸变化幅度较小，c轴尺寸增长较明显；x为0.5左右时，钴酸锂在六方晶型和单斜晶型间可逆相变；x在0.5～1.0范围，钴酸锂从六方晶型转变为单斜晶型，晶胞c轴尺寸会出现严重减小，导致晶格发生形变。

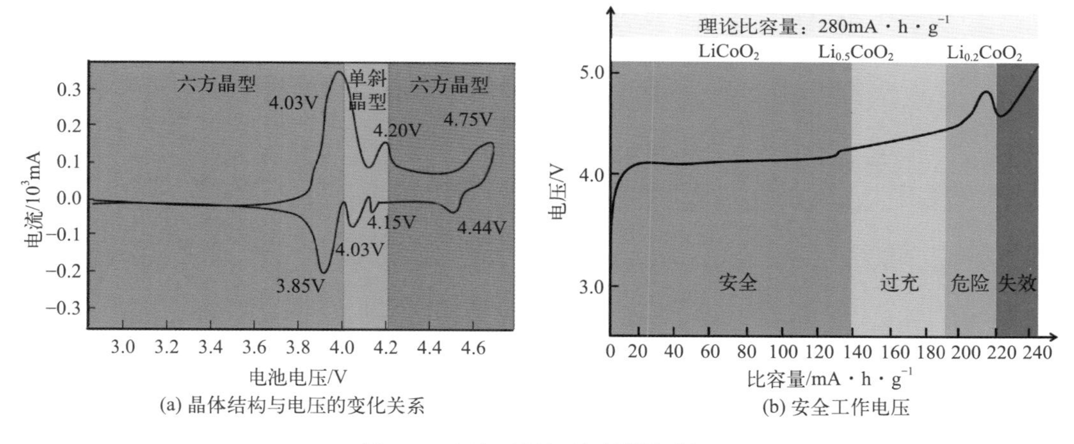

图 7.11　锂离子电池正极材料钴酸锂

因此，$Li_{1-x}CoO_2$只有在$0<x<0.5$的范围内才具有稳定的结构，对应的理论容量为156 mA·h·g^{-1}，电压平台在4V左右［图7.11（b）］。由于高价态的Co^{4+}具有强氧化性，会氧化电解液，引起电池循环性能下降，因此使用钴酸锂正极材料的电池充电截止电压一般不超过4.2V。

7.2.2.2　正极材料

正极材料也是锂离子电池的重要原材料。锂离子电池的正极材料要满足以下性能：锂离子在材料中的插入和脱出要可逆；具有较高的氧化还原电势以保证高电压；锂离子插入和脱出过程中晶体结构的变化尽可能小；锂离子扩散速率和电子电导率都要好。

锂离子电池典型的正极材料有钴酸锂、锰酸锂、磷酸铁锂和三元材料等。正极材料主要有三类结构：层状结构，主要为LiM_xO_2（M=Ni、Co、Mn等）及衍生的二元、三元材料；尖晶石结构，主要为$LiMn_2O_4$；橄榄石结构，主要为$LiMPO_4$（M=Fe、Mn等）。典型正极材料的容量和电极电势如表7.5所示。

表7.5 锂离子电池各类正极材料特性对比

类型	正极材料	理论比容量 /mA·h·g^{-1}	实际比容量 /mA·h·g^{-1}	电极电势 /V（vs. Li^+/Li）
层状结构	$LiCoO_2$	274	135 ～ 140	3.7
	$LiNiO_2$	274	190 ～ 210	2.5 ～ 4.1
	$LiMnO_2$	286	110 ～ 130	3.4 ～ 4.3
尖晶石结构	$LiMn_2O_4$	148	100 ～ 120	3.8 ～ 3.9
橄榄石结构	$LiFePO_4$	170	130 ～ 140	3.2 ～ 3.7

（1）层状正极材料

常见的层状材料有钴酸锂（$LiCoO_2$）、锰酸锂（$LiMnO_2$，符号为LMO-layer，也被称为层锰或亚锰酸锂）和镍酸锂（$LiNiO_2$），都为α-$NaFeO_2$晶体结构，属于六方晶系。[LiO_6]八面体和[MO_6]八面体（M为过渡金属元素）在晶体结构上呈现依次堆叠，故称之为层状材料。充放电过程中，锂离子在夹层中间移动，便于锂离子的插入和脱出。

层状锰酸锂的正极反应为：

$$(Li^+)_{1-x}(Mn^{3+x})(O^{2-})_2 + x(Li^+) + xe^- \rightleftharpoons (Li^+)(Mn^{3+})(O^{2-})_2 \tag{7.16}$$

根据式（7.16）得层状锰酸锂正极的电极电势为：

$$\varphi_{MnO_2/LiMnO_2} = \varphi^{\ominus}_{MnO_2/LiMnO_2} + \frac{RT}{nF}\ln\frac{(a_{Li^+})^x a_{Li_{1-x}Mn^{3+x}O_2}}{a_{LiMnO_2}} \tag{7.17}$$

式中，$\varphi^{\ominus}_{MnO_2/LiMnO_2}$取$\varphi^{\ominus}_{MnO_2/Mn_2O_3}$的值1.014V（vs. SHE）。

镍酸锂的正极反应为：

$$(Li^+)_{1-x}(Ni^{3+x})(O^{2-})_2 + x(Li^+) + xe^- \rightleftharpoons (Li^+)(Ni^{3+})(O^{2-})_2 \tag{7.18}$$

根据式（7.18）得镍酸锂正极的电极电势为：

$$\varphi_{NiO_2/LiNiO_2} = \varphi^{\ominus}_{NiO_2/LiNiO_2} + \frac{RT}{nF}\ln\frac{(a_{Li^+})^x a_{Li_{1-x}Ni^{3+x}O_2}}{a_{LiNiO_2}} \tag{7.19}$$

式中，$\varphi^{\ominus}_{NiO_2/LiNiO_2}$取$\varphi^{\ominus}_{NiO_2/Ni_2O_3}$的值1.434V（vs. SHE）。

（2）尖晶石结构正极材料

尖晶石结构的典型正极材料是锰酸锂（$LiMn_2O_4$，符号为LMO-spinel），于1983年被古迪纳夫团队发现，理论容量为148mA·h·g^{-1}。锂离子插入和脱出时，结构中锰原子能稳定立方密堆的氧，所以$LiMn_2O_4$材料的结构相对稳定。目前已经在锂离子电池领域得到成功应用。和层状锰酸锂相比，尖晶石结构能为Li^+提供三维的插入和脱出通道，因此尖晶石锰酸锂正极材料电池具有倍率性上的优势，已经得到成功应用。

尖晶石锰酸锂的正极反应为：

$$(Li^+)_{1-x}(Mn^{3+x})_2(O^{2-})_4 + x(Li^+) + xe^- \rightleftharpoons (Li^+)(Mn^{3+}Mn^{4+})(O^{2-})_4 \tag{7.20}$$

根据式（7.20）得尖晶石锰酸锂正极的电极电势为：

$$\varphi_{Mn_2O_4/LiMn_2O_4}=\varphi^{\ominus}_{Mn_2O_4/LiMn_2O_4}+\frac{RT}{nF}\ln\frac{(a_{Li^+})^x a_{Li_{1-x}(Mn^{3+x})_2O_4}}{a_{LiMn_2O_4}} \tag{7.21}$$

式中，$\varphi^{\ominus}_{Mn_2O_4/LiMn_2O_4}$仍然取$\varphi^{\ominus}_{MnO_2/Mn_2O_3}$的值1.014V（vs. SHE）。但由于尖晶石锰酸锂中锂离子的含量比层状锰酸锂中低近一半，相当于尖晶石锰酸锂中Mn的价态比层状锰酸锂中要高，因此电极电势比层状锰酸锂也高，所以使用尖晶石锰酸锂正极材料的电池电压比使用层状锰酸锂的高。

（3）橄榄石结构正极材料

橄榄石结构的典型正极材料是磷酸铁锂，于1997年由古迪纳夫的学生帕迪（Akshaya Padhi）发现。与其他正极材料相比，$LiFePO_4$结构更加稳定，由于P—O键能较强，即使在锂脱出结构很高的状态下也能保证结构不被破坏。磷酸铁锂具有循环寿命长、热稳定性好、安全性高和成本低的优势，已经成为锂离子电池的主要正极活性材料之一。

磷酸铁锂的正极反应为：

$$(Li^+)_{1-x}(Fe^{2+x})PO_4+x(Li^+)+xe^- \rightleftharpoons (Li^+)(Fe^{2+})PO_4 \tag{7.22}$$

根据式（7.22）得磷酸铁锂正极的电极电势为：

$$\varphi_{FePO_4/LiFePO_4}=\varphi^{\ominus}_{FePO_4/LiFePO_4}+\frac{RT}{nF}\ln\frac{(a_{Li^+})^x a_{Li_{1-x}Fe^{2+x}PO_4}}{a_{LiFePO_4}} \tag{7.23}$$

式中，$\varphi^{\ominus}_{FePO_4/LiFePO_4}$取$\varphi^{\ominus}_{Fe^{3+}/Fe^{2+}}$的值0.771V（vs. SHE）。

7.2.3 电解液

电解液是锂离子电池的关键材料之一，在电池内部正极和负极间传递锂离子。电解液的性能优良，锂离子电池才能具备长循环、大倍率和安全等优秀性能。电解液体系应该具备高离子电导率、低电子电导率、宽电化学窗口、低黏度、高稳定性等特点。电解液的成分主要是支持电解质、有机溶剂和添加剂等。添加剂主要为了提高锂离子电池的某些特别性能，如防止过充电、保护SEI膜、提高阻燃性和增大导电率等。

7.2.3.1 支持电解质

锂离子电池电解液中的支持电解质主要是无机阴离子锂盐，包括六氟磷酸锂（$LiPF_6$）、四氟硼酸锂（$LiBF_4$）、高氯酸锂（$LiClO_4$）和六氟砷酸锂（$LiAsF_6$）等。锂盐溶解于有机溶剂后，电离出的Li^+除了维持电池中通过的电流，还要容纳和补充参加正极与负极电化学反应的Li^+。因此要求锂盐要具有较高的溶解度和较好的稳定性。

六氟磷酸锂（$LiPF_6$）容易溶解在碳酸酯溶剂中，具有较高的电导率，广泛用于各种锂离子电池。六氟磷酸锂能与铝箔反应形成一层保护膜，减弱电解液对集流体的腐蚀。但是，六氟磷酸锂的热稳定性较差，还极易与电解液中的痕量水反应生成氟化氢。

四氟硼酸锂（$LiBF_4$）的阴离子半径较小（0.227nm），与锂离子较难配位，但是容易与有机溶剂发生配位，使四氟硼酸锂不能有效发挥传导锂离子的作用。但是，由于四氟硼酸锂的高温热稳定性好，在高温下不易分解，常用于高温锂电池。此外，$LiBF_4$对于集流体Al具有一定的耐腐蚀性，因此四氟硼酸锂常用作添加剂来提高电解液对铝箔的抗腐蚀性。

高氯酸锂在有机溶剂中溶解度较高，室温下在碳酸酯中的离子电导率达到$9mS \cdot cm^{-1}$。$LiClO_4$中的Cl是+7价的，容易氧化电解液中的有机溶剂，因此极少用于商品电池。

六氟砷酸锂的As-F键较稳定，在电解液中较难产生HF。六氟砷酸锂电解液的电化学窗口达到6.3V，远宽于其他锂盐。但由于六氟砷酸锂中的砷元素剧毒，极少用于商品电池。

7.2.3.2 有机溶剂

目前锂离子电池电解液中广泛使用的有机溶剂主要为有机碳酸酯，包括碳酸乙烯酯（EC）、碳酸丙烯酯（PC）、碳酸二甲酯（DMC）、碳酸二乙酯（EMC）和碳酸甲乙酯（DEC）等。有机溶剂对锂盐的溶解能力较强，电化学窗口较宽，不易发生分解。

有机碳酸酯主要包括环状碳酸酯和链状碳酸酯。环状碳酸酯主要为EC和PC，极性强，介电常数大，锂盐溶解度大。链状碳酸酯，主要为DMC、DEC和EMC等，黏度和熔点低，极性和介电常数小。甲酸甲酯和乙酸甲酯等链状羧酸酯也可用作溶剂，它们熔点较低，黏度较小，适量加入可以提高电池的低温性能。锂离子电池常用的有机溶剂参数及特点如表7.6所示。

表7.6 锂离子电池常用电解液的溶剂特点

化学名	英文简称	介电常数 /$F \cdot m^{-1}$	熔点 /℃	沸点 /℃	锂盐溶解度	高温性能	低温性能
碳酸乙烯酯	EC	89.6	37	243	优	优	差
碳酸丙烯酯	PC	64.4	−55	240	优	优	优
碳酸二甲酯	DMC	0.59	2	91	一般	差	差
碳酸二乙酯	DEC	2.8	−43	126	一般	差	优
碳酸甲乙酯	EMC	3.0	−53	110	一般	差	优

实际应用中，常将两种或者两种以上的有机溶剂混合，以提高溶剂的综合性能。

7.2.3.3 添加剂

为了提高锂离子电池的某些特别性能，还常向电解液中加入过充电保护添加剂、SEI膜优化剂、阻燃添加剂、提高导电率添加剂。添加剂不参与锂电池的电极反应，但可以大幅定向改善电解液的各项性能，帮助锂电池实现高能量密度、长循环寿命、高倍率性能、宽温度适用范围以及高安全性的优良特性。

7.2.4 隔膜

隔膜是锂离子电池的重要组成部分，主要防止正极和负极发生接触，同时要保证电解液中Li^+顺利通过。此外，隔膜要具有良好的电化学稳定性、合适的厚度及均匀的孔径、良好的绝缘性能、较高的机械强度等。

锂离子电池的隔膜有织造膜、非织造膜（无纺布）、微孔膜、复合膜、隔膜纸、碾压膜等多种类型。常用的隔膜材料主要为聚烯烃微孔膜，包括聚丙烯（PP）/聚乙烯（PE）/PP多层复合隔膜、PP或PE单层微孔膜和涂布膜等。聚乙烯隔膜、聚丙烯隔膜和聚烯烃复合隔膜等聚烯烃类隔膜的大部分厚度在20～30μm，微孔的尺寸为亚微米级别，孔隙率高于40%。这类隔膜具有优良的机械性能，耐电解液腐蚀性强，有良好的化学和电化学稳定性。但其电解液浸润性差，吸液率低，锂离子电导率低，热稳定性能差。

相比于聚烯烃隔膜，无纺布隔膜具有高孔隙率和高热稳定性的特点。较高的孔隙率提供了较高的吸液率，提高了锂离子的电导率。无纺布隔膜可选择高熔点的高分子材料如聚酰亚胺（PI）、聚丙烯腈（PAN）、聚偏氟乙烯（PVDF）、聚对苯二甲酸乙二醇酯（PET）等。

7.3 锂离子电池的主要性能

评价锂离子电池性能的主要参数有电池容量、电池电压、功率和寿命等。

（1）电池容量

锂离子电池实际容量主要受放电倍率和温度的影响，放电倍率高，电池温度低，放电实际容量就会降低。2023年8月华为手机Mate 60 Pro采用聚合物锂离子电池，其容量高达5000mA·h，支持88W(20V, 4.4 A)的超级快速充电模式。当前比较成熟的18650锂离子电池容量在2200～3500mA·h之间，这个容量区间内的18650锂电池，稳定性和一致性最好。

（2）电池电压

使用不同正极材料的锂离子电池的额定电压也不同，钴系和锰系锂离子电池的额定电压为3.7V，三元锂离子电池的额定电压一般是3.6V，磷酸铁锂电池的额定电压为3.2V。

一般情况下，锂离子电池充满电后开路电压为4.1～4.2V，放电后开路电压为3.0V左右。锂离子电池的放电截止电压为2.5～2.75V，充电截止电压为4.1～4.35V。

（3）充电和放电性能

为了尽可能充电至电池的额定容量并防止过充电，充电过程一般分为两个阶段［图7.12(a)］：先用恒电流将电池充电到充电截止电压，然后在此电压下待充电电流小到某一数值（如0.1*C*）时停止充电。

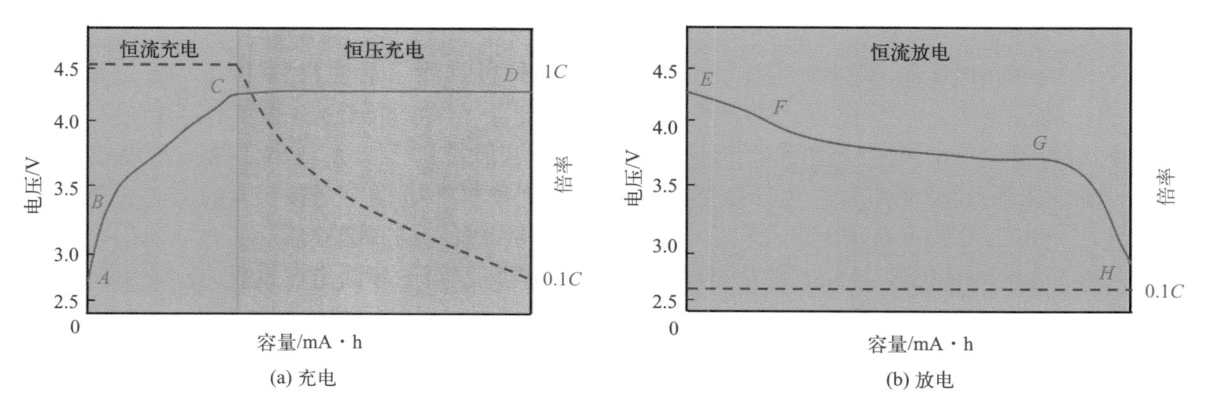

(a) 充电　　(b) 放电

图7.12　锂离子电池的充放电曲线

恒流充电段：由于要产生恒定电流，充电刚开始时正极中钴离子被氧化及锂离子从钴酸锂中脱出和负极中锂离子插入石墨层间引起的活化超电势较大，电池电压有明显上升（*AB*段）。随着充电进行，活化超电势的影响逐渐减小，+4价钴离子在钴酸锂中逐渐增多，锂离子也逐渐在石墨中被还原为锂原子，电池电压缓慢上升（*BC*段）。

恒压充电段：恒流充电至电池电压到达截止电压（*C*点）时，此时正极中剩余的+3价钴离子数量变少，锂离子扩散至被氧化的Co^{3+}处变得困难，如果仍然采用恒电流充电将产生较大的浓差超电势，引起充电电压上升。为防止出现过充电现象，此时转为恒压充电，充电电流由锂离子在正极和负极中的扩散现象控制，因此电流将逐渐变小（*CD*段）。研究锂离子在电极材料中的扩散现象可以采用恒电流间歇滴定法，见16.3.4节内容。

锂离子电池的恒电流放电过程如图7.12(b)所示，放电过程分别受到活化超电势（*EF*段）、欧姆超电势（*FG*段）和浓差超电势（*GH*段）控制，具体原因参考充电过程的逆过程。

（4）寿命

钴系锂离子电池的寿命在500～1000次，锰系锂离子电池的寿命在500～2000次，三元锂离子电池的寿命在1000～3000次，磷酸铁锂电池的寿命在2000～6000次。

7.4 锂离子电池的制造工艺

卷绕式锂离子电池的制造过程主要分为制造极片、装配电芯和化成检测三个阶段（图7.13）。

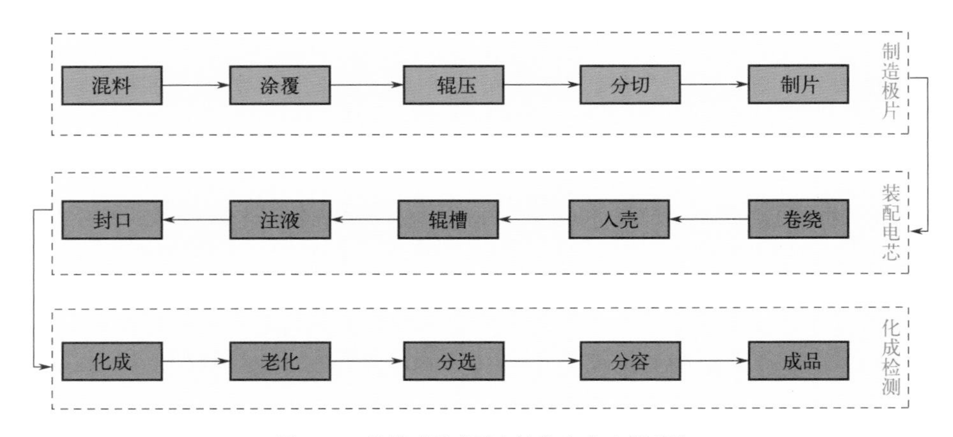

图7.13　卷绕式锂离子电池的生产工艺流程

制造极片：这个阶段制造正极和负极极片，两种极片除了活性材料不同，制造工艺是类似的。将原材料按照配比投入搅拌机进行混料（匀浆），将混合均匀的浆料经涂布机将电极材料均匀涂覆在铝箔或铜箔上，再使用辊压机将电极材料压实并与集流体箔片贴紧，然后使用分条机将其分割成符合电芯规格的，最后用制片机在电极上焊接极耳。

装配电芯：用隔膜隔开正极片和负极片后，利用卷绕机卷绕成圆柱形后插入电池钢壳，通过焊接将负极极耳与钢壳连接。使用辊槽机在钢壳上辊压，将电芯固定在钢壳内。使用注液机将电解液注入电芯，然后将正极极耳与电池盖板焊接牢固，再使用封口机将盖板与钢壳密封。使用卷绕电芯的方形电池的这阶段工艺与之类似。软包电池由于使用叠片电芯，所以极片经过模切后在这个阶段进行叠片、热压铝塑膜、注液后再封装。

化成检测：这个阶段主要是将电池活性材料活化，在负极石墨颗粒表面形成稳定的SEI膜。活化后再对电池进行检测和分选。首先将密封好的电池搁置一段时间，让电解液充分润湿电池材料，然后对电池进行化成（7.2.1.1节）。对化成后储存一定电量的电池再搁置一段时间（老化，也叫陈化），并测试搁置前后的电池电压，根据电压变化筛选出合格的电池。对于分选出的合格电池测试容量，将容量接近的电池分为一类，便于组装模组。将分容后的电池进行外包装后制得锂离子电池成品。

7.5 锂离子电池的安全性

由于锂离子电池被大量应用于手机、笔记本电脑、平板电脑和电动车，因此必须要保证电池的安全性，防止对人造成伤害。

7.5.1 锂离子电池的安全风险

锂离子电池的安全风险主要为：漏液、过热、燃烧、爆炸和电击等。

漏液指电池外壳破损后电解液渗出或流出。电解液与人体接触后可能对皮肤等造成伤害。电解液不足导致负极材料暴露于空气中可能会引起燃烧。过热指电池温度过高。外壳与人体接触可能导致烫伤。电池过热可能导致塑料构件软化，也可能引燃可燃液体。燃烧会烧伤人体或设备。爆炸会损害人体或损毁设备。电击指电池组的输出电压超过安全电压限值后损害人体或设备。

7.5.2 影响锂离子电池安全性的因素

① 来自生产过程的因素　例如使用了不合格的原材料，活性材料颗粒黏结强度不够，脱落后造成隔膜被穿透；制造过程有缺陷，极片不平整刺穿隔膜。

② 来自使用过程的因素　比如过度充电、温度过高引起电池燃烧或爆炸。过充电、大倍率充电等充电方式是导致热失控发生的原因之一。过度充电容易在负极表面产生锂枝晶，过度放电则会导致正极材料结构坍塌。大倍率充放电时的焦耳热过程引起电池过热。

③ 来自意外过程的因素　例如受到撞击、挤压后电池外壳破损引起燃烧。如果电池在使用过程中受到挤压、撞击、穿透等后发生变形，导致电解液泄漏、隔膜破损、电池内部短路等现象，继而电池热失控导致燃烧或爆炸。比亚迪2020年1月推出的“刀片电池”很好地解决了机械穿透引起的电池燃烧问题。

7.5.3 热失控

热失控（thermal runaway）是锂离子电池最常见的安全问题。热失控时会产生大量热量和有害气体，电池可能燃烧或爆炸。内部短路是产生热失控的主要原因之一，但其产生的热量只占很小一部分。一般来说，电池热失控开始于电芯内负极材料的SEI膜被分解，然后负极与电解液发生反应，正极和电解液遇热分解，隔膜破损或熔化后导致严重的短路，剧烈的放热引起电解液燃烧，这个过程中如果产生的气体不及时排放便可能发生爆炸。锂离子电池的热失控可细分为三个阶段，热量积累、反应失控和失控终止，具体过程和温度区间如图7.14所示。

思维创新训练 7.5　有哪些方法可以预判锂离子电池热失控?

7.6 固态锂离子电池

最常见的锂离子电池由于使用了有机电解液，存在着泄漏、燃烧甚至爆炸等安全风险。使用固态电解质的固态锂离子电池可能是解决方案之一。固态锂离子电池具有安全性能好、能量密度高、循环寿命长、倍率性能好和工作温度范围宽等特点。

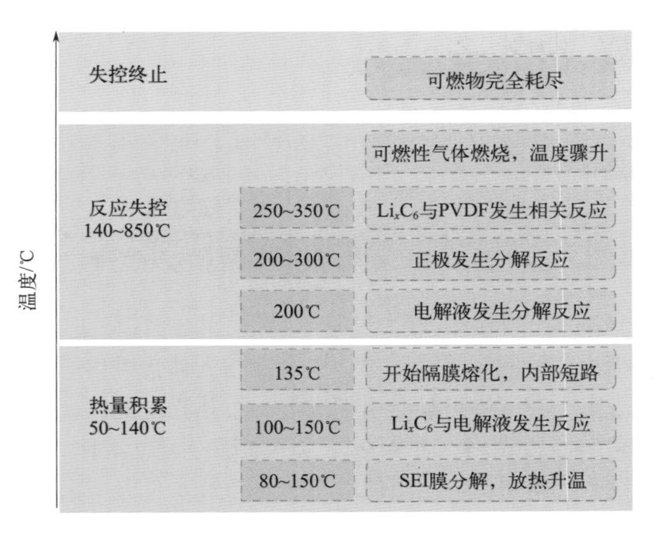

图 7.14　锂离子电池热失控过程

固态电解质是固态锂离子电池关键材料。根据所用固态电解质，固态锂离子电池又可分为聚合物固态锂离子电池、硫化物固态锂离子电池和氧化物固态锂离子电池等。

7.6.1 聚合物锂离子电池

聚合物锂离子电池（polymer lithium-ion battery，简称为PLB）使用了固体聚合物电解质，它由聚合物和锂盐两部分组成，可以看作锂盐溶于聚合物。聚合物中的极性基团(—O—、═O、—N—、—P—、—S—、C═O和C≡N等)和Li^+络合后形成聚合物-锂盐复合物。固态聚合物可以是“干态”的，也可以是“胶态”的，目前大多数固态锂离子电池使用凝胶聚合物电解质。图7.15为聚合物锂离子电池结构。聚合物锂离子电池所用的正极和负极材料与液态锂离子电池相同，电池工作原理也一样。

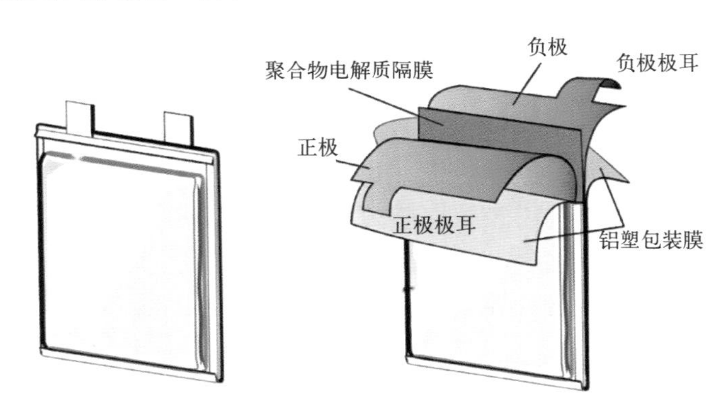

图 7.15　聚合物锂离子电池结构图

常见的聚合物电解质主要有固态聚合物电解质（solid polymer electrolyte，简写为SPE）、凝胶聚合物电解质（gel polymer electrolyte，简写为GPE）和复合聚合物电解质（composite polymer electrolyte，简写为CPE）。

（1）固态聚合物电解质

固态聚合物电解质主要由聚合物及相应的锂盐制备而成，聚合物的单体中含有O、N等原子，能和锂离子形成高分子锂盐。固态聚合物电解质主要有聚环氧乙烷（PEO）、聚偏氟乙烯（PVDF）和氯化聚乙烯（PEC）等。其中PEO受益于其优异的盐溶性和电极界面相容性，成为了最常用的固态聚合物电解质。聚合物主要起到溶解锂盐和充当电解质骨架的作用，能够减缓电池充放电过程中活性材料的体积变化，提高电池的循环次数和安全性。但目前全固态聚合物电解质的研究由于电导率较低，仍停留在实验室研究阶段。

（2）凝胶聚合物电解质

为了有效地改善聚合物电解质电导率，在合成聚合物电解质时添加塑化剂，制成一种介于全固态聚合物电解质和液态电解液之间的凝胶聚合物电解质。因此，凝胶聚合物电解质主要由聚合物、锂盐、塑化剂构成。聚合物基体吸附塑化剂，使GPE呈现凝胶状，并具有一定的机械性能。常见的凝胶聚合物电解质的基质有聚环氧乙烷（PEO）、聚甲基丙烯酸甲酯（PMMA）、聚丙烯腈（PAN）等。环状碳酸酯、聚乙烯醚类和室温离子液体等是常见的塑化剂。

（3）复合固态聚合物电解质

单一的全固态聚合物电解质和凝胶聚合物电解质材料很难同时满足理想的聚合物电解质对电导率、良好机械强度、热稳定性和电极界面相容性等的要求。复合固态电解质是在聚合物固态电解质中加入无机粒子填料，从而增强聚合物电解质体系的机械强度。无机粒子填料包括Al_2O_3、SiO_2和铁电陶瓷等非离子导体以及LIZO等离子导体。

7.6.2 氧化物固态电解质

氧化物固态电解质主要包括石榴石型（$Li_7La_3Zr_2O_{12}$，简写为LLZO）、钙钛矿型（$Li_{3x}La_{(2/3)-x}TiO_3$）、钠超离子导体NASICON型［$(Li_{1+x}Al_xGe_{2-x}(PO_4)_3$和$Li_{1+x}Al_xTi_{2-x}(PO_4)_3$］等。

7.6.3 硫化物固态电解质

硫化物固态电解质可分为非晶态硫化物、晶态硫化物和微晶玻璃硫化物。非晶态硫化物系主要由$x$$Li_2S$-(1−$x$)$P_2S_5$和$x$$Li_2S$-(1-$x$)$SiS_2$体系。晶态硫化物固态电解质主要有LISICON型锂超离子导体$Li_{14}Zn(GeO_4)_4$。

与氧相比，硫具有较低的电负性和较大的离子半径，所以与锂的键合较弱，可使锂的传递更快。因此，大多数硫化物固态电解质的离子电导率已经超过1S·cm^{-1}，有些甚至可以在室温下达到20mS·cm^{-1}以上。此外，它们的低晶界电阻和良好的机械形变能力使其能够与电极紧密接触并实现冷压制造。

思维拓展训练 7.1　上述几种全固态锂离子电池有什么本质区别?

思维创新训练 7.6　查找一篇最新的锂离子电池的研究论文，分析论文中的创新点应用了哪些本章所述内容。

7.7 钠离子电池与锂离子电池的区别

钠离子电池和锂离子电池的结构和工作原理都很相似，钠离子电池本质上是在充放电过程中钠离子在正极和负极间来回移动以实现电荷传递。但是，部分电极材料存在较大差异。

锂离子电池中的集流体一般正极用铝箔，负极用铜箔，因为铝具有嵌锂活性。但是铝没有嵌钠活性，因此钠离子电池的正极和负极集流体都使用了铝箔。由于钠离子的半径和原子量等均比锂离子大，所以无法直接使用锂离子电池中的正极和负极活性材料。

由于钠离子的原子量是锂离子原子量的三倍多，因此其理论容量比锂低三分之二。同体积的钠离子电池理论能量密度上限低于三元锂电池，但与磷酸铁锂电池相近。目前钠离子电池实现的能量密度为70 ～ 150W・h・kg^{-1}，约为锂离子电池的一半。但是，钠离子电池的安全性能较高，在过充、过放、短路、针刺等测试中不起火、不爆炸。因此钠离子电池对存储和运输的要求均低于锂离子电池。表7.7为锂离子电池和钠离子电池的特点对比。

表7.7　锂离子电池和钠离子电池的特点对比

电池类型	锂离子电池	钠离子电池
正极材料	钴酸锂、磷酸铁锂、三元材料等	铁锰镍三元体系、磷酸体系等
负极材料	石墨、硅基材料	碳材料、金属氧化物、磷基材料
集流体	正极铝箔，负极铜箔	正极铝箔，负极铝箔
原材料	锂资源储量有限	钠资源储量丰富
优势	循环寿命长、能量密度高	成本低、安全性高、低温性能佳
劣势	成本较高、安全性较低	循环寿命较短、能量密度较低

扫码获取
本章思维导图

第8章 燃料电池

8.1 概述

8.1.1 燃料电池的发展历史

燃料电池是一种将化学能直接转换为电能的装置。1800年，英国化学家尼克尔森和卡莱尔在研究伏打电堆的过程中发现通电能使水分解成氢气和氧气。1838年12月，德国科学家尚班发现了燃料电池现象，氢气和氧气在铂丝上反应会产生电流，但在金丝或银丝上不会。同在1838年12月，英国物理学家格罗夫在《哲学杂志和科学期刊》(*Philosophical Magazine and Journal of Science*)发表了第一篇燃料电池的报告，他发现电解产生的氢气和氧气在硫酸溶液中可以分别在两个镀铂电极上放电。1842年12月，格罗夫开发了第一个燃料电池，当时称其为气体伏打电池（gaseous voltaic battery），用稀硫酸做电解液，内部带有铂丝的玻璃试管充入氢气和氧气后倒置在稀硫酸中组成了单电池。格罗夫发现要电解水产氢和产氧最少要串联26对单电池。1889年，英国化学家蒙德（Ludwig Mond）及其助手兰格（Carl Langer）采用浸有电解液的多孔材料隔膜，以铂黑为催化剂，以铂或金片为集流体，组装成了第一个用氢气和氧气发电的实用装置，获得了0.97V的电动势。

1894年，德国物理化学家奥斯特瓦尔德（Friedrich Wilhelm Ostwald）引入了“燃料电池”或“冷燃烧”的概念，通过使用燃料的化学能到电能的一步直接转换来避开热机的热力学限制。奥斯特瓦尔德在1896年出版的著作《电化学：历史与理论》(*Elektrochemie: Ihre Geschichte und Lehre*)中将格罗夫的气体电池描述为“没有实际意义，但对其理论意义相当重要”。

1902年，美国人里德（J. H. Reid）提交了碱性燃料电池的专利申请。1923年，瑞士人施密特（Alfred Schmid）提出了多孔气体扩散电极的概念。英国工程师培根于1932年开始研究将燃料电池实用化，他以镀镍电极取代铂电极，用氢氧化钾电解液代替格罗夫电池中腐蚀性较强的硫酸电解液，制造出世界上第一个碱性燃料电池，所以这种电池也被称为培根型碱性燃料电池。经过近30年的研究，培根在1959年发明了双孔烧结镍气体扩散电极，并展示了首个实用化的燃料电池，它是一个5kW的燃料电池堆。1967年，为满足我国航天飞船的供电要求，在中国科学院大连化学物理研究所朱葆琳、袁权、衣宝廉等科学家的带领下开始碱性燃料电池技术的研发工作，1978年设计制造出我国第一台碱性燃料电池，后来又相继研制出百瓦、千瓦、

5～50kW燃料电池组和30～150kW燃料电池发动机系统。

碱性燃料电池因为要使用液态的碱性电解液，因此很难用于移动应用。1955年，美国通用电气公司的化学研究员葛卢布（William Thomas Grubb）设计了磺化聚苯乙烯离子交换膜用于传递导电离子，以便能取代液态电解液。1958年，通用电气的另一位化学研究员尼德拉克（Leonard Niedrach），提出了将催化剂铂沉积在离子交换膜表面的想法，开发出了不同于碱性燃料电池结构的新型燃料电池，被称为“Grubb-Niedrach燃料电池”，这种电池就是质子交换膜燃料电池的原型。通用电气公司开发了质子交换膜燃料电池后将其用于“双子星座”（Gemini）飞船的供电。由于当时制备的离子交换膜稳定性差、催化剂铂用量太高、电池寿命短等原因，质子交换膜燃料电池在太空探索中并没有得到太多应用。1991年，美国科学家比林斯（Roger E・Billings）成功制造了第一台质子交换膜燃料电池驱动的汽车，奠定了将燃料电池用作汽车动力电源的基础。我国从20世纪90年代开始进行质子交换膜燃料电池中关键材料如交换膜和催化剂的基础研究，取得了较大成就。中国科学院长春应用化学研究所于1990年开始研制并制造出100W质子交换膜燃料电池样机，中国科学院大连化学物理研究所于1993年开展质子交换膜燃料电池研究工作并成功研制工作面积为140cm^{2}的单体电池，其输出功率为0.35W・cm^{-2}。质子交换膜燃料电池安全高效、性能稳定，极具潜力成为电动汽车的动力电源，但由于电池成本高和运行维护难等问题，在与锂离子动力电池的竞争中还未获得明显优势。

熔融碳酸盐燃料电池的研究最早出现在20世纪30年代。20世纪50年代末，荷兰科学家布罗尔斯（G. H. J. Broers）和凯特拉尔（Jan Arnold Albert Ketelaar）制造出世界上第一台实用的熔融碳酸盐燃料电池。1994年，美国开始在圣克拉拉（Santa Clara）建造2MW熔融碳酸盐燃料电池发电的示范基地。中国于1958年开展熔融碳酸盐燃料电池的研究，大连化物所于1993年开始研究并实现了单电池发电，上海交通大学也已于2001年成功研制千瓦级的熔融碳酸盐燃料电池。在20世纪60年代，美国能源部制定了发展磷酸燃料电池的天然气能源转型高级研究团队计划。1977年，美国通用电气公司首先建成了兆瓦级的磷酸燃料电池发电站，使其成为最早商业化的燃料电池。由于应用场景的限制，我国对于磷酸燃料电池的开发尚处于实验室阶段。

固体氧化物燃料电池的开发始于20世纪40年代，由于技术上的限制直至80年代以后其研究才得到蓬勃发展。1899年德国物理学家能斯特发现了世界上第一种固态氧离子半导体，由85%的氧化锆和15%的氧化钇组成。1935年，德国物理学家肖特基（Walter Hans Schottky）指出能斯特发现的这种物质可以被用来作为燃料电池的固体电解质。1937年，瑞士科学家鲍尔（Emil Baur）和同事普雷斯（H. Preis）首次展示了以固态氧离子导体作为电解质的燃料电池，从此固体氧化物燃料电池开始了缓慢的发展历程。1962年美国西屋电气公司的魏斯伯特（J. Weissbart）和鲁卡（R. Ruka）首次用甲烷作燃料，为固体氧化物燃料电池的燃料拓宽了使用范围。由于固体氧化物燃料电池的工作温度高达几百甚至上千摄氏度，因此这种类型的电池适合大型发电厂发电以及热电联供，不适于做移动应用。在我国“八五”期间，中国科学院大连化学物理研究所、上海硅酸盐研究所等国内科研机构进行了固体氧化物燃料电池的相关研究。目前，我国已经开始逐步推进SOFC的商业化。

直接甲醇燃料电池的研究始于20世纪50年代，但直到20世纪90年代，补氢困难使得质子交换膜燃料电池在商业化进程中遇到了阻碍，燃料来源充足、易于补充的优点才使得直接甲醇燃料电池受到重视。1996年，美国洛斯阿拉莫斯（Los Alamos）国家实验室成功研制甲醇蒸气-空气燃料单体电池，同年德国西门子公司成功研制甲醇蒸气-氧气燃料单体电池。我国开展直接甲醇燃料电池的研究较晚。2004年，大连化物所成功开发了国内首套笔记本电脑用直接甲醇燃料电池样品。2007年5月，中国科学院长春应化所与大连化物所、南京师范大学获得国家"863计划"课题"直接甲醇燃料电池技术"支持。目前直接甲醇燃料电池仍处于实验室研发和推广示范阶段。

微生物燃料电池是一种利用微生物在生理过程中的电化学反应发电的装置。微生物燃料电池的起源可追溯到18世纪伽伐尼提出的"动物电"概念。1911年，英国杜伦大学植物学家波特（M. C. Potter）首次提出利用微生物发电的想法，并成功利用大肠杆菌发电。由于对微生物生理过程中电化学反应机理的认识不足，这项技术未得到足够的重视。1931年，美国细菌学家科恩（Barnett Cohen）利用大肠杆菌等五种细菌分别制作了半电池，将这些半电池与氢电极串联后可以产生2mA的电流，发明了第一个微生物半燃料电池。1976年，日本人铃木（Shuichi Suzuki）设计了现代意义上的微生物燃料电池。1999年，韩国人Kim Hyung Joo开发了不需要氧化还原媒介的微生物燃料电池，可以将微生物在生理过程中产生的电子直接传递至电极。我国自20世纪90年代开始，清华大学、中国科学院过程工程研究所、哈尔滨工业大学等开展了大量微生物燃料电池的研究。

图8.1展示了燃料电池发展进程中的里程碑事件。

燃料电池具有高效节能、环境友好、燃料来源广泛以及可靠性高等优势，成为极具潜力的新能源发电技术，被认为是继火力发电、水力发电和核能发电之后的第四代发电技术。

燃料电池主要作为固定电源、动力电源和便携式电源使用。作为固定电源时，主要用作商

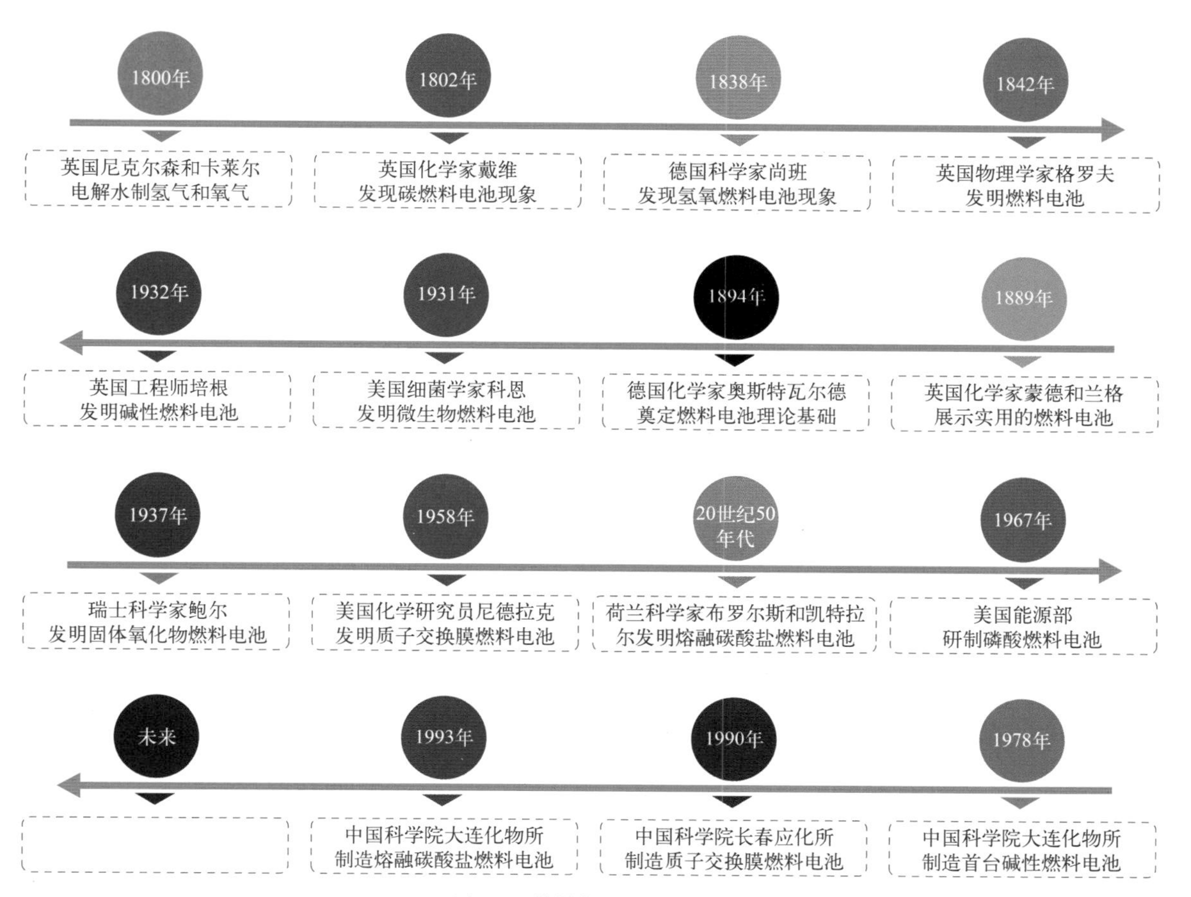

图8.1　燃料电池的发展历程

业用电、工业用电、民用用电的主电源和备用电源。作为动力电源时，主要为乘用车、重型卡车、火车、游艇等交通工具的电动机提供电力。作为便携式电源时，主要用于笔记本电脑、军用单兵电源等场合。

思维创新训练 8.1 1802年，英国化学家戴维在《自然哲学、化学与艺术杂志》（*Journal of Natural Philosophy, Chemistry and the Arts*）发表了一篇论文，简单地描述了一种伽伐尼电池，在致密木炭薄片的两个侧面，一面接触水，一面接触浓硝酸，当连通水和浓硝酸时会产生微弱的电流，用湿布对20个这样的电池串联后可以电解水产氢和氧。这篇论文被学界认为是报道了燃料电池。写出这个燃料电池中发生的阳极反应和阴极反应，并分析戴维的燃料电池和现在的氢氧燃料电池有什么异同点。

8.1.2 燃料电池的工作原理

氢气在空气中点燃时（氢气体积浓度不在4.0%～75.6%的爆炸极限范围内），氢气将和氧气发生化合反应生成气态水，并放出大量的热［式（8.1）］。在氢气的燃烧过程中，氢气分子上的电子直接转移到了氧气分子，氢气被氧化，氧气被还原，反应的净结果是生成水和产生热量。如果将这个过程中的氧化反应和还原反应通过某种装置分开进行，就可以利用过程中转移的电子形成的电流来做功，这个装置就是燃料电池。

$$2H_2+O_2 \xrightarrow{\text{点燃}} 2H_2O+\text{热量} \tag{8.1}$$

因此氢氧燃料电池的发电原理是很容易理解的。以质子交换膜燃料电池为例，首先氢气到达电池阳极（负极），在阳极催化剂的作用下被氧化生成氢离子和电子［式（8.2）］。氢离子在电池内部通过质子交换膜运动到阴极（正极），电子经过外电路也到达阴极。氧气被输送到阴极，在阴极催化剂的作用下结合从阳极传递过来的氢离子和电子生成水［式（8.3）］，电池反应为式（8.4）。可以看出氢氧燃料电池的发电原理非常简单，就是电解水的逆过程，氢氧燃料电池工作原理和基本结构如图8.2所示。

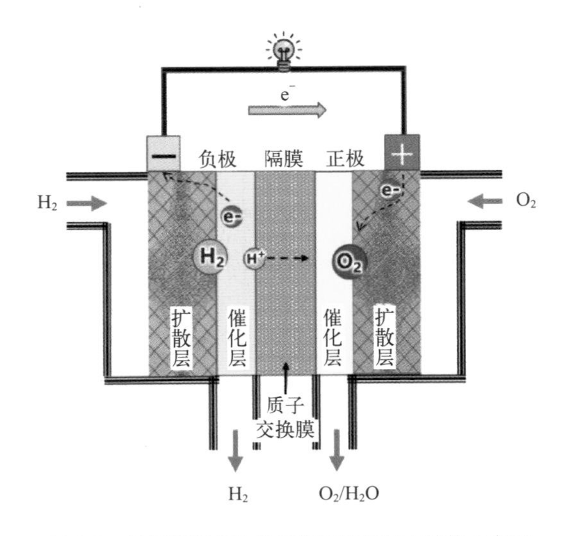

图 8.2 氢氧燃料电池的工作原理和基本结构示意图

阳极（负极）反应：

$$2H_2 \longrightarrow 4H^+ + 4e^- \tag{8.2}$$

阴极（正极）反应：

$$O_2 + 4e^- + 4H^+ \longrightarrow 2H_2O \tag{8.3}$$

电池反应：

$$2H_2 + O_2 \longrightarrow 2H_2O \tag{8.4}$$

8.1.3 燃料电池的基本结构

通常提到的燃料电池指电化学反应器部分，其实燃料电池除了反应器还包括供气装置、控温装置等。燃料电池的反应器单体结构（被称为单体电池，single cell）主要包括电极、隔膜、流场板等（图8.2）。

和前述的多种电池不同，燃料电池的正极和负极活性材料都是气体，因此电极形式也发生了重大变化。阳极和阴极的电极结构基本一样，都是包括气体扩散层和催化层的双层结构。氢气和氧气（空气）经由流场板分配再经过气体扩散层到达催化层，因此气体扩散层一般采用透气性好、导电性强、机械强度高的碳纸，紧贴着流场板，碳纸也起到集流体的作用。催化层是燃料和氧化剂发生电化学反应、产生电流的场所。催化层主要由铂催化剂、催化剂载体（炭黑等）和黏结剂组成，催化层紧贴着隔膜。流场板的作用主要是使燃料与氧化剂在阳极和阴极电极表面均匀分配，以保证电流的均匀分布和避免局部过热（图8.3）。

因为正极和负极活性材料都是气体，燃料电池的隔膜既要隔开两种气体，还要起到电解液的作用传递导电离子。质子交换膜燃料电池、直接甲醇燃料电池和微生物燃料电池使用传递氢离子的质子交换膜，碱性燃料电池使用传递氢氧根离子的石棉膜或钛酸钾微孔膜，磷酸燃料电池使用化学稳定性强的Si-聚四氟乙烯（PTFE）复合微孔薄膜，固体氧化物燃料电池使用传导氧离子的氧化锆固体电解质，熔融碳酸盐燃料电池一般采用偏铝酸锂隔膜。

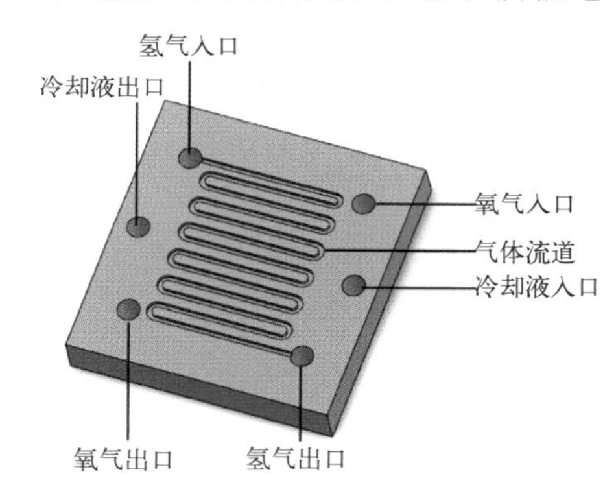

图 8.3　氢氧燃料电池双极板与流道示意图

为了提供更高的电压，多节单体电池还要串联起来组成电堆（stack），此时需要一个重要部件即双极板（bipolar plate）提供电连接（图8.3）。双极板的一侧面对某一单体电池的阳极，另一侧面对另一单体电池的阴极，所以被称为双极板。双极板除了输送气体和分配气体外，还要有效隔离氢气和氧气，低损耗传导电流和高速传递热量。由于各种燃料电池的电解质和工作温度相差很大，采用的双极板材料也不一样，质子交换膜燃料电池和磷酸燃料电池常采用石墨板、复合碳板或不锈钢板，碱性燃料电池使用镍板或石墨板，固体氧化物燃料电池采用耐高温的镍铬合金，熔融碳酸盐燃料电池也采用耐高温的不锈钢板或镍合金板。

在双极板两侧平面通常会设计合适的流道以在整个电极平面上均匀分配气体，能容易排出阴极生成的水，防止淹没催化层。合理的流场可以降低气体出口和入口间的压力差，减少气体供给设备的能耗。流场有蛇形、平行、交指状等设计（图8.4）。

图 8.4 常见的流场结构

燃料电池系统主要包括电化学反应器和辅助装置，电化学反应器就是燃料电池电堆，是燃料电池系统的核心装置。辅助装置包括供应氧气的空气压缩机、供应氢气的氢气瓶、控制电池温度的冷却系统、电池管理系统等。燃料电池系统的示意图如图8.5所示。

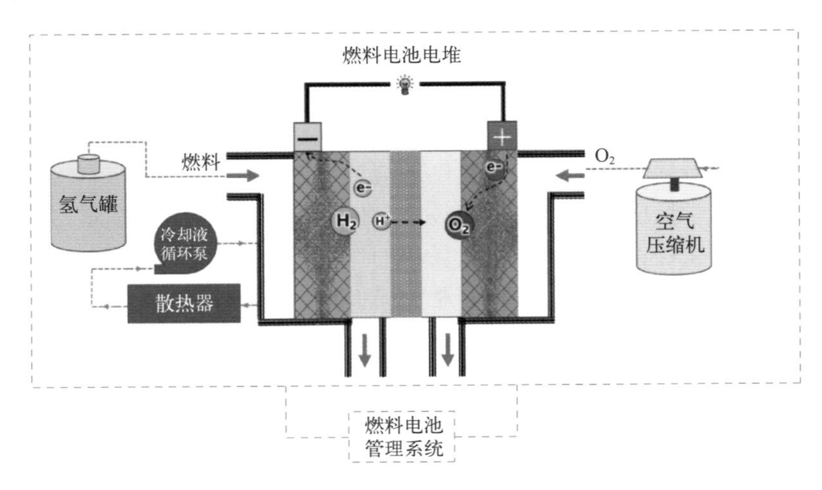

图 8.5 燃料电池系统示意图

思维创新训练 8.2 燃料电池与其他类型电池的本质区别是什么？

8.1.4 燃料电池的分类

燃料电池可按电解质类型、工作温度、燃料来源、燃料形态、导电离子类型等进行分类。

（1）按电解质类型分类

① 质子交换膜燃料电池 通常使用全氟或部分氟化的磺酸型质子交换膜作为固态电解质，燃料一般为氢气或甲醇，氧化剂采用氧气或空气。主要用于分布式电站、移动电源和动力电源等。微生物燃料电池（microbial fuel cell，简写为MFC）也采用质子交换膜作为隔膜，一般在阳极利用微生物氧化有机物，阴极使用空气，可在处理废水的同时发电。

② 碱性燃料电池 一般以碱性的氢氧化钾溶液为电解液，燃料使用纯氢，氧化剂使用纯氧。主要在航天领域使用。

③ 磷酸燃料电池 以浓磷酸为电解质，燃料使用天然气或氢气，氧化剂使用空气。可作为分布式电站应用于居民区、医院、学校等。

④ 熔融碳酸盐燃料电池　以熔融的碱金属碳酸盐为电解质，燃料可使用天然气、煤气或沼气，氧化剂使用空气。主要用于工业和军事等领域的发电站。

⑤ 固体氧化物燃料电池　以传导氧离子的固体氧化物作为电解质，燃料可使用天然气、煤气和沼气，氧化剂使用空气。可用于工厂、学校、医院等的热电联供。

（2）按工作温度分类

① 低温燃料电池　工作温度范围一般在25～100℃，如质子交换膜燃料电池、碱性燃料电池。

② 中温燃料电池　工作温度范围一般在100～500℃，如磷酸燃料电池。

③ 高温燃料电池　工作温度范围一般在500～1000℃，如熔融碳酸盐燃料电池和固体氧化物燃料电池。

（3）按燃料的来源分类

① 直接型燃料电池　燃料直接参加电池的电极反应，比如使用氢气作为电池的燃料。

② 间接型燃料电池　甲烷、甲醇等通过催化转化等方法转化为氢气或富氢气后作为电池的燃料，然后进入燃料电池参加电化学反应。

③ 再生型燃料电池　利用这个电池（作为电解器）将氢氧燃料电池反应生成的水电解（电能来自太阳能电池等电源）为氢气和氧气，再将生产的氢气和氧气输送给燃料电池发电。

（4）按燃料状态分类

① 气体燃料电池　使用氢气、甲烷、天然气等气体作为燃料。

② 液体燃料电池　使用甲醇、乙醇等液体作为燃料。

③ 固体燃料电池　使用碳、锌、锂等固体作为燃料。使用碳作为燃料的电池被称为直接碳燃料电池（direct carbon fuel cell）。使用金属做燃料的电池被称为金属空气电池，在第10章专门介绍。

（5）按导电离子分类

按照燃料电池的电解质传导的离子类型，又可分为氢离子导电、氢氧根离子导电、碳酸根离子导电、氧离子导电的燃料电池。

① 质子导电型燃料电池　包括质子交换膜燃料电池、直接甲醇燃料电池、微生物燃料电池和磷酸燃料电池。前三种电池都是氢离子穿过固态电解质导电，磷酸燃料电池是通过磷酸电解液中的氢离子导电的。

② 氢氧根离子导电型燃料电池　主要是碱性燃料电池。

③ 碳酸根离子导电型燃料电池　主要为熔融碳酸盐燃料电池。

④ 氧离子导电型燃料电池　主要是固体氧化物燃料电池。

8.1.5　燃料电池的特点

燃料电池具有以下优点。

① 效率高　直接把化学能转换成电能，因此对于化学能的利用效率通常远高于内燃机。内燃机的效率为30%～40%；理论上燃料电池的效率可达75%～100%，但在目前的技术水平上，实际的发电效率均在40%～60%的范围内，已经明显高于内燃机。

② 噪声低　燃料电池没有移动部件，没有内燃机那么大的噪声。

③ 污染小　由于使用氢气等作为燃料，所以对环境排放的污染物（NO_x，SO_x）极低，使

用氢气时为零排放。

④ 设计灵活　燃料电池功率（受电极面积影响）和容量（受储存的燃料体积影响）之间没有直接联系，可根据实际需要通过调整电极面积和燃料罐容积来设计燃料电池的功率和容量。

⑤ 响应快　燃料电池相当于用加气充电，而锂离子电池等是用电充电，因此燃料电池可以实现很快的充电速度。

燃料电池也存在很多不足。

① 成本高　质子交换膜燃料电池、甲醇燃料电池等仍然需要贵金属铂作为催化剂，因此材料成本较高。双极板的制造加工过程较为复杂，也提高了加工成本。

② 功率密度低　燃料电池正常工作时需要作为一个系统，加上空压机、储氢罐、冷却系统后，燃料电池的功率密度与内燃机和锂离子电池相比已没有优势。

③ 需加强科学认知　氢气储存和使用过程中的安全性一直在受到公众的重视，需要通过知识普及来加强公众对氢气的理解。

④ 氢气成本高　缺少低成本的氢气来源。使用电解产生的氢气从利用效率角度来说是不合算的，利用太阳能光催化制氢目前还停留在实验室阶段。

⑤ 加氢站不足　加氢站的数量不能满足燃料电池汽车的推广和应用。加氢站数量少，使得燃料电池汽车的充电体验远不如使用充电站的锂离子电池汽车，更比不上加油方便的燃油车。

8.2　质子导电型燃料电池

质子导电型燃料电池中，质子交换膜燃料电池的燃料为氢气，直接甲醇燃料电池的燃料为甲醇，微生物燃料电池的燃料则为葡萄糖等有机物，磷酸燃料电池使用天然气或氢气做燃料。不论使用哪种燃料，经过电化学反应后均产生了氢离子穿过固态电解质或电解液，因此这类电池的电化学反应有着共同特点。

8.2.1　质子导电型燃料电池电化学

质子导电型燃料电池使用固态的质子交换膜或磷酸电解液传导氢离子，质子交换膜的应用最广泛。质子交换膜包括全氟磺酸型、部分氟化型和非氟化型三类，全氟磺酸型质子交换膜在绝大多数场合适用，目前以陶氏杜邦公司Nafion系列和Dow系列应用较广，我国山东东岳集团已经可以自主生产全氟磺酸质子交换膜。全氟磺酸质子交换膜的结构中主链是全氟的碳链，支链由带有磺酸基团的醚组成（图8.6）。全氟磺酸离子交换膜的化学稳定性非常好，并且机械强度高、质子导电率高。但也存在缺点，如高温下质子传导率变低、制造成本较高、甲醇容易渗透通过等。

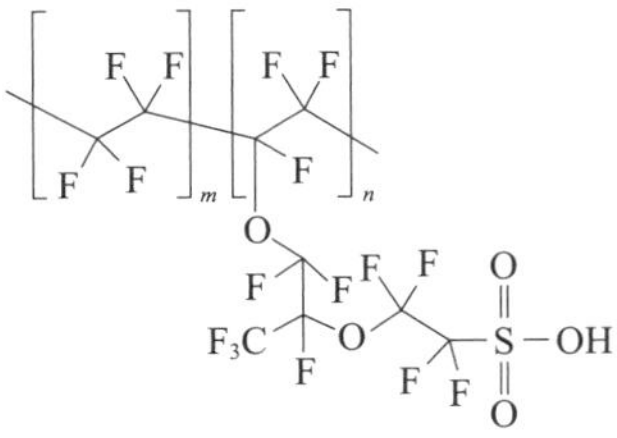

在使用质子交换膜的燃料电池中，氢离子以水合质子$H^+ \cdot xH_2O$的形式从一个磺酸根基团转移至相邻的磺酸根基团。因此在质子导电型燃料电池（如以氢气为燃料）中，氢气在阳极侧催化层中的Pt催化剂表面被氧化生成氢离子［式（8.2)］，电子通过碳纸集流体被传导至外电路；氢离子结合水分子后通过质子交换膜传递至阴极侧催化层，电子在外电路流经负载做功后传导至阴极碳纸集流

F F F F F F m F n O F F F F F₃C O S OH F F F O O

图 8.6　Nafion 膜的分子结构

体；氧气在阴极侧催化层中的Pt催化剂表面被还原为氧离子，与从质子交换膜传递出来氢离子和从阴极碳纸传导来的电子结合生成水［式（8.3）］。整个电化学反应过程如图8.7所示。

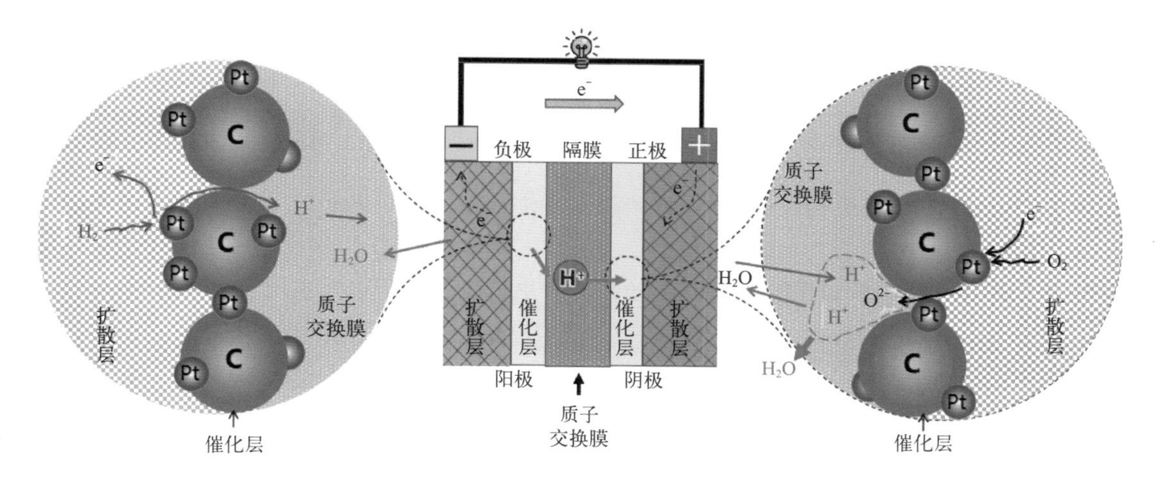

图8.7　质子导电型燃料电池的阳极和阴极侧三相界面反应的示意图

催化层制约着燃料电池的性能，催化层要很薄并且催化剂要分布均匀，以利于在气液固三相区高效地进行电化学反应、传导电子、转移质子及水分子、传递热量。扩散层要能均匀且高速地向催化层供应氢气或氧气，并把阴极生成的水及时带走。

燃料电池阴极侧氧气的还原反应（oxygen reduction reaction，简写为ORR）有两种方式，分别是2电子反应机理和4电子反应机理。2电子反应机理是氧气被2个电子还原，与氢离子结合生成过氧化氢［式（8.5）］，过氧化氢中的氧再被2个电子还原，与氢离子结合生成水分子［式（8.6）］。而4电子反应机理则是氧气分子直接被4个电子还原到−2价，与氢离子结合后生成水［式（8.7）］。ORR的2电子反应生成过氧化氢所需的活化能较高，反应困难且反应速率较慢。

ORR的2电子反应机理：

$$O_2 + 2H^+ + 2e^- \longrightarrow H_2O_2 \tag{8.5}$$

$$H_2O_2 + 2H^+ + 2e^- \longrightarrow 2H_2O \tag{8.6}$$

ORR的4电子反应机理：

$$O_2 + 4e^- + 4H^+ \longrightarrow 2H_2O \tag{8.7}$$

当氢氧燃料电池的工作温度为70℃，氢气和氧气压力都是0.1MPa，ORR为4电子反应时，根据式（8.2）与式（8.7）可得阳极和阴极的电极电势分别如式（8.8）和式（8.9）所示。氢氧燃料电池的电动势如式（8.10）所示，标准电动势为1.229V，25℃时的电动势为1.213V，70℃时的电动势为1.161V，相差0.052V。

$$\varphi_{H^+/H_2} = \varphi^{\ominus}_{H^+/H_2} + \frac{RT}{nF}\ln\frac{a^4_{H^+}}{p^2_{H_2}} \tag{8.8}$$

$$\varphi_{O_2/H_2O} = \varphi^{\ominus}_{O_2/H_2O} + \frac{RT}{nF}\ln\frac{a^4_{H^+}p_{O_2}}{a^2_{H_2O}} \tag{8.9}$$

式中，$\varphi^{\ominus}_{H^+/H_2}$ 为0.000V（vs. SHE）；$\varphi^{\ominus}_{O_2/H_2O}$ 为1.229V（vs. SHE）；p_{H_2} 和 p_{O_2} 分别为氢气和氧气的气体分压。

$$U_d=\varphi_{O_2/H_2O}-\varphi_{H^+/H_2} \tag{8.10}$$

8.2.2 质子交换膜燃料电池

质子交换膜燃料电池（PEMFC）一般采用全氟磺酸质子交换膜作为电解质，工作温度在60～80℃，气体压力一般为0.1～0.3MPa。PEMFC的水管理很重要，一旦阴极生成的水不及时被排出，就会淹没阴极催化层，导致电池性能严重降低。

思维创新训练 8.3 高温质子交换膜燃料电池的优点和缺点各是什么?

PEMFC的工作原理和基本结构如8.1.2节所述。

PEMFC使用气体扩散电极，催化剂被喷涂在电极表面构成催化层。PEMFC一般采用铂碳催化剂（Pt/C），有时为了提高对一氧化碳（CO）气体的抗毒化能力，还会对Pt进行合金化，采用Pt-Ru、Pt-Sn等催化剂。打开氧气分子的O—O键较为困难，因此PEMFC阴极的ORR反应动力学较慢，通常阴极铂碳催化剂使用量是阳极的8倍以上。

PEMFC的能量转化效率可达40%～60%，是目前被研究和应用最多的燃料电池。铂碳催化剂在PEMFC的工作条件下还可能会发生奥斯特瓦尔德熟化，降低PEMFC的发电效率，缩短电池工作寿命。

思维创新训练 8.4 碱性锌锰电池的标准电动势是1.447V，放电初期电压却高于1.5V；质子交换膜燃料电池的标准电动势是1.229V，放电电压一般在0.6～0.7V。为什么出现锌锰电池的放电电压比标准电动势高，燃料电池的放电电压比标准电动势低这两种截然不同的现象?

8.2.3 磷酸燃料电池

磷酸燃料电池（PAFC）的电解质是浓磷酸。PAFC可使用烃类或醇类重整之后的富氢气作为燃料，使用空气作为氧化剂时也不需要去除CO_2，CO对铂碳催化剂的毒化程度大为降低。

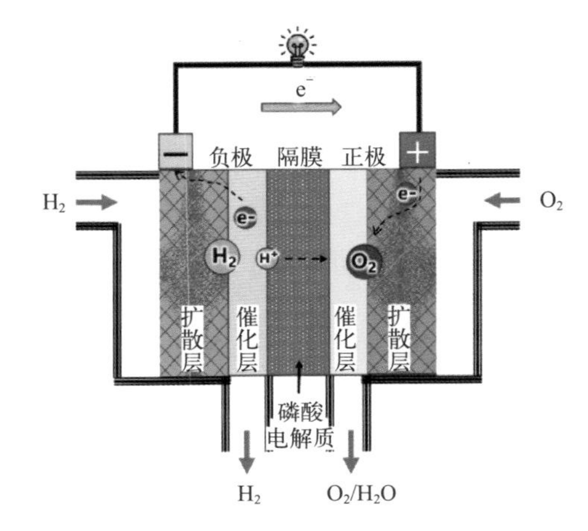

图 8.8 磷酸燃料电池的工作原理和基本结构示意图

PAFC中使用的磷酸浓度在98%～100%。磷酸的pKa为2.12，在水溶液中的电离程度很低。如果磷酸的浓度低于95%，磷酸电解液对于电池材料的腐蚀程度将会增加。无水磷酸的结晶点为42℃，所以PAFC即使不工作也要保持在40℃以上，以防磷酸结晶体积变大破坏电池结构。磷酸在常温下离子导电的性能较差，并且温度低于150℃时磷酸解离出的阴离子会吸附在铂催化剂的表面，妨碍氢气和氧气与催化剂接触，降低电化学反应速率。所以PAFC的工作温度一般为180～210℃。磷酸被封装在由碳化硅粉末和聚四氟乙烯黏结成的多孔隔膜空腔内。

磷酸燃料电池的工作原理和基本结构如图8.8所示，使用氢气作为燃料、氧气作为氧化剂的反应方程如式（8.2）和式（8.3）所示。

PAFC使用气体扩散电极，催化剂仍然使用铂碳催化剂。由于电解质是腐蚀性很强的磷酸，双极板使用石墨粉酚醛树脂制成的复合材料。

由于PAFC的工作温度在200℃左右，所以可以同时提供电力和热量，热电联供会提高对能源的利用效率。工业上炼油、氯碱法制氯气、合成氨等排放的富氢废气能作为PAFC的燃料，可以在工厂中利用PAFC消耗这些废气发电。

8.2.4 直接甲醇燃料电池

直接甲醇燃料电池（DMFC）是由PEMFC演变而来的，特点是用液态甲醇取代了氢气，使之安全性更高、便携性更强，DMFC的工作原理和基本结构如图8.9所示。

甲醇到达阳极后，在催化剂的帮助下结合水被氧化成二氧化碳，并释放出氢离子和电子[式（8.11）]，氢离子穿过质子交换膜传递至阴极，电子通过外电路传导至阴极，二氧化碳气体随甲醇一起排出阳极。氧气在阴极的ORR反应与PEMFC、PAFC一样，都是被还原为水[式（8.3）]。电池反应如式（8.12）所示。

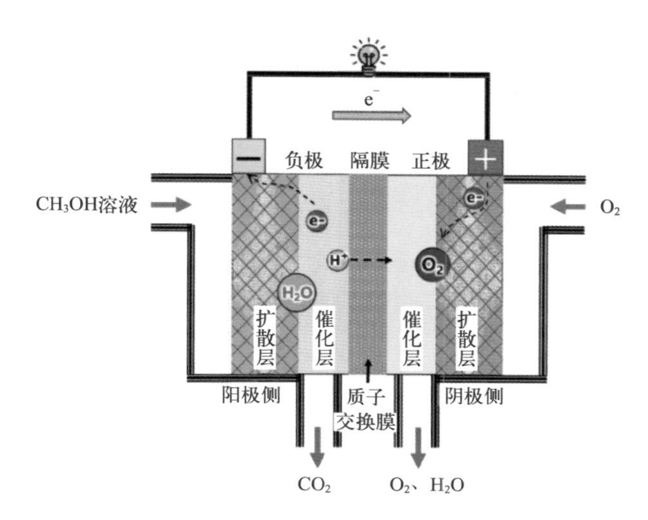

图8.9 直接甲醇燃料电池的工作原理和基本结构示意图

阳极（负极）反应：

$$CH_3OH+H_2O \longrightarrow CO_2+6H^++6e^- \tag{8.11}$$

电池反应：

$$2CH_3OH+3O_2 \longrightarrow 2CO_2+4H_2O \tag{8.12}$$

甲醇燃料电池阳极的电极电势如式（8.13）所示。

$$\varphi_{CO_2/CH_3OH}=\varphi^{\ominus}_{CO_2/CH_3OH}+\frac{RT}{nF}\ln\frac{p_{CO_2}a^6_{H^+}}{a_{CH_3OH}a_{H_2O}} \tag{8.13}$$

式中，$\varphi^{\ominus}_{CO_2/CH_3OH}$为0.030V（vs. SHE）。直接甲醇燃料电池的电动势如式（8.14）所示，标准电动势为1.199V。根据式（8.14）可知，甲醇燃料电池的电压与阳极室生成的CO_2及阴极室的氧气分压有关。

$$U_d = \varphi_{O_2/H_2O} - \varphi_{CO_2/CH_3OH} \tag{8.14}$$

Pt是目前最有效的氧化甲醇的催化剂。甲醇电催化氧化通常分为两个阶段。在第一个阶段，甲醇吸附在催化剂表面，经多步脱氢产生氢原子，氢原子被催化转化为质子和电子，同时生成Pt-CO中间态，这一阶段只有铂基催化剂才有较好的甲醇脱氢活性。在第二个阶段，Pt-CO中间态从水分子中夺走氧生成CO_2。Pt-CO的结合能力很强，当CO-占据了Pt的催化位点时将降低Pt的催化脱氢活性，这种现象被称为催化剂CO中毒，这是DMFC的主要缺点之一。

为提高阳极催化剂的抗CO毒化能力，Pt催化剂通常与亲氧金属如Ru和Sn合金化制成Pt-Ru、Pt-Sn合金。

DMFC阴极主要使用铂碳催化剂，如果甲醇透过质子交换膜到达阴极就可能毒化铂碳催化剂，降低铂碳对ORR的催化活性。

DMFC主要采用全氟磺酸质子交换膜作为隔膜，但会出现严重的甲醇透过隔膜到达阴极的现象，透过率可达40%。甲醇透过隔膜的损失降低了燃料的利用效率，并且甲醇氧化反应动力学速率低于氢气氧化，因此DMFC的功率密度和能量效率都低于PEMFC。

DMFC的燃料是甲醇，具有来源丰富、价格低廉、携带方便的特点。从这个角度来说，DMFC适于作为笔记本电脑、手机的电池和电动车的动力电池。但是甲醇透过隔膜和电催化活性低仍然是亟待克服的两个难题。

思维创新训练 8.5 直接甲醇燃料电池中甲醇透过质子交换膜后，对电池电压会产生什么样的影响？

8.2.5 微生物燃料电池

微生物燃料电池（MFC）是将有机物作为燃料，微生物作为催化剂，将有机物中的化学能直接转化为电能的装置。以葡萄糖作为燃料、酵母菌作为微生物催化剂为例，MFC的工作原理与基本结构如图8.10所示，发生的氧化反应如式（8.15）所示。阳极侧为无氧环境，葡萄糖在酵母菌的生物作用下被氧化为二氧化碳，同时释放出电子和氢离子。电子可通过两种途径到达阳极集流体。第一种是微生物搭载在集流体表面，产生的电子直接传递给集流体，这种被称为无中介（也被称为介体，mediator）模式。第二种是有中介模式，微生物将产生的电子传递给中介，中介再将电子传递到集流体，中介可以溶解在电解液中、进出微生物体内或吸附在微生物表面。中介通常为吩嗪、吩噻嗪、靛酚、硫堇等有机染料分子。氢离子穿过质子交换膜到达阴极。电子经阳极集流体传递至外电路，做功后到达阴极，在阴极结合氧气、氢离子生成水［式（8.3）］。电池反应如式（8.16）所示。

负极（阳极）反应：

$$C_6H_{12}O_6 + 6H_2O \longrightarrow 6CO_2 + 24H^+ + 24e^- \tag{8.15}$$

电池反应：

$$C_6H_{12}O_6 + 6O_2 \longrightarrow 6CO_2 + 6H_2O \tag{8.16}$$

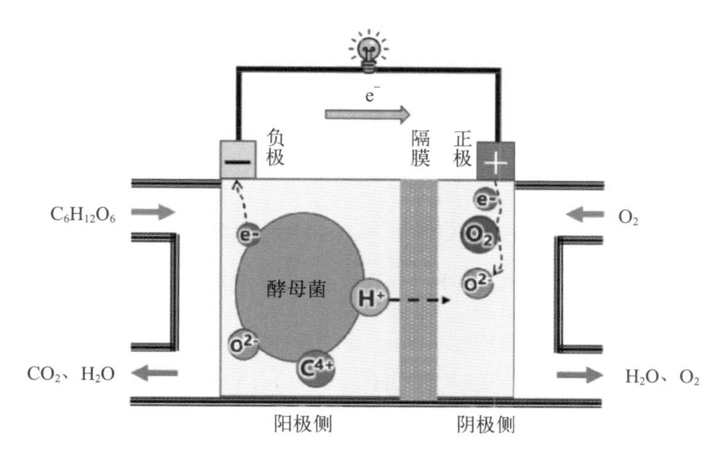

图 8.10　微生物燃料电池的工作原理与基本结构示意图

MFC最具潜力的应用是处理废水，在微生物降解有机物的同时产生电能。

8.3　氢氧根离子导电型燃料电池

8.3.1　氢氧根离子导电型燃料电池电化学

氢氧根离子导电型燃料电池的典型代表是碱性燃料电池（AFC）。AFC以KOH或NaOH等电解质配制成碱性电解液，以氢气为燃料，以纯氧气或者除去CO_2的空气为氧化剂。AFC的工作温度一般在60～80℃，工作压力一般在0.4～0.5 MPa范围内。

氢气在阳极侧催化层中被铂碳催化剂氧化为氢离子，氢离子结合电解液中的氢氧根离子（OH^-）生成水［式（8.17）］，电子通过外电路传导到阴极；氧气在阴极侧催化层中银催化剂表面还原为OH^-［式（8.18）］，OH^-透过隔膜传递至阳极。整个电化学反应过程如图8.11所示。

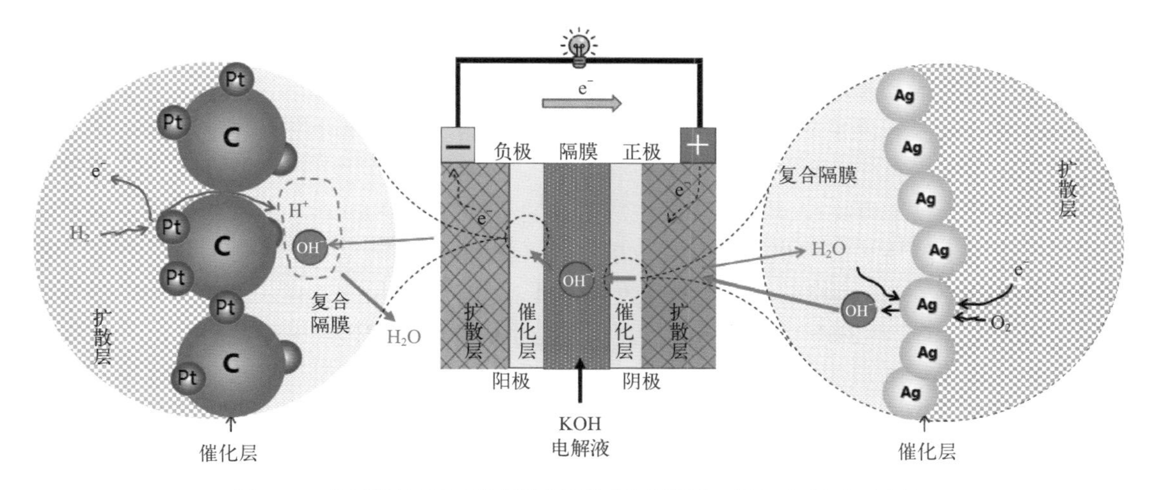

图 8.11　氢氧根离子导电型燃料电池阳极和阴极侧三相界面反应的示意图

阳极（负极）反应：

$$H_2+2OH^- \longrightarrow 2H_2O+2e^- \tag{8.17}$$

阴极（正极）反应（4电子反应途径）：

$$O_2+2H_2O+4e^- \longrightarrow 4OH^- \tag{8.18}$$

2电子反应途径：

$$O_2+H_2O+2e^- \longrightarrow HO_2^-+OH^- \tag{8.19}$$

$$HO_2^-+H_2O+2e^- \longrightarrow 3OH^- \tag{8.20}$$

AFC阴极侧的ORR机理也可分为4电子反应途径和2电子反应途径。4电子反应途径是氧气分子得到4个电子结合两个水分子直接生成4个OH^-［式（8.18)］。2电子反应是氧气先被2个电子还原成过氧氢根离子［式（8.19)］，过氧氢根离子再被2个电子还原成OH^-［式（8.20)］。

当AFC的ORR反应按2电子反应途径进行时，还原产物中除了有OH^-外，还有大量过氧氢根生成，而过氧氢根可能会被催化分解释放出氧气，降低ORR反应效率。AFC中进行4电子反应途径才能实现电池的高效率放电。

AFC的阳极和阴极（发生4电子反应）电极电势分别如式（8.21）和式（8.22）所示。

$$\varphi_{H_2O/H_2}=\varphi^{\ominus}_{H_2O/H_2}+\frac{RT}{nF}\ln\frac{a^2_{H_2O}}{p_{H_2}a^2_{OH^-}} \tag{8.21}$$

$$\varphi_{O_2/OH^-}=\varphi^{\ominus}_{O_2/OH^-}+\frac{RT}{nF}\ln\frac{a^2_{H_2O}p_{O_2}}{a^4_{OH^-}} \tag{8.22}$$

式中，$\varphi^{\ominus}_{H_2O/H_2}$为$-0.828$V(vs. SHE)；$\varphi^{\ominus}_{O_2/OH^-}$为0.401V(vs. SHE)。AFC的电动势如式（8.23）所示，标准电动势为1.229V。假设AFC的工作温度为70℃，H_2和O_2的分压相等，碱性电解液KOH的浓度为10mol·L^{-1}，则此AFC的电动势为1.331V。

$$U_d=\varphi_{O_2/OH^-}-\varphi_{H_2O/H_2} \tag{8.23}$$

8.3.2 碱性燃料电池

AFC的工作原理和基本结构如图8.12所示，电池反应如式（8.4）。

由电池反应可以看出反应过程中生成的水位于阳极侧，因此阳极侧要做好水的管理，将产生的水及时从系统中排出，以维持电解液的浓度，保证电池的放电性能。阴极侧的反应还需要水，这部分水可通过浓度梯度作用将阳极生成水向阴极扩散来补充。

AFC也使用了气体扩散电极，一般为双层结构（图8.13)，分为细孔层与粗孔层两层。细孔层与电解液接触，孔中充满电解液；粗孔层面向气体，孔中充满反应气体。细孔层的电解液浸润粗孔层并形成弯月面，气体在三相区溶解，在电解液中再扩散至催化剂表面发生电化学反应。

AFC的阳极催化剂常使用Pt、Pd等贵金属，或贵金属合金催化剂Pt-Ag、Pt-Rh等。阴极经常使用银催化剂，银在碱性环境中具有良好的ORR催化活性。AFC的传统隔膜材料主要是石棉。将石棉浸透碱液后作为隔膜隔开氢气和氧气，同时通过电解液传递OH^-。由于石棉对人体有致癌作用，而且在浓碱中会缓慢腐蚀，现在已经停止使用。为改进AFC的寿命与性能，已成

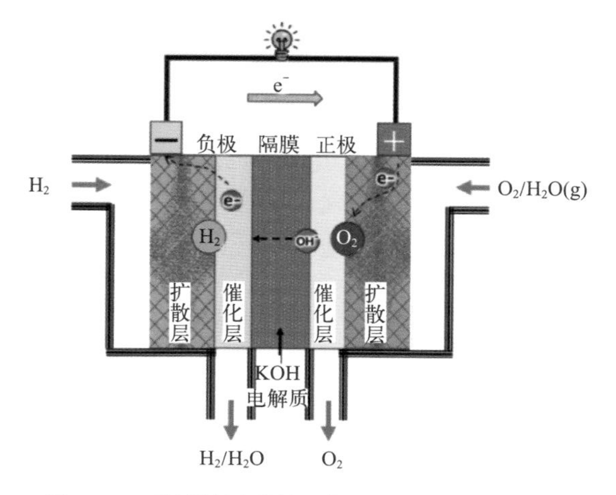

图 8.12 碱性燃料电池的工作原理和基本结构示意图

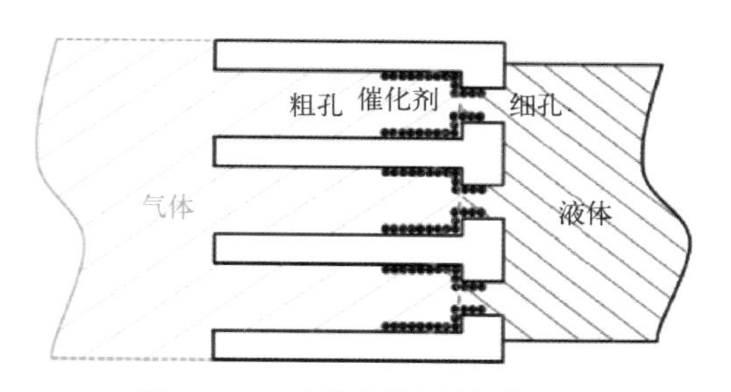

图 8.13 双孔结构的气体扩散电极

功开发钛酸钾微孔隔膜，并成功用于美国航天飞机用AFC中。现在行业内广泛使用的隔膜材料主要是以聚苯硫醚（PPS）织物与其改性的PPS织物为基底的新型复合隔膜。

AFC一般使用KOH或NaOH作电解质，虽然NaOH价格较低，但是更容易与CO_2反应生成碳酸盐堵塞气体通道，所以较少使用。AFC使用的KOH电解液浓度一般为30% ～ 45%的水溶液，最高可达85%。按照其流动方式可分为循环（也被称为自由流动型）和静态（也被称为担载型）两种使用方式。

循环电解液通过泵在电池内循环流动，可以方便地更新电解液，也可以实现在线补充电解液或去除杂质。不方便的地方在于增加了外部储液装置和机械循环设备，增加了AFC的结构复杂程度。

静态电解液是将KOH电解液吸附在两个电极之间的隔膜材料里，所以隔膜材料要有很好的空隙率、强度和抗碱腐蚀性能。由于静态电解液无法像循环流动电解液系统那样随时更换电解液，所以使用静态电解液系统的AFC要使用纯氧作为氧化剂，以避免空气中的二氧化碳在电解液中生成碳酸盐。

美国在1981年用于运输工具的AFC电解质是担载型的，电解质载体材料是石棉隔膜；而之前用于阿波罗宇宙飞船的电解液则是自由流动型的。现在大多数都是循环式电解液。

AFC的阴极ORR反应效率较高，并且可使用非贵金属催化剂，因为氧还原反应在碱性溶液中比在酸性溶液中容易。发电效率是各类燃料电池中最高的，可达70%。但是使用纯氢气燃料、氢氧根离子被消耗、阳极侧要进行水管理、空气中CO_2与电解液反应等问题，为AFC的应用带来了困难。

8.4 氧离子导电型燃料电池

8.4.1 氧离子导电型燃料电池电化学

氧离子导电型燃料电池的代表是固体氧化物燃料电池（SOFC）。SOFC以固体氧化物作为电解质和隔膜，在高温下将储存在燃料（H_2、CO等）和氧化剂中的化学能转化为电能。SOFC在各种燃料电池中理论能量密度最高。SOFC的工作温度为800 ～ 1000℃，高温可以使得燃料的氧化更为容易，所以不需要使用贵金属催化剂。通常将催化剂和集流体制备成一体多孔结构，称为阳极多孔材料或阴极多孔材料。

在使用氢气为燃料的SOFC中，氢气到达阳极多孔材料，在Ni催化剂表面被氧化为质子并释放电子，质子结合从阴极传递过来的氧离子（O^{2-}）生成水，电子通过外电路传导到阴极［式（8.24）］；空气中的氧气分子在阴极多孔材料的锰酸镧催化剂表面被还原成O^{2-}［式（8.27）］；在氧化锆固态电解质两侧氧离子浓度差的驱动下，O^{2-}穿过电解质向阳极迁移。整个电化学反应过程如图8.14所示。

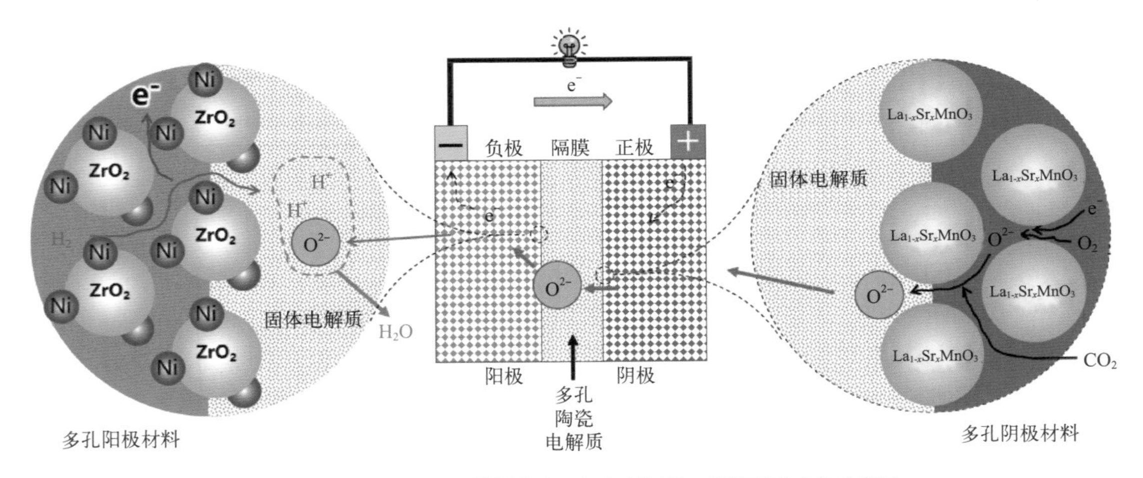

图8.14　氧离子导电型燃料电池阳极和阴极侧三相界面反应的示意图

当SOFC使用的燃料为CO或C时，阴极侧反应是氧气被还原为O^{2-}，阳极侧是CO或C被氧化为CO_2［式（8.25）和式（8.26）］，电池反应为［式（8.28）和式（8.29）］。当SOFC以碳为燃料时就变成了直接碳燃料电池。

阳极（负极）反应：

$$2O^{2-}+2H_2 \longrightarrow 2H_2O+4e^-(\text{燃料为}H_2) \tag{8.24}$$

$$O^{2-}+CO \longrightarrow CO_2+2e^-(\text{燃料为}CO) \tag{8.25}$$

$$2O^{2-}+C \longrightarrow CO_2+4e^-(\text{燃料为}C) \tag{8.26}$$

阴极（正极）反应：

$$O_2+4e^- \longrightarrow 2O^{2-} \tag{8.27}$$

电池反应：

$$2CO+O_2 \longrightarrow 2CO_2(\text{燃料为}CO) \tag{8.28}$$

$$C+O_2 \longrightarrow CO_2(\text{燃料为}C) \tag{8.29}$$

当SOFC以氢气为燃料，在1000℃下工作时，生成的水都是气态，阳极和阴极反应的电极电势分别如式（8.30）和式（8.31）所示，则此SOFC的电动势如式（8.32）所示，标准电动势为1.229V。

$$\varphi_{H_2O/H_2}=\varphi^{\ominus}_{H_2O/H_2}+\frac{RT}{nF}\ln\frac{p^2_{H_2O}}{p^2_{H_2}a^2_{O^{2-}}} \tag{8.30}$$

$$\varphi_{O_2/O^{2-}} = \varphi^{\ominus}_{O_2/O^{2-}} + \frac{RT}{nF}\ln\frac{p_{O_2}}{a^2_{O^{2-}}} \tag{8.31}$$

$$U_d = \varphi_{O_2/O^{2-}} - \varphi_{H_2O/H_2} \tag{8.32}$$

式中，$\varphi^{\ominus}_{H_2O/H_2}$取$\varphi^{\ominus}_{H^+/H_2}$的值0.000V（vs. SHE）；$\varphi^{\ominus}_{O_2/O^{2-}}$取$\varphi^{\ominus}_{O_2/H_2O}$的值为1.229V（vs. SHE）。

8.4.2 固体氧化物燃料电池

SOFC的工作原理和基本结构如图8.15所示。

SOFC中的电解质既要隔开燃料和氧化剂，又要在高温下传递O^{2-}，因此电解质材料要具有高的O^{2-}传导能力和低的电子传导能力，还要在高温的氧化性和还原性气氛中保持良好的化学稳定性和热稳定性。SOFC通常使用掺杂6%～10%氧化钇（Y_2O_3）的二氧化锆（ZrO_2）作为固态电解质，被称为氧化钇稳定的氧化锆（yttria stabilized zirconia，简写为YSZ）。此外，钙钛矿结构的锶或镁掺杂的镓酸镧（$LaGaO_3$）等氧化物也可被用作SOFC的固态电解质。

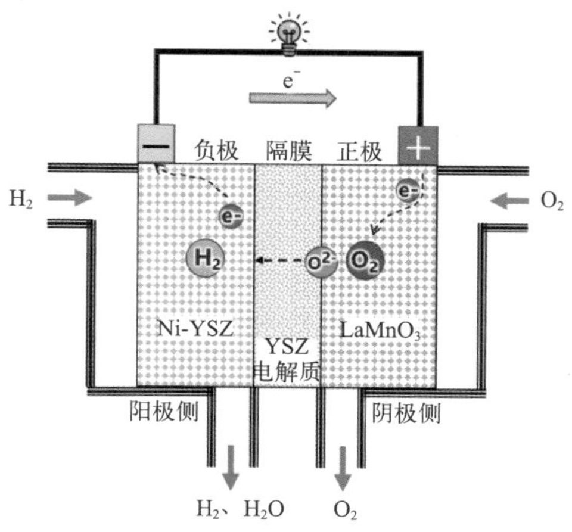

图8.15 固体氧化物燃料电池的工作原理和基本结构示意图

SOFC的阴极催化剂通常使用金属镍，将镍与YSZ混合后制成金属陶瓷材料（Ni-YSZ）作为SOFC的阳极多孔材料。阳极多孔材料中YSZ含量不能过高，否则会导致电子电导率明显下降，一般不超过电极质量的50%。SOFC的阴极催化剂除了贵金属外，还可以使用具有离子和电子双效导电能力的钙钛矿型稀土氧化物，如$LaMnO_3$、$LaCoO_3$等。常用的阴极催化剂为掺杂锶的亚锰酸镧（$La_{1-x}Sr_xMnO_3$，x=0.1～0.3）。

SOFC的双极板在高温下的氧化还原气氛中要具有机械强度良好、化学性质稳定、电导率高、致密性好、热膨胀系数低等特点。通常作为SOFC双极板材料的主要是镍铬合金和钙钛矿材料（如经过掺杂的$LaMnO_3$和$LaCrO_3$）。

SOFC是全固态结构，氧化物陶瓷作为固态电解质，没有液态电解质的迁移和损失等问题，电池材料的腐蚀问题也不严重。工作温度高，不需要使用贵金属催化剂，燃料范围广、利用率高、成本低。SOFC还能提供较高温度的余热，实现热电联供，能量效率达80%左右。

SOFC的工作温度高，也使得电池材料的使用寿命较短。由于陶瓷材料较脆，对振动敏感，SOFC不适于电动车电源等移动应用，但适于工厂、居民区、学校等热电联供应用。

8.5 碳酸根离子导电型燃料电池

8.5.1 碳酸根离子导电型燃料电池电化学

传导碳酸根离子导电型燃料电池的典型代表是熔融碳酸盐燃料电池（MCFC）。MCFC以熔融的碳酸钾（K_2CO_3）和碳酸锂（Li_2CO_3）等碳酸盐为电解质。与SOFC类似，MCFC的工作温度很高，一般为600～700℃，因此催化剂也可以使用非贵金属，并与集流体混合制备成阳极多孔材料和阴极多孔材料。

以燃料为氢气、氧化剂为氧气和二氧化碳混合气的MCFC为例，氢气到达阳极多孔材料后，在铬载镍催化剂的表面被氧化为质子并释放电子，质子从碳酸根（CO_3^{2-}）中获得一个氧离子生成气态水，碳酸根变成二氧化碳分子［式（8.33）］，电子通过外电路传导到阴极；氧气在阴极多孔材料中氧化镍催化剂表面被还原为氧离子，氧离子与二氧化碳结合生成CO_3^{2-}［式（8.34）］，CO_3^{2-}通过熔融碳酸盐向阳极迁移。整个电化学反应过程如图8.16所示。

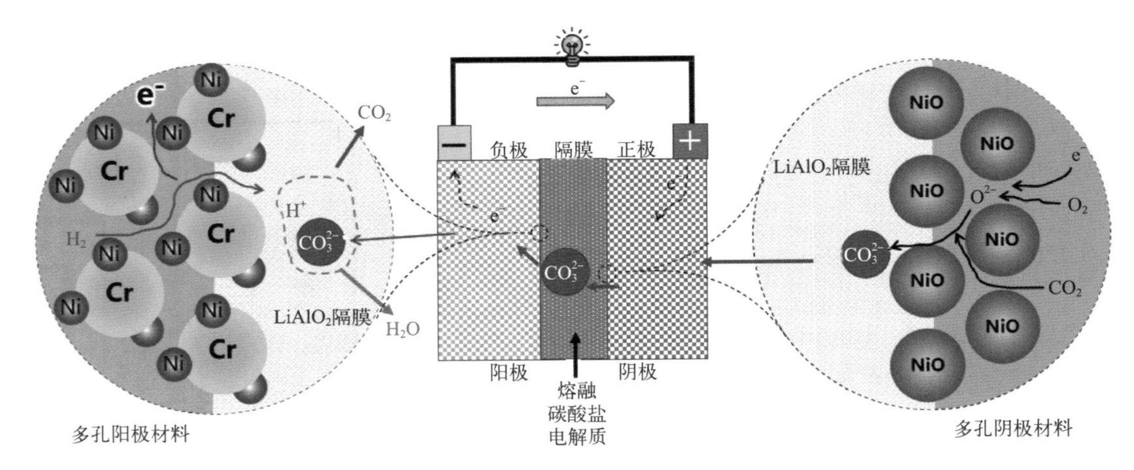

图 8.16　碳酸根离子导电型燃料电池阳极和阴极侧三相界面反应的示意图

思维拓展训练 8.1　还有哪些熔融碳酸盐燃料电池？工作原理是什么样的？

阳极（负极）反应：

$$2H_2+2CO_3^{2-} \longrightarrow 2H_2O+2CO_2+4e^-(H_2\text{做燃料}) \tag{8.33}$$

阴极（正极）反应：

$$2CO_2+O_2+4e^- \longrightarrow 2CO_3^{2-} \tag{8.34}$$

碳作为MCFC的燃料时，又变成了一个直接碳燃料电池，工作时阳极的碳与电解质中透过的CO_3^{2-}发生反应生成CO_2［式（8.35）］，阴极反应如式（8.34）所示，电池反应如式（8.36）所示。

$$C+2CO_3^{2-} \longrightarrow 3CO_2+4e^-(C\text{做燃料}) \tag{8.35}$$

$$C+O_2 \longrightarrow CO_2 \tag{8.36}$$

思维创新训练 8.6　以熔融碳酸盐和固体氧化物为电解质的直接碳燃料电池，你认为哪种能最先实现应用？为什么？

MCFC的阳极和阴极电极电势分别如式（8.37）和式（8.38）所示。

$$\varphi_{H_2O/H_2}=\varphi^{\ominus}_{H_2O/H_2}+\frac{RT}{nF}\ln\frac{p^2_{H_2O}p^2_{CO_2}}{p^2_{H_2}a^2_{CO_3^{2-}}} \tag{8.37}$$

$$\varphi_{O_2/CO_3^{2-}}=\varphi^{\ominus}_{O_2/CO_3^{2-}}+\frac{RT}{nF}\ln\frac{p^2_{CO_2}p_{O_2}}{a^2_{CO_3^{2-}}} \tag{8.38}$$

式中，$\varphi^{\ominus}_{H_2O/H_2}$ 取 $\varphi^{\ominus}_{H^+/H_2}$ 的值0.000V（vs. SHE）；$\varphi^{\ominus}_{O_2/CO_3^{2-}}$ 取 $\varphi^{\ominus}_{O_2/H_2O}$ 的值1.229V（vs. SHE）。MCFC的电动势如式（8.39）所示，标准电动势为1.229V。

$$U_d=\varphi_{O_2/CO_3^{2-}}-\varphi_{H_2O/H_2} \tag{8.39}$$

CO_2和碳酸根是MCFC的重要媒介，CO_2在阴极是反应物，在阳极是产物，因此电池在实际工作中要将阳极排出的CO_2循环到阴极，可用过量空气燃烧阳极排出气体中的H_2和CO，将水蒸气分离后就剩下CO_2了。

8.5.2 熔融碳酸盐燃料电池

MCFC的工作原理和基本结构如图8.17所示。

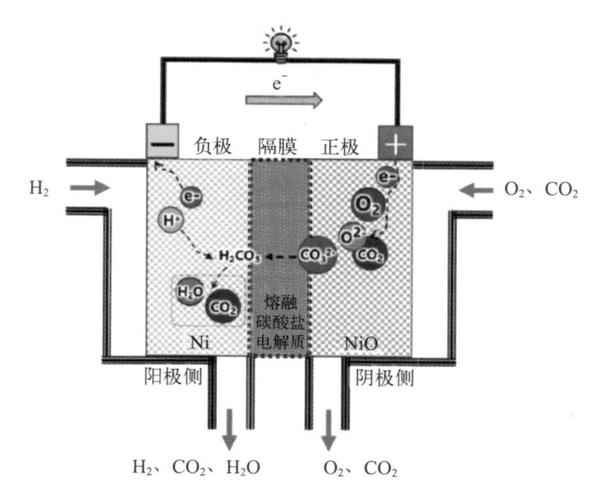

图8.17　熔融碳酸盐燃料电池的工作原理和基本结构示意图

熔融盐是无机盐的熔融态液体，无机盐大部分为离子晶体，高温熔化后形成离子解离的熔融体。常见的熔融盐由碱金属或碱土金属与卤化物、硅酸盐、碳酸盐、硝酸盐以及磷酸盐组成。熔融碳酸盐是液态的，通过毛细力留存在隔膜材料的微孔中。MCFC的隔膜材料一般都采用$LiAlO_2$。$LiAlO_2$隔膜具有足够的机械强度，耐高温熔盐腐蚀，微孔浸入熔融盐后能够有效分隔气体，碳酸根离子通过性能良好。因此MCFC的阳极和负极中间是固态多孔隔膜与浸润熔融碳酸盐电解质的一层复合材料。

MCFC常用的电解质由碳酸锂（Li_2CO_3）和碳酸钾（K_2CO_3）按一定比例混合后熔融制得。Li_2CO_3的电导率高，但是反应气体（H_2、O_2、CO_2）在其中的溶解度低、扩散系数较小。Li_2CO_3对电池材料的腐蚀很强，通常添加一定比例的K_2CO_3进行改善。

MCFC的熔融电解质在运行过程中会不断损失，原因是电池材料的腐蚀以及熔盐电解质的迁移和蒸发。阴极催化剂材料氧化镍（NiO）的分解，以及阳极和双极板等材料的腐蚀，都会导致熔盐电解质损失一部分锂盐。

MCFC的阳极催化剂最早采用了银和铂，后来使用了镍，但镍在MCFC的工作温度下会发生结块现象，因此通常使用Ni-Cr或Ni-Al合金等作为MCFC的阳极催化剂和集流体。MCFC的阴极催化剂一般采用多孔氧化镍，通常还会对多孔氧化镍嵌锂以提高电极的导电性。

因为陶瓷材料很难在含锂的碳酸盐中稳定存在，MCFC一般采用不锈钢和各种镍基合金作为双极板材料，其中不锈钢双极板使用较多。MCFC的工作温度高，不需要贵金属催化剂，可以使用多种燃料。MCFC寿命可达40000h以上，并且对CO_2进行循环，适合于做分布式电站，实现热电联供。

MCFC的主要问题是高温下含锂的熔融碳酸盐对电池材料的强腐蚀性降低了电池的寿命。

思维创新训练 8.7 煤气能作为熔融碳酸盐燃料电池的燃料吗？为什么？

思维创新训练 8.8 查找一篇最新的燃料电池的研究论文，分析论文中的创新点应用了哪些本章所述内容。

扫码获取
本章思维导图

第9章 液流电池

9.1 概述

9.1.1 液流电池的发展历史

1971年，日本大阪工业研究所科学家卢村进一（Shinichi Ashimura）和三宅义造（Yoshizo Miyake）提出将正极活性材料（Fe^{3+}/Fe^{2+}）和负极活性材料（Br_2/HBr）溶解在电解液中，通过氧化还原反应，实现电能和化学能的有效转换，这一概念为氧化还原液流电池（redox flow battery，简写为RFB）的发展提供了重要理论基础。1973年起，美国航空航天局（National Aeronautics and Space Administration，简写为NASA）开始对液流电池进行研究，准备用于月球基地的太阳能储电系统。1974年8月，美国NASA刘易斯研究中心科学家塔勒报道了铁铬液流电池，他将$FeCl_2$和$CrCl_3$分别作为正极和负极活性材料并存放在两个外部储罐中，以盐酸作为电解液，以阴离子交换膜为隔膜，用循环泵驱动电解液流经电极，制造了第一个具有实际意义的液流电池。铁铬液流电池的主要优势在于其原材料储量丰富且价格较低。尽管铁铬液流电池具有出色的性能，但其技术上仍有不少挑战，例如交叉污染现象、负极析氢反应严重、铬离子电化学活性不高等，1990年后有关铁铬液流电池的研发基本停止，近年来只有瑞士沃特储能（Energy Vault）和位于美国硅谷的迪亚储能（Deeya Energy）等个别公司还从事铁铬液流电池方面的研究和应用工作。

1980年，美国埃克森美孚公司与桑迪亚国家实验室（Sandia National Laboratories）合作开发锌溴液流电池技术。1985年，埃克森美孚将锌溴液流电池技术转让给江森自控（Johnson Controls），准备将其应用于电动汽车。1994年，江森自控将锌溴液流电池技术及知识产权转让给美国ZBB能源公司（ZBB Energy Corporation）。2000年，美国ZBB能源公司将锌溴液流电池技术量产，成为当时全球最成熟的锌溴液流电池储能技术。

针对传统锌镍蓄电池寿命短的问题，1991年法国国家科学研究中心（Centre national de la recherche scientifique）的布罗诺尔（G.Bronoel）等提出加大锌镍蓄电池的电解液用量并同时使电解液流动的方法来抑制枝晶的形成，提高了传统锌镍蓄电池的使用寿命，但同时也导致了能量密度降低。此时第一代锂离子电池已经开始商业化，能量密度高、循环寿命好的锂离子电池导致这种富液态锌镍电池的研究没有持续下去。直到2007年，中国军事科学院防化研究院杨裕生院士团队结合传统锌镍蓄电池与液流电池的优势，提出了锌镍单液流电池的概念，锌镍液流电池再次受到了关注。

1978年，意大利科学家佩莱格里（A.Pellegri）和斯帕齐安特（P.M.Spaziante）首次提出了全钒液流电池的概念。1984年，新南威尔士大学（The University of New South Wales，简称UNSW）电化学家玛丽（Maria Skyllas-Kazacos）领导的团队通过实验发现，5价钒离子可以稳定存在于硫酸中，该团队于1986年申请了全钒液流电池的专利，于1988年获得授权。他们建造了1kW级的试验电堆，能量效率达72%～88%，这些工作为全钒液流电池的商业化奠定了基础。日本的钒电池工业化项目发展较早，日本住友电工集团1989年开始建设60kW级钒电池电站。2005年，日本太阳能研究所（Solar Energy Institute）建立了4MW/6MW·h全钒液流电池储能系统，是当时全球最大的钒电池示范项目。中国的全钒液流电池基础研究开始于20世纪80年代末期，但商业化推广较晚。1995年，中国工程物理研究院电子工程研究所成功研制了500W和1000W的电池样机。2006年，中国科学院大连化学物理研究所建成10kW全钒液流电池试验电堆。2009年，北京普能世纪科技有限公司收购了当时全球最大全钒液流电池公司VRB Power System，获得了其知识产权和技术团队。2008年10月，大连融科储能技术发展有限公司成立，由中国科学院大连化学物理研究所与大连博融控股集团共建。大连融科已建设了全球最大200MW/800MW·h液流电池储能调峰电站，并申请国内外发明专利200余项，制定了包括首项液流电池国际标准在内的19项标准。中国的全钒液流电池技术研发和产业化进程已经位于全球前列，并已成为该领域的主力。

1984年，澳大利亚蒙纳士大学教授辛格（Pritam Singh）首次提出了非水系液流电池的概念。早期非水系液流电池的活性材料主要是基于无机金属（V和Ru）的金属配合物，活性材料浓度低，所以电流密度低，长时间内未得到重视。2010年以后，全钒液流电池的应用和推广受到钒的市场价格的影响和制约，研究人员重新开始对新型活性材料的液流电池开展了研究，尤其是使用新型有机活性材料的液流电池得到了快速发展。图9.1给出了液流电池的发展历程。

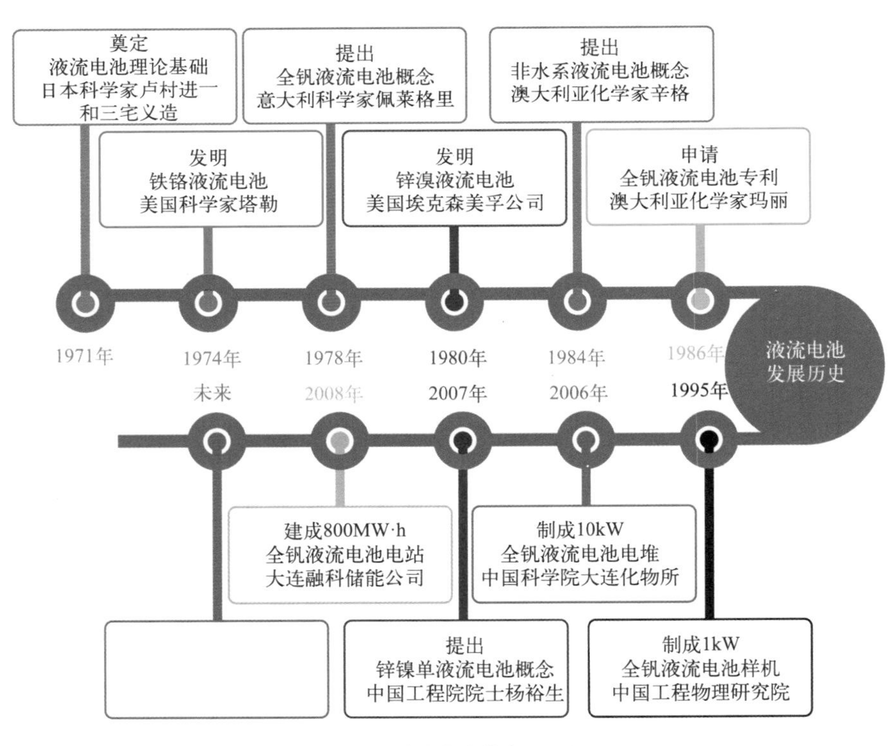

图9.1　液流电池的发展历程

思维创新训练 9.1 液流电池概念的提出距今已经过去半个世纪，结合液流电池的发展历史思考为什么目前商用的液流电池技术仍以全钒液流电池为主？

9.1.2 液流电池的工作原理

液流电池利用电解液中的活性材料在电极表面发生氧化还原反应，完成电能和化学能的相互转换，实现电能的存储和释放，是一种适用于大规模储电的电化学装置，其工作原理如图9.2所示。在液流电池充放电循环过程中，正极和负极电解液在循环泵的推动下，通过管道分别流经电池的正极和负极表面，发生氧化还原反应后回到电解液储罐中。

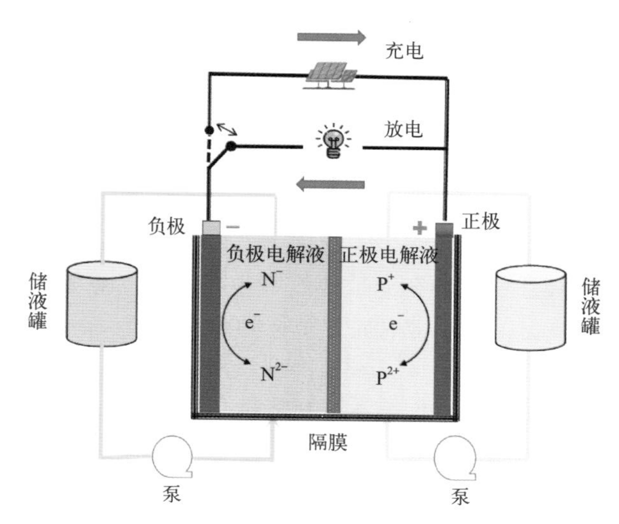

图 9.2 液流电池的工作原理和基本结构示意图

当电池进行放电时，负极活性材料N^{2-}发生氧化反应，失去电子，价态升高变成N^-［式（9.1）］，电子通过外电路放电到达正极，正极活性材料P^{2+}得到电子，发生还原反应，价态降低变成P^+［式（9.2）］。电池的充电过程发生的反应是放电过程的逆反应。电池总反应如式（9.3）所示。

负极反应：

$$N^{2-} \rightleftharpoons N^- + e^- \tag{9.1}$$

正极反应：

$$P^{2+} + e^- \rightleftharpoons P^+ \tag{9.2}$$

电池反应：

$$N^{2-} + P^{2+} \rightleftharpoons N^- + P^+ \tag{9.3}$$

9.1.3 液流电池的基本结构

不同于锌锰电池、锂电池、铅酸蓄电池和镍氢电池等干电池和二次电池，液流电池的特点之一是活性材料和反应器是相互独立的。活性材料储存在反应器外部的储罐中，电解液流经反应器时发生电化学反应。图9.2展示了液流电池的单体结构，单体电池经过串联后组成电堆提供更高的电压。液流电池的基本结构包括电化学反应器和辅助装置。电化学反应器主要包括正极、负极、隔膜、外壳等。正极和负极通常使用石墨毡或碳毡等集流体。隔膜可使用质子交换膜、离子交换膜、微孔膜等。辅助装置包括容纳正极电解液（posolyte）和负极电解液（negolyte）的储罐和循环电解液的泵。

思维创新训练 9.2 液流电池的电极上实际发生的电化学反应速率由哪些因素决定？液流电池充、放电时，充放电电流、电极反应面积和蠕动泵的泵速之间有什么联系？

9.1.4 液流电池的分类

液流电池可根据液流电池正极、负极电解液中活性材料的种类、形态或溶剂的种类分类。

根据正极活性材料和负极活性材料的种类和搭配组合，液流电池可分为全钒液流电池、锌溴液流电池、锌氯液流电池、锌铈液流电池、锌镍液流电池、多硫化钠-溴液流电池、铁铬液流电池、钒多卤化物液流电池等。

根据活性材料在充放电过程中有无相转变，液流电池可分为液液型液流电池、固液型液流电池和固固型液流电池。液液型液流电池指正极活性材料和负极活性材料在充电和放电过程中均溶解在溶剂中。固液型液流电池指正极或负极某一侧的活性材料在充放电过程中有固液相转换，尤其是金属作为负极活性材料的液流电池，如全铁液流电池、锌溴液流电池等。金属作为负极活性材料的固液型液流电池在放电过程中发生金属的溶解，在充电过程中金属离子被还原沉积到负极表面，因此这种类型的电池也被称为半沉积型液流电池。固固型液流电池的正极和负极活性材料在充放电过程中都发生固液相转换，如使用甲基磺酸铅电解液的铅酸液流电池。固固型液流电池有时也被称为全沉积型液流电池。

根据电解液的溶剂类型，液流电池可分为水系液流电池和非水（有机）系液流电池。水系液流电池又可根据活性材料是有机物还是无机物分为有机水系液流电池和无机水系液流电池。

根据为液流电池充电的电能来源可分为常规（电充电）液流电池和太阳能液流电池。太阳能液流电池可以将太阳能转换为电能并储存起来。太阳能液流电池根据光电极充电原理可分为光电化学充电液流电池和光伏电极充电液流电池。

9.1.5 液流电池的特点

液流电池由于能量密度低，因此更适于做大规模储能。与其他电池储能技术相比（表9.1），液流电池具有以下特点。

表 9.1 液流电池与其他电池性能对比

性能	全钒电池	铅酸蓄电池	镍氢电池	锂离子电池
循环寿命	>10000 次	>300 次	>1000 次	4000 ~ 5000 次
能量密度	15 ~ 30W·h·L^{-1}	30 ~ 50W·h·kg^{-1}	60 ~ 70W·h·L^{-1}	300 ~ 400W·h·L^{-1}
安全性	好	好	一般	不好
运行温度	5 ~ 50℃	0 ~ 40℃	−40 ~ 55℃	25 ~ 45℃
自放电	低	低	低	中
能量效率	70% ~ 75%	55% ~ 70%	50% ~ 65%	90%
活性材料回收利用	容易	容易	一般	难

液流电池储能系统安全性高。目前商业化的全钒液流电池电解液的溶剂为水，与使用有机溶剂的锂离子电池相比，极大降低电解液燃烧或爆炸风险。当然水溶液体系也存在着电解水的可能性，需要在充电过程中控制好充电截止电压，防止电解水产生氢气和氧气。

液流电池可根据需求灵活调整输出功率和储能容量。与燃料电池相似，液流电池的输出功率由电极的面积和单池数量决定，储能容量由活性材料在电解液中的浓度和电解液体积决定。因此可以根据需求对输出功率和储能容量进行灵活设计，增加电池的输出功率可通过增大电堆的电极面积和增加串联的单池数量实现，增加电池的储能容量可通过增加活性材料的浓度和电解液体积实现。

液流电池的循环稳定性好，自放电率低。全钒液流电池和铁铬液流电池的循环寿命均可达10000次以上，适于长时间储能。

液流电池的能量密度较低。由于大多数类型液流电池的活性材料是溶解在溶剂中的，所以能量密度受到活性材料溶解度的限制，液流电池能量密度比锂离子电池低10倍左右，因此不适合作为移动电源和动力电池。

液流电池系统复杂。同燃料电池类似，液流电池需要使用储罐、循环泵、控温系统等辅助设备保障电池系统稳定连续工作，导致液流电池的系统体积能量密度很低，不适合作为小型储能系统。

9.1.6 液流电池的应用场景

液流电池技术适用于输出功率为千瓦至数百兆瓦、储能容量为数百千瓦时至数百兆瓦时的储能范围，最适于做大容量、长时间的储能应用，如风能、太阳能电站等不稳定发电量的存储，保障风电或光电的稳定性和连续性；火电或水电电站的调峰、调频，通过配置大规模液流电池储能系统调整电网的谷电峰电均衡利用，保障发电设备的稳定运行，提高火电或水电的利用效率；配合小型风电或光伏发电的分布式应用，构建面向用户的微电网和商业储能，实现分布式发电的最优化运行和配置，降低用电成本。

9.2 全钒液流电池

9.2.1 工作原理和基本结构

钒原子的电子层结构为$3d^3 4s^2$，容易先失去4s轨道的电子形成V^{2+}，然后再依次失去3d轨道上的电子形成V^{3+}、VO^{2+}（+4价）和VO_2^+（+5价）等离子。因而可以将这四个价态组合为V^{3+}/V^{2+}和VO_2^+/VO^{2+}两组氧化还原电对，分别作为液流电池的负极和正极活性材料。由于活性材料全部利用钒元素，因而被称为全钒液流电池（all vanadium redox flow battery，常被简写为VRB）。全钒液流电池采用硫酸或硫酸与盐酸混合物作为支持电解质，水为溶剂。全钒液流电池工作原理如图9.3所示。

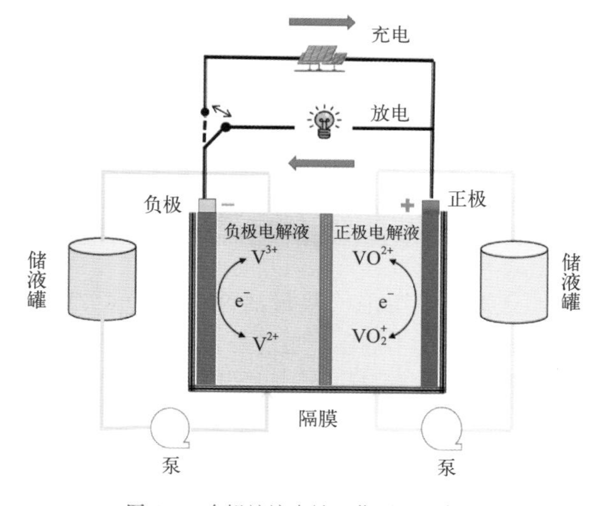

图9.3 全钒液流电池工作原理示意图

全钒液流电池的电极反应如式（9.4）～式（9.6）所示，负极反应的标准电极电势为−0.255V（vs. SHE），正极反应的标准电极电势为+0.991V（vs. SHE），电池的标准开路电压为1.246V。实际使用过程中全钒液流电池的开路电压一般在1.5～1.6V之间。

负极反应：

$$V^{3+} + e^- \rightleftharpoons V^{2+} \qquad \varphi^\ominus = -0.255\ V(vs.\ SHE) \tag{9.4}$$

正极反应：

$$VO^{2+}+H_2O \rightleftharpoons VO_2^{+}+2H^{+}+e^{-} \qquad \varphi^{\ominus}=0.991V(vs.\ SHE) \tag{9.5}$$

电池反应：

$$VO^{2+}+H_2O+V^{3+} \rightleftharpoons VO_2^{+}+2H^{+}+V^{2+} \qquad U^{\ominus}=1.246\ V \tag{9.6}$$

思维创新训练 9.3 为什么充完电的全钒液流电池的开路电压高于标准开路电压？

在充放电过程中，氢离子参与了正极的电化学反应［式（9.5）］，不参与负极的电化学反应，因此氢离子浓度将会影响正极电极电势，但不影响负极电极电势。负极和正极电化学反应的能斯特方程分别如式（9.7）和式（9.8）所示，电池电压如式（9.9）所示。电解液中氢离子浓度升高时，则正极的电极电势将相应升高，而对负极的电极电势没有影响。

$$\varphi_{V^{3+}/V^{2+}}=\varphi^{\ominus}_{V^{3+}/V^{2+}}+\frac{RT}{nF}\ln\frac{a_{V^{3+}}}{a_{V^{2+}}} \tag{9.7}$$

$$\varphi_{VO_2^{+}/VO^{2+}}=\varphi^{\ominus}_{VO_2^{+}/VO^{2+}}+\frac{RT}{nF}\ln\frac{a_{VO_2^{+}}a_{H^{+}}^{2}}{a_{VO^{2+}}} \tag{9.8}$$

$$U_d=\varphi_{VO_2^{+}/VO^{2+}}-\varphi_{V^{3+}/V^{2+}} \tag{9.9}$$

思维创新训练 9.4 自然界中的钒在五价状态时最稳定，因此大多数以五氧化二钒和偏钒酸形式存在。在全钒液流电池中使用到的二价钒离子（V^{2+}）、三价钒离子（V^{3+}）和四价钒离子（VO^{2+}）在实际应用中适合采用哪种工艺大规模还原？还原后的低价态应如何储存，请说明原因。

9.2.2 负极材料电化学

全钒液流电池的负极活性材料为V^{3+}/V^{2+}。电池放电时，负极电解液中的V^{2+}失去电子变为V^{3+}［式（9.4）］，电子通过外电路放电从负极到达正极，氢离子则通过质子交换膜从负极传递到正极。电池充电过程与之相反。

如式（9.7）所示，负极的电极电势受到V^{2+}活度和V^{3+}活度的影响。当V^{2+}活度和V^{3+}活度相等时，负极的电极电势是标准电极电势−0.255V（vs. SHE）。如果充电到某一程度，当V^{2+}活度是V^{3+}活度的1000倍时，负极的电极电势约为−0.432V（vs. SHE）；如果放电到某一程度，当V^{3+}活度是V^{2+}活度的1000倍时，负极的电极电势约为−0.078V（vs. SHE）。

负极电解液中的V^{2+}极易被氧化为V^{3+}，造成系统的自放电从而损失储电容量，因此在实际应用中应该做好对负极电解液的保护，如向储液罐充入氮气以防止空气中的氧气氧化V^{2+}。此外，负极电解液中的V^{2+}和V^{3+}在低温时（小于10℃）溶解度较低，在浓度较高或温度较低时容易析出氧化钒（VO、V_2O_3等）的固体颗粒，这些颗粒可能沉积在碳毡电极表面或储罐底部。

9.2.3 正极材料电化学

全钒液流电池的正极活性材料为VO_2^+/VO^{2+}。电池放电时，正极电解液中的VO_2^+得到电子，失去一个O^{2-}离子变为VO^{2+}［式（9.5）］，电子通过外电路放电从负极到达正极，氢离子则通过质子交换膜从负极转移到正极。电池的充电过程与之相反。

和负极反应电化学类似，正极的电极电势受到VO^{2+}活度和VO_2^+活度的影响［式（9.8）］。此外，还受到电解液中氢离子活度的影响，电解液中氢离子活度每增加10倍，正极的电极电势将正移0.118V。在氢离子的活度为0.1mol·L^{-1}（pH=1），当VO^{2+}活度和VO_2^+活度相等时，正极的电极电势是标准电极电势0.991V（vs. SHE）；电池充电到某一程度，当VO_2^+活度是VO^{2+}活度的1000倍时，正极的电极电势约为1.019V（vs. SHE）；放电到某一程度，当VO^{2+}活度是VO_2^+活度的1000倍时，正极的电极电势约为0.963V（vs. SHE）。

由以上讨论结果可知，全钒液流电池的电压将处于1.041 ～ 1.451V。

全钒液流电池正极电解液中的VO_2^+的溶解度相对较低，当温度高于40℃时，稳定性变差，开始生成V_2O_5沉淀。V_2O_5沉淀很难在电解液中溶解，会造成正极电解液的容量损失。V_2O_5沉淀如果进入电解液流动管道，还可能堵塞碳毡孔道。因此在实际应用中要注意温度对于VO_2^+在正极电解液中稳定性的影响。

除了温度对正极电解液带来的影响外，由于形成离子的钒元素存在3d空轨道，因此钒离子间极易缔合，使其在高浓度下易于产生沉淀。同时，由于3d空轨道的存在，钒离子也极易与其他配体络合，如果可以找到合适的络合剂，抑制钒离子间的缔合，便可以提升钒离子的溶解度和稳定性，对于提升全钒液流电池的能量密度具有重要意义。

知识拓展9.1

缔合与络合的区别

缔合（association）：同种或异种分子在分子间作用力（主要为范德华力）的作用下形成双分子或多分子。由于这种分子间作用本质上还是物理作用，因此缔合作用一般并不显著改变原来物质分子的化学性质，但对物质密度、沸点、熔点等物理性质却有较明显的影响。缔合作用形成的分子间作用力相对较弱，分子容易解离，稳定性较弱。

络合（complexation）：电子对给予体与电子接收体互相作用而形成各种络合物的过程。通常配位中心（金属离子）提供没有电子填充的空轨道，配体提供孤电子对，配体的孤电子对进入配位中心的空轨道中，形成共用电子对，即共价键，因此络合物稳定性较强。由于配体的引入会改变金属附近的电子云密度，因此络合物会产生新的物理和化学性质。

思维创新训练 9.5 正极电解液中生成 V_2O_5 沉淀除了受到电解液温度的影响，还受到哪些因素的影响？在实际使用过程中如何避免生成 V_2O_5 沉淀？

9.2.4 电解液

9.2.4.1 电解液的制备方法

全钒液流电池电解液的制备方法主要有化学制备法和电解制备法两种。化学制备法是将钒的化合物或氧化物（以V_2O_5为主）与一定浓度的硫酸混合，通过加热和加入还原剂（通常使用草酸）使其还原到+4价，制备成含有一定浓度硫酸的硫酸氧钒（$VOSO_4$）水溶液，其反应过程如式（9.10）～式（9.12）所示。化学制备法的优点是工艺和设备比较简单，缺点是反应速率比较缓慢，并且要使用很高浓度的硫酸才能进行。

$$V_2O_5 + H_2SO_4 \xlongequal{} (VO_2)_2SO_4 + H_2O \tag{9.10}$$

$$(VO_2)_2SO_4 + (COOH)_2 + H_2SO_4 \xlongequal{} 2VOSO_4 + 2CO_2 + 2H_2O \tag{9.11}$$

$$V_2O_5 + (COOH)_2 + 2H_2SO_4 \xlongequal{} 2VOSO_4 + 2CO_2 + 3H_2O \tag{9.12}$$

思维创新训练 9.6 9.2.3节指出正极电解液中温度过高时会析出V_2O_5沉淀并且难以溶解，为什么制备正极电解液却在较高温度下通过溶解进行，这两种现象是否矛盾？为什么？

电解制备法是利用双室电解槽对高价钒电解还原，其反应过程如式（9.13）～式（9.16）所示。在电解槽负极侧加入V_2O_5或NH_4VO_3的硫酸溶液，在正极侧加入硫酸钠或硫酸溶液，两电极之间通直流电后，V_2O_5或NH_4VO_3在负极被还原。电解电压不同时，生成的产物有四价钒（VO^{2+}）［式（9.13）］、三价钒（V^{3+}）［式（9.14）］和二价钒（V^{2+}）［式（9.15）和式（9.16）］等不同的成分。低价钒被电解合成后，可促进V_2O_5或NH_4VO_3的溶解。电解法的优势是可以根据需要大批量地生产不同价态钒的电解液，缺点是在正极侧发生了析氧反应，浪费了电能。商业上出售的全钒液流电池电解液中钒离子的价态一般是+3.5，因此还需要将硫酸氧钒溶液进行电解还原制造V^{3+}溶液，通过将各含一半V^{3+}和VO^{2+}的溶液混合后制备成+3.5价钒离子电解液。

$$V_2O_5 + 8H^+ + 3e^- \longrightarrow V^{3+} + VO^{2+} + 4H_2O \tag{9.13}$$

$$VO^{2+} + 2H^+ + e^- \longrightarrow V^{3+} + H_2O \tag{9.14}$$

$$VO^{2+} + 2H^+ + 2e^- \longrightarrow V^{2+} + H_2O \tag{9.15}$$

$$V^{3+} + e^- \longrightarrow V^{2+} \tag{9.16}$$

思维创新训练 9.7 为什么商业上出售的全钒液流电池电解液中钒离子的价态一般是+3.5价？

9.2.4.2 电解液的性能参数

电导率、密度和黏度是全钒液流电池电解液的主要性能参数。

电解液电导率的大小会显著影响全钒液流电池电解液中的离子传递速率，从而影响全钒液流电池电堆的内阻。电解液的黏度增大，除了会降低离子传递速率增大内阻外，还会增大电解液在管道中的流动阻力，增大电解液循环泵的功耗。

全钒液流电池电解液的密度直接影响了电池的能量密度，较高密度的电解液可以提供更高的能量密度，因为在相同体积或质量下，更多的钒离子可以溶解在电解液中。在10～40℃范围内，全钒液流电池的正极和负极电解液的密度均随温度的升高而降低。

电解液的温度会影响电解液的电导率、黏度和密度。温度升高后，电解液中支持电解质和溶剂分子的热运动速率增加，溶液的黏度降低，因此电解液的电导率增加。

国标《全钒液流电池用电解液》（GB/T 37204—2018）、行标《全钒液流电池用电解液 技术条件》（NB/T 42133—2017）和《全钒液流电池用电解液 测试方法》（NB/T 42006—2013）对于全钒液流电池电解液的成分和含量、杂质含量、制备要求、测试方法等都作出了详细规定，请参考本书15.7节内容。

9.2.5 全钒液流电池的隔膜

隔膜是全钒液流电池的重要部件。它的第一个作用是隔开正极和负极活性材料，防止交叉污染降低电池充放电效率；第二个作用是允许导电离子顺利通过隔膜进行导电，保障整个电流回路的畅通。因此要求全钒液流电池隔膜要具有良好的离子传导性、离子选择性、机械稳定性和化学稳定性，以充分提高全钒液流电池的充放电效率和寿命。由于全钒液流电池主要是作为大规模储能应用，所以要考虑隔膜的制造成本。

质子交换膜燃料电池和全钒液流电池均需使用离子交换膜作为隔膜，目前使用的多是质子交换膜。质子交换膜已在本书8.3.2节进行了较为详细的论述。质子交换膜是无孔膜，主要通过氢离子透过膜来导电，因此对正极和负极电解液的隔离效果很好。此外，还可以应用微孔膜作为全钒液流电池的隔膜，这类膜通常不含离子交换基团，通过膜上的孔径大小实现离子选择性透过。

思维拓展训练 9.1 查询水合氢离子、水合氯离子和4种不同价态的水合钒离子的尺寸，说明孔径为多大的微孔膜适合作为全钒液流电池的隔膜，并给出符合要求的商品膜。

9.2.6 全钒液流电池的主要性能特点

图9.4是全钒液流电池的典型充电和放电曲线。在放电过程中，对于负极一侧储液罐内的电解液，随着放电的进行，V^{3+}的浓度逐渐增大，而V^{2+}的浓度逐渐减小，负极一侧电势逐渐正移［式（9.7）］；而对于正极一侧，VO^{2+}的浓度逐渐增大，而VO_2^+的浓度逐渐减小，正极一侧的电势逐渐负移［式（9.8）］。由式（9.9）可知，此时电池的整体电压是逐渐下降的。在放电初始，电解液中可供反应的活性材料充裕，但受限于电流密度，部分电解液在电极表面无法顺利得失电子发生电化学反应而产生活化超电势。随着放电的进行，电解液内部的反应逐渐趋于稳定，此时欧姆超电势占主导作用，它主要来源于电解液、隔膜及电极的电阻，阻碍了电池内部的电子转移和离子转移过程。而进入放电后期，可供参加反应的活性材料的量急剧减小，电解液中传递到电极表面的反应物的量不能满足电化学反应需求而引起传质（浓差）超电势。电池的充电过程与放电过程相反。

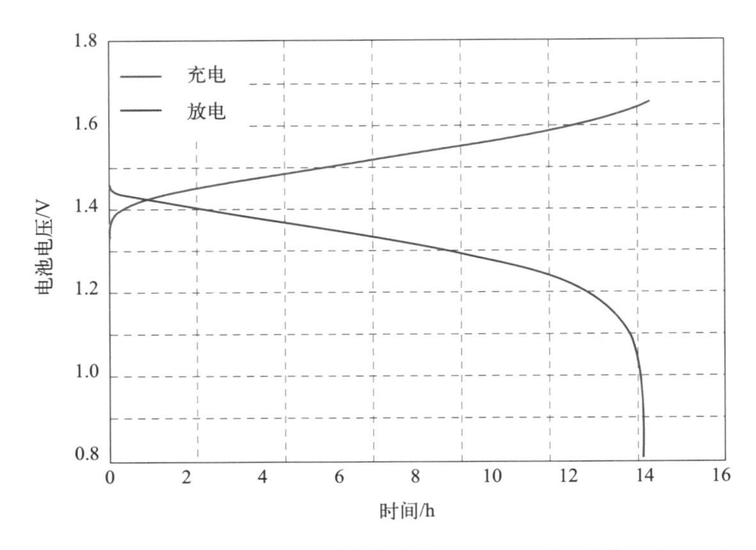

图 9.4　全钒液流电池的充电和放电曲线（$120mA \cdot cm^{-2}$，隔膜 Nafion115）

某型商用全钒液流电池在$180mA \cdot cm^{-2}$的充放电电流密度下，平均库仑效率为98.5%，平均电压效率为89.4%，平均能量效率为88.06%。如果电池中发生了电解液互窜，将会引起正、负极电解液体积和浓度的失衡，从而造成电池效率下降，电池的实际储能容量变小。

思维创新训练 9.8 查询全钒液流电池的电解液利用率一般情况下是多少，分析影响电解液利用率的因素。

9.3 铁铬液流电池

9.3.1 工作原理和基本结构

铁铬液流电池分别采用Fe^{3+}/Fe^{2+}和Cr^{3+}/Cr^{2+}作为正极和负极活性材料，通常正极和负极电解液都使用盐酸作为支持电解质，隔膜采用质子交换膜，电池内部通过氢离子的传递来导电，其工作原理如图9.5所示。在放电过程中，负极电解液中的Cr^{2+}被氧化为Cr^{3+}，正极电解液中的Fe^{3+}被还原为Fe^{2+}，充电过程与之相反。铁铬液流电池的电极反应如式（9.17）～式（9.19）所示，负极反应的标准电极电势为−0.407V（vs. SHE），正极反应的标准电极电势为0.771V（vs. SHE），电池的标准电动势为1.178V。

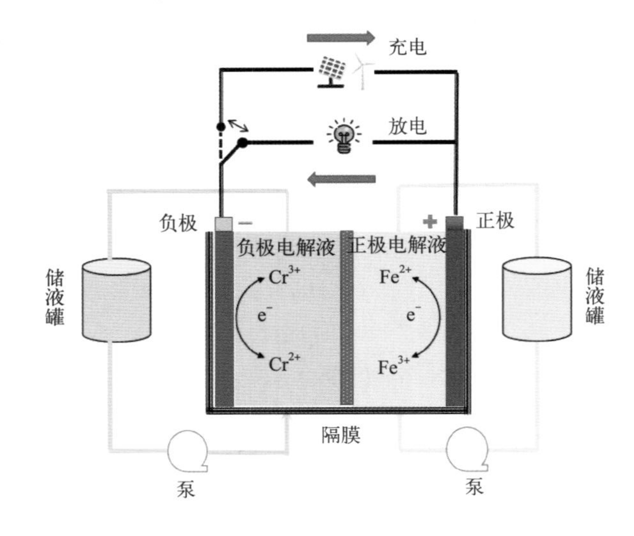

图 9.5　铁铬液流电池工作原理示意图

负极反应：

$$Cr^{3+} + e^- \rightleftharpoons Cr^{2+} \qquad \varphi^{\ominus} = -0.407V(vs.\ SHE) \tag{9.17}$$

正极反应：

$$Fe^{2+} \rightleftharpoons Fe^{3+} + e^- \qquad \varphi^{\ominus}=0.771V(vs.\ SHE) \tag{9.18}$$

电池总反应：

$$Fe^{2+} + Cr^{3+} \rightleftharpoons Fe^{3+} + Cr^{2+} \qquad U^{\ominus}=1.178V \tag{9.19}$$

思维创新训练 9.9 铁铬液流电池正极侧的活性材料铁元素有 0、+2 和 +3 三个价态，为什么铁铬电池选择了 Fe^{2+}/Fe^{3+} 电对，而不选择 Fe/Fe^{2+}？

9.3.2 铁铬液流电池电化学

铁铬液流电池负极活性材料为Cr^{3+}/Cr^{2+}电对，负极反应的能斯特方程如式（9.20）所示。

$$\varphi_{Cr^{3+}/Cr^{2+}} = \varphi^{\ominus}_{Cr^{3+}/Cr^{2+}} + \frac{RT}{nF}\ln\frac{a_{Cr^{3+}}}{a_{Cr^{2+}}} \tag{9.20}$$

Cr^{3+}在HCl溶液中可形成［$Cr(H_2O)_4Cl_2$］$^+$（绿色）、［$Cr(H_2O)_5Cl$］$^{2+}$（蓝绿色）和［$Cr(H_2O)_6$］$^{3+}$（蓝色）三种内层配离子。这些配离子惰性较强，反应动力学缓慢，严重影响了Cr^{3+}/Cr^{2+}的氧化还原反应速率。此外，Cr^{3+}/Cr^{2+}负极的电极电势较低，接近水在碳电极表面析出氢气所需的超电势，容易发生析氢副反应，会降低电池系统的库仑效率，降低电解液的电导率，使液流电池的稳定性变差，进而影响铁铬液流电池的循环寿命。因此，Cr^{3+}/Cr^{2+}电极需使用催化剂来提高反应速率，增加了铁铬液流电池的实用化难度。

Cr^{3+}/Cr^{2+}负极反应动力学缓慢和析氢副反应严重的两大问题难以根除。如果长期发生析氢副反应，将影响电解液的pH，造成酸度降低。

铁铬液流电池的正极活性材料是Fe^{3+}/Fe^{2+}电对，正极反应的能斯特方程如式（9.21）所示。

$$\varphi_{Fe^{3+}/Fe^{2+}} = \varphi^{\ominus}_{Fe^{3+}/Fe^{2+}} + \frac{RT}{nF}\ln\frac{a_{Fe^{3+}}}{a_{Fe^{2+}}} \tag{9.21}$$

理论上，铁铬液流电池的电压范围在0.826 ～ 1.534V。

质子交换膜无法完全防止负极和正极电解液中的铬离子和铁离子的互窜现象，会导致交叉污染，降低电池容量。

铁铬液流电池电解液中Fe^{3+}和Cr^{2+}的初始浓度一般相同。为了提高负极反应速率，改善Cr^{3+}的老化问题，增加Cr^{3+}的电化学反应活性，电池工作时电解液温度需要维持在60 ～ 70℃。因此，隔膜的离子选择透过性要很高，以阻止电解液中铬离子和铁离子在电解液中的交叉污染。

思维创新训练 9.10 为什么在液流电池中常见的离子交换膜均为全氟磺酸质子交换膜，元素氟在其中起到的是什么作用，可否采用其他材质的膜代替?

9.3.3 铁铬液流电池的特点

铁铬液流电池电解液的溶剂是水，极大降低了电池燃烧的风险。铁铬液流电池可以实现大电流充放电，能量效率可达80%以上。铁铬液流电池的工作电流密度可达150mA・cm^{-2}以上。正极和负极活性材料是金属铁和铬，材料成本较为低廉。

由于Cr^{3+}/Cr^{2+}的氧化还原可逆性较差，电池的实际能量效率与理论能量效率差距较大，即便采用了加入催化剂、提高电池运行温度等措施，电池综合性能仍然难以提高。铁铬液流电池充电过程中析氢现象较为严重，不但降低了电池的能量效率，而且提高了安全风险。无法避免正极和负极活性材料的互窜问题，降低了电池的库仑效率、容量及使用寿命。

思维创新训练 9.11 铁铬液流电池为什么很快被淘汰，什么原因制约了其发展?

9.4 锌基液流电池

9.4.1 锌溴液流电池电化学

锌溴液流电池的负极和正极活性材料均采用溴化锌溶液，由于电解液中的溴具有很强的腐蚀性，因此正极和负极的集流体一般为碳材料。溴化锌溶液的导电性不好，因此通常会加入高氯酸锌、氯化铵等作为支持电解质提高电解液导电率。锌溴液流电池的工作原理如图9.6所示。电池充电时，负极电解液中的Zn^{2+}被还原为锌单质沉积在电极表面，正极电解液中的Br^-发生氧化反应变成溴单质溶解在溶液中，由于溴在水溶液中溶解度不高（2.8%）且容易挥发，因此在正极电解液中要加入络合剂（带有杂环的溴化季铵盐，如溴化*N*-甲基乙基吡咯烷、溴化*N*-甲基乙基吗啉等）将Br_2络合，生成的油状络合物密度比水大，在静置状态时会与水相分离并沉降在储罐底部，减少了溴的挥发，降低了储罐内部上方的溴蒸气压，提高了电池系统的安全性。放电时，开启储溴罐搅拌泵将含溴油状络合物与水相充分混合，然后再泵入电池正极发生还原反应生成Br^-，负极的金属锌被氧化生成Zn^{2+}，正、负极电解液中的溴化锌溶液又恢复到初始状态。

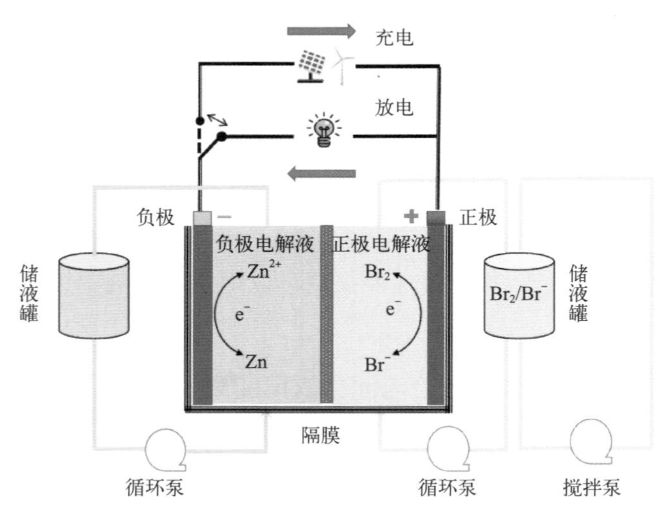

图 9.6 锌溴液流电池工作原理示意图

锌溴液流电池中发生的电化学反应如式（9.22）～式（9.24）所示，其中负极反应的标准电极电势为−0.762V（vs. SHE），正极反应的标准电极电势为+1.087V（vs. SHE），电池的标准电动势为1.849V。

负极反应：

$$Zn^{2+}+2e^- \rightleftharpoons Zn \qquad \varphi^{\ominus}=-0.762V(vs.\ SHE) \tag{9.22}$$

正极反应：

$$2Br^- \rightleftharpoons Br_2+2e^- \qquad \varphi^{\ominus}=1.087V(vs.\ SHE) \tag{9.23}$$

电池反应：

$$2Br^-+Zn^{2+} \rightleftharpoons Br_2+Zn \quad U^{\ominus}=1.849V \tag{9.24}$$

负极和正极电化学反应的能斯特方程如式（9.25）、式（9.26）所示。

$$\varphi_{Zn^{2+}/Zn}=\varphi^{\ominus}_{Zn^{2+}/Zn}+\frac{RT}{nF}\ln\frac{a_{Zn^{2+}}}{a_{Zn}} \tag{9.25}$$

$$\varphi_{Br_2/Br^-}=\varphi^{\ominus}_{Br_2/Br^-}+\frac{RT}{nF}\ln\frac{a_{Br_2}}{a^2_{Br^-}} \tag{9.26}$$

锌溴液流电池的活性材料溴化锌在水中的溶解度高，能量密度高，此外来源易得，储量丰富，材料成本相对较低，工作温度范围较宽（−30 ～ 50℃）。Br_2属于卤素，溶于水后会生成氢溴酸和次溴酸，因此锌溴液流电池的正极电解液具有很强的腐蚀性。Br_2具有强氧化性，还会使塑料、橡胶等高分子材料制造的储罐和管道等变脆和老化。Br_2的饱和蒸气压较高（23.33kPa，20℃），因此正极电解液中的溴在充放电过程中很容易挥发，从而造成电解液容量损失以及电池金属构件的腐蚀。此外正极生成的溴单质溶解在水中后，其在水中的存在形式为Br_n^-，其可能通过隔膜渗透到负极电解液中，并与负极的单质锌发生化学反应［式（9.27）］，引起电池的自放电，降低锌溴液流电池的能量效率。负极电解液中的锌离子在沉积为金属Zn时容易形成锌枝晶，锌枝晶从极板上脱落后就会降低电池容量和使用寿命。

$$(n-1)Zn+2Br_n^- \longrightarrow (n-1)Zn^{2+}+2nBr^- \tag{9.27}$$

9.4.2 锌镍液流电池电化学

结合碱性锌锰电池锌负极的电极反应［式（2.8）和式（2.14）］和镍镉电池中氢氧化镍正极的电极反应［式（4.2）］就设计出了锌镍二次电池。锌镍二次电池在放电过程中，负极上的金属锌失去两个电子被氧化为Zn^{2+}，与OH^-结合后以锌酸根离子的形式溶解于碱性电解液中；正极上氧化态的羟基氧化镍还原为氢氧化镍。充电过程是放电过程的逆过程。利用锌镍二次电池的特点，可以将其设计为液流电池。

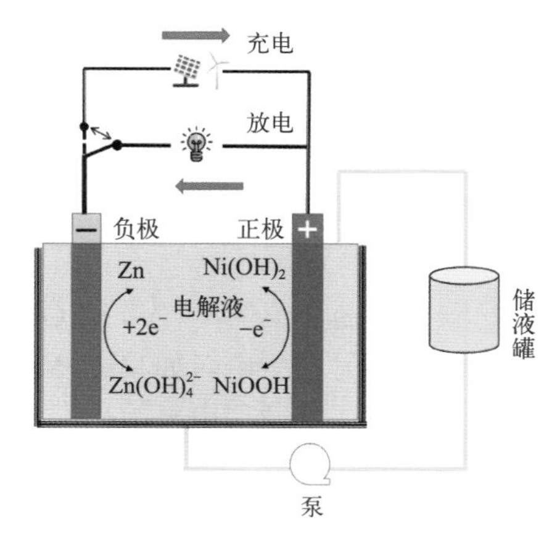

图 9.7　锌镍液流电池工作原理示意图

锌镍液流电池的正极和负极活性材料与锌镍二次电池一样，但形式上有所差别（图9.7）。锌镍液流电池的负极活性材料以ZnO在碱性水溶液中溶解形成的锌酸根离子形式出现，以石墨作为集流体；固态氢氧化镍作为正极活性材料，以氧化镍作为集流体。虽然锌镍液流电池和锌溴液流电池中正极活性材料的形态分别为固态和液态，并且在正负极都使用到了相同的电解液，但锌镍液流电池中只需要循环一种电解液——含锌酸根离子的碱性电解液[主要成分为$K_2Zn(OH)_4$]，也不需要隔膜，因为正极活性材料中参与电化学反应的离子不会溶解到电解液中。

锌镍液流电池发生充放电反应时可用式（9.28）～式（9.30）表示，电极反应的能斯特方程如式（9.31）和式（9.32）所示，其中负极反应的标准电极电势为−1.199V（vs. SHE），正极反应的标准电极电势为+0.490V（vs. SHE），电池的标准电动势约为1.689V。

负极反应：

$$Zn(OH)_4^{2-}+2e^- \rightleftharpoons Zn+4OH^- \qquad \varphi^{\ominus}=-1.199V(vs.\ SHE) \tag{9.28}$$

正极反应：

$$2Ni(OH)_2+2OH^- \rightleftharpoons 2NiOOH+2H_2O+2e^- \quad \varphi^{\ominus}=0.490V(vs.\ SHE) \tag{9.29}$$

电池反应：

$$Zn(OH)_4^{2-}+2Ni(OH)_2 \rightleftharpoons 2NiOOH+2H_2O+Zn+2OH^- \quad U^{\ominus}=1.689V \tag{9.30}$$

$$\varphi_{Zn(OH)_4^{2-}/Zn}=\varphi^{\ominus}_{Zn(OH)_4^{2-}/Zn}+\frac{RT}{nF}\ln\frac{a_{Zn(OH)_4^{2-}}}{a_{Zn}a_{OH^-}^4} \tag{9.31}$$

$$\varphi_{NiOOH/Ni(OH)_2}=\varphi^{\ominus}_{NiOOH/Ni(OH)_2}+\frac{RT}{nF}\ln\frac{a_{NiOOH}^2 a_{H_2O}^2}{a_{Ni(OH)_2}^2 a_{OH^-}^2} \tag{9.32}$$

锌镍单液流电池的特点：电池中不需要隔膜，只需要一个液态储罐，降低了系统复杂程度；锌镍液流电池的低温性能良好，可以在−40℃下运行；锌镍液流电池活性材料的原料锌和镍的储量丰富，材料成本较低。

与锌溴液流电池一样，锌镍液流电池同样面对锌枝晶问题。通常通过向电解液中加入钾盐（KF、K_2CO_3）、金属氧化物(PbO、V_2O_5)、金属盐（Sn^{4+}、Bi^{3+}）、酸式盐（钼酸盐、磷酸盐、铋酸盐、硼酸盐）等无机物和季铵盐、环氧丙烷以及含氧表面活性剂等有机物来抑制生成枝晶。

思维创新训练 9.12 锌镍液流电池与碱性锌锰电池中 OH^- 的浓度有什么不同？为什么？

9.5 水系新型液流电池

9.5.1 水系无机液流电池

除了前面介绍的V^{3+}/V^{2+}、VO_2^+/VO^{2+}、Fe^{3+}/Fe^{2+}、Cr^{3+}/Cr^{2+}、Zn^{2+}/Zn、Br_2/Br^-等氧化还原电对，还可以利用另一些电对如Mn^{3+}/Mn^{2+}，通过相互组合设计新型液流电池。通常通过衡量活性材料在水中的溶解度和电对的标准电极电势来评估是否适合应用于液流电池。

9.5.1.1 铁锰液流电池

金属铁储量丰富、成本极低，适合作为低成本液流电池的候选材料，可以与Mn^{3+}/Mn^{2+}电对组合成液流电池。铁锰液流电池的电极反应如式（9.33）～式（9.35）所示。铁锰液流电池负极电解液为1.5mol·L^{-1} $FeCl_2$和3mol·L^{-1} MSA（甲烷磺酸），正极电解液为1.5mol·L^{-1} $MnCl_2$和3mol·L^{-1} MSA。电池的标准电动势较低，约为0.770V。由于Fe^{3+}/Fe^{2+}的标准电极电势较正，因此无法根除Mn^{3+}的歧化问题（参阅2.2.3节）。

负极反应：

$$Fe^{3+}+e^- \rightleftharpoons Fe^{2+} \qquad \varphi^{\ominus}=0.771V(vs.\ SHE) \tag{9.33}$$

正极反应：

$$Mn^{2+} \rightleftharpoons Mn^{3+}+e^- \qquad \varphi^{\ominus}=1.540V(vs.\ SHE) \tag{9.34}$$

电池反应：

$$Mn^{2+}+Fe^{3+} \rightleftharpoons Mn^{3+}+Fe^{2+} \qquad U^{\ominus}=0.769V \tag{9.35}$$

9.5.1.2 钒锰液流电池

金属锰价态丰富，含量较多，且Mn^{3+}/Mn^{2+}的电极电势相对较高，可以和V^{3+}/V^{2+}电对组合成液流电池，电极反应如式（9.36）～式（9.38）所示。钒锰液流电池需要使用酸性电解液，一般用硫酸作为支持电解质，电池的标准电动势为1.765V。正、负极电解液活性材料不一致造成的电解液互窜及Mn^{3+}在酸性条件下极易发生歧化反应，导致该电池的库仑效率较低。因此有学者提出了正、负极均采用1.5mol·L^{-1} V^{5+} + 1.0mol·L^{-1} Mn^{2+} + 3.0mol·L^{-1} H_2SO_4的混合电解液体系，不仅提高了电池的效率，VO_2^+/VO^{2+}的存在还抑制了Mn^{3+}的歧化。

负极反应：

$$V^{3+}+e^- \rightleftharpoons V^{2+} \qquad \varphi^{\ominus}=-0.225V(vs.\ SHE) \tag{9.36}$$

正极反应：

$$Mn^{2+} \rightleftharpoons Mn^{3+}+e^- \qquad \varphi^{\ominus}=1.540V(vs.\ SHE) \tag{9.37}$$

电池反应：

$$Mn^{2+}+V^{3+} \rightleftharpoons Mn^{3+}+V^{2+} \qquad U^{\ominus}=1.765V \tag{9.38}$$

9.5.1.3 钛锰液流电池

具有混合型电解液的钒锰液流电池虽然抑制了Mn^{3+}歧化问题以及正负极氧化还原活性材料交叉污染等问题，但未从根本上解决电解液的成本问题。TiO^{2+}/Ti^{3+}的标准电极电势较低[+0.100V（vs. SHE）]，并且容易与SO_4^{2-}配位，可使电解液中的HSO_4^-释放更多H^+，不仅抑制了Mn^{3+}的歧化现象，还使电解液成本也有所下降。TiO^{2+}/Ti^{3+}与Mn^{3+}/Mn^{2+}电对组合成钛锰液流电池，电极反应如式（9.39）～式（9.41）所示。钛锰液流电池的电解液使用硫酸作为支持电解质，标准电动势为1.440V。

负极反应：

$$TiO^{2+}+e^- \rightleftharpoons Ti^{3+} \qquad \varphi^{\ominus}=0.100V(vs.\ SHE) \tag{9.39}$$

正极反应：

$$Mn^{2+} \rightleftharpoons Mn^{3+}+e^- \qquad \varphi^{\ominus}=1.540V(vs.\ SHE) \tag{9.40}$$

电池总反应：

$$TiO^{2+}+Mn^{2+} \rightleftharpoons Ti^{3+}+Mn^{3+} \quad U^{\ominus}=1.440V \tag{9.41}$$

9.5.1.4 钒铁液流电池

V^{3+}/V^{2+}和Fe^{3+}/Fe^{2+}电对可以组合成钒铁液流电池，电池反应如式（9.42）～式（9.44）所示。钒铁液流电池的电解液使用浓盐酸作为支持电解质，标准电动势也不高，为0.996V。

负极反应：

$$V^{3+}+e^{-} \rightleftharpoons V^{2+} \qquad \varphi^{\ominus}=-0.225V(vs.\ SHE) \tag{9.42}$$

正极反应：

$$Fe^{2+} \rightleftharpoons Fe^{3+}+e^{-} \qquad \varphi^{\ominus}=0.771V(vs.\ SHE) \tag{9.43}$$

电池总反应：

$$Fe^{2+}+V^{3+} \rightleftharpoons Fe^{3+}+V^{2+} \qquad U^{\ominus}=0.996V \tag{9.44}$$

9.5.1.5 水系无机液流电池的特点

水系无机液流电池中因为大多采用了金属离子作为活性材料，因此可以采用材料成本低的金属离子电对来降低电池系统的成本，但同时也可能面对电压不高（如钒铁电池、铁锰电池）的问题。水系液流电池因为使用了水作为溶剂，所以有效地降低了电池材料成本，避免了电解液可燃的问题。水系电解液在使用中如果充电电压过高，可能会电解水析氢析氧导致系统安全风险升高。

9.5.2 水系有机液流电池

与水系无机液流电池相比，水系有机液流电池采用了水溶性有机活性材料，材料成本低，并且可以通过分子工程方法进行多种功能化修饰，调整有机活性材料的氧化还原电势、在水中的溶解度和分子大小等。有机分子大，能避免交叉污染。

9.5.2.1 负极材料

水系有机液流电池中用于负极电解液的有机分子通常为n型导电，通过吸附阳离子来储存电荷。常见的用于负极电解液的有机分子主要包括醌类、吩嗪类和紫精类分子等。

（1）醌类活性材料

醌（quinone）是在一个芳香环中含有两个羰基（C═O）的有机化合物，具有反应动力学速率快、电化学可逆性好等优点，是一种低成本和较高能量密度的电极活性材料。苯醌和蒽醌具有良好的氧化还原活性，但在水中的溶解度较低，一般通过修饰羟基、羧基、磺酸基、磷酸基等官能团来增加醌类分子的极性和降低溶剂化能提高醌类分子的溶解度。蒽醌类的氧化还原反应如式（9.45）所示。在酸性电解液中的电极电势为0.09V(vs. SHE)。

O, O, SO_3H $+ 2e^{-} + 2H^{+} \rightleftharpoons$ OH, OH, SO_3H （9.45）

（2）紫精类活性材料

紫精（viologen）及其衍生物在水溶液中溶解度较高，可达1.3mol·L^{-1}。紫精类分子具有良好的氧化还原活性，还原时需要两个单电子步骤，Vi^{2+}与Vi^{+}之间的氧化还原具有高度可逆性和快速的动力学。紫精分子的氧化还原反应如式（9.46）所示。甲基紫精的价格低廉、水溶性好、可逆性好，较为适合作为水系中性液流电池负极活性材料。由于甲基紫精还原态的溶解度限制，在水系液流电池中一般只应用单电子氧化还原电对MVi^{2+}/MVi^{+}，电极电势为−0.450V(vs. SHE)，双电子还原后的MVi^{0}，在水溶液中不可溶。

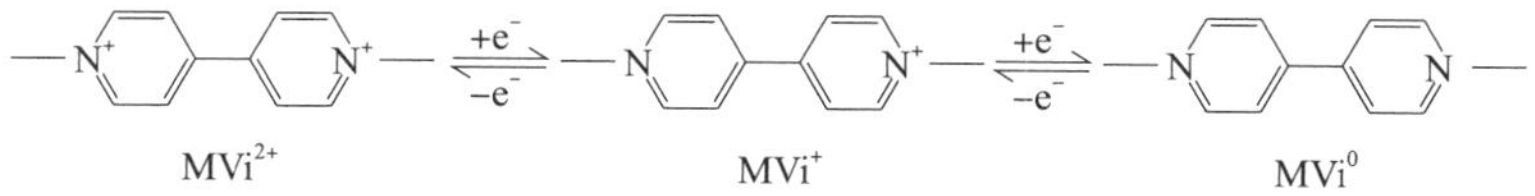

$$MVi^{2+} \underset{-e^-}{\overset{+e^-}{\rightleftharpoons}} MVi^{+} \underset{-e^-}{\overset{+e^-}{\rightleftharpoons}} MVi^{0} \tag{9.46}$$

（3）吩嗪类活性材料

吩嗪（phenazine）类有机分子常见于有机染料中，由于碳氮双键和烯胺键之间可以高度可逆转变，因此也适于作为水系有机液流电池的负极活性材料。吩嗪分子的氧化还原反应如式（9.47）所示。

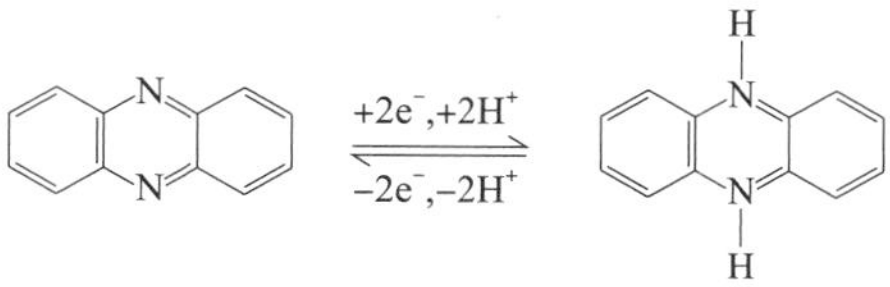

$$\underset{-2e^-,-2H^+}{\overset{+2e^-,+2H^+}{\rightleftharpoons}} \tag{9.47}$$

9.5.2.2 正极材料

水系有机液流电池应用的正极活性材料是以2, 2, 6, 6-四甲基哌啶-1-氧自由基（2,2,6,6-tetra methylpiperidinooxy，简写为TEMPO）衍生物为代表的p型导电有机分子和二茂铁及其衍生物。

（1）基于TEMPO的活性材料

TEMPO是一种含氮氧基的有机分子，氧化还原电极电势较高［0.8～1.1V（vs. SHE）］，具有良好的电化学活性和充放电性能，其氧化还原反应如式（9.48）所示。

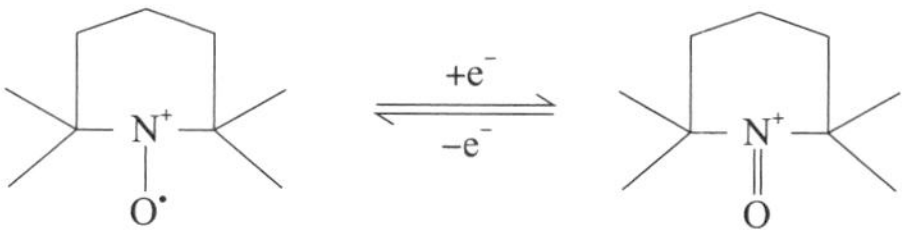

$$N^{+}\!-\!O^{\bullet} \underset{-e^-}{\overset{+e^-}{\rightleftharpoons}} N^{+}\!=\!O \tag{9.48}$$

（2）基于二茂铁的活性材料

二茂铁（ferrocene，简写为Fc）是一种具有夹心结构的有机过渡金属化合物，其中心的铁原子可以进行可逆的单电子转移反应，二茂铁具有材料成本低、热稳定性强和动力学性能好等特点。二茂铁及其衍生物依靠中心的铁离子得失电子进行氧化还原。Fc^{+}/Fc的标准电极电势为0.628V(vs. SHE)，比Fe^{3+}/Fe^{2+}的标准电极电势负约150mV。二茂铁离子对亲核试剂敏感，无法应用于碱性电解液，酸性电解液又可能引起二茂铁结构分解，因此二茂铁及其衍生物的活性材料只适用于中性的水系液流电池。季铵盐修饰的二茂铁的氧化还原反应如式（9.49）表示。

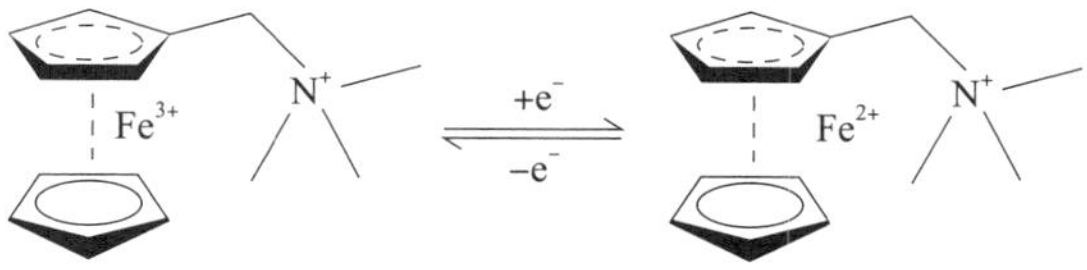

$$Fe^{3+},\ N^{+} \underset{-e^-}{\overset{+e^-}{\rightleftharpoons}} Fe^{2+},\ N^{+} \tag{9.49}$$

9.5.2.3 水系有机液流电池的特点

有机分子由碳、氢、氧、氮等元素组成，因此大规模制造的成本将非常低廉。但由于目前使用有机分子活性材料的液流电池尚未实现商业化，有机分子的合成成本仍然居高不下。有机分子作为负极活性材料，因其高反应活性与较低电极电势，被充电还原之后非常容易被空气中的氧气氧化，给该类材料的实用化带来了一定困难。有机分子作为液流电池活性材料的优势在于一般能通过修饰官能团来对分子改性，以增加有机分子在水中的溶解度、增强抗空气氧化能力、提高分子大小等。有机分子经过接枝较大基团后可有效增加分子体积，降低电解液的交叉污染。另外，金属有机框架、原子簇等活性材料也将在水系液流电池中获得重视。

9.6 非水系液流电池

水系液流电池使用水作为溶剂，因此电化学窗口只有1.23V，这不仅使活性材料的选择范围受限，也使液流电池的能量密度难以提升。有机溶剂具有较宽的电化学窗口，可以达到5V，因此采用有机溶剂理论上可以有效提高电池的能量效率，并且增加活性材料的选择范围。同时，通过对不同物理化学性质（如沸点和凝固点等）的有机溶剂进行筛选或者混合，可以调控电解液工作的温度区间，实现液流电池的高低温应用。

9.6.1 非水系液流电池的发展

1984年，澳大利亚蒙纳士大学教授辛格（Pritam Singh）提出了铁、钌、钴和铬金属配合物在非水系液流电池中的应用前景。非水系有机液流电池经过发展，电池电压已经接近3V，相比于水系液流电池体系能量密度得到了显著的提升。目前非水有机液流电池还未走出实验室，有机活性材料在电池运行过程中会发生副反应，稳定性较差，导致电池的循环寿命普遍较低，同时有机电解液的低电导率会降低电池充放电的速度和功率密度。

1988年，金属配合物三（2, 2′-联吡啶）钌四氟硼酸盐［$Ru(bpy)_3$］$(BF_4)_2$被用作非水系液流电池的负极、正极活性材料，构筑了第一个单体非水金属配合物液流电池。采用四乙基四氟硼酸铵($TEABF_4$)作为支持电解质，乙腈作为溶剂。在该体系中，由于$[Ru(bpy)_3](BF_4)_2$表现出较好的高/低氧化还原平衡电势，使电池的开路电压达到了2.6V。电池的正、负极使用了同一种电解液，很好地解决了电池实际运行过程中的交叉污染现象。负极和正极的氧化还原反应式如式（9.50）和式（9.51）所示。

$$[Ru(bpy)_3]^{2+} + e^- \rightleftharpoons [Ru(bpy)_3]^+ \tag{9.50}$$

$$[Ru(bpy)_3]^{2+} \rightleftharpoons [Ru(bpy)_3]^{3+} + e^- \tag{9.51}$$

由于金属锂具有较低的电极电势，作为电池负极，可以提高电池的开路电压。这种体系的电池能量密度主要取决于正极活性材料的电极电势和溶解度。Wang等报道了第一个非水金属锂/TEMPO液流电池。在这类电池中，由于负极都采用了金属锂，锂枝晶的生长不可避免，因而需要采取一定措施来克服锂枝晶的问题。锂/TEMPO有机液流电池负极反应为金属锂的氧化和还原［式（6.1)］，正极反应为TEMPO的氧化和还原［式（9.48)］。

思维创新训练 9.13 上述液流电池中的负极活性材料中所应用锂离子电对，其充放电原理与目前传统的锂离子固态电池有何区别？其相比于固态锂离子电池有何优势，有何不足？

思维创新训练 9.14 金属锂作为一种储能材料，无论在固态还是液态电池中都不可避免地产生枝晶，从而对电池性能造成影响，在液流电池中锂枝晶会对电池造成什么危害？如何避免产生锂枝晶？

9.6.2 非水系液流电池的特点

非水系液流电池目前仍处在实验室的探索阶段，电池寿命、电流密度、功率密度等还无法满足商业化的要求。有机溶剂通常易燃，这是与锂离子电池同样面对的突出问题，由此带来的电池系统安全风险的增加值得重视。但是，通过对具有不同沸点和凝固点的有机溶剂进行筛选或组合，可以调节电解液的工作温度，以满足液流电池的不同工作温度要求。

思维创新训练 9.15 为什么在非水液流电池体系中要选择四乙基六氟磷酸铵、四乙基四氟硼酸铵等作为支持电解质，而不选用常见的氯化钾、氯化钠等，其在非水系中的作用原理是否与水系中的氯化钠等作用一致？

9.7 太阳能液流电池

9.7.1 太阳能液流电池的工作原理和基本结构

太阳能液流电池在充电时通过采用半导体光电极或者光伏电极将太阳光能转换为化学能在液流电池中储存起来，而放电时和液流电池的放电原理一样。太阳能液流电池可分为两类。一类是光电化学液流电池（PEC-RFB），将光电化学电池和液流电池集成为一体，通过半导体光电极将正极电解液中的活性材料氧化，将负极电解液中的活性材料还原，然后再以液流电池的工作方式放电。光电化学电池的工作原理和基本结构等详细内容请参阅第12章。另一类是光伏液流电池（PV-RFB），将光伏电池和液流电池集成为一体，充电时利用光伏电池产生的电压给液流电池充电，因此光伏电池产生的电压要大于液流电池的开路电压。

9.7.2 光电化学液流电池

在光电化学液流电池中，氧化还原电对的电极电势与半导体光电极的能级匹配是关键。如果不需要额外施加电压就能充电，就称之为直接光充电液流电池，需要额外施加电压的电池被称为光辅助充电液流电池。由于既可以使用一个光电极也可以使用两个光电极，光电化学液流电池的结构有三种：光阳极太阳能液流电池［图9.8(a)］，光阴极太阳能液流电池［图9.8(b)］，双光电极太阳能液流电池［图9.8（c)］。

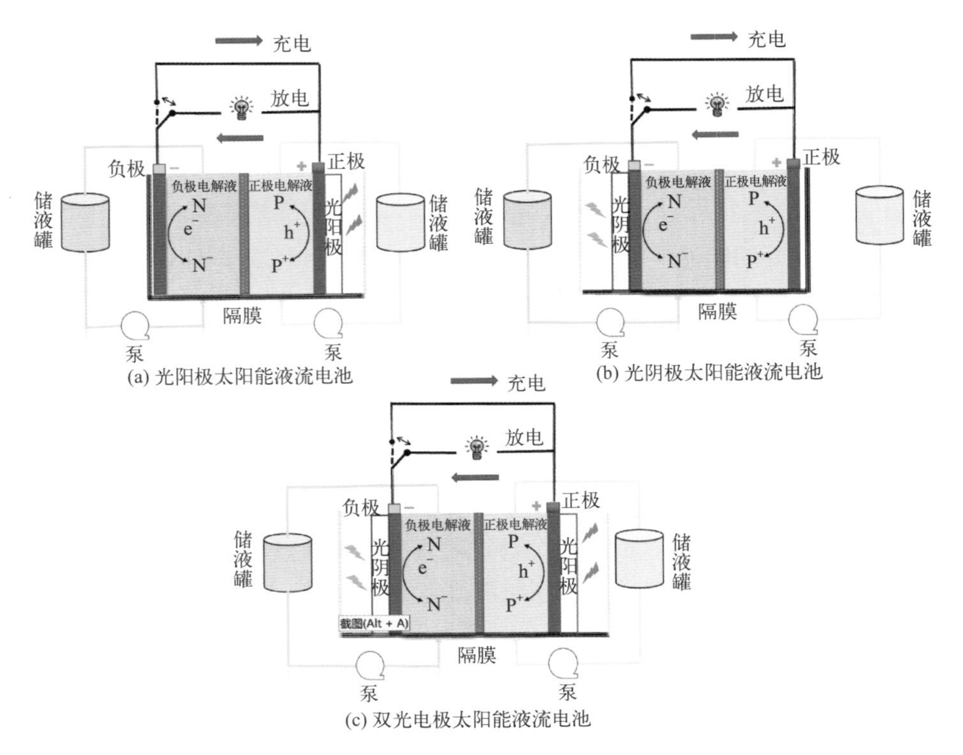

图 9.8　太阳能液流电池的工作原理示意图

9.7.3 光伏液流电池

光伏液流电池根据光伏电池与液流电池的结合方式可以分为分离型和集成型。分离型光伏液流电池中光伏电池与液流电池分别独立，两部分通过金属导线进行电连接［图9.9（a)］。集成型光伏液流电池则将光伏电池嵌入液流电池直接与电解液接触［图9.9（b)］。

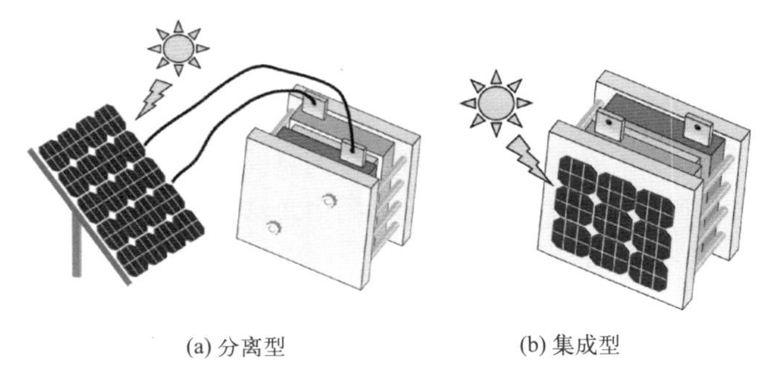

图 9.9　光伏液流电池原理示意图

光伏液流电池相对于光电化学液流电池，不涉及光电极与氧化还原电对的能级匹配问题，在活性材料的选择方面更加广泛。光伏液流电池要求光伏电池的光电压大于液流电池的开路电压。由于光伏电池的电流-电压特性为光电压很大时光电流很小（图9.10)，只考虑光电压大会使得太阳能液流电池的太阳能转换效率不高。为了获得最佳的太阳能-电能转换效率，设计光伏液流电池时需要考虑光伏电池输出电压与液流电池电动势的最优匹配，即将光伏电池电流-电压特性曲线的最大功率点处的电压与液流电池的电动势匹配（图9.10)。

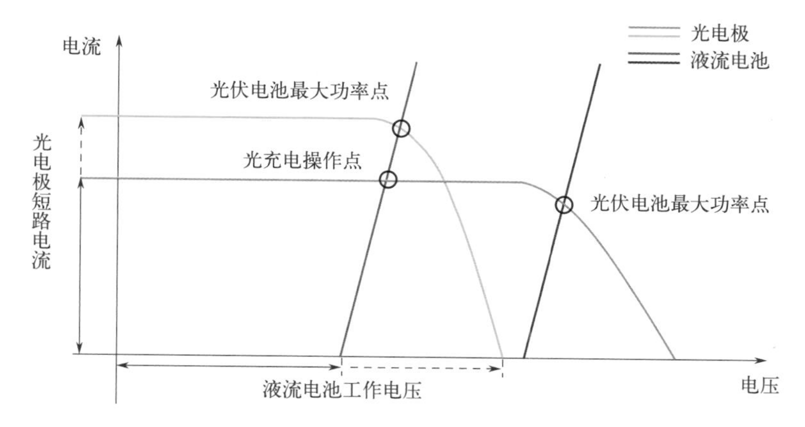

图 9.10 太阳能充电液流电池中光电极与氧化还原电对间的能级匹配

思维创新训练 9.16 从能量利用放率、应用场景、制造难度等方面讨论分离型光伏液流电池和集成型光伏液流电池的优缺点。

思维创新训练 9.17 查找一篇最新的太阳能充电液流电池的研究论文，分析论文中的创新点应用了哪些本章所述内容。

扫码获取
本章思维导图

第10章 金属空气电池

10.1 概述

金属空气电池（metal-air battery, 简写为MAB）是一种利用空气中的氧气或二氧化碳的能量转换装置，以标准电极电势较负的活泼金属作为负极活性材料，以空气中的O_2或CO_2作为正极活性材料。金属空气电池可看作一类特殊的燃料电池，这是由于其正极侧具有燃料电池的部分特征，即正极使用气体扩散电极，氧化剂连续从外部输送到正极，电极材料本身不被消耗。金属空气电池发挥了燃料电池的很多优点，如将锌、铝等金属像氢气一样提供在电池的反应界面，通过与空气反应构成一个产生电能的装置。理论上可以通过输气源源不断地向正极侧提供反应所需的原料，具有容量大、能量密度高、放电电压平稳、无毒无污染等优点。此外，金属空气电池与氢燃料电池相比，电池结构更简单，原料丰富易得且成本更低。因此，金属空气电池被称为“面向21世纪的绿色能源”，在航标灯、助听器、无线信号中继站等许多领域广泛应用。金属锂作为负极具有最高的理论比能量和高电池电压，因此被认为是强有力的新能源电池负极材料，但是金属锂暴露于空气中或接触水溶液时反应剧烈而导致安全性很差。使用镁、铝等金属作为金属空气电池的负极往往会因为还原电势过负而导致快速自放电和较低的能量转换效率。锌和铁作为负极活性材料在水系电解液中可以更有效地进行充放电，电化学行为也表现得更稳定，其中锌因为在水系电解液中能提供更大的能量密度和更高的电池电压而受到关注。与锂相比，锌价格更便宜，在地壳中的含量也更高一些。更重要的是，锌空气电池的理论质量能量密度很高，体积能量密度与锂空气电池相当，高体积能量密度对于小型移动和便携式应用来说极其重要，因为这些设备中安装电池的体积很有限。

10.1.1 金属空气电池的发展历史

1842年，英国物理学家格罗夫发明了燃料电池。1878年，法国物理学家迈切（Louis Maiché）采用镀铂碳电极代替锌锰电池中的正极二氧化锰，制成了第一个空气电池——锌空气电池。当时采用的是微酸性电解质，电极性能极低，无法被实际应用。直到1932年，美国化学家海斯（George William Heise）和舒梅歇尔（Erwin Schumacher）以锌汞合金作为负极，经石蜡防水处理的多孔碳作为正极，20%的氢氧化钠水溶液作为电解质，制成了碱性锌空气电池，使放电电流有了大幅提高，电流密度可达到7～10mA·cm^{-2}。这种锌空气电池具有较高的能量密度，但输出功率较低，主要用于铁路信号灯和航标灯的电源。20世纪60年代，常温燃料电池的氧电极研究得到了很大的进步，大功率锌空气电池的开发才到达实际应用阶段。1977年，美国古尔德（Gould）公司研制的微型高性能的扣式锌空气电池已成功商业化生产，并广泛用作助听器的电源。

因为金属空气电池能量密度高、质量轻，所以不同类型的金属空气电池相继被开发。在20世纪60年代，美国通用电气公司发明了以中性NaCl溶液为电解液的镁空气电池。1962年，美国化学家扎尔博（Solomon Zaromb）和特雷瓦森（Donald Trevethan）分别提出了铝空气电池体系在技术上的可行性。由于铝空气电池功率密度低，20世纪70年代，集中于电视广播、航海航标灯、矿井照明等小功率铝空气电池的研究。铝空气电池对环境无污染，是稳定可靠的电源。1968年，美国国家航空航天局发明铁空气电池。1976年，美国工程师利陶尔（Ernest Lucius Littauer）和蔡克志（Keh Chi Tsai）首次提出以活泼金属锂做负极的锂空气电池。20世纪90年代，美国能源部推出了世界上第一辆使用铝空气电池系统的电动汽车。之后铝空气电池还应用于便携式电子设备领域，由于循环寿命达不到要求，未得到广泛应用。图10.1展示了金属空气电池的发展历程。

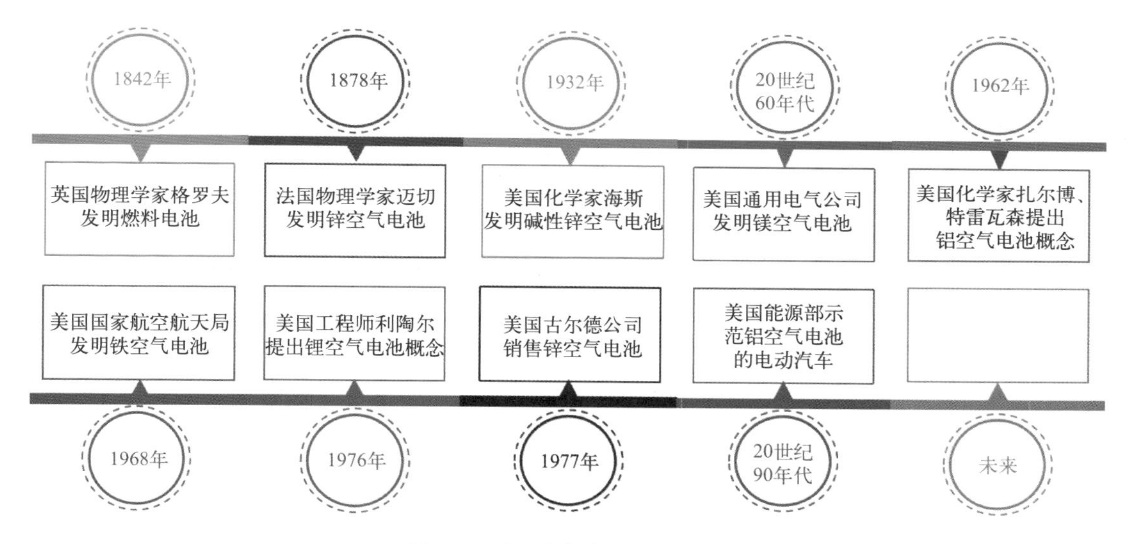

图 10.1　金属空气电池的发展历程

10.1.2　金属空气电池的工作原理与基本结构

10.1.2.1　金属空气电池的工作原理

金属空气电池常以电极电势较负的活泼金属作为负极活性材料，空气中的氧气作为正极活性材料，在电极表面发生电化学反应，通过外电路传导电子构成回路，实现化学能和电能之间的转换。一般以碱性或中性水溶液作为电解液，部分金属空气电池还采用有机电解液、固态电解质等。电池充放电时发生的电极反应也随金属电极和电解液类型的不同而变化，金属空气电池在水系电解液中通常生成$M(OH)_n$，非水系电解质中反应产物为金属氧化物M_2O或者金属过氧化物M_2O_2。

以锌空气二次电池为例，图10.2（a）和图10.2（b）分别展示了锌空气电池的放电和充电示意图。锌空气电池是锌金属作负极和空气中的氧气作正极，在电极表面发生电化学反应，实现化学能和电能之间相互转换的化学电源。放电时负极金属锌通过电化学反应首先被氧化为锌的氢氧化物，最终再由氢氧化物分解为氧化锌，充电时氧化锌得到电子被还原为锌金属［式（10.1）］。空气电极侧在放电过程中发生氧还原反应，和燃料电池的正极侧一样；充电过程中发生水的氧化反应生成氧气，和电解水的负极侧一样［式（10.2）］。

负极反应：

$$2Zn+4OH^- \rightleftharpoons 2ZnO+2H_2O+4e^- \tag{10.1}$$

正极反应：

$$O_2+2H_2O+4e^- \rightleftharpoons 4OH^- \tag{10.2}$$

电池反应：

$$2Zn+O_2 \rightleftharpoons 2ZnO \tag{10.3}$$

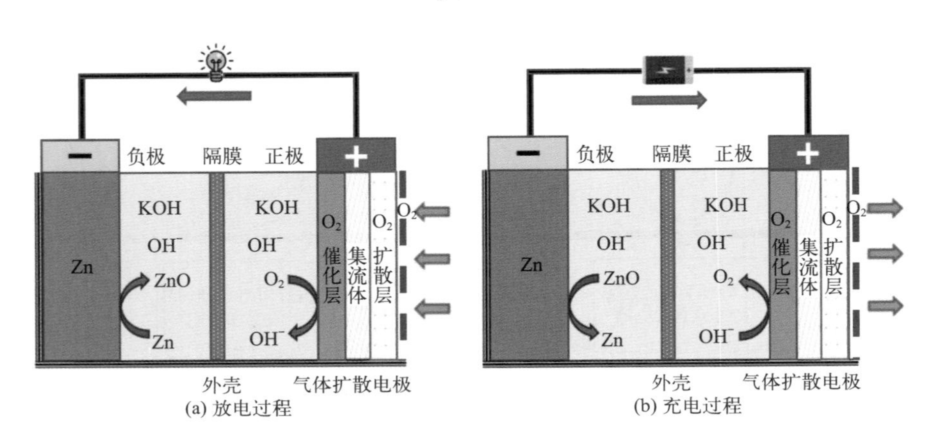

图 10.2　锌空气电池工作原理示意图

10.1.2.2　金属空气电池的基本结构

金属空气电池的基本结构如图10.3所示，大部分金属空气电池主要由金属负极、空气电极正极、电解液和隔膜几个部分组成。常用的隔膜由耐碱纸和尼龙毡组成，用于隔开电解液，防止金属枝晶引起短路等。

对大多数金属空气电池而言，空气电极侧反应物是从外界周围的空气中获得的，而不是封装在电池中。空气电极主要由催化层、集流体、扩散层三部分组成。

气体扩散层一般是由炭黑和高分子材料组成的透气的憎水膜，起到反应气体能顺利通过的

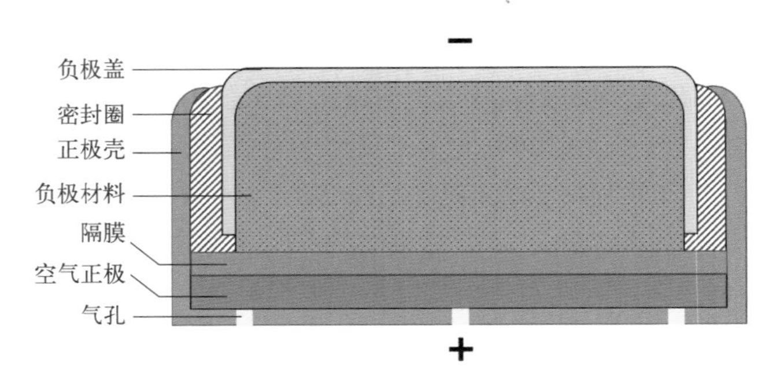

图 10.3　纽扣式锌空气电池结构示意图

作用，同时防止电解液渗透；集流体主要起收集电子并导电的作用；催化层是空气中O_2发生电化学反应实现能量转换的场所，因此催化层要同时具有憎水和亲水性能，既有电解质离子扩散通道，又有氧气分子扩散通道，在双功能催化剂表面须有稳定的气液固三相界面。催化层一般由活性炭、憎水性的黏结剂和高活性的双功能催化剂组成。

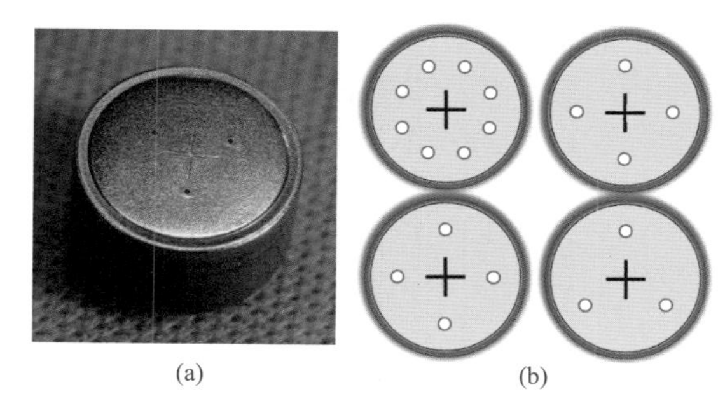

图 10.4　纽扣式锌空气电池

（a）实物图；（b）正极侧的气孔设计

金属空气电池的性能受到空气供应速率的影响。当氧气还原的速率和向电池供应空气的速率相匹配时，电池就能释放稳定的电流。向正极供应空气是通过电池正极侧的气孔进行的，气孔的大小和数量会影响电池的性能。图10.4为锌空气电池的实物图和正极气孔设计示例。

10.1.3　金属空气电池的分类

（1）按负极活性金属材料分类

可以分为较活泼金属的锌空气电池、铝空气电池、铁空气电池以及非常活泼金属的锂空气电池、钠空气电池等，目前已经取得明显进展的金属空气电池主要有锌空气电池、铝空气电池、锂空气电池等。

（2）按正极活性材料分类

可以分为金属氧气电池、金属二氧化碳电池。金属氧气电池采用的正极活性材料为空气中的氧气或者海水中的溶氧等，而金属二氧化碳电池以二氧化碳气体作为正极活性材料。

（3）按电解液分类

根据电解液可分为水系及非水（有机）系金属空气电池。利用水系电解液的金属空气电池分为中性和碱性金属空气电池。中性电解液的金属空气电池包括早期的锌空气电池以及铝空气电池等；现代金属空气电池常用的是碱性电解液，如锌、铝等金属空气电池使用碱性电解液。

非水系电解质包括固态电解质、有机电解质等，通常适用于电极电势很负的活泼金属组成的金属空气电池，如锂空气电池。

（4）按工作方式分类

① 一次电池　负极金属和电解液封装在电池内，放电后活性材料损失，无法更换或补充，如锌空气一次电池、铝空气一次电池等，金属空气一次电池是应用最广泛的类型。

② 二次电池　负极活性材料和正极活性材料可满足重复充放电，如可充电锌空气电池。

③ 机械充电电池　负极金属和电解液可通过机械的方式更换，电池可以半连续式工作，类似二次电池，如机械充电的铝空气电池。

④ 负极燃料连续供给式电池　将负极金属做成微小颗粒储存于电池外部，利用电解液的流动将金属颗粒燃料带入电池的负极室内，实现负极活性材料的连续供给，与燃料电池工作原理相似。

10.1.4　金属空气电池的应用场景

金属空气电池具有比能量高、使用寿命长、原材料广泛、无毒易处理等优点，目前主要用于风能和太阳能等可再生能源储电，也应用于消费电子产品领域和军事领域。

消费电子产品领域的应用如助听器、手机电池、电动车动力电池等，如“车用注入式锌空气电池”已在2007年11月被列入国家863计划，也可用于工厂车间、偏远地区、森林、海岛等的电力供应。

在军事领域，由于军舰和潜艇的柴油和铅酸蓄电池组的电能储存量有限，而金属空气电池中的电解液可以用海水来代替，潜艇仅需携带氧气和所需的金属材料，相比燃料电池重量有所减轻，同时能量密度更优。

10.2 金属空气电池电化学

10.2.1 金属负极电化学

金属空气电池负极活性材料是电极电势较负的金属，如锌、锂、铝等金属。

10.2.1.1 锌负极电化学

锌作为电池负极时的能量密度是1350W·h·kg^{-1}，锌在碱性电解液中的放电和充电行为已在第2章中详细描述（2.2.1节）。锌空气电池中锌负极的放电和充电行为和在碱性锌锰电池中是一样的。由于锌空气电池的电解液也采用了高浓度KOH电解液，因此放电的最终产物是ZnO，所以锌负极的标准电极电势为−1.260V（vs. SHE），锌空气电池的标准电动势为1.661V。

锌空气二次电池在工作过程中要面临和碱性锌锰二次电池相同的问题：充电过程中锌表面钝化和放电过程中形成锌枝晶（2.2.1.2节）。锌空气电池为了获得高放电倍率，经常采用多孔锌电极，以尽量克服锌在放电过程中的金属钝化。可采用介孔材料和石墨化框架，将放电产物氧化锌的生长限制在几个纳米的尺度之内，利用物理空间“限域效应”实现锌-氧化锌的可逆反应，抑制枝晶形成，从而提高锌空气二次电池的循环寿命。

10.2.1.2 锂负极电化学

锂具有很强的金属活性，极易与水反应，因此锂空气电池一般使用有机电解液。锂作为电池负极时的能量密度大约是11680W·h·kg^{-1}，锂在有机电解液中的放电和充电行为已在第6章中详细描述（6.2.1节）。锂空气电池产物为Li_2O_2时的标准电动势为2.96V左右，产物为Li_2O时电池的标准电动势为2.91V。

10.2.1.3 铝负极电化学

铝是两性金属，在酸性、中性和碱性电解液中都能发生反应。铝作为电池负极时的能量密度是8100W·h·kg^{-1}，铝空气电池以高纯度的金属铝为负极活性材料，空气中的氧气为正极活性材料，电解液主要有碱性和中性两种。碱性电解液中常采用5mol·L^{-1}的KOH溶液，有时也用NaOH溶液。中性电解液常采用12%（2mol·L^{-1}）的NaCl溶液或海水。当电解液$0<pH<4.0$时，铝被氧化为Al^{3+}；当电解液$4.0<pH<8.5$时，生成$Al(OH)_3$沉淀；当电解液$pH>9.0$时，$Al(OH)_3$溶解为偏铝酸根［$Al(OH)_4$］$^-$。在碱性电解液中铝的标准电极电势为−2.310V（vs. SHE）；在中性电解液中铝的标准电极电势为−2.300V（vs. SHE）。铝空气电池应用于海上航标灯或灯塔电源时就可以采用海水作为电解液。

（1）碱性铝空气电池

碱性铝空气电池在放电过程中，负极活性材料铝被氧化生成 $[Al(OH)_4]^-$［式（10.4）]，氧气在正极被还原为 OH^-，电池总反应如式（10.5）所示。在碱性电解液中铝可能发生析氢腐蚀［式（10.6）]，腐蚀反应使负极的电极电势向正方向移动，导致电池实际工作电压比标准电动势低得多。

负极反应：

$$4Al + 16OH^- \longrightarrow 4[Al(OH)_4]^- + 12e^- \tag{10.4}$$

正极反应：

$$O_2 + 2H_2O + 4e^- \longrightarrow 4OH^-$$

电池反应：

$$4Al + 3O_2 + 6H_2O + 4OH^- \longrightarrow 4[Al(OH)_4]^- \tag{10.5}$$

析氢腐蚀：

$$2Al + 6H_2O + 2OH^- \longrightarrow 2[Al(OH)_4]^- + 3H_2 \tag{10.6}$$

由式（10.4）可得铝电极在碱性电解液中的电极电势：

$$\varphi_{[Al(OH)_4]^-/Al} = \varphi^{\ominus}_{[Al(OH)_4]^-/Al} + \frac{RT}{nF}\ln\frac{a^4_{[Al(OH)_4]^-}}{a^4_{Al}a^{16}_{OH^-}} \tag{10.7}$$

式中，$\varphi^{\ominus}_{[Al(OH)_4]^-/Al}$ 为 $-2.310V$（vs. SHE）。当电解液中KOH浓度为 $5.0mol \cdot L^{-1}$、$[Al(OH)_4]$ 浓度是 OH^- 的十分之一时，负极的电极电势为 $-2.371V$（vs. SHE）。

在标准大气压下，O_2 的分压是大气压的21%，因此铝空气电池的电动势如式（10.8）所示。铝空气电池在碱性电解液中的标准电动势为2.711V。

$$U_d = U^{\ominus} - \frac{RT}{nF}\ln\frac{a^4_{[Al(OH)_4]^-}}{p^3_{O_2}a^4_{OH^-}a^4_{Al}a^6_{H_2O}} \tag{10.8}$$

由于负极活性材料铝在放电过程中被不断消耗，因此充电过程可以通过更换负极铝片实现，铝空气二次电池是机械充电电池，这和其他通过电化学反应充电的二次电池不一样。

（2）中性铝空气电池

在中性电解液中，负极活性材料铝被氧化后生成絮状沉淀 $Al(OH)_3$［式（10.9）]，因此电池的总反应［式（10.10）］与在碱性电解液中不同。铝在中性电解液中的腐蚀现象不太严重，但是反应产物 $Al(OH)_3$ 会导致电解液胶体化，黏度增加后使电解液的电导率下降。

负极反应：

$$4Al + 12OH^- \longrightarrow 4Al(OH)_3 + 12e^- \tag{10.9}$$

电池反应：

$$4Al + 3O_2 + 6H_2O \longrightarrow 4Al(OH)_3 \tag{10.10}$$

由式（10.9）可得铝在中性电解液中的电极电势：

$$\varphi_{Al(OH)_3/Al} = \varphi^{\ominus}_{Al(OH)_3/Al} + \frac{RT}{nF}\ln\frac{a^4_{Al(OH)_3}}{a^4_{Al}a^{12}_{OH^-}} \tag{10.11}$$

式中，$\varphi^{\ominus}_{Al(OH)_3/Al}$为−2.300V（vs. SHE）。当电解液pH=7时，铝负极的电极电势为−1.887V（vs. SHE）。铝空气电池的标准电动势为2.701V，电池电动势如式（10.12）所示。电解液pH=7时，铝空气电池的电动势为2.691V。

$$U_d = U^{\ominus} - \frac{RT}{nF}\ln\frac{a^4_{Al(OH)_3}}{p^3_{O_2}a^4_{Al}a^6_{H_2O}} \tag{10.12}$$

10.2.1.4 镁负极电化学

镁作为电池负极时的理论能量密度是3910W·h·kg⁻¹。镁在碱性电解液中的标准电极电势为−2.690V（vs. SHE），因此也可以作为空气电池的负极活性材料。镁空气电池一般采用中性的NaCl溶液或海水，放电时金属镁被氧化为$Mg(OH)_2$固体［式（10.13）］，电池总反应如式（10.14）所示。

负极反应：

$$Mg + 2OH^- \longrightarrow Mg(OH)_2 + 2e^- \tag{10.13}$$

电池反应：

$$O_2 + 2Mg + 2H_2O \longrightarrow 2Mg(OH)_2 \tag{10.14}$$

根据式（10.13）得镁负极的电极电势为：

$$\varphi_{Mg(OH)_2/Mg} = \varphi^{\ominus}_{Mg(OH)_2/Mg} + \frac{RT}{nF}\ln\frac{a_{Mg(OH)_2}}{a_{Mg}a^2_{OH^-}} \tag{10.15}$$

式中，$\varphi^{\ominus}_{Mg(OH)_2/Mg}$为−2.690V（vs. SHE）。在中性电解液中镁负极的电极电势为−3.103V（vs. SHE）。镁空气电池的电动势如式（10.16）所示，标准电动势为3.100V。

$$U_d = U^{\ominus} - \frac{RT}{nF}\ln\frac{a^2_{Mg(OH)_2}}{p_{O_2}a^2_{Mg}a^2_{H_2O}} \tag{10.16}$$

镁空气电池的实际放电电压在1.2～1.4V，比标准电动势小得多。这是因为镁空气电池一般采用片状金属镁作为负极，放电时生成的$Mg(OH)_2$覆盖在镁负极表面，阻止镁的进一步氧化反应。镁空气电池放电过程中水是反应物之一，因此和铝空气电池一样，比锌空气电池需要更多的电解液。镁空气电池可制成机械充电电池，也可以制成储备电池。储备电池的使用方式为向干燥的电池中加入海水或者中性NaCl电解液。镁空气电池能量密度高，但是由于钝化现象导致镁的反应速率较低，适于长期低功率应用。

10.2.1.5 铁负极电化学

和锌、铝、镁等金属相比，铁的储量最高、材料成本最低，如果铁作为负极将使空气电池具备很大的成本优势，铁空气电池的理论能量密度为1220W·h·kg⁻¹。铁空气电池一般使用碱性或中性电解液。铁在碱性电解液中放电时一般生成$Fe(OH)_2$［式（10.17）］，电池总反应如式（10.18）所示。铁负极在碱性电解液中的标准电极电势为–0.877V（vs. SHE）。铁负极的电极电势计算公式如式（10.19）所示，铁空气电池的电动势如式（10.20）所示，标准电动势为1.278V。

负极反应：

$$\mathrm{Fe+2OH^- \longrightarrow Fe(OH)_2 + 2e^-} \quad (10.17)$$

电池反应：

$$\mathrm{2Fe + O_2 + 2H_2O \longrightarrow 2Fe(OH)_2} \quad (10.18)$$

$$\varphi_{\mathrm{Fe(OH)_2/Fe}} = \varphi^{\ominus}_{\mathrm{Fe(OH)_2/Fe}} + \frac{RT}{nF}\ln\frac{a_{\mathrm{Fe(OH)_2}}}{a_{\mathrm{Fe}}a^2_{\mathrm{OH^-}}} \quad (10.19)$$

式中，$\varphi^{\ominus}_{\mathrm{Fe(OH)_2/Fe}}$为−0.877V（vs. SHE）。

$$U_{\mathrm{d}} = U^{\ominus} - \frac{RT}{nF}\ln\frac{a^2_{\mathrm{Fe(OH)_2}}}{p_{\mathrm{O_2}}a^2_{\mathrm{Fe}}a^2_{\mathrm{H_2O}}} \quad (10.20)$$

由于铁电极在碱性电解液中放电时生成$Fe(OH)_2$固体，覆盖铁电极表面后减小了铁同电解液的接触面积，既降低了放电速率又降低了电池放电容量。

思维创新训练 10.1 为什么铁空气电池中铁负极侧生成的是$Fe(OH)_2$，而不是$Fe(OH)_3$？

10.2.1.6 钙负极电化学

在二价金属中，钙在地壳中的含量最高，材料成本较低，并具有较低的电极电势［−2.870V（vs. SHE）］和较高的理论容量。钙-氧气电池的工作原理是钙或钙的化合物被氧化生成氧化物，在室温下的主要放电产物为CaO_2，此时电池的标准电动势为3.38V。我国科学家已利用金属钙负极、碳纳米管空气正极和有机电解质制备了钙-氧气电池，该电池设计不仅优化了性能和成本，同时也兼顾了环境的可持续性与在柔性电子设备中的应用要求，室温条件下能实现长达700次的充放电循环。

10.2.2 正极材料电化学

金属空气电池的空气电极与燃料电池的氧电极结构基本一样（8.3.1节），放电时都进行氧还原反应（ORR），而金属空气二次电池在充电时空气电极侧发生水氧化反应，也被称为析氧反应（oxygen evolution reaction，简写为OER），空气电极是双效电极。

10.2.2.1 氧气正极电化学

金属空气电池的正极活性材料一般为氧气。空气电极在放电时消耗氧气，在充电时释放氧气。

不同酸碱条件下的析氧过程不一样：酸性条件下，2个水分子转化为4个氢离子（H^+）和1个氧分子；在中性和碱性条件下，发生4个氢氧根离子氧化成2个水分子和1个氧分子。氧还原反应发生在空气正极的三相界面处，析氧反应发生在两相界面（催化剂和电解液）处。

（1）放电时发生氧还原反应

不论在碱性还是酸性电解液中，氧还原反应都要经历生成过氧化氢中间产物的过程，但是反应历程稍有不同。

在碱性和中性溶液中，氧气在空气电极上的还原反应一般分两步进行，首先生成中间产物 HO_2^-［式（10.21）］，然后 HO_2^- 被还原为 OH^-［式（10.22）］。

$$O_2 + H_2O + 2e^- \longrightarrow HO_2^- + OH^- \tag{10.21}$$

$$HO_2^- + H_2O + 2e^- \longrightarrow 3OH^- \tag{10.22}$$

过氧化氢离子可能在电极表面被催化分解发生副反应生成氧气：

$$2HO_2^- \longrightarrow O_2 + 2OH^- \tag{10.23}$$

由式（10.2）得在碱性电解液中氧气发生4电子反应的电极电势为：

$$\varphi_{O_2/OH^-} = \varphi^{\ominus}_{O_2/OH^-} - \frac{RT}{nF}\ln\frac{a^4_{OH^-}}{p_{O_2}a^2_{H_2O}} \tag{10.24}$$

式中，$\varphi^{\ominus}_{O_2/OH^-}$ 为0.401V（vs. SHE）。

在酸性溶液中，氧气分子首先接受2个电子还原为过氧化氢［式（10.25）］，再进一步还原为水［式（10.26）］。

$$O_2 + 2H^+ + 2e^- \longrightarrow H_2O_2 \tag{10.25}$$

$$H_2O_2 + 2H^+ + 2e^- \longrightarrow 2H_2O \tag{10.26}$$

正极反应：

$$O_2 + 4H^+ + 4e^- \longrightarrow 2H_2O \tag{10.27}$$

由式（10.27）得在酸性电解液中氧气发生4电子反应的电极电势：

$$\varphi_{O_2/H_2O} = \varphi^{\ominus}_{O_2/H_2O} - \frac{RT}{nF}\ln\frac{a^2_{H_2O}}{p_{O_2}a^4_{H^+}} \tag{10.28}$$

式中，$\varphi^{\ominus}_{O_2/H_2O}$ 为1.229V（vs. SHE）。

当氧还原反应按4电子反应模式进行时，氧气分子被还原成氢氧根离子或水；当按2电子反应模式进行时，产物除有氢氧根离子外，还有大量过氧化物生成。过氧化物可能会按式（10.23）被催化分解释放出氧气降低反应效率，且它的强氧化性会损坏电池隔膜而降低电池的循环寿命。与氢氧燃料电池一样，4电子反应是实现金属空气电池高效放电的主要反应。

（2）充电时发生析氧反应

在碱性条件下空气电极处发生的反应原理如图10.5所示，反应过程见式（10.29）～式（10.34）。催化剂的活性位点M先与碱性电解液中的OH^-结合失去电子形成M—OH，接着M—OH再与OH^-结合失去电子和H^+生成M—O。在M—O覆盖程度较高的区域，两个相邻活性位点的M—O部位直接结合释放氧气。在M—O覆盖程度较低的区域，M—O将与OH^-反应形成M—OOH，M—OOH再结合OH^-失去一个电子分解生成氧气。总反应为式（10.2）的逆向反应。

$$OH^- + M \longrightarrow e^- + M—OH \tag{10.29}$$

$$OH^- + M—OH \longrightarrow e^- + H_2O + M—O \tag{10.30}$$

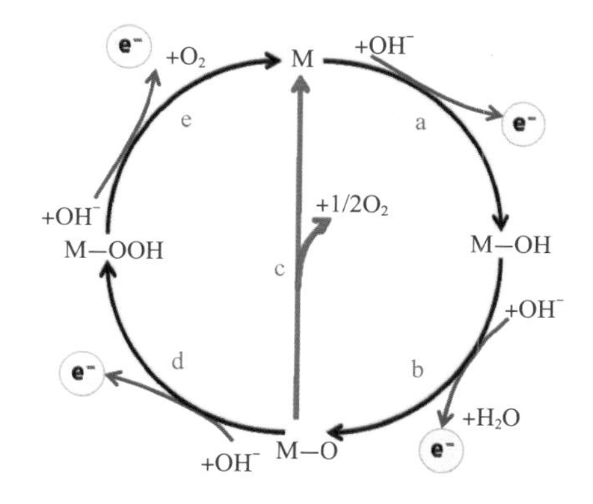

图 10.5　碱性条件下空气电极发生氧析出反应的示意图

a—OH^-吸附在活性位点M形成M—OH；b—M—OH结合OH^-生成M—O；c—相邻位点的M—O结合生成O_2；d—位点M—O与OH^-结合生成M—OOH；e—M—OOH与OH^-结合生成M—O_2，脱离活性位点释放O_2

$$M—O+M—O \longrightarrow O_2+M+M \tag{10.31}$$

$$OH^-+M—O \longrightarrow M—OOH+e^- \tag{10.32}$$

$$OH^-+M—OOH \longrightarrow M—O_2+H_2O+e^- \tag{10.33}$$

$$M—O_2 \longrightarrow O_2+M \tag{10.34}$$

式中，M表示催化剂表面的活性位点；M—OOH、M—O_2、M—OH和M—O分别表示中间产物在催化剂上的吸附状态。

在酸性条件下，反应原理如图10.6所示，反应过程见式（10.35）～式（10.38）。催化剂的活性位点先与电解液中的H_2O反应形成M—OH，M—OH再失去一个电子和H^+生成M—O。在M—O覆盖程度较高的区域，两个相邻活性位点的M—O部位直接结合释放氧气。在M—O覆盖程度较低的区域，M—O将与H_2O反应失去一个电子形成M—OOH，最终M—OOH失去电子分解生成氧气和H^+。

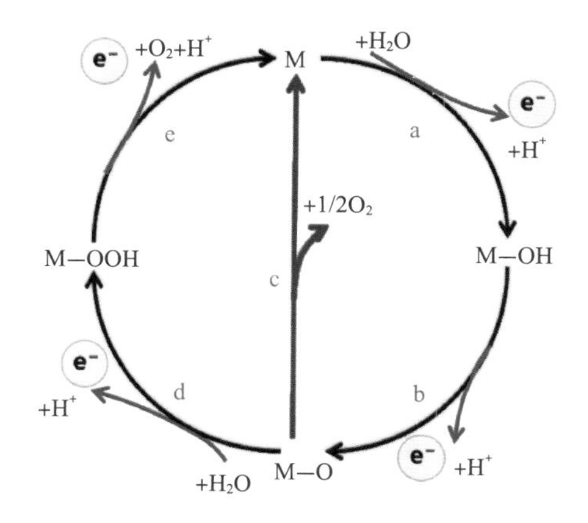

图 10.6　酸性条件下空气电极发生氧析出反应的示意图

a—H_2O吸附在活性位点生成M—OH；b—M—OH失去质子生成M—O；c—相邻位点M—O结合生成O_2；d—位点M—O与水结合生成M—OOH；e—M—OOH失去电子和质子释放O_2

$$H_2O+M \longrightarrow e^- + M—OH + H^+ \quad (10.35)$$

$$M-OH \longrightarrow e^- + M—O + H^+ \quad (10.36)$$

$$H_2O+M—O \longrightarrow M—OOH + H^+ + e^- \quad (10.37)$$

$$M—OOH \longrightarrow M—O_2 + H^+ + e^- \quad (10.38)$$

在碱性溶液中可作为氧电极催化剂的物质并不多，除了铂外，还有银、活性炭等。其中由于银在碱性溶液中对氧还原具有良好的催化活性而被广泛应用，Ag-Hg复合催化剂能提高催化活性；活性炭的价格便宜来源丰富，除了可作为载体外，对氧的还原也具有一定的催化作用，适用于小负载使用的电池。

10.2.2.2 二氧化碳正极电化学

空气中的二氧化碳（CO_2）会与碱性电解液发生反应。CO_2在有机溶剂中的溶解度是氧气的50倍。对于氧气作为活性材料的金属空气电池，无论使用水性电解液还是有机电解液，空气中的CO_2都容易导致在空气电极表面生成难溶的碳酸盐，阻碍空气电极的氧还原反应，引起电池性能下降，所以对于金属空气电池要避免CO_2副反应的发生。

二氧化碳也可作为金属气体电池的正极活性材料，构建金属二氧化碳电池。例如锂二氧化碳电池正极发生二氧化碳被还原为碳酸盐的电化学反应［式（10.39）］，二氧化碳被还原为碳，并产生了电能。

$$3CO_2 + 4Li^+ + 4e^- \longrightarrow 2Li_2CO_3 + C \quad (10.39)$$

由于CO_2是地球上的温室气体，因此利用金属二氧化碳电池可以将空气中的CO_2固定下来，在产生电能的同时还可以缓解温室效应。火星大气的主要成分是CO_2，因此可以利用金属二氧化碳电池为火星探测器提供能量。

思维创新训练 10.2 锂空气电池与锂离子电池的区别都有哪些?

10.2.3 电解液

金属空气电池的负极常用活性材料为Zn、Li、Al、Mg、Na等。水系电解液比较适用于金属Zn、Al、Mg等；对于与水发生反应的金属Li、Na等常使用含有无机电解质如$LiBF_4$的有机电解液，还可以使用固态电解质，如聚丙烯腈、萘酚等。

10.3 金属空气电池的主要性能

10.3.1 能量密度

金属空气电池能量密度高。因为空气电极所用活性材料是空气中的氧气，理论上正极容量是无限的，因此空气电池的理论能量密度比一般金属氧化物电池大得多。金属空气电池的理论能量密度一般都在1000W·h·kg^{-1}以上，属于高能化学电源。如锌空气电池的理论能量密度为1350W·h·kg^{-1}，铝空气电池的理论能量密度为可达8100W·h·kg^{-1}，实际质量能量密度约为350W·h·kg^{-1}，是锂电池的2倍多，镍氢电池的6倍，铅酸蓄电池的7倍多。锂空气电池的理论能量密度大约为1680W·h·kg^{-1}，是锂离子电池的10倍，体积更小，重量更轻，但仍在实验室开发阶段。铁空气电池理论能量密度1220W·h·kg^{-1}，镁空气电池理论能量密度3910W·h·kg^{-1}。

10.3.2 电压

锌空气电池的电动势为1.6V，开路电压为1.4V，实际工作电压在1.1V左右。
锂空气电池的电动势为3.4V，开路电压为2.9V，实际工作电压在2.4V左右。
铝空气电池的电动势为2.7V，开路电压1.5V，实际工作电压在1.2V左右。
镁空气电池的电动势为3.1V，实际工作电压在1.2～1.4V。
铁空气电池的电动势为1.3V，实际工作电压在1.0V左右。

10.3.3 放电曲线

金属空气电池在放电过程中的电压主要受到空气电极中氧气扩散速率的影响。锌空气电池的典型放电曲线如图10.7所示，可以看出在低倍率放电条件下的放电平台比较平稳，这是由于氧气扩散速率能够满足电化学反应，降低了浓差超电势的影响。当放电倍率较大时，氧还原反应引起的活化超电势和氧气扩散引起的浓差超电势会共同影响电池的放电电压，工作电压随着放电电流的增大而下降。放电电流越大，工作电压下降的幅度也越大。当负极活性材料金属锌快被反应完时，负极侧的浓差超电势会导致工作电压迅速下降，直到无法放电。

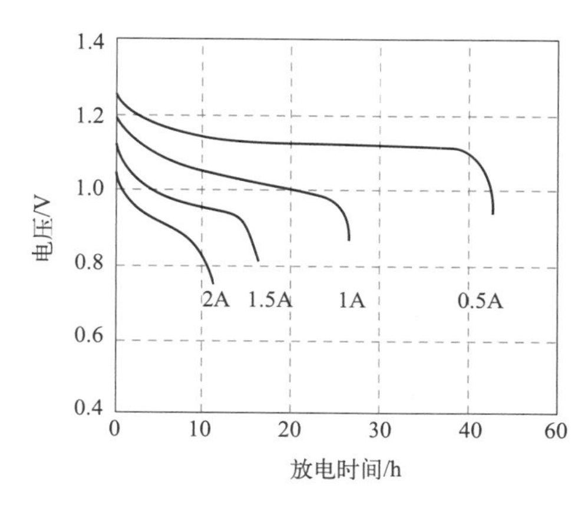

图10.7　一次碱性锌空气电池放电曲线

思维创新训练10.3 查找一篇最新的金属空气电池的研究论文，分析论文中的创新点应用了哪些本章所述内容。

扫码获取
本章思维导图

第11章 电化学电容器

11.1 概述

常用的储放电能器件有二次电池和电容器两类。二次电池储能通过活性材料的氧化还原反应进行电荷的存储和释放，这是一个化学过程，实现化学能与电能的转换；因为这个过程遵守法拉第定律，所以被称为法拉第过程。传统电容器储能通过两片金属极板分别储存正电荷和负电荷，电荷的存储和释放都是物理过程；这个过程是电能的转移过程，不发生化学反应，和法拉第定律无关，所以被称为非法拉第过程。

超级电容器（supercapacitor）是一种结合了二次电池和传统电容器特点的储能器件，既具有传统电容器的大电流快速充放电特性，也具备二次电池的大容量储能特性。超级电容器通过电极/电解液界面处的双电层（Electric double layer，简写为EDL）来存储能量，因此也被称为电化学电容器（electrochemical capacitor）。作为新型储能元件，根据电容量、放电时间和放电量的大小，电化学电容器主要可以用作主电源、辅助电源和备用电源。

11.1.1 电容器的发展历程

1745年，荷兰物理学家穆申布鲁克（Pieter Von Musschenbroek）为了存储摩擦发电机制造的静电，发明了莱顿瓶。莱顿瓶是最早的玻璃电容器，也是最早应用物理方法储电的器件（见1.3.1节）。莱顿瓶被发明之后不久，富兰克林通过改进莱顿瓶发明了平板电容器——把一片玻璃夹在两片金属箔之间。在莱顿瓶和平板玻璃电容器中，玻璃起到了电介质（dielectric）即一种绝缘体的作用。

19世纪30年代，法拉第用球形电容器做实验，以研究电容器极板之间的材料对极板存储电荷量的影响，他发现当两个极板间的电压一定时，两片极板间填充某些材料比仅有空气时储存的电荷更多。因为这项工作，电容单位被称为法拉（farad）。此外，法拉第还提出了介电常数（dielectric constant）的概念，并且发明了第一个实用的电容器。

1876年，爱尔兰物理学家斐茨杰拉德（D. G. Fitzgerald）发明了使用石蜡浸泡的纸作为电介质的电容器。

1879年，德国物理学家亥姆霍兹（Hermann von Helmholtz）为电化学领域的金属电极/电解液界面建立了一个模型，这个模型把金属电极/电解液界面处的电荷分布看作一个平板电容器，即界面处由符号相反电荷的两个平面组成，因而这个模型被称为双电层，也被称为亥姆霍兹层。

1909年，美国发明家杜比利埃（William Dubilier）发明了云母（mica）电容器。早期的云母电容器是用铜箔把云母夹在中间的结构，被称为钳位云母电容器（clamped mica capacitor）。由于云母片只是压在金属箔上，云母和金属箔之间有空隙，当金属箔发生腐蚀时两块金属箔之间的距离就会发生变化，从而影响电容值的大小。后来的云母电容器把金属镀在云母两侧，采用很薄的金属镀层后可以把电容器做得更小。

1920年左右，研究人员为了替代云母开始尝试开发陶瓷（ceramic）电容器。一开始选用的电介质是二氧化钛，后来多选用钛酸钡。1961年，一家美国公司推出了片式多层陶瓷电容器（multi-layer ceramic capacitor，简写为MLCC），这种电容器体积更紧凑、电容更高。

1925年，美国科学家鲁本（Samual Ruben）发明了电解电容器的雏形，他在带有氧化物涂层的阳极（正极）和金属箔之间夹入了凝胶状电介质，解决了某些电容器用水溶液作为“湿”电介质的问题。他同时也是金霸王（duracell）电池的创始人之一。

1950年之前，电容器都被叫作condenser，之后才被称为capacitor。20世纪50年代初期，贝尔实验室将钽研磨成粉末并将其烧结成型，制造了第一个钽固体电解质电容器（tantalum electrolytic capacitor）。尽管贝尔实验室发明了钽固体电解质电容器，但直到1954年才由斯普拉格电气公司（Sprague Electric Company）对工艺改进后生产了第一个商业化产品。

同样在1954年，贝尔实验室制造了一种2.5μm厚的金属化的漆（lacquer）薄膜，这可以使电容器变得更小。使用这种漆薄膜的电容器被认为是第一种聚合物薄膜电容器（polymer film capacitor）。同年，第一个聚酯（polyester，简写为PET）薄膜电容器也被制造出来。之后，各种聚合物如聚乙烯（polyethylene，简写为PE）、聚苯乙烯（polystyrene，简写为PS）、聚四氟乙烯（polytetrafluoroethylene，简写为PTFE）和聚碳酸酯（polycarbonate，简写为PC）等均被作为电介质用于制作电容器。

上述电容器的电容值都较低，直到另一种电容值达数千法拉的电容器出现。1957年，美国通用电气公司的工程师贝克尔（Howard Becker）基于燃料电池中多孔碳电极的实验结果，申请了“具有多孔碳电极的低压电解电容器”专利，他认为能量被储存在碳孔中的电荷上。1966年，美国俄亥俄州标准石油公司开发了另一种形式的多孔碳电容器，电解质为硫酸水溶液，将活性炭作为电极材料。日本电气股份有限公司在1971年将其命名为超级电容器（supercapacitor）并将其商业化。该电容器的额定电压为5.5V，电容高达1F，被用作计算机内存的备用电源。

加拿大渥太华大学（University of Ottawa）教授康维（Brian Evans Conway）从1975年到1980年一直从事氧化钌电化学电容器的研究。1991年，他阐述了超级电容器和电池在电化学储能中的区别，并在1999年给出了完整的解释，同时再次命名“supercapacitor”一词。在康维的引领下，电化学电容器的研究和应用进入了一个新的时代。图11.1展示了电容器的发展历程。

11.1.2 电容器的基本结构

以平板电容器为例，其基本结构是在两块平行的金属板间填入绝缘体，如图11.2所示。两块金属板按照存储电荷的极性分别被称为负极板和正极板，负极板储存负电荷，正极板储存正电荷。绝缘体被称为电介质，因此电介质是不导电的，但是可以通过电场。电介质中的带电粒子被原子或分子的作用束缚，不能自由移动，但是可以被电场影响排列的取向。电介质材料可以是空气、高分子薄膜、塑料、纸、陶瓷等。

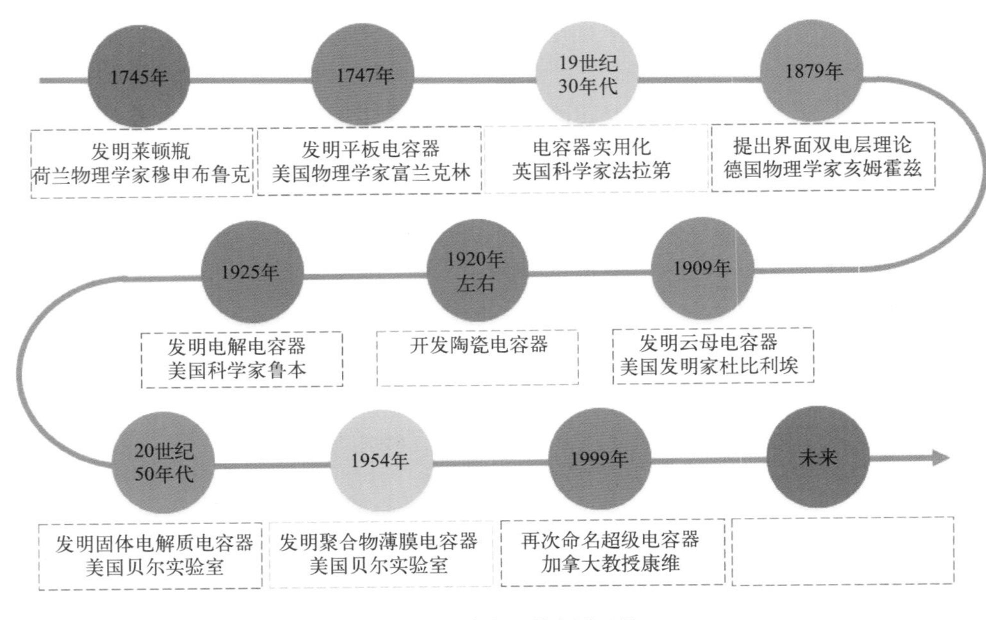

图 11.1　电容器的发展历程

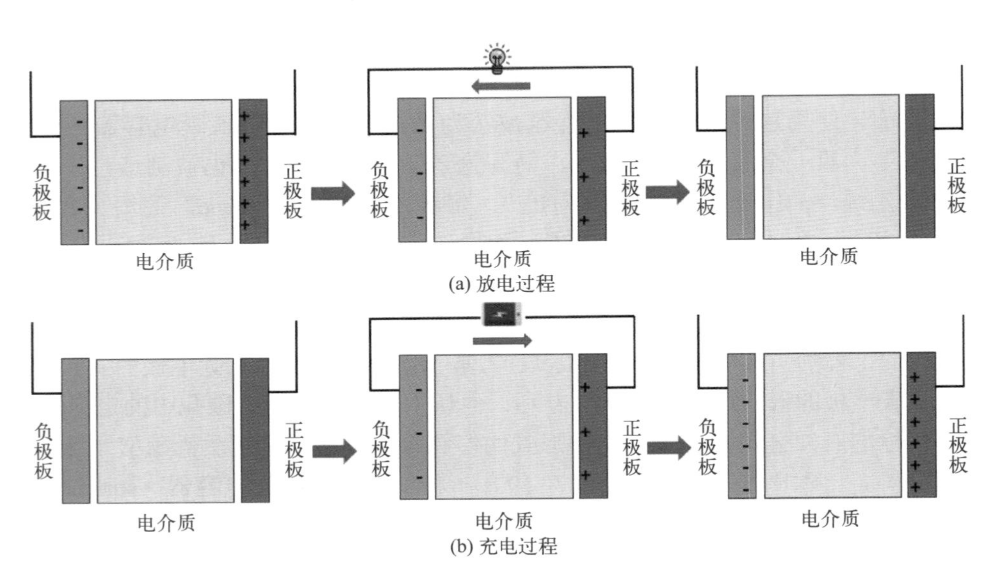

图 11.2　平板电容器的工作原理和基本结构示意图

11.1.3　电容器的工作原理

传统电容器的工作原理可以简单地理解为电荷的积累和释放（图11.2）。当平板电容器的两个极板连接到一个直流电源时，电源就开始向电容器充电。与电源正极相连的极板流入正电荷（与正极板上的负电荷流入电源等效），与电源负极相连的极板流入负电荷。随着充电进行，两块金属板上的正电荷和负电荷就会累积，两极板间的电场强度也随之增加。充电直到极板表面充满电荷时停止，此时两极板间的电场强度达到最大［图11.2（b）］。传统电容器的放电过程与之相反［图11.2（a）］。

被储存起来的电荷量叫作静电电容，用符号C表示，单位为法拉（简称法，符号为F）。静电电容C是由电介质的介电常数ε、电介质的厚度（即两片极板间的距离）d以及正极板或负极板面向电介质的面积S确定的，它们之间的关系可以表示为

$$C=\varepsilon\frac{S}{d} \tag{11.1}$$

两块金属板之间的电介质材料是绝缘的，因此两块极板储存的电荷无法流经电介质。因此当电容器与外接的直流电源断开时，两块极板上储存的电荷数量保持不变。当需要释放储存的电荷时，将电容器两块极板与外部用电设备连通，就能释放储存的电荷供设备使用。

简而言之，传统电容器的工作原理就是利用位于电介质两侧的金属极板储存电荷和释放电荷。

知识拓展11.1

介电常数又被称为相对介电常数、电容率、相对电容率，用于衡量电介质在电场中储存静电能的能力。通常用在同一电容器中绝缘材料分别为电介质和真空的电容值的比值表示，因此介电常数是无量纲数。因为真空的绝缘性最好，所以介电常数可以视为电介质提高真空电容器电容值的能力强弱。

介电常数是溶剂的一个重要性质，在电池和电化学电容器上有着重要应用。介电常数可用来衡量溶剂对溶质分子的溶剂化能力，介电常数大的溶剂分隔离子的能力较强，对溶质的溶解程度较好。

11.1.4 电容器的分类

电容器包括传统电容器和电化学电容器两类。电化学电容器是在传统电容器基础上发展而来的，它除了具有传统电容器的特点外，还拥有了新的储能机理和性质。

根据储能机理可将电化学电容器分为双电层电容器、赝电容器和混合型电容器三类。双电层电容器利用电极/电解液界面处形成的双电层电容来存储能量。赝电容器（pseudocapacitor）则是利用发生在电极材料表层的可逆电化学反应来储存和释放电荷。因为储电和放电过程存在法拉第过程，不仅仅是传统的物理途径储电和放电，故被称为赝电容器。赝电容器的工作原理是通过电化学氧化还原反应进行储电和放电，除了常见的如$Ni(OH)_2$与NiOOH、Pb与PbO_2这样的氧化还原反应，还有一些特殊表现形式的氧化还原反应。比如像锂离子电池那样伴随氧化还原反应进行锂离子的插入和脱出的赝电容反应，金属离子被还原在惰性金属表面形成的单层原子金属（欠电势沉积）的赝电容反应。

电化学电容器还可分为对称型电容器和非对称型电容器。对称型电容器通常由两种相同的电极材料组成，目前多数商用的电化学电容器就是属于这种，通常两片极板都采用碳材料。而非对称型电容器则采用两种不同材料的电极，通常一片极板采用具有双电层电容器特性的碳材料，而另一片极板采用赝电容特性的金属化合物，如MnO_2、$Ni(OH)_2$和PbO_2等。非对称型电容器利用碳材料电极导电性好和赝电容电极能量密度高的优点，提高了电化学电容器的功率密度和能量密度。非对称型电容器兼具了双电层电容器和赝电容器的特点，也被称为混合型电容器。

11.1.5 电化学电容器的基本结构

电化学电容器由正极、负极、电解液、隔膜和外壳等部件构成，电化学电容器基本结构如图11.3所示。从基本结构上看，电化学电容器中的隔膜和电解液取代了传统电容器中的电介质。传统电容器中电荷是无法流经电介质的，因此在正常工作时两个电极间是断路的。电化学电容器的两片极板间充满电解液，因此离子可以在两片极板间流动导电，隔膜的作用与在电池中一样——通过离子、防止短路。

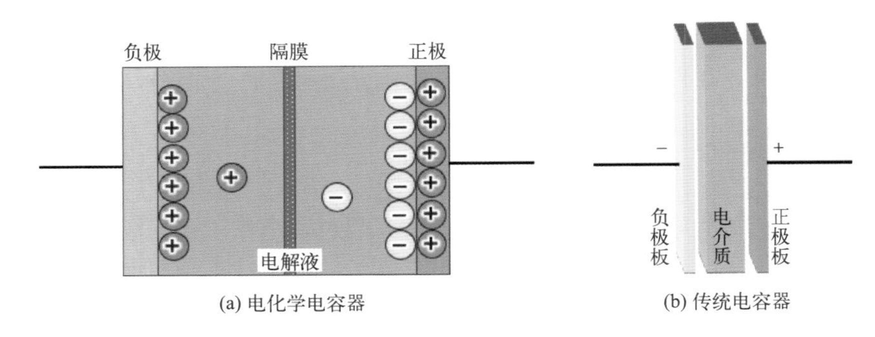

图 11.3 电容器的基本结构示意图

传统电容器的两个电极都是金属或碳材料，利用表面存储电荷。电化学电容器除了使用金属或碳材料，还要使用金属氧化物、金属氢氧化物等通过电化学反应存储电荷。当电化学电容器利用氧化还原反应储电时，可以将其视为使用一薄层活性材料的二次电池，这种二次电池的充放电过程就是电化学电容器的充电过程。由于这种二次电池的活性材料被制备成非常薄的一层，电化学反应过程将几乎不存在扩散传质，因此可在极快的时间内完成反应，从而充放电将表现出电容充放电特征。

11.1.5.1 电极

与二次电池相似，电化学电容器的电极一般也包括集流体和活性材料两部分。

集流体的主要功能是担载活性材料并传递电子，因此要求集流体的导电性好、与活性材料的接触面积大、耐腐蚀性能好。常用的集流体材料有石墨、钛、镍、铝、铜等。

活性材料的主要作用是储存电荷，因此要求活性材料要具有优良的电化学活性、大的比表面积和高的理论容量。电化学电容器中常用的活性材料主要有碳材料（如活性炭、乙炔黑、碳纳米管、碳气凝胶等）、金属化合物（氧化钌、氧化锰、氧化钴、氢氧化镍等）和导电聚合物（聚苯胺、聚吡咯和聚噻吩等）。

11.1.5.2 电解液和隔膜

电化学电容器中使用的电解液一般要求电导率高、化学稳定性好、材料成本低等。根据使用的溶剂，电解液可分为水系电解液、有机电解液和离子液体。

水系电解液具有电导率高（约1S·cm^{-1}）、成本低、安全性高等优点。但是由于水的理论分解电压为1.23V，导致使用水系电解液的电化学电容器电压窗口较低，一般低于2V。水系电解液主要包括酸性电解液（如H_2SO_4）、碱性电解液（如KOH）和中性电解液（如Na_2SO_4）。

有机电解液由于使用了有机溶剂，可以显著提高电化学电容器的电压窗口（2.5～4.0V），因此提高了电容器的能量密度。使用有机溶剂也面临着成本增加、可燃风险增大等问题。有机电解液可通过将六氟磷酸铵、四乙基四氟硼酸铵等盐溶于乙腈或者碳酸丙烯酯中制备。

离子液体（inoic liquid）是一种由无机或有机阴离子和有机阳离子组成的盐，在室温下为液态，也称为室温熔融盐。使用离子液体作为溶剂可将电压窗口升至6V，适于应用在高功率电容器中。但是离子液体的黏度大、电导率低（约为10mS·cm^{-1}），无法适应高倍率放电应用。使用有机溶剂或离子液体电解液的电化学电容器的比电容值一般小于200 F·g^{-1}。离子液体中常见的阳离子一般为咪唑盐离子、吡咯盐离子和铵盐离子等，阴离子通常为四氟硼酸根离子（BF_4^-）、六氟磷酸根离子（PF_6^-）、双（三氟甲烷磺酸基）亚胺根离子（$TFSI^-$）和双氰胺根离子（DCA^-）等。

前面介绍的三类电解液都是液态，不利于电化学电容器的制造和应用，因此也在开发使用固态电解质的电化学电容器。用于电化学电容器的固态电解质分为凝胶聚合物电解质和无机电解质两类。凝胶聚合物又根据所用溶剂分为水凝胶、有机凝胶和离子凝胶。无机电解质硬度高，不能保证和极板的充分接触，使得电化学电容器的能量密度和功率密度较低，尚未实现应用。

隔膜在电化学电容器中的主要作用是防止正极板和负极板直接接触，防止短路；允许电解液中的离子自由通过。常用的隔膜材料有纤维素、聚丙烯、聚四氟乙烯等。

11.2 典型电化学电容器

11.2.1 双电层电容器

11.2.1.1 工作原理

双电层电容器是利用极板/电解液界面处形成的双电层电容来储存能量的器件。双电层的厚度一般为5～10Å（1Å = 0.1nm）。以正负极板均为活性炭材料的对称型电容器为例（图11.4）。双电层电容器充电时，将电压施加于电容器的正极和负极，电解液中的SO_4^{2-}、Na^+在电场的作用下分别向正极板和负极板移动，到达极板后吸附在极板表面形成双电层储存电荷［图11.4（a）］。放电时，SO_4^{2-}和Na^+分别从正极板和负极板上脱附回到电解液中。

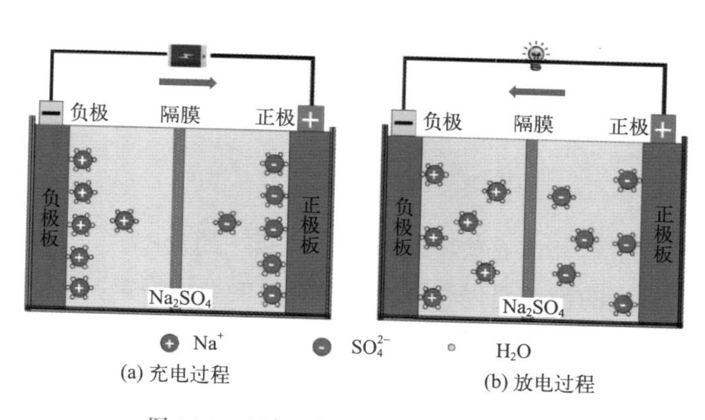

图 11.4　双电层电容器的储能机理示意图

双电层电容器的充电和放电都是物理过程，不涉及化学反应，因此电容器的充放电速度很快。双电层电容器的循环寿命很高，可以达到万次以上，远大于二次电池几百到几千次的循环寿命。双电层电容器的电容值根据式（11.2）计算。

$$C=\frac{S\varepsilon_0\varepsilon_r}{d} \tag{11.2}$$

其中，ε_0是真空介电常数，$8.854\times10^{-12}F\cdot m^{-1}$；$\varepsilon_r$是电解液的介电常数。

思维创新训练 11.1 可以通过哪些手段增加双电层电容器的电容值?

11.2.1.2 电极材料

由于双电层电容器主要依靠表面的双电层来储存电荷，因此要求电极材料的比表面积一定要高，这样才能储存更多的电荷。常见的双电层电容器电极材料主要是碳材料。活性炭（activated carbon）是目前商业化程度最高的电化学电容器电极材料，活性炭的合成工艺简单、材料来源广、比表面积大（1000 ～ 2000$m^2\cdot g^{-1}$）、电化学性能稳定。其他碳材料包括碳纤维、石墨烯、碳纳米管、碳气凝胶等。

11.2.2 赝电容器

11.2.2.1 工作原理

由于赝电容器利用电极材料表层的可逆电化学反应来储存和释放电荷，因此在相同电极比表面积的条件下可以获得比双电层电容器更高的容量密度。但是在充放电过程中，金属元素在改变价态时还往往伴随着其他离子的插入和脱出，因此会带来电极材料体积变化的问题，与铅酸蓄电池、镍氢电池的正极充放电情况类似，使赝电容器的稳定性受到影响。

赝电容器的充放电过程有离子插入和脱出、欠电势沉积等表现形式。

（1）伴随离子插入和脱出的赝电容器

以使用正极活性材料钴酸锂的赝电容器的充放电过程为例，发生的电化学反应如式（11.3）所示，正极材料的变化过程如图11.5所示。充电开始，在外电压的作用下，$LiCoO_2$晶格中的Co^{3+}被氧化为Co^{4+}，Li^+从晶格中脱出进入电解液［图11.5（b）］。充电结束时，$LiCoO_2$中的大部分Co^{3+}被氧化为Co^{4+}［图11.5（c）］。放电是充电的逆过程［图11.5（d）和图11.5（e）］。

$$Li_xCoO_2 \rightleftharpoons CoO_2+xLi^++xe^- \tag{11.3}$$

可以看出，在这种赝电容器的充放电过程中，锂离子的价态并未发生改变，锂离子的插入和脱出是为了平衡金属元素的价态变化和维持电极材料的结构稳定。

以使用负极活性材料二氧化锰的赝电容器充放电过程为例，发生的电化学反应如式（11.4）所示。充电时，MnO_2晶格中的Mn^{4+}得到电子被还原为Mn^{3+}，同时电解液中的H^+插入晶格生成MnO(OH)。放电时，MnO(OH)中的Mn^{3+}被氧化为Mn^{4+}，H^+从晶格中脱出。

$$MnO_2+e^-+H^+ \rightleftharpoons MnO(OH) \tag{11.4}$$

因此，上述两个例子和锂离子电池、镍氢电池的充放电过程类似，Li^+和H^+的插入和脱出是赝电容器充放电过程中配合氧化还原反应发生的现象，并不是充电和放电的本质。

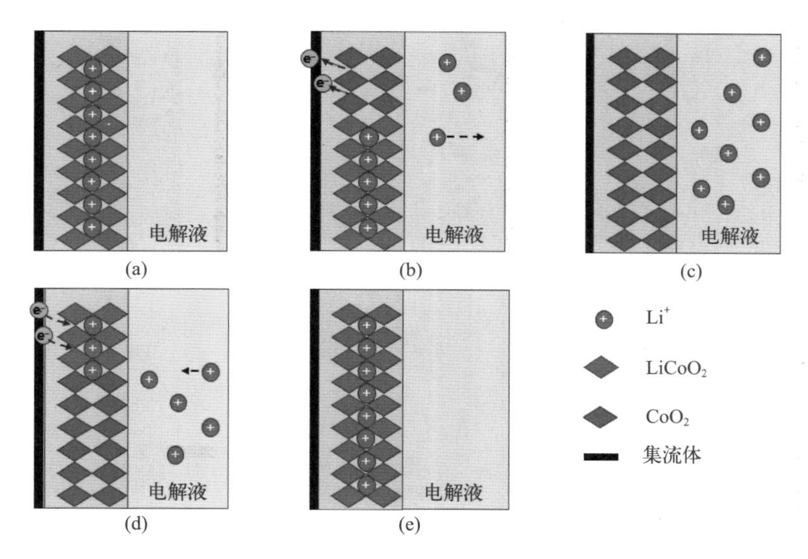

图 11.5　伴随离子插入和脱出的赝电容器工作原理示意图

（a）充电前；（b）充电时Co^{3+}被氧化为Co^{4+}，Li^+从晶格中脱出；（c）完成充电；
（d）放电时Co^{4+}被还原为Co^{3+}，Li^+插入晶格；（e）完成放电

（2）发生欠电势沉积的赝电容器

欠电势沉积（underpotential deposition）指一种金属可在比其平衡电极电势正的电势下沉积在另一种金属表面的行为，比如Pt^{2+}/Pt的标准电极电势是1.180V（vs. SHE），Pb^{2+}/Pb的标准电极电势是−0.126V（vs. SHE），在电解液中Pb^{2+}可在0.180V（vs. SHE）的电极电势下在Pt基体表面沉积一层Pb原子，这个沉积过程即为储存电荷的过程。发生欠电势沉积的条件是基体金属（如Pt、Au、Ag等）的功函数较高，而被沉积的金属（如Pb^{2+}、Cu^{2+}、H^+等）的功函数较低（功函数的含义见12.1.3节知识拓展12.1）。

以铂表面沉积铅单原子层的赝电容器为例，发生的电化学反应如式（11.5）所示，电极表面的变化过程如图11.6所示。充电时，电容器负极板被施加合适的电势［如0.180V（vs. SHE）］，虽然这个电势比Pb^{2+}/Pb的电极电势要正，但是由于基体Pt与Pb的相互作用比Pb与Pb之间的更强，Pb^{2+}仍然可以被沉积在Pt表面，形成Pt-Pb键［图11.6（b）］。当Pb原子铺满整个基体表面时，Pb^{2+}继续沉积的话只能形成Pb-Pb键，此时的电极电势已经不足以将Pb^{2+}还原在Pb表面，所以还原反应将停止［图11.6（c）］。放电时，电容器负极板被施加比沉积电势更正的电势［如0.500V（vs. SHE）］，使Pb单原子层从Pt基体表面氧化并脱离［图11.6（d）和图11.6（e）］。

$$Pt+Pb^{2+}+2e^- \rightleftharpoons Pb\text{-}Pt \tag{11.5}$$

欠电势沉积的条件比较苛刻，电极的基体需要使用贵金属，因此欠电势沉积方法在电容器中的实际应用很少。

赝电容器的电容贡献除了来自发生氧化还原的离子储存的电能，还包括在活性材料表面形成的双电层。因此理论上赝电容器可比双电层电容存储更多的电荷，能量密度可以更高。

采用MnO_2为正极活性材料，活性炭为负极活性材料，使用Na_2SO_4电解液组成非对称型电容器。放电时，MnO_2晶格中的Mn^{4+}得到电子被还原为Mn^{3+}，Na^+插入MnO_2晶格，生成MnOONa；负极活性炭/电解液界面处形成双电层的Na^+脱离活性炭表面进入电解液［图11.7（a）］。充电时，正极处MnOONa晶格中的Mn^{3+}失去电子被氧化为Mn^{4+}，Na^+从晶格中脱出生成MnO_2；电

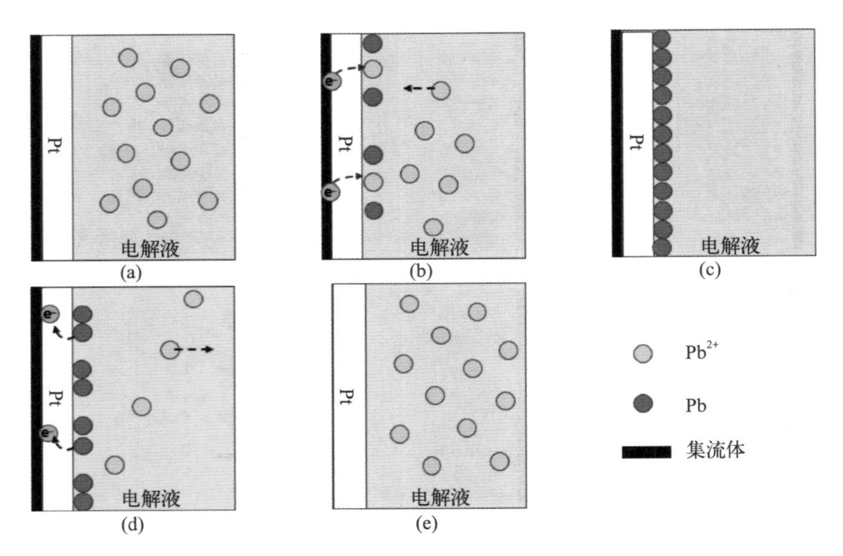

图 11.6　铂表面欠电势沉积铅单原子层的赝电容器的工作原理示意图

（a）充电前；（b）充电时Pb^{2+}被还原为Pb原子；（c）Pb原子铺满Pt基体表面，欠电势沉积结束，完成充电；（d）放电时Pb原子被氧化为Pb^{2+}，从Pt基体表面脱离；（e）完成放电

子向负极转移，电解液中的Na^+被吸附到活性炭表面形成双电层储存起来［图11.7（b）］。

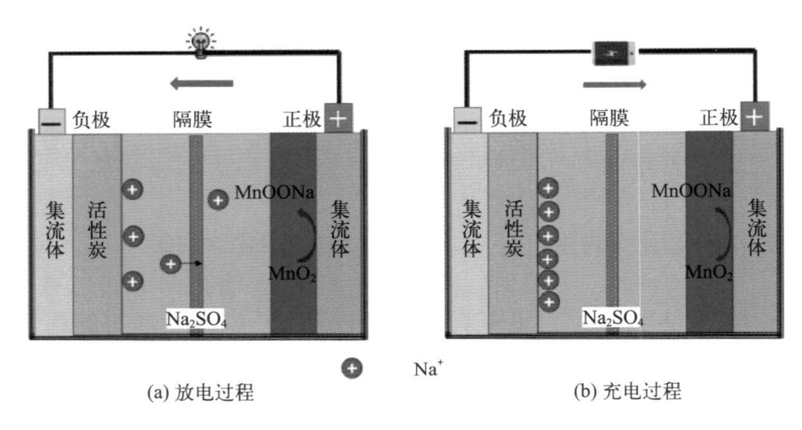

图 11.7　非对称型电容器的工作原理和基本结构示意图

11.2.2.2　电极材料

赝电容器的电极材料主要包括金属氧化物和导电聚合物。

金属氧化物材料主要包括二氧化钌（RuO_2）和二氧化锰。二氧化钌是被发现最早也是最典型的赝电容电极材料，具有稳定性高、电子转移速率大、比表面积大等特点，但钌元素属于稀缺资源，成本高昂。二氧化锰的理论容量密度较高、成本较低，但是导电性不好且材料的比表面积较小，所以实际容量密度不高。

导电聚合物是具有共轭π键的聚合物，可应用于电化学电容器的材料包括聚苯胺（PANI）、聚吡咯（PPy）、聚噻吩（PTh）、聚3,4-乙烯二氧噻吩（PEDOT）等。采用导电聚合物电极材料可使电容器具有较高的能量密度和功率密度，但是电容器的充放电循环性能不好，聚合物的热稳定性较差。导电聚合物应用于电化学电容器的性质如表11.1所示。

表 11.1 导电聚合物电化学电容器的性质

性质	PANI	PPy	PTh	PEDOT
分子量 /$g \cdot mol^{-1}$	93	67	84	142
掺杂度 /%	0.5	0.33	0.33	0.33
导电性 /$S \cdot cm^{-1}$	0.5 ～ 5	10 ～ 50	300 ～ 500	300 ～ 400
电压 /V	0.7	0.8	0.8	1.2
理论容量 /$F \cdot g^{-1}$	750	620	485	210
实际容量 /$F \cdot g^{-1}$	240	530	—	92

11.3 电化学电容器的主要性能

11.3.1 电压窗口

电压窗口指电化学电容器正常工作的电压范围。对于使用水系电解液的电化学电容器，如果充电电压高于电压窗口时可能导致电解水生成氧气和氢气，引起器件鼓胀或破裂。当电化学电容器的电极活性材料为活性炭或金属氧化物，采用硫酸、硫酸铵等酸性电解液时，电压窗口通常为1.5V，采用氢氧化钾、氢氧化锂等碱性电解液时，电压窗口通常为2.7V。

11.3.2 能量密度

电化学电容器的能量密度指在单位质量的电容器中储存的能量。能量密度低是电化学电容器与二次电池相比最突出的劣势。电化学电容器能量密度的计算如式（11.6）所示。

$$E_{EC}=\frac{1}{2\times 3.6}C_{EC}\Delta U_{EC}^{2} \tag{11.6}$$

式中，E_{EC}为电化学电容器的能量密度，单位为$W \cdot h \cdot kg^{-1}$；C_{EC}为容量密度；ΔU_{EC}为电压窗口。

思维创新训练 11.2 有哪些措施可以提高电化学电容器的能量密度?

11.3.3 充电和放电曲线

电化学电容器的充电和放电性能通常用两种方法表征，一种是通过伏安法得到电压-电流曲线，另一种是通过恒电流充放电得到电压-时间曲线，再通过式（11.1）或式（11.2）研究电容器的性能。

双电层电容器的充放电性能如图11.8所示。电容器充电和放电过程的电压-电流曲线围成了一个近似矩形［图11.8（a）]。这是因为在伏安法表征过程中电压随着时间线性变化，由于电容值一定，所以充电和放电电流应该是恒定的。但是由于真实的电容器在充电和放电开始需要一定的响应时间，因此电压-电流曲线中并不是立刻到达充电电流或放电电流，而是有一个渐变的过程。

电容器充电和放电过程的电压-时间曲线围成了一个等腰三角形［图11.8（b）]。由于对双电层电容器是恒电流充电或放电，在电容值一定的情况下电压将随着时间线性上升或下降。

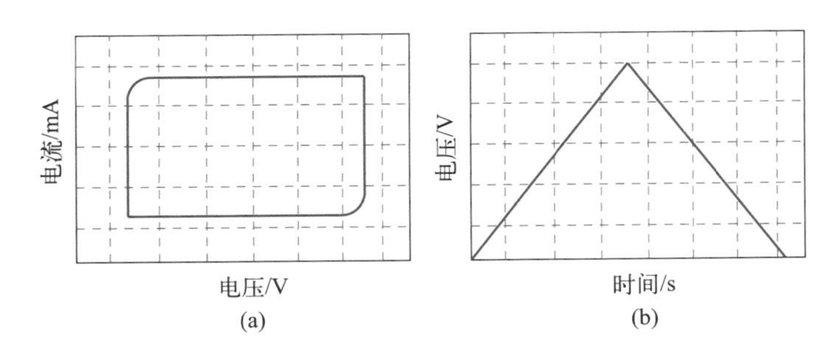

图 11.8　双电层电容器的充放电性能曲线

（a）电压 - 电流曲线；（b）电压 - 时间曲线

思维创新训练 11.3 为什么真实双电层电容器的电压－电流曲线中不能立刻到达充电电流或放电电流？

赝电容器的充放电性能如图11.9所示。由于赝电容器的电容来自双电层和氧化还原反应的双重贡献，所以赝电容器的电压 - 电流曲线是两种贡献效果的叠加，隆起的电流峰由活性材料的氧化或还原引起［图11.9（a）］。因此，赝电容器充电和放电过程的电压 - 时间曲线就围成了一个近似等腰三角形［图11.9（b）］。

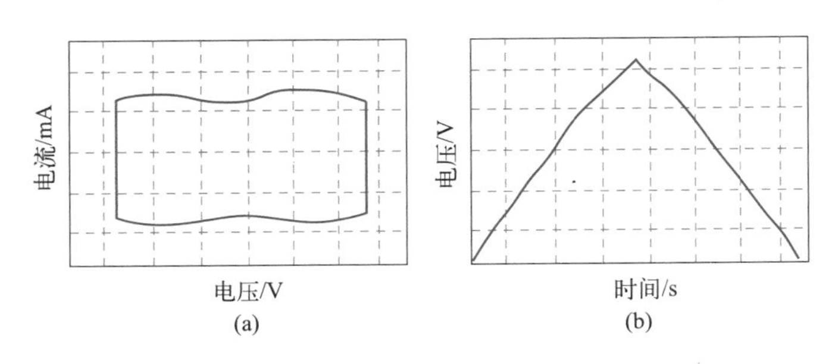

图 11.9　赝电容器的充放电性能图

（a）电压 - 电流曲线；（b）电压 - 时间曲线

思维拓展训练 11.1 查找资料总结对称型电容器和非对称型电容器的恒电流充放电曲线的特点，并画出示意图。

思维创新训练 11.4 为什么赝电容器的电压－时间曲线中电压会随着时间出现波动？如果氧化还原反应对电容起到主要贡献，电压－时间曲线将出现什么样的变化？

思维创新训练 11.5 查找一篇最新的电化学电容器的研究论文，分析论文中的创新点应用了哪些本章所述内容。

11.3.4　电化学电容器的性能特点

传统物理电容器、电化学电容器、锂离子电池和铅酸蓄电池四种储能器件的性能比较如表11.2所示。电化学电容器充满电所需时间比二次电池要短3～4个数量级，功率密度高出2个数量级左右，充放电循环寿命也高出几个数量级。但是电化学电容器的能量密度比二次电池要低1个数量级。所以电化学电容器和二次电池各有优缺点，在实际应用中可以相互补充。

表 11.2　物理电容器、电化学电容器、锂离子电池和铅酸蓄电池的性能比较

性能	物理电容器	电化学电容器	锂离子电池	铅酸蓄电池
能量密度 /$W \cdot h \cdot kg^{-1}$	0.01 ～ 0.1	5 ～ 15	50 ～ 130	25 ～ 50
功率密度 /$W \cdot kg^{-1}$	10^4 ～ 10^7	10^3 ～ 10^5	50 ～ 2000	< 50
循环寿命 / 次	> 10^7	> 10^5	500 ～ 2000	500
充满电的时间 /s	< 0.1	2 ～ 10	10^3 ～ 10^4	10^3 ～ 10^5
环境污染程度	极小	极小	小	大

扫码获取
本章思维导图

第12章 光电化学电池

12.1 概述

12.1.1 光电化学电池的发展历史

1833年，法拉第发现硫化银晶体的电阻和温度成反比，即温度越高硫化银的导电性越好，这是半导体特性首次被观察到。1839年，法国物理学家贝克勒尔（Alexandre-Edmond Becquerel）在协助父亲实验时，观察到相同金属材料的两个电极插在稀酸溶液中，用光照射其中一个电极会在两个电极间产生电压，从而发现了光生电压（光生伏特）效应，也被称为贝克勒尔效应。1887年，德国物理学家赫兹（Heinrich Hertz）在研究金属/真空界面实验中发现紫外线会促进电磁波发射器产生火花，这是光电效应的一个表现。虽然赫兹发表了实验结果，但是没有对光电效应做进一步的研究。1905年，爱因斯坦（Albert Einstein）发表论文《关于光的产生和转化的一个试探性观点》"Über einen die Erzeugung und Verwandlung des Lichtes betreffenden heuristischen Gesichtspunkt"，将光束描述为一群离散的量子——光子，频率为ν的光子拥有的能量为$h\nu$（h为普朗克常数）。因为发现光电效应定律，爱因斯坦于1921年荣获诺贝尔物理学奖。

1947年，半导体的热敏性、光敏性、整流性和可掺杂性等四个特性在美国贝尔实验室（Bell Laboratory）被完全揭示出来。同年12月23日，贝尔实验室的肖克利（William Bradford Shockley）、巴丁（John Bardeen）和布拉顿（Walter Houser Brattain）发明了第一种半导体器件——锗晶体管（transistor），并因此于1956年共同获得了诺贝尔物理学奖。1953年，巴丁和合作者提出了电解池中的模拟晶体管，分别用溶液中还原态和氧化态的离子代替半导体中的电子和空穴，以此作为结型晶体管（junction transistor）的模型。1954年，布拉顿和合作者研究了n型锗半导体和p型锗半导体与KOH、KCl、HCl水溶液接触时电流和入射光强度对电极电势的影响。巴丁和布拉顿的这两项研究开辟了两个重要的电化学方向——半导体电化学和光电化学。

1967年，日本科学家藤岛昭（Akira Fujishima）和本多健一（Kenichi Honda）发现用阳光照射水溶液中的n型TiO_2（金红石）单晶电极时，在TiO_2表面生成了氧气，同时在对电极铂片的表面上生成了氢气。这个结果在1972年才公开报道出来，开辟了光电化学合成与光催化的新研究领域。藤岛昭和本多健一的发现揭示了一个光电化学合成过程，可以利用太阳能分解水，从而用免费的太阳光为人类源源不断地提供化学燃料氢。可惜转换效率非常低，有时还要在两电极间增加外部电压来提高分解水的效率，远未达到实用化的程度。1975年，$KTiO_3$和$SrTiO_3$等氧化物被发现可以作为光阳极，并且不需要外加电压就能分解水，但是其寿命很短，转化率也比较低。之后，研究人员还应用光电化学电池进行还原二氧化碳、合成氨等研究。1991年，瑞士科学家格拉泽（Michael Grätzel）等人设计出了一种成本低廉、光电转换效率高的新型太阳能电池——染料敏化太阳能电池（dye sensitized solar cell，简写为DSSC）。这种电池将光能转换为电能，被光照射后会持续产生电流但不消耗溶液，也被称为再生式光电化学电池或液结太阳能电池（liquid junction solar cell）。

随着人们对清洁、可再生的能源需求日益增加，半导体电化学和光电化学的研究和应用必将掀开新的篇章。半导体电化学和光电化学的发展历程如图12.1所示。

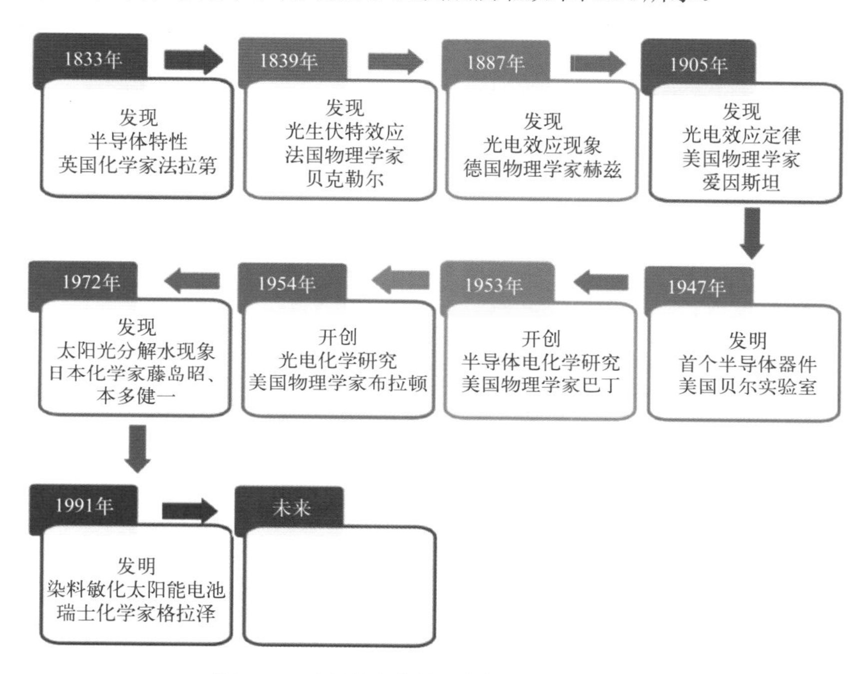

图12.1　半导体电化学和光电化学的发展历程

12.1.2　光电化学电池的工作原理

12.1.2.1　以光电化学分解水为例

以半导体二氧化钛（TiO_2）光电极为例，光电化学电池（photoelectrochemical cell，简写为PEC cell）的工作原理如图12.2所示。半导体TiO_2的导带是由一系列未填充电子的轨道构成，价带由一系列填满电子的轨道构成，价带和导带之间为禁带，禁带宽度被称为带隙。当半导体表面受到能量大于其带隙能量的光子照射时，价带中的电子会受到激发跃迁进入导带，产生光生电子-空穴对。光生电子拥有较高的能量状态，可起到还原剂的作用，而价带中的光生空穴则具备较高的氧化电势，可起到氧化剂的作用。在TiO_2光电极耗尽层中电场的驱动下，光生电子将向半导体电极内部运动，通过外电路流出光电极；而光生空穴将向半导体/电解液界面运动，去氧化电解液中的原料。在分解水反应时，TiO_2光阳极将水氧化生成氧气，电子通过外电路流动到对电极，在对电极表面还原氢离子生成氢气。

光电化学分解水反应可分为如下两个半反应。

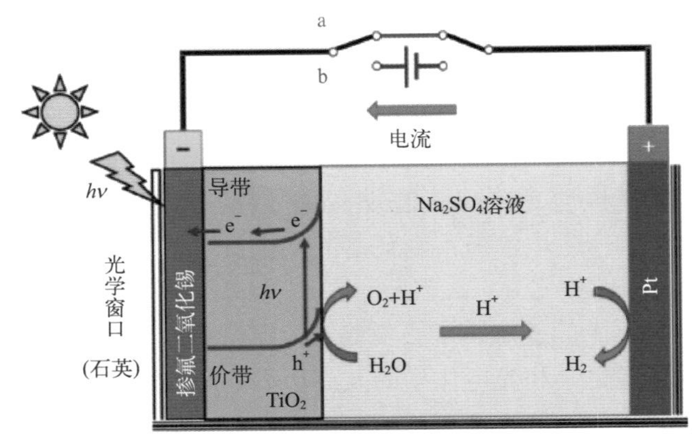

图 12.2　太阳光分解水原理示意图

a—不加电压（自驱动）；b—施加电压

光阳极（负极）反应：

$$2H_2O \longrightarrow 4H^+ + O_2 + 4e^-(\text{光生}) \tag{12.1}$$

对电极（正极）反应：

$$4H^+ + 4e^-(\text{光生}) \longrightarrow 2H_2 \tag{12.2}$$

电池反应：

$$2H_2O \longrightarrow 2H_2 + O_2 \tag{12.3}$$

根据式（12.1）可得二氧化钛光阳极侧发生的析氧反应的电极电势为：

$$\varphi_{O_2/H_2O} = \varphi^{\ominus}_{O_2/H_2O} + \frac{RT}{nF}\ln\frac{p_{O_2}a^4_{H^+}}{a^2_{H_2O}} \tag{12.4}$$

式中，$\varphi^{\ominus}_{O_2/H_2O}$为1.229V（vs. SHE）。

同理，根据式（12.2）可以得Pt对电极侧的析氢电极电势为：

$$\varphi_{H^+/H_2} = \varphi^{\ominus}_{H^+/H_2} + \frac{RT}{nF}\ln\frac{a^4_{H^+}}{p^2_{H_2}} \tag{12.5}$$

式中，$\varphi^{\ominus}_{H^+/H_2}$为0.000V（vs. SHE）。

通常光电化学分解水时采用中性的硫酸钠或其他某些盐的水溶液，此时电解液的pH=7，则此时光阳极侧的析氧电极电势为0.815V（vs. SHE），Pt对电极侧的析氢电极电势为−0.414V（vs. SHE）。

由式（12.4）和式（12.5）可得光电化学分解水的理论电压U_{PEC}为：

$$\begin{aligned} U_{PEC} &= \varphi_{H^+/H_2} - \varphi_{O_2/H_2O} = \varphi^{\ominus}_{H^+/H_2} - \varphi^{\ominus}_{O_2/H_2O} + 2.303\times\frac{RT}{nF}\times\lg\frac{a^2_{H_2O}}{p^2_{H_2}p_{O_2}} \\ &= \varphi^{\ominus}_{H^+/H_2} - \varphi^{\ominus}_{O_2/H_2O} + 2.303\times\frac{8.314\times298.25}{4\times96500}\text{V}\times\lg\frac{a^2_{H_2O}}{p^2_{H_2}p_{O_2}} \\ &= \varphi^{\ominus}_{H^+/H_2} - \varphi^{\ominus}_{O_2/H_2O} + 0.0148\text{V}\lg\frac{a^2_{H_2O}}{p^2_{H_2}p_{O_2}} \end{aligned} \tag{12.6}$$

式中，p_{H_2}和p_{O_2}分别为氢气和氧气的气体分压。当环境压力为1atm（101325Pa）时，光电化学分解水的理论电压为1.229V，与电解水的理论电压是一样的。

12.1.2.2 光电化学分解水与电解水的区别

光电化学分解水的理论电压与电解水的理论电压是一样的，但是两种分解水途径中阳极和阴极的电极电势都要随着pH的变化而改变。在光电化学分解水中一般会选用中性或近中性的电解液，因为光电极上的半导体薄膜材料在强酸性或强碱性环境中可能会快速降解掉，从而引起光电极失效。但在电解水制氢时一般会采用碱性电解液，而氯碱工艺中制氢使用的原料电解液是近中性的盐水。

在碱性溶液中电解水时，阳极侧的氢氧根离子失去电子生成水和氧气［式（12.7）］，在阴极侧水分子得到电子生成氢气和氢氧根离子［式（12.8）］。氢氧根离子除了参与电化学反应，还要在阳极和阴极之间移动进行导电。

阳极反应：

$$4OH^- \longrightarrow 2H_2O+O_2+4e^- \tag{12.7}$$

阴极反应：

$$4H_2O+4e^- \longrightarrow 2H_2+4OH^- \tag{12.8}$$

电池反应与式（12.3）描述一样。

在碱性电解液中析氧反应的电极电势为：

$$\varphi_{O_2/OH^-}=\varphi^{\ominus}_{O_2/OH^-}+\frac{RT}{nF}\ln\frac{a^2_{H_2O}p_{O_2}}{a^4_{OH^-}} \tag{12.9}$$

式中，$\varphi^{\ominus}_{O_2/OH^-}$为0.401V（vs. SHE）。这个标准电极电势也表明此时的电解液pH为14。

析氢反应的电极电势为：

$$\varphi_{H_2O/H_2}=\varphi^{\ominus}_{H_2O/H_2}+\frac{RT}{nF}\ln\frac{a^4_{H_2O}}{p^2_{H_2}a^4_{OH^-}} \tag{12.10}$$

式中，$\varphi^{\ominus}_{H_2O/H_2}$为−0.828V（vs. SHE）。这个标准电极电势也是电解液pH为14时的电极电势。

在酸性溶液中电解水时，阳极侧的水分子分解为氢离子和氢氧根离子，氢氧根离子失去电子生成氧原子和氢离子，两个氧原子结合生成氧分子，总的反应过程如式（12.11）所示；氢离子在阴极侧得到电子生成氢气，如式（12.12）所示。在酸性溶液中，氢离子既要参与电化学反应，也要在阳极和阴极之间移动进行导电。

阳极反应：

$$2H_2O \longrightarrow 4H^+ +O_2+4e^- \tag{12.11}$$

阴极反应：

$$4H^+ +4e^- \longrightarrow 2H_2 \tag{12.12}$$

可以看出两个反应方程式和式（12.1）与式（12.2）很相似，除了电子的来源不一样。光电化学分解水过程中还原氢离子的电子是光阳极上产生的光生电子，电解水过程中还原氢离子的电子是来自外部电源的电子。

思维拓展训练 12.1 光电化学电池分解水的工作原理是什么？与电解水有哪些相同点和不同点？

思维创新训练 12.1 通过吉布斯自由能变化能得到分解水的理论电压吗？其数值与通过能斯特方程求得的数值是否一样？为什么？

12.1.3 光电化学电池的电池结构

由光电化学电池的工作原理可知，光电化学电池与电化学电池的结构类似，都具有正极、负极和电解液。光电化学电池与电化学电池在结构上的主要区别是具有半导体光电极和光学窗口（图12.3）。

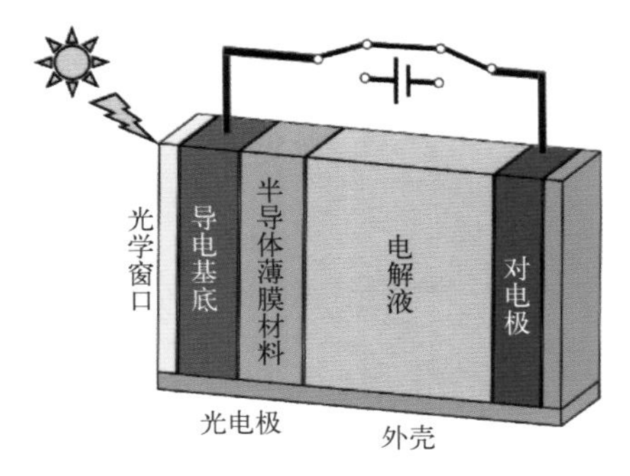

图 12.3 光电化学池基本结构示意图

光学窗口的主要作用是在满足盛装溶液要求的同时将光线透入溶液。针对透过光线的要求不同，光学窗口材料可采用石英玻璃（透过紫外线和可见光）、K9玻璃和高硼硅玻璃（可透过可见光和部分300 ～ 400nm的紫外线）、普通玻璃（仅透过可见光）等。

半导体光电极是光电化学电池的核心部件，通常由导电基底和半导体薄膜材料组成。当薄膜为n型半导体时被称为光阳极，在光电化学反应中作为氧化反应的场所；薄膜为p型半导体时被称为光阴极，在光电化学反应中作为还原反应的场所。为了促进导电基底/半导体薄膜材料界面处的电荷转移，导电基底的功函数（work function）通常需要小于n型半导体或大于p型半导体材料的功函数。因此，有着较低功函数的透明导电氧化物镀膜玻璃，如氧化铟锡（tin indium oxide，简写为ITO）玻璃和掺氟的二氧化锡（*F*-doped tin oxide，简写为FTO）玻璃被广泛用作n型半导体材料的导电基底；而石墨烯、铜、金等具有较高功函数的材料，常作为p型半导体材料的导电基底。

知识拓展12.1

金属的功函数：将电子从金属的费米能级移动到金属表面外自由空间所需的能量大小，即数值上等于真空中静止电子的能量和金属费米能级的差值。

半导体的功函数（W_S）：将电子从半导体的费米能级移动到半导体表面外自由空间所需的能量大小，即数值上等于真空中静止电子的能量（E_0）和半导体费米能级（E_F）的差值。因为半导体材料的费米能级和掺杂浓度有关，所以半导体的功函数与掺杂浓度相关。也可用电子亲和能（χ）表示半导体功函数，电子亲和能表示使位于半导体导带底（E_c）的电子移出半导体所需的最小能量。

$$W_S=\chi+E_c-E_F$$

对电极的主要作用是配合光电极处的反应。当光电极发生氧化反应时，对电极处发生还原反应；反之亦然。对电极通常选用具有良好电荷传输性能和较低反应超电势的材料。一般选用铂（Pt）、石墨等作为对电极的材料。

光电化学电池中的电解液按pH不同，可分为酸性电解液（如H_2SO_4溶液）、中性电解液（如Na_2SO_4溶液、K_2SO_4溶液）和碱性电解液（如NaOH溶液、KOH溶液）。电解液的选择与光电极所用的半导体材料性质有关，电解液不能与半导体材料发生反应。

12.1.4 光电化学电池的分类

12.1.4.1 按使用光电极的种类分

光电化学电池可以根据使用光电极的种类分为三种：光阳极电化学电池、光阴极电化学电池、双光电极电化学电池，基本结构如图12.4所示。

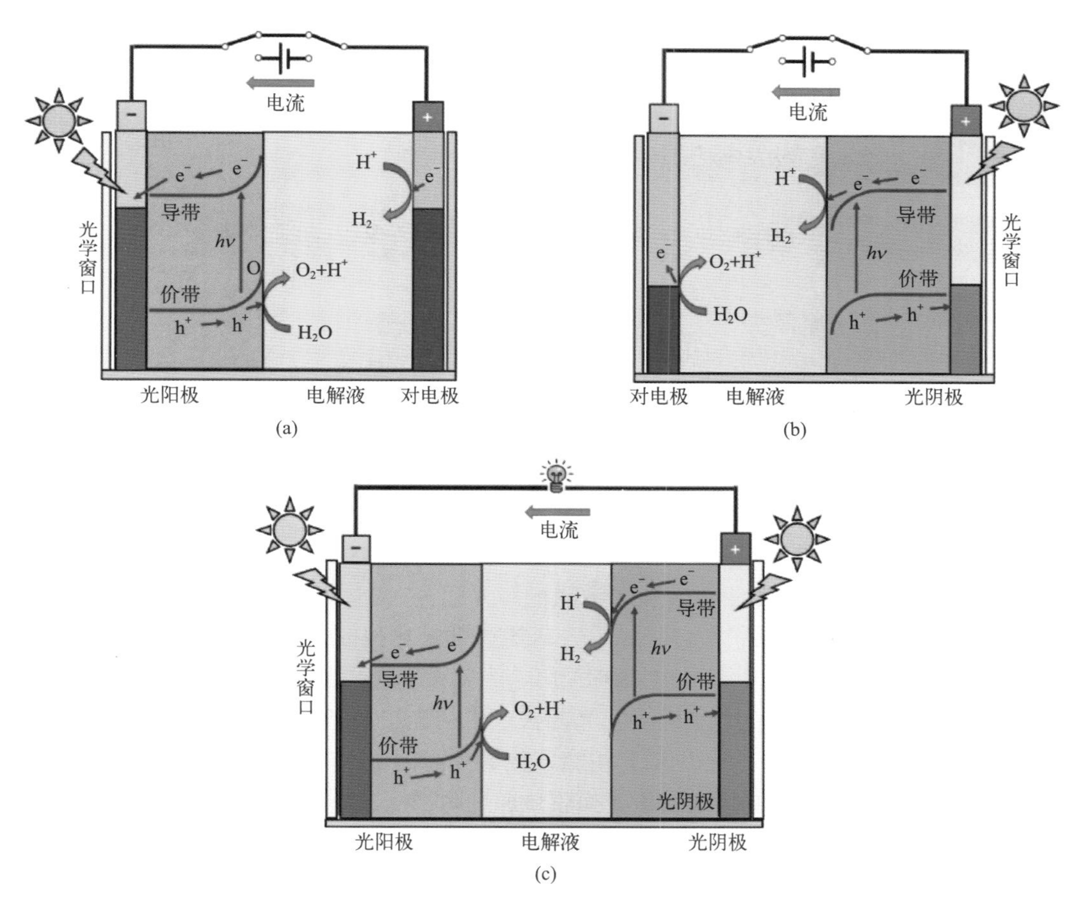

图12.4 三种不同类型的光电化学电池体系结构原理示意图

（a）光阳极电化学电池；(b) 光阴极电化学电池；（c）双光电极电化学电池

（1）光阳极电化学电池

由n型半导体薄膜材料构成的光阳极、Pt对电极和电解液组成［如图12.4（a)］。当光阳极吸收光子的能量后产生电子-空穴对，对于电子作为多数载流子的n型半导体而言，光生电子会流向导电基底并沿外部导线传递到Pt电极表面，参与还原水的反应而释放出氢气。同时，光生空穴

（h^+）则被传递到光阳极/电解液界面处，参与氧化水的反应而释放出氧气，从而实现太阳光分解水。有时需要使用电源在光阳极和对电极间施加一定电压，来促进光生电子-空穴对的分离。

（2）光阴极电化学电池

由p型半导体薄膜材料构成的光阴极、Pt对电极和电解液组成［如图12.4（b）］。对空穴作为多数载流子的p型半导体而言，光生电子转移到光阴极/电解液界面处参与水的还原反应释放氢气，同时光生空穴会传递至导电基底消耗沿外电路传导而来的电子。对电极因失去电子使得水发生氧化反应产生氧气。有时也需要在光阴极和对电极间施加一定电压来促进光电化学分解水反应。

（3）双光电极电化学电池

由n型半导体光阳极、p型半导体光阴极和电解液组成［如图12.4（c）］。在太阳光辐照下光阳极与光阴极同时吸收光子能量，同时产生光生电子-空穴对，光阳极产生的光生电子流向导电基底并沿外部导线传递到光阴极，光生空穴传递到光阳极/电解液界面处，参与水的氧化反应生成氧气；光阴极产生的光生空穴流向导电基底并与外部导线传导来的电子结合，光生电子被传递到光阴极/电解液界面处，参与水的还原反应生成氢气。双光电极电化学电池中，如果光照后光阳极和光阴极间的电势差大于水的分解电压时，可在无外加电压下实现分解水。如果这个电势差不能够分解水，还需要通过外部电源额外补充一些电压来实现分解水。

思维创新训练 12.2 双光电极电化学电池的优势有哪些？

思维拓展训练 12.2 光电化学电池什么时候需要在两个电极间施加电压？

12.1.4.2 按能量转换途径分

根据能量转换途径可以将光电化学电池分为两类：将光能转化为化学能的光电化学电池和将光能转化为电能的光电化学电池。

（1）将光能转化为化学能的光电化学电池

光电极通过吸收太阳的光能，使少数载流子（n型半导体的空穴、p型半导体的自由电子）在半导体/电解液界面与原料发生氧化或还原反应制得产品，在对电极上也发生对应的还原或氧化反应制得另一种产品，光能转换为化学能被储存起来。利用太阳能进行光电化学分解水制氢、还原二氧化碳制备甲醇或甲酸、还原氮合成氨等都是典型的例子。

光电化学还原二氧化碳制甲酸（HCOOH）时，光阳极和光阴极受到光照，半导体价带中的电子受到激发进入导带，产生电子-空穴对。光阳极产生的光生电子沿外电路流向光阴极，与光阴极产生的光生空穴结合；光阳极产生的光生空穴传递到光阳极/电解液界面处，氧化水产生氧气［式（12.13）］。氢离子从阳极侧经过质子交换膜传递到阴极侧。光阴极产生的光生电子在光阴极/电解液界面处传递给二氧化碳分子，二氧化碳得到电子与氢离子结合生成甲酸［式（12.14）］。

光阳极（负极）反应：$2H_2O+4h^+(光生) \longrightarrow 4H^+ +O_2$ （12.13）

光阴极（正极）反应：$2CO_2+4H^+ +4e^-(光生) \longrightarrow 2HCOOH$ （12.14）

电池反应：$2H_2O+2CO_2 \longrightarrow 2HCOOH+O_2$ （12.15）

式中，h^+(光生)表示光生空穴。

光电化学电池用于还原氮气合成氨，装置主要由光阴极、对电极、电解液、氮气进气通道和质子交换膜组成。对电极处发生氧化反应生成氧气［式（12.16）］。光阴极受到太阳光照射产生光生电子-空穴对，光生电子传递到光阴极/电解液界面处在催化剂的作用下驱动N_2分子加氢生成NH_3[式（12.17）]，光生空穴传至导电基底消耗沿外电路传导而来的电子。总的电池反应如式（12.18）所示。

对电极（负极）反应：$6H_2O \longrightarrow 12H^+ + 3O_2 + 12e^-$ （12.16）

光阴极（正极）反应：$2N_2 + 12H^+ + 12e^-(\text{光生}) \longrightarrow 4NH_3$ （12.17）

电池反应：$6H_2O + 2N_2 \longrightarrow 4NH_3 + 3O_2$ （12.18）

（2）将光能转化为电能的光电化学电池

这类光电化学电池主要有染料敏化太阳能电池、微生物光电化学电池。

染料敏化太阳能电池由半导体薄膜、染料敏化剂、氧化还原电解质、对电极和导电基底等几部分组成，一般采用TiO_2作为光电极材料。由于TiO_2的禁带宽度达3.2 eV，因此只能利用太阳光中的紫外线，无法利用占太阳光谱近一半的可见光。将可吸收可见光的染料吸附在TiO_2表面，太阳光照射染料后，染料分子受激产生的电子被注入TiO_2的导带，光生电子扩散到导电基底再传递至外电路。处于氧化态的染料分子将电解液中的氧化还原媒介（如I_3^-/I^-）氧化到还原态。电子被传导到对电极将氧化还原媒介的氧化态再还原回还原态。整个发电过程中氧化还原媒介被循环利用（如图12.5所示）。染料敏化太阳能电池通过半导体薄膜上吸附的染料敏化剂吸收光能反应产生电能。染料敏化太阳能电池是一种光伏电池，可被应用于光伏电池阵列、一体化光伏建筑等方面。

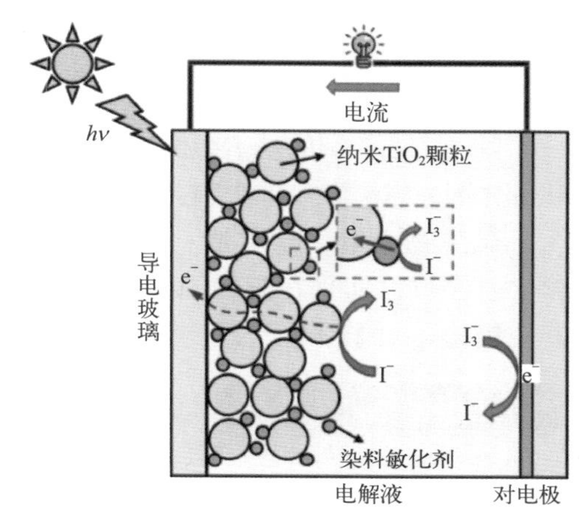

图12.5　染料敏化太阳能电池工作原理示意图

微生物光电化学电池，也被称为微生物光电池，基本原理与微生物燃料电池相似，共同之处是均将生物能转换为电能，显著的区别是微生物燃料电池利用了微生物在暗态下的生理功能，而微生物光电池则是利用了微生物的光电化学反应。微生物光电池的工作原理和基本结构如图12.6所示。微生物光电池的基本结构包括阳极（光合细菌和阳极催化剂）、阴极（蓝藻和阴极催化剂）和隔膜。隔膜除了传递离子外，还有一个作用就是防止阳极侧和阴极侧的气体互窜，降低微生物的作用。光合细菌（photosynthetic bacteria，简写为PSB）在缺氧的环境中进行光合作用，反应过程不放出氧气。光合细菌主要利用H_2O或H_2S作为供氢体在光照下产生氢气，也可以固氮生氨［式（12.17）］。蓝藻（blue-green algae）含叶绿素a，不含叶绿体，光合作用时吸收二氧化碳与水合成葡萄糖并放出氧气。因此，微生物光电池的阳极侧溶液处于缺氧状态，光合细菌在光照下分解作为碳源的有机物如乙酸［式（12.19）］，同时提供电子还原H_2O产生氢气。阴极侧溶液的蓝藻在光合作用下吸收二氧化碳产生氧气［式（12.20）］。最后阳极侧的氢气在电极上发生氧化反应，阴极侧的氧气在电极上发生还原反应生成水，总的效果和氢氧燃料电池一样。

阳极反应：$CH_3COOH + 2H_2O \xrightarrow[\text{光合细菌}]{\text{光照}} 4H_2 + 2CO_2$ （12.19）

阴极反应：$6CO_2 + 6H_2O \xrightarrow[\text{蓝藻}]{\text{光照}} C_6H_{12}O_6 + 6O_2$ （12.20）

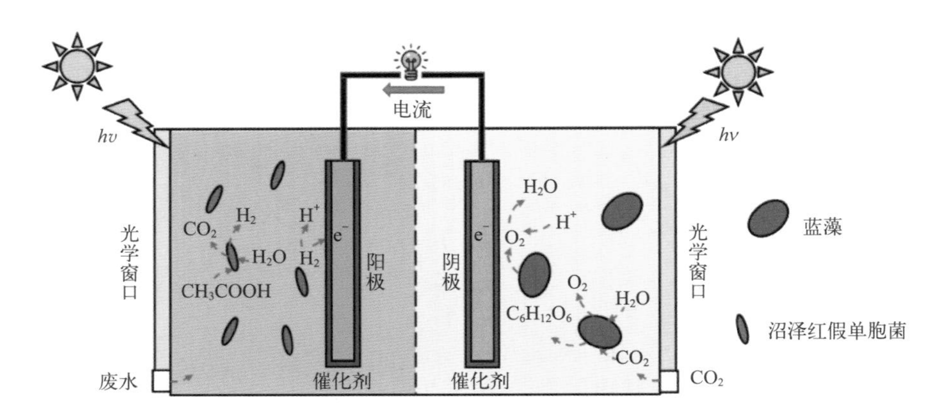

图 12.6 微生物光电池原理示意图

除了上面介绍的基本结构，微生物光电池还可以应用半导体光电极组成。阳极（光合细菌和阳极催化剂）与p型半导体光电极搭配，n型半导体光电极和阴极（蓝藻和阴极催化剂）搭配。

微生物光电化学电池利用微生物的光合作用，不但产生了电能，还同时进行有机物的降解，甚至同时实现在阳极固氮、阴极还原二氧化碳。虽然效率不高，但是处理废水的同时还能产生能量，对于环境治理、节能减排等具有重要的意义。

思维创新训练 12.3 通过哪些设计可以提高半导体电极对太阳光的利用率？

12.2 半导体电化学基础知识

12.2.1 半导体基本知识

12.2.1.1 能带理论

原子相互接近时，不同原子的内外层电子壳层之间就产生一定的交叠，相邻原子间最外层交叠最多，内层较少。相同能级的电子重叠时，电子将不再被束缚于某一个原子，而是很容易从一个原子转移到相邻的原子上去。通过这样的过程电子可以在整个晶体中运动，这种行为被称为电子的公有化。根据泡利不相容原理，在一个系统中不能出现两个完全一样的量子态。所以具有同一量子态的不同原子在形成固体时，只能通过分裂成不同的能级实现在一个系统中共存。这样单原子的一个能级就会分裂成很多个相差很小的能级，这些能级被称为允带。

价带（valence band，简写为VB）是在热力学温度为0K时可以被电子占满的能量最高的能带结构，也是所有价电子所处的能带结构，通常位于较低的能级区间。价带之上的能量更高的那一个允带如果有电子，则电子脱离共价键束缚，成为固体中相对自由的电子，就把该允带称为导带（conduction band，简写为CB）。禁带（forbidden band）是位于导带和价带之间的能带区间，其宽度大小常用禁带宽度E_g表示，E_g对于材料的导电性能有直接影响。

金属的E_g为零，石墨的E_g接近于零，它们都是导体。如果E_g在5eV以上，一般认为是绝缘体，如图12.7（a）所示。E_g在0～5eV之间为半导体。绝缘体的价带为满带，导带为空带。由于满带和空带对电流没有贡献，所以绝缘体的导电性能很差。当热力学温度为0K时，半导体的价带是满带，导带是空带，所以此时半导体不导电。但当热力学温度为大于0K时，由于其E_g较小，价带电子吸收热能后可以到达导带，使得价带不满，导带不空。如果此时导带电子和价带空穴在电场的作用下发生定向移动，就会产生一定的电流，如图12.7（b）所示。对于金属，不管热力学温度在0K还是大于0K，金属的导带中有大量的电子，并且不是满带，在电场作用下会形成较大电流，因此金属可以进行良好的导电，如图12.7（c）所示。E_V为价带中的最高能级，常被称为价带顶；E_C是导带中的最低能级，常被称为导带底。

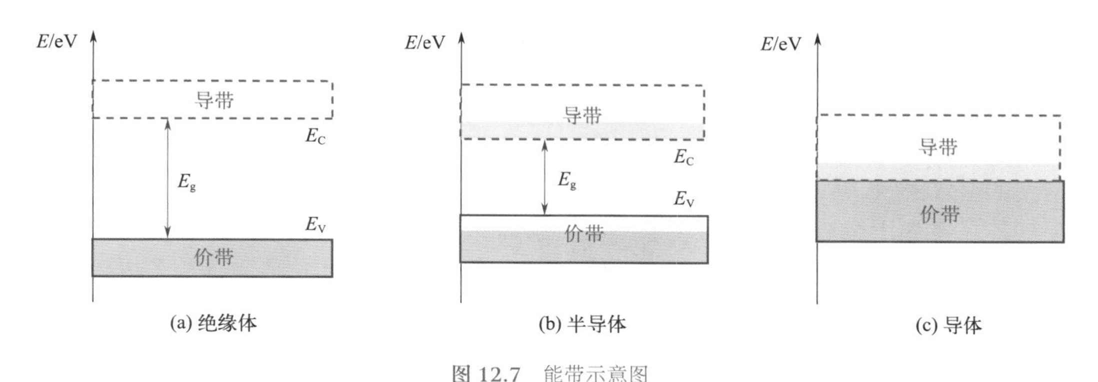

图 12.7　能带示意图

在半导体材料中，根据组成成分一般分为无机半导体和有机半导体两类。常见的无机半导体中，若半导体材料只有一种组成元素如锗（Ge）、硅（Si）等，可被称为元素半导体；由两种或两种以上的元素组成的半导体则被称为化合物半导体，此类半导体多数为金属和非金属形成的化合物如砷化镓（GaAs）、氮化镓（GaN）等。

12.2.1.2　本征半导体

本征半导体是不进行任何掺杂的半导体，因此导电能力完全由半导体材料本身性质决定（图12.8）。0K时，本征半导体中价带的所有能级被电子填满，导带是全空的。

当温度高于热力学温度0K时，部分电子受热激发从价带跃入导带，同时在价带留下空穴，这时导带中的电子数和价带中的空穴数相等。在电子漂移运动中，原来的空穴被电子占有，同时产生新的空穴。价带中的电子运动可以看成是空穴沿着与电子漂移相反的方向运动。导带中自由电子可在电场作用下定向运动。

因此半导体中有两类载流子：导带中的自由电子和价带中的空穴。本征半导体中产生载流

知识拓展12.2

载流子带有正电荷或负电荷，在电场的作用下发生定向运动，这种运动称为漂移运动。载流子的漂移运动产生漂移电流。

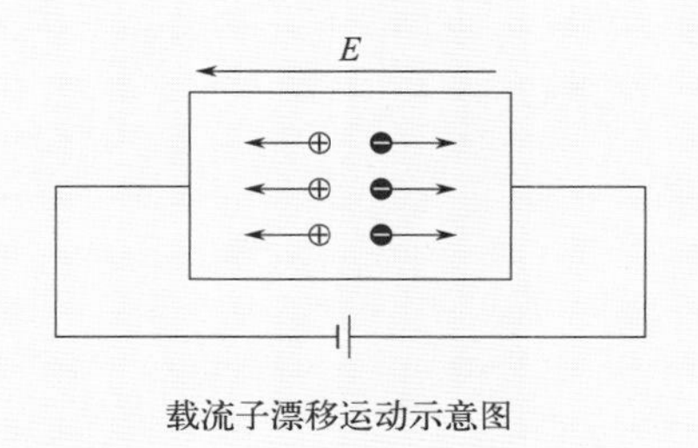

载流子漂移运动示意图

子时，价带中的电子吸收外界的能量后，摆脱共价键的束缚，向导带跃迁，这个过程称为本征激发。本征激发向导带注入一个电子，同时在价带留下一个空穴，所以本征半导体中导带的电子浓度和价带的空穴浓度是相等的。

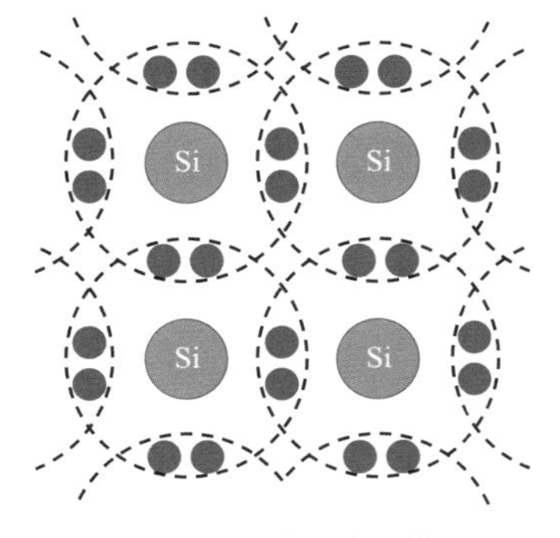

图 12.8　本征半导体

12.2.1.3　掺杂半导体

可掺杂是半导体的特性之一。掺杂一般指用杂质原子取代本征半导体晶格位点处的原子。在本征半导体中掺入适量杂质元素，会使得半导体的禁带中出现附加的电子能级，提高半导体的电子密度或空穴密度，从而使半导体的导电性能大幅提升。

半导体在常温下会有本征激发现象，被掺杂后如果杂质能级E_D接近导带底，杂质原子能级上的电子很容易被激发到导带，使导带上的电子数大大增加，同时杂质原子成为带正电的离子。这种掺杂的杂质被称为施主（donor），掺入施主后，半导体中自由电子浓度就远大于空穴浓度，此时半导体被称为n型半导体，其中n表示负电性（negative），如图12.9所示。例如，在本征硅或锗中掺入少量磷就可以制造出n型半导体。n型半导体中的自由电子称为多数载流子，简称多子；n型半导体中的空穴被称为少数载流子，简称少子。

被掺杂后如果杂质能级E_A接近价带顶E_V，则杂质原子很容易捕捉价带上的电子成为负离子，同时在价带中留下空穴，使价带中的空穴数大大增加，此时半导体中空穴的浓度远大于自由电子的浓度。这种掺杂的杂质被称为受主（acceptor）。掺入受主的半导体被称为p型半导体，其中p表示正电性（positive），如图12.10所示。例如，在本征硅或锗中掺入少量硼就可以制造出p型半导体。p型半导体价带中的空穴比导带中的电子多，是多数载流子，所以p型半导体中的自由电子是少数载流子。

知识拓展12.3

电化学势与电子能级的对应关系可表示为 $E_{电子}=-(\varphi+4.44)\ \mathrm{eV}$ 。

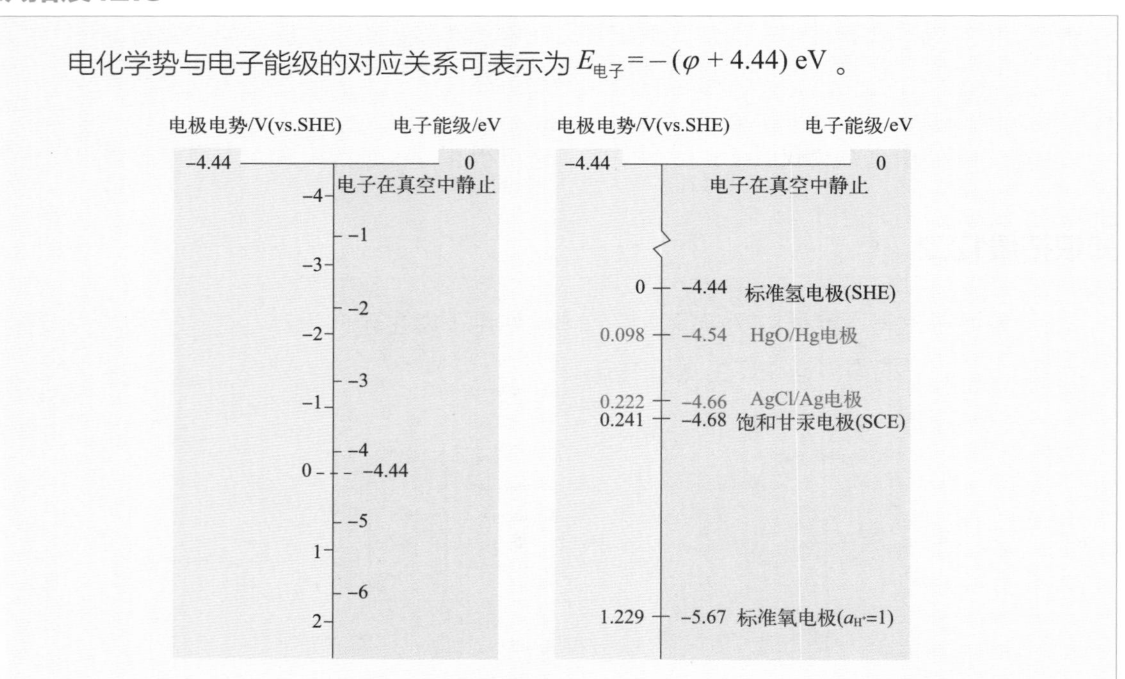

(a) n型半导体掺杂前能带图　(b) n型半导体掺杂后能带图

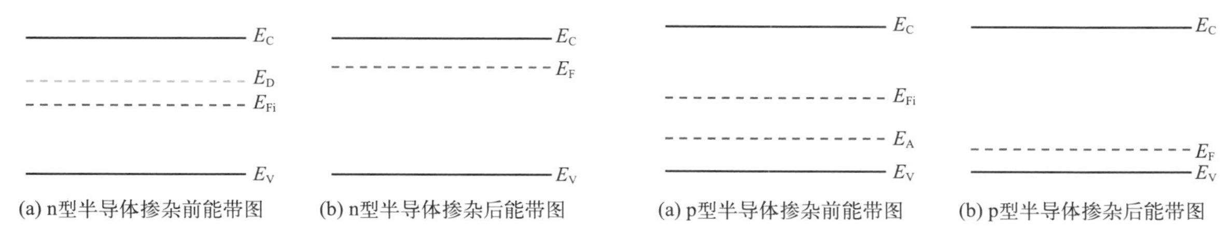

图 12.9　n 型半导体掺杂前后能带图

(a) p型半导体掺杂前能带图　(b) p型半导体掺杂后能带图

图 12.10　p 型半导体掺杂前后能带图

12.2.2 半导体 / 溶液界面的结构

半导体电极/电解液界面处发生了什么？

如果要使电极和电解液两相处于平衡状态，则它们的电化学势必须相同，溶液的电化学势取决于电解液的氧化还原平衡电势，半导体的电化学势由费米能级决定。当溶液的氧化还原平衡电势和费米能级不相等时，需要在半导体和电解液之间通过电荷的移动来平衡电化学势。半导体电极上的过量电荷并不像金属电极的过量电荷那样停留在表面，而是向内部移动到与半导体电极/电解液界面较远的距离，移动经历的区域被称为空间电荷区，所以在空间电荷区就建立了一个电场。因此，对于半导体/电解液界面需要考虑两个类似于平板电容器的双层结构（图12.11）：亥姆霍兹层（Helmholtz layer）和空间电荷层（space charge layer）。

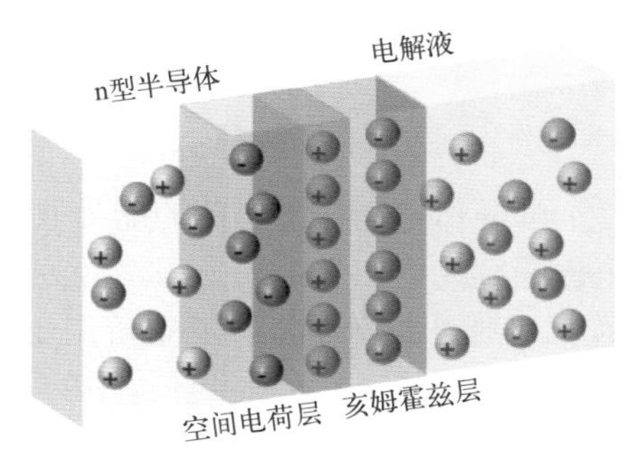

图 12.11　n 型半导体的亥姆霍兹层和空间电荷层

依据半导体电极的平带电势可用来推断电极的带电状况。对于n型半导体，当电极电势大于平带电势值（即$E>E_{fb}$），半导体/电解液界面附近的电子被抽走，类似于阳极极化行为，界面处半导体侧产生耗尽层（depletion layer），正电荷被留在半导体内侧表面，半导体的能带向上弯曲[图12.12（a）]。电极电势小于平带电势时（即$E<E_{fb}$），电子将由半导体内部向界面运动，积聚在界面处，因此界面处半导体内表面带负电荷，半导体的能带表现为向下弯曲，此时的空间电荷层被称为积累层（accumulation layer）[图12.12（c）]。由于此时半导体的行为已经不是正常的n型半导体行为，更像p型半导体的表现，所以积累层也被称为反型层（inversion layer）。当电极电势使得半导体的能带不弯曲时，认为半导体处于平带（flat band）状态，界面处半导体表面不带电，此时的电极电势被称为平带电势（flat band potential）[图12.12（b）]。

对于p型半导体，当电极电势小于平带电势时（$E<E_{fb}$），半导体/电解液界面附近的空穴被抽走，p型半导体界面产生耗尽层，负电荷留在半导体侧表面，半导体的能带向下弯曲，如

(a) $E>E_{fb}$　(b) $E=E_{fb}$　(c) $E<E_{fb}$

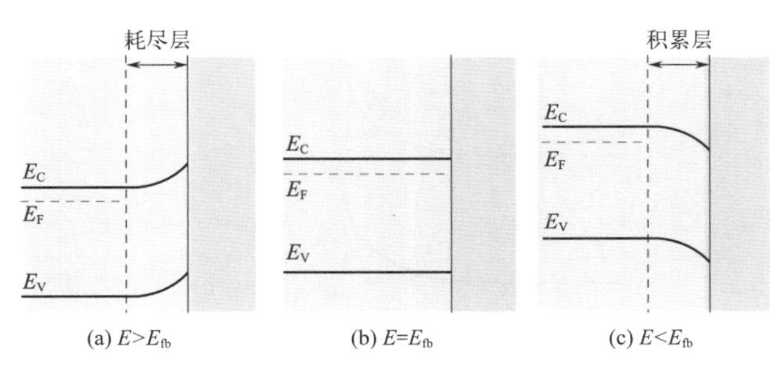

图 12.12　n 型半导体能带弯曲和费米能级与外加电势 E 和平带电势 E_{fb} 的关系

图12.13（a）所示。当电极电势大于平带电势值（$E > E_{fb}$），电子由界面向半导体内部运动，而空穴由半导体内部向界面处移动并积聚在界面处因此半导体内表面带正电荷，半导体的能带表现为向上弯曲，此时的空间电荷层被称为积累层［图12.13（c）］。同样当半导体的能带不弯曲时，处于平带状态半导体表面不带电［图12.13（b）］。

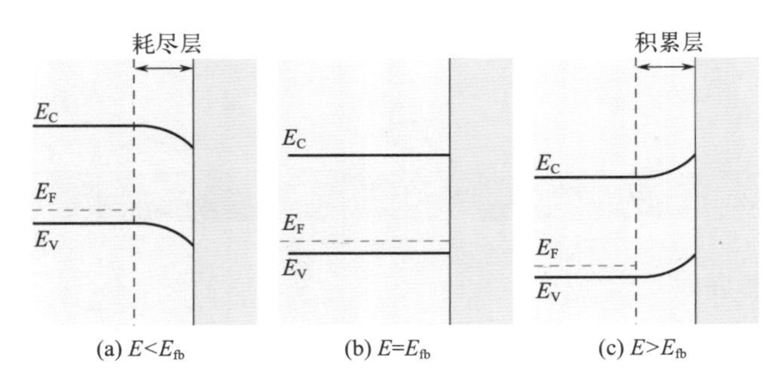

图12.13　p型半导体能带弯曲和费米能级与外加电势E和平带电势E_{fb}的关系

半导体电极传递电荷的能力取决于是否存在耗尽层或积累层。如果有一个积累层，半导体电极的行为类似于金属电极，因为过剩的大部分电荷载流子可用于电荷转移。相反，如果有耗尽层，则很少有电荷载流子可用于电荷转移，电子转移反应发生得很慢。以n型半导体为例，当存在耗尽层时，n型半导体中的多子电子由于外加电势的作用会向半导体内部移动，从而在半导体背板积累电子，而少数载流子空穴会留在表面，使半导体/溶液界面处带正电。

思维拓展训练12.3　当半导体电极与溶液接触时，在两者界面处发生了什么？半导体弯曲程度和费米能级与外加电势和平带电势的关系是什么（以n型半导体为例）？

可以看出，空间电荷层与亥姆霍兹层可以用两个串联的平板电容器来描述，空间电荷层电容用C_{SC}表示，亥姆霍兹层电容用C_H表示。

平板电容器中正电荷所在位置处的电势φ为

$$\varphi=E_{CC}d \tag{12.21}$$

式中，E_{CC}表示电场强度；d表示正电荷距离负极板的距离。

根据式（12.21）可以在能带图中画出电势的变化（图12.14和图12.15）。当施加在半导体电极上的电势发生变化时，空间电荷层电容的电场强度和宽度都会发生变化，则空间电荷层内各位置处的电势也会随之发生变化，表现为半导体能带的弯曲程度变化。

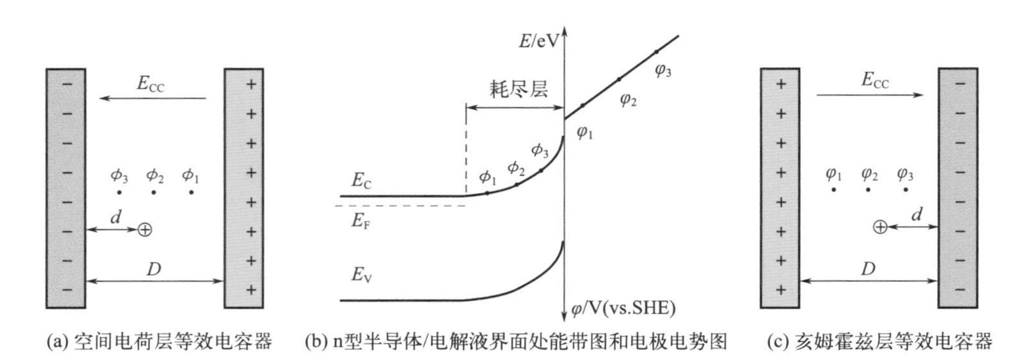

图12.14　n型半导体空间电荷层、亥姆霍兹层的等效电容器和对应电势图

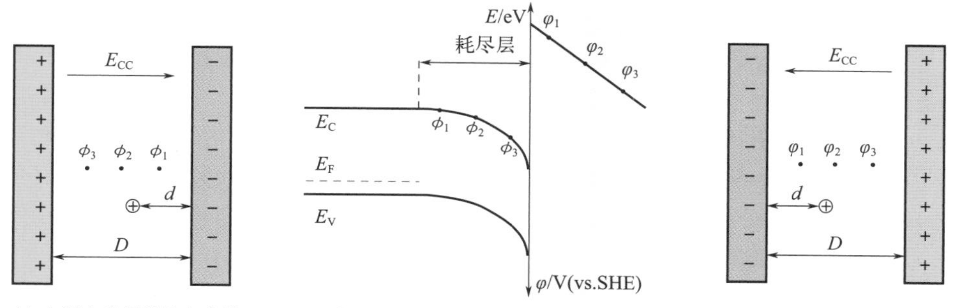

(a) 空间电荷层等效电容器　(b) p型半导体/电解液界面处能带图和电极电势图　(c) 亥姆霍兹层等效电容器

图 12.15　p 型半导体和空间电荷层、亥姆霍兹层的等效电容器和对应电势图

半导体电极/电解液界面处有空间电荷层电容（C_{SC}）和亥姆霍兹层电容（C_H）串联。空间电荷层的厚度（10～100nm）远大于亥姆霍兹层（0.4～0.6 nm）和分散层的厚度（1～10nm），则半导体电极/电解液界面处的电容值可以写为：

$$\frac{1}{C}=\frac{1}{C_{SC}}+\frac{1}{C_H} \tag{12.22}$$

式中，C是半导体电极/电解液界面处的电容值；C_{SC}是半导体的空间电荷层电容值，对于载流子浓度在10^{15}～10^{18} cm^{-3}的半导体的C_{SC}约为0.01 $\mu F \cdot cm^{-2}$；C_H是亥姆霍兹层的电容值，一般远大于10 $\mu F \cdot cm^{-2}$。

由于两个电容串联时总电容值主要受较小电容值的电容影响，因此亥姆霍兹层的电容可以在计算过程中忽略，半导体电极/电解液界面处的电容值主要取决于半导体空间电荷层电容，即$C \approx C_{SC}$。因此电极电势的变化主要导致半导体空间电荷层中的电势变化，即改变半导体的能带弯曲程度。半导体电极/电解液界面处的电容值与电极电势的关系可用莫特-肖特基（Mott-Schottky）关系描述。对于n型半导体电极/电解液界面处的电容值与电极电势的关系可表示为：

$$C^{-2}=C_{SC}^{-2}=\frac{2}{\varepsilon\varepsilon_0 e N_D}\left(E-E_{fb}-\frac{kT}{e}\right) \tag{12.23}$$

对于p型半导体/电解液界面处的电容值与电极电势的关系可表示为式（12.24），由于多数载流子的电荷符号相反，因此两个公式相差一个负号。

$$C^{-2}=C_{SC}^{-2}=-\frac{2}{\varepsilon\varepsilon_0 e N_A}\left(E-E_{fb}-\frac{kT}{e}\right) \tag{12.24}$$

式中，C_{SC}是单位面积半导体电极的电容；E_{fb}是平带电势；E是电极电势；ε为半导体的相对介电常数；ε_0为真空介电常数；k为玻尔兹曼（Boltzman）常数；T为温度；e为电荷电量。式（12.23）中N_D是n型半导体中的施主载流子的浓度，式（12.24）中N_A是p型半导体中的受主载流子的浓度。

12.2.3　半导体电极反应特点

半导体/电解液界面处的反应与金属/电解液界面处的反应具有一些不同的特点。

半导体材料中的载流子浓度远低于金属材料中的自由电子浓度。由于电极电势或电解液的影响，半导体电极紧贴电解液侧表层处的载流子浓度极易发生变化。金属电极上存在过量电荷时，这部分过量电荷会全部分布在金属电极表面，而半导体电极上存在过量电荷时，这些过量电荷则分布在空间电荷层。

半导体电极/电解液界面处的电势降，大部分降落在空间电荷层内，而少部分位于亥姆霍兹层。所以当电极电势变化时，半导体电极/电解液界面处半导体侧的能带弯曲将随之变化，影响耗尽层中少数载流子的浓度变化，有时变化可达几个数量级，因此可以显著影响界面处的氧化反应或还原反应的速率。

12.2.4 半导体/电解液界面的光电化学作用原理

12.2.4.1 光照条件下半导体/电解液界面的能带结构

用光照射半导体电极时，如果光子能量大于半导体的禁带宽度，半导体价带中的电子将受到激发，跃迁到导带中，在价带中留下相应的空穴。如果半导体电极没有与电解液接触，光生电子在导带中不稳定，容易回到价带中与光生空穴复合（recombination），放出吸收的能量（图12.16）。

当半导体电极与电解液接触达到平衡后，界面处半导体内耗尽层中的电场可以使光生电子和光生空穴有效地分离。例如，当n型半导体与溶液达到平衡后，能带从内部到表面向上弯曲，形成一个空间电荷层（耗尽层），电场方向由半导体内部指向电极表面。这个电场推动光生电子由半导体/电解液界面向半导体内部流动，同时推动光生空穴由半导体内部向半导体/电解液界面移动。用光照射半导体电极时，在半导体内产生光生电子-空穴对。由于存在空间电荷层电场E_{CC}，导带中光生电子将向半导体内部运动，而价带中的光生空穴将向半导体表面运动，因此光生电子-空穴对产生后即在电场的作用下被有效分离，减小了复合的概率（图12.17）。

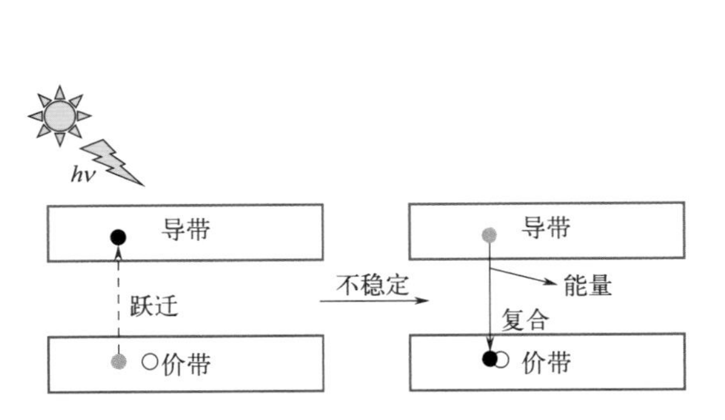

图12.16 光生电子不稳定易回到价带和空穴复合

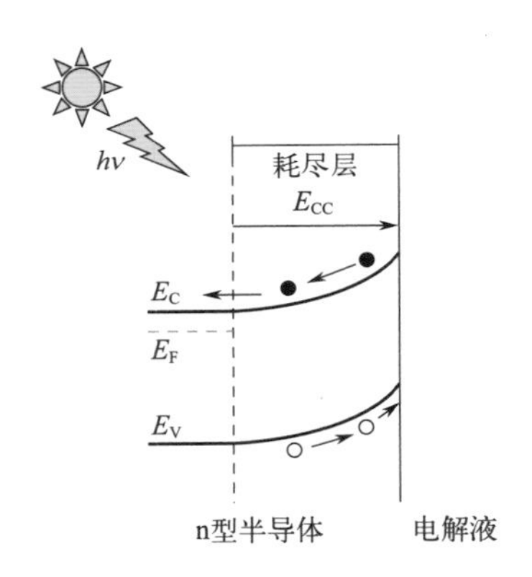

图12.17 光生电子-空穴对在电场作用下分离

如果半导体电极没有和外电路相连传导出电子，光生空穴在电极表面也没有去氧化电解液中的原料，那么随着光照的进行，n型半导体内部将逐渐积累负电荷，使费米能级不断升高，而电极表面则将逐渐积累正电荷，最终使半导体的能带弯曲程度降低。如果光照强度足够大，那么产生的光生载流子浓度就可能足够高，使得半导体内部的费米能级升高到能带弯曲消失，在半导体/电解液界面形成平带，此时的费米能级就是平带电势。

12.2.4.2 光电压和光电流

可以认为半导体中的费米能级就是半导体电极的电势，因此可以通过光照强度的变化来调节半导体电极的电势。光照前后半导体电极电势的差值被称为光生电压，简称为光电压（图12.18）。对于p型半导体，其能带弯曲情况与n型半导体正好相反，空间电荷层的电场方向也与n型半导体相反，因此其光生电压的极性符号与n型半导体相反。

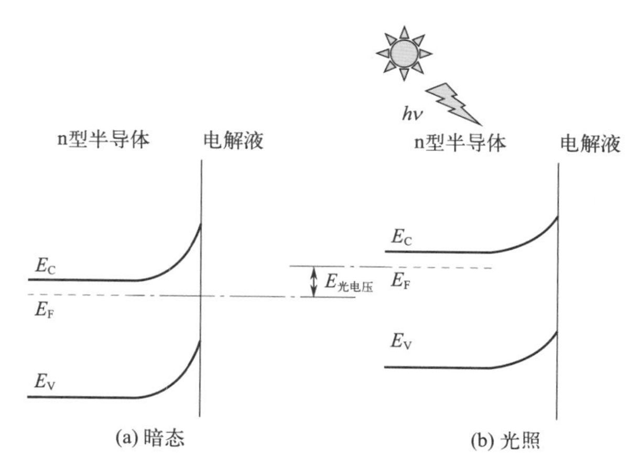

图 12.18　光电压示意图

当半导体电极通过外电路与另一个电极连通构成回路时，12.1.2节中已经简单介绍了n型半导体/电解液界面处的电化学反应过程。对于n型半导体，价带中的光生空穴在空间电荷层电场的作用下迁移至半导体电极表面，使界面处具备了极强的氧化性，如果电解液中原料还原态的能级与n型半导体价带边重叠，半导体表面的光生空穴将很容易捕获原料还原态能级上的电子，将其氧化到氧化态（产物）。同时，半导体导带中的光生电子在空间电荷层电场的作用下流向电极的导电基底，再通过外电路流到对电极，在对电极表面将电解液中的另一种原料的氧化态还原。在光照下发生电化学反应时，n型半导体电极上将通过一个净电流，其数值随光生空穴浓度的增加而增大，这个净电流被称为光电流。光电流反映了由光照导致的光电化学反应的进行速率。

12.2.4.3　光催化与光电化学

在新能源应用中有一个很重要的方面是光催化分解水。光催化分解水是应用光催化剂的光电化学作用，利用太阳光中的能量将水分解为氢气和氧气。光催化剂一般是颗粒，可以视为经过拓扑变形（由内向外翻转）后的缩小版的光电化学电池。光催化剂颗粒的两端分别为阳极和阴极，光催化剂内部对应光电化学电池［（图12.4（c）］的外电路，即光催化剂可以视为无外加电压的光电化学电池（图12.19）。对于光催化分解水产氢产氧的机理解释对应12.1.2.2节所讲述的内容即可。

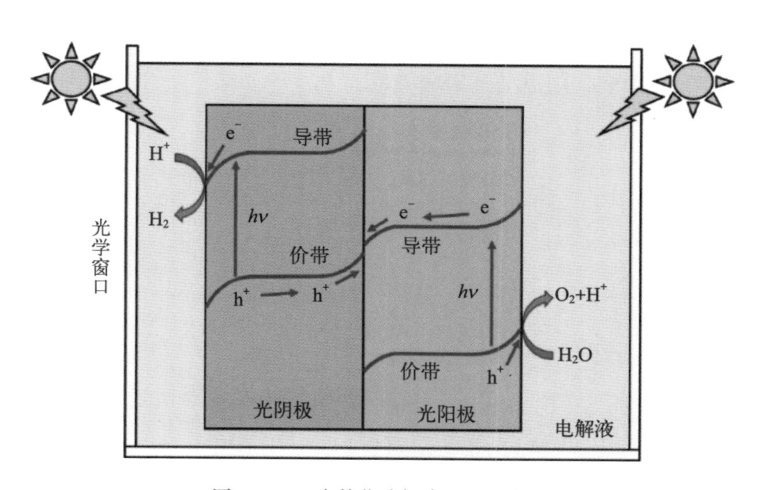

图 12.19　光催化分解水原理示意图

思维拓展训练 12.4　光催化和光电化学的相同点和区别是什么？

12.2.5 半导体电极的稳定性——光腐蚀问题

有时候，半导体材料本身也可能被光生电子还原或光生空穴氧化，这种现象称为半导体电极的光分解（photo decomposition），也叫光腐蚀（photocorrosion）。光照下具有较小禁带宽度的电极的腐蚀较为显著，其速率可能超过电解液中对原料的氧化或还原的反应速率，因此光腐蚀问题将使得半导体光电极不能满足长期稳定工作的要求。

除了原料外，电解液中其他的物质（如杂质、支持电解质、溶剂等）也可能影响半导体电极材料的稳定性。如果这些物质比半导体电极更有效地捕获光生载流子时，它们就能够起到抑制电极腐蚀的作用，但是这样会降低目标反应的效率。半导体电极是否发生腐蚀，在很大程度上还取决于反应动力学，如果光腐蚀反应中的某一步活化能足够高，那么热力学行为不稳定的半导体电极也可能表现得很稳定，表现出足够长的使用寿命。

思维创新训练 12.4 可以采用哪些手段来降低半导体电极的光腐蚀？

12.3 光电化学电池电化学

12.3.1 光阳极（负极）材料电化学

12.3.1.1 光阳极工作原理

如果半导体和电解液两相的电化学势不相等，在两相接触时带电粒子就会发生转移。当n型半导体与电解液接触时，若半导体费米能级（E_f）高于电解液中氧化还原电对的电化学势或电极电势$\varphi_{Ox/Red}$即费米能级（$E_{Ox/Red}$）时，半导体的能带将在界面处向上弯曲［图12.20（b）］。当以光子能量高于半导体禁带宽度的光照射半导体时，价带中的电子向导带跃迁，在导带中生成光生电子，在价带中生成光生空穴，光生电子沿外电路传向对电极，光生空穴在半导体/电解液界面使电解液中的还原态离子被氧化［图12.20（c）］。因此n型半导体将作为光阳极。

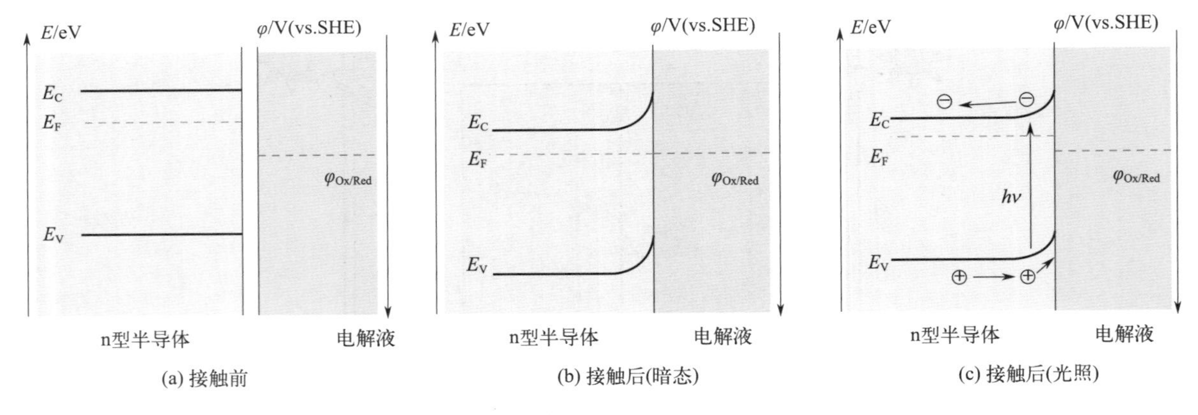

图 12.20 光阳极的工作原理示意图

H_2O分解为H_2和O_2是非自发反应，需要外界提供一定能量才能发生。

$$H_2O(l) \longrightarrow H_2(g)+\frac{1}{2}O_2(g) \qquad \Delta G^{\ominus}=237.2\text{kJ}\cdot\text{mol}^{-1} \tag{12.25}$$

上式表明，在标准状态下1mol液态H_2O分解为1mol气态H_2和0.5mol气态O_2的吉布斯自由能变化为237.2kJ·mol^{-1}。通过能斯特方程可知，分解水反应的理论电压为1.23V，那么光生电子转移的能量变化至少为1.23eV。从热力学角度讲，需要大于1.23eV的光子能量（波长＜1000nm的光）来驱动分解水的反应。因此，对于单一半导体光电极组装的光电化学电池，半导体电极要产生大于1.23V的光电压，即半导体禁带宽度（E_g）要大于1.23eV。由于活化超电势的原因，一般半导体的禁带宽度需要大于1.6eV才能分解水。

12.3.1.2 光阳极材料

（1）二氧化钛

TiO_2作为光阳极材料的优势包括地球储量大、无毒以及酸碱条件下良好的光稳定性。但是，由于过宽的带隙（锐钛矿为3.2eV，金红石为3.0eV），TiO_2只能吸收5%的太阳光（主要是紫外线），从而导致最大理论太阳能到氢能的转化效率（STH）极低，其中锐钛矿和金红石的最大理论效率分别仅有1.3%和2.2%。

知识拓展12.4

太阳能到氢（solar to hydrogen，简写为STH）的能量转换效率是衡量太阳光分解水的实际应用标准。

$$\mathrm{STH}=\frac{\text{反应储存的氢能}}{\text{入射太阳能}}\times100\%=\frac{R_{H_2}\Delta G_r}{P_{sun}S}\times100\%$$

式中，R_{H_2}为太阳光分解水的产氢速率，mmol·s^{-1}；ΔG_r为分解水反应的摩尔吉布斯自由能，J·mol^{-1}；P_{sun}为AM 1.5G标准下太阳光谱的光功率密度，100mW·cm^{-2}；S为光照面积，cm^2。

（2）氧化铁

相对于太阳光利用效率较低的宽带隙半导体TiO_2，地球储量丰富的赤铁矿型氧化铁（α-Fe_2O_3）作为一种具有可见光响应且有高稳定性的n型半导体，具有天然储量丰富、化学稳定性高、无毒、制造成本低等特点，被广泛应用到水氧化反应中。α-Fe_2O_3的理论带隙为1.9～2.2eV，可以吸收约40%的太阳光，最大理论STH转化效率可以高达15.5%。然而，空穴扩散距离短（2～4nm）、电荷迁移率低、表面反应动力学缓慢、光生载流子复合快等缺点，严重限制了它的PEC水氧化性能，目前α-Fe_2O_3基的光阳极获得的最高STH效率仅有3.4%。

（3）三氧化钨

在众多金属氧化物半导体当中，三氧化钨（WO_3）作为少数可以在酸性电解质（pH≤4）稳定存在的n型半导体，可以和p型半导体在酸性环境中串联实现无偏压分解水。相对于氧化铁，WO_3具有良好的体相导电性，空穴传输距离为150～500nm。WO_3是一种间接带隙型半导体，禁带宽度较大（约2.8eV），无法实现对太阳光谱的充分吸收。

（4）钒酸铋

钒酸铋（$BiVO_4$）拥有适中的禁带宽度（约2.4eV），可以充分地吸收太阳光谱中的紫外线和可见光，其最大理论光生电流密度可以达到7.5mA·cm^{-2}，相对应的最大理论STH效率为

9.1%。$BiVO_4$在水溶液中可以保持一定的稳定性。

（5）硫化镉

硫化镉（CdS）禁带宽度（约为2.4eV）和钒酸铋相近，也能对太阳光进行充分吸收。硫化镉的载流子扩散长度在微米范围内，但是水氧化动力学行为较慢，导致光生空穴在半导体表面积累，引起严重的阳极光腐蚀。因此CdS光阳极应用于分解水要解决光腐蚀和表面反应动力学慢的问题。

12.3.2 光阴极（正极）材料电化学

12.3.2.1 光阴极的工作原理

当p型半导体与电解液接触时，若半导体费米能级（E_f）低于电解液中氧化还原电对的费米能级（$E_{Ox/Red}$，即电化学势或电极电势$\varphi_{Ox/Red}$）时，半导体的能带在界面处向下弯曲［图12.21（b）］。当用光子能量大于半导体禁带宽度的光照射半导体时，价带中电子向导带跃迁产生光生电子，在价带中生成光生空穴，光生空穴在半导体内部向导电基底传递，光生电子在半导体/电解液界面处将电解液中氧化态的离子还原［图12.21（c）］。因此p型半导体被作为光阴极使用。

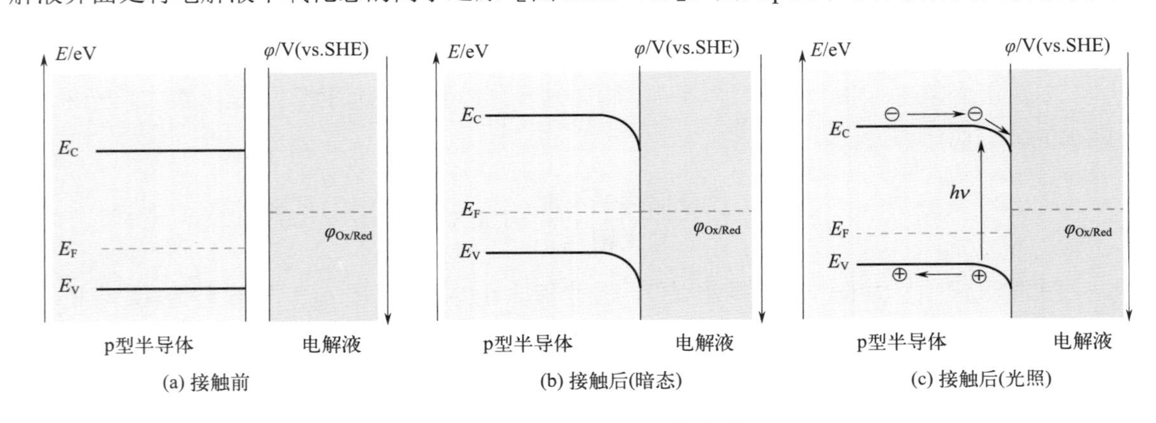

图12.21 光阴极的工作原理示意图

12.3.2.2 光阴极材料

（1）氧化亚铜

氧化亚铜（Cu_2O）具有较高的光吸收能力、较小的带隙（2.1eV）和储量丰富、毒性低等优点。在太阳光照射强度（AM1.5G）下，理论上能产生的最高光电流密度可以达到$-14.7mA \cdot cm^{-2}$。但Cu_2O存在光生电子和光生空穴复合严重的问题，限制了作为光阴极分解水产氢的应用。

（2）硒化锑

硒化锑（Sb_2Se_3）的组成元素Se和Sb毒性小、无污染、成本低。Sb_2Se_3是直接带隙p型半导体，带隙较低（约1.2eV），吸光范围宽（200～1100nm），涵盖紫外线和可见光波段。Sb_2Se_3的电子迁移率约为$15cm^2 \cdot V^{-1} \cdot s^{-1}$，远高于$Cu_2O$的迁移率（$8.5cm^2 \cdot V^{-1} \cdot s^{-1}$），非常有利于光生电子的迁移。

思维创新训练12.5 分析光照所产生的能量、半导体的禁带宽度和反应的理论电压之间的关系（以光电化学分解水为例）？

12.3.3 光学窗口

光学窗口根据所需要透过光的波长可以选用石英玻璃、K9玻璃、高硼硅玻璃和普通玻璃。

（1）石英玻璃

由各种纯净的天然石英（如水晶、石英砂等）熔化制成，成分为纯二氧化硅。这种玻璃硬度大，莫氏硬度可达七级，耐高温，膨胀系数低，抗热震性、化学稳定性和电绝缘性能良好，能透过可见光、紫外线和红外线。石英玻璃用于制作激光器、光学仪器、医疗设备和耐高温耐腐蚀的化学仪器等，应用十分广泛。

（2）K9玻璃

由SiO_2、B_2O_3、BaO等成分组成，具有较高的硬度和热导率，可以透过可见光。K9玻璃的组成如下：SiO_2 69.13%，B_2O_3 10.75%，BaO 3.07%，Na_2O 10.40%，K_2O 6.29%，As_2O_3 0.36%。

（3）高硼硅玻璃

硼硅酸盐玻璃的基本组分为SiO_2、B_2O_3、Al_2O_3和Na_2O。当组分中SiO_2>78%、B_2O_3>10%时，被称为高硼硅玻璃。高硼硅玻璃的耐火性能好、物理强度高、透光性较高，可透过可见光和部分300～400nm的紫外线。与普通玻璃相比，机械性能、热稳定性能、抗水抗碱抗酸等性能都大为提高，广泛用于化工、航天、军事、医院等领域。

（4）普通玻璃

普通玻璃的组分是Na_2SiO_3、$CaSiO_3$、SiO_2等，只能透过可见光，广泛应用于建筑物等。

12.4 光电化学电池的主要性能

12.4.1 光电转化效率

光电转化效率，即入射单色光子-电子转化效率（monochromatic incident photon-to-electron conversion efficiency，简称为IPCE），它表示单位时间内外电路中产生的电子数N_e与单位时间内的入射单色光子数N_p之比，其数学表达式为：

$$\text{IPCE}=\frac{N_e}{N_p}\times 100\%=\frac{\dfrac{I_{SC}}{e}}{\dfrac{\lambda\times P_{in}}{h\times c}}\times 100\%=\frac{I_{SC}\times h\times c}{e\times\lambda\times P_{in}}\times 100\%$$

$$=\frac{6.62\times 10^{-34}\times 3.0\times 10^{8}\times I_{SC}}{1.6\times 10^{-19}\times\lambda\times P_{in}}\times 100\%=\frac{1.24\times 10^{-6}\times I_{SC}}{\lambda\times P_{in}}\times 100\% \quad (12.26)$$

式中，I_{SC}为单色光照射下半导体光电极所产生的短路光电流密度，$A\cdot m^{-2}$；λ为入射单色光的波长，m；P_{in}为入射单色光的功率密度，$W\cdot m^{-2}$；h为普朗克常量，$6.62\times 10^{-34}J\cdot s$；$c$为光速，$3.0\times 10^{8}m\cdot s^{-1}$；$e$为单个电子电量，$1.6\times 10^{-19}C$。为计算方便，式（12.26）可简化为：

$$\text{IPCE}=\frac{N_e}{N_p}=\frac{12.4\times I_{SC}}{\lambda P_{in}} \quad (12.27)$$

式中，I_{SC}、λ和P_{in}的单位分别为$\mu A \cdot cm^{-2}$、nm和$W \cdot m^{-2}$。IPCE表示了光电化学电池对太阳光的利用程度。IPCE既考虑了被吸收光的光电转化效率，也考虑了光的吸收程度。

12.4.2 光电流－光电压曲线

光电转换效率反映了半导体电极在不同波长处的光电转化能力。但是判断半导体电极整体性能的方法是测量其在光电化学电池中的光电流-光电压曲线（图12.22）。从光电流-光电压曲线中可以获得光电化学电池的一些性能参数。

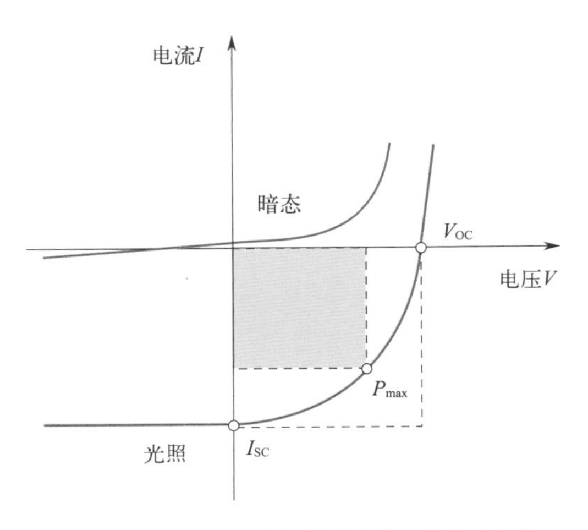

图12.22 半导体光电极的光电流-光电压曲线

短路光电流（I_{SC}）：处于短路（光电化学电池的输出电压为零）时的光电流，等于光子转换成电子-空穴对的绝对数量。

开路光电压（V_{OC}）：处于开路（光电化学电池的输出电流为零）时的光电压。

填充因子（filling factor，简写为FF）：光电化学电池具有最大输出功率（P_{max}）时的电流（I_{opt}）和电压（V_{opt}）的乘积与短路光电流和开路光电压的乘积的比值。

$$\mathrm{FF}=\frac{P_{max}}{I_{sc}V_{oc}}=\frac{I_{opt}V_{opt}}{I_{sc}V_{oc}} \tag{12.28}$$

实际上，填充因子在I-V曲线上是两个长方形面积的比值。

光电能量转化效率（η）：光电化学电池的最大输出功率与输入光功率的比值。

$$\eta=\frac{P_{max}}{P_{in}}=\frac{\mathrm{FF}I_{sc}V_{oc}}{P_{in}} \tag{12.29}$$

从图12.22可以看出，I_{SC}是光电流-光电压曲线在纵坐标轴上的截距，而V_{OC}是光电流-光电压曲线在横坐标轴上的截距。I_{SC}为光电化学电池所能产生的最大电流，V_{OC}是光电化学电池所能产生的最大电压。点P_{max}被称为最大功率点，该点所对应的矩形面积被称为最大输出功率。短路光电流和开路光电压相交的那一点对应的矩形面积为光电化学电池理论上所能产生的最大功率。填充因子是影响电池输出性能的一个重要参数，对于同一个光电化学电池，填充因子高，能量转化效率就高。I_{SC}和V_{OC}是光电化学池最重要的两个参数，I_{SC}和V_{OC}的值大，能量转换效率就高。

思维创新训练12.6 查找一篇最新的光电化学电池的研究论文，分析论文中的创新点应用了哪些本章所述内容。

扫码获取
本章思维导图

第13章 热电池

13.1 概述

13.1.1 发展历史

储备电池（reserve battery）是一种可以长期储存并且根据使用要求可以迅速提供电力的电源。储存期间，储备电池的活性材料不与电解质直接接触或者电解质不导电，使用时注入溶剂、电解液或者熔化电解质，在正极和负极间形成高电导率的离子导体，正极和负极间的电路得以导通放电。储存期间，活性材料组分间几乎不发生化学反应，电池可以长时间储存而性能仅有很小的衰减。溶剂、电解液或可熔化的电解质可以储存在电池之外的容器中，也可以放在正负极间。储存时电解液不与电极接触或是惰性的，使用时才与电极接触或离子在其中可自由移动。实现导电的操作被称为激活。

热电池（thermal battery）是利用瞬时放出的高强度热量激活的一次电池，采用无机盐作为电解质，这类电解质在高温下熔融成液态，故又称熔融电池。热电池在常温下的电解质为不导电的固体，内阻非常大（大于100MΩ）。工作时用电点火头或机械结构引燃电池内部的加热源，使电解质熔化成为液态激活电池，因此热电池属于储备电池，也被称为热激活储备电池（heat activated reserve battery，简称为HARB）。热电池主要应用在军事方面，如作为导弹、核武器的电源。

20世纪40年代，德国科学家埃尔布（Georg Otto Erb）发明了热电池，准备将其用于军事领域，但这些电池并未在战场使用。二战后热电池技术传到了美国，美国军方认为热电池技术非常适合于武器使用。1948年，美国乌利切（Wurlitzer）公司生产出第一枚热电池并应用于迫击炮弹；1955年，美国桑迪亚国家实验室（Sandia National Laboratories）研制出工作寿命为5 min的热电池并用于核武器。20世纪50年代，美国海军军械实验室（Naval Ordnance Laboratory）与尤拉卡-威廉姆斯（Eurelca Williams）公司发明了片式Mg-V_2O_5热电池，热电池制造工艺从杯型工艺向片型工艺转变，但这种电池内阻大，工作寿命短；1961年，桑迪亚国家实验室开始研制了Ca-$CaCrO_4$热电池，采用先进的片型结构，以LiCl-KCl作电解质，铁和高氯酸钾混合物作为加热材料，该电池的制备工艺大为简化，工作寿命得到了延长，提高了热电池的总体性能；1966年，片型Ca-$CaCrO_4$热电池在美国投产，但该热电池易形成Li-Ca合金，该合金在电池的工作温度下是可流动的液体，容易引起电池短路，产生的电噪声会造成电池能量转换效率降低。为满足高速发展的现代化武器需要，20世纪70年代美国桑迪亚国家实验室又研制了小型片状LiM_x-FeS_2热电池，克服了热电池长期存在的电噪声，而且该电池能量密度、功率密度都得到了很大提高，性能远远超过过去任何一个电化学体系的热电池。钙系热电池也易热失控，逐步被锂系热电池取代。我国早期的热电池大多数是短寿命、小功率的引信电源。20世纪70年代，我国成功研制了用于便携式反坦克导弹等弹用主电源的热电池，其后我国热电池研制方向的重点转向了各类导弹的配套电源。21世纪，中国电子科技集团公司第十八研究所（天津电源研究所）成功研制了多款锂系热电池，除了军用外还准备将其用于森林防火报警电源的民用领域。热电池的发展历程见图13.1。

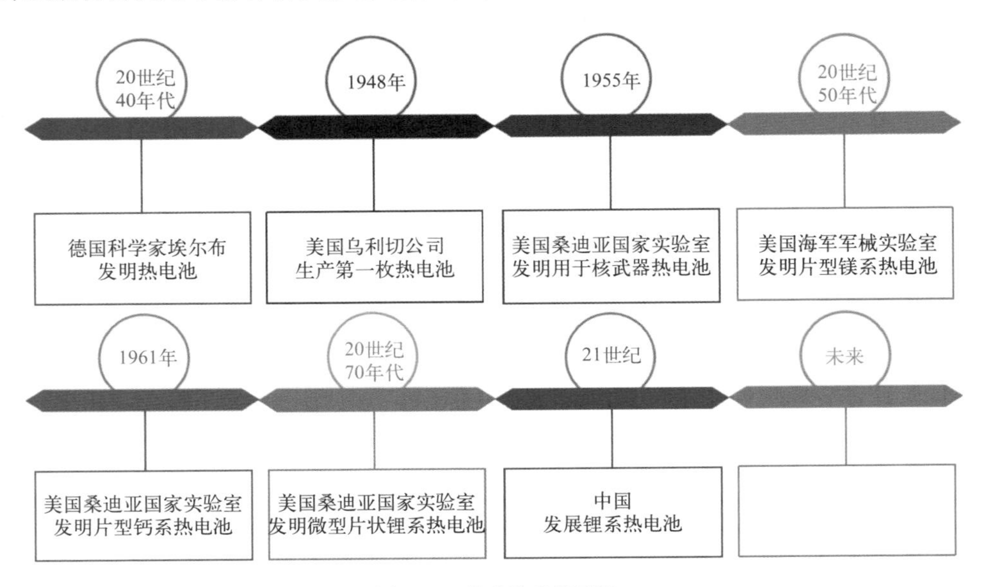

图13.1 热电池发展历程

热电池具有能量密度高和功率密度高、使用环境温度范围宽（通常为−55～+75℃）、可靠性高、结构紧凑、工艺简便、坚固耐用等特点。它还能够在高转速（如300r·min^{-1}）的环境和钻地导弹的高冲击加速度（16000*g*）下使用。热电池结构是全密封的，储存时间长，未激活使用时可以保存10年或者更久。热电池多应用于军事和航空航天领域。

思维创新训练13.1 热电池使用寿命主要受哪些因素影响？

13.1.2 工作原理和电池结构

热电池工作可分两个过程，一个是热电池的激活过程，另一个是热电池的放电过程。电池的激活过程利用引燃系统和加热系统工作，引燃系统通过电点火头点燃高速引燃条，促使加热系统发生放热反应，在极短的时间内提供足够热量将电池内部温度从常温迅速上升到它的最高温度（550℃左右）。电池激活后马上发生电化学反应进行放电。在电池的放电过程中，电池内部温度将随着放电进行缓慢下降，电解质由液态逐渐凝固，离子导电性慢慢变弱。

13.1.2.1 电池结构

热电池由引燃系统、加热系统、电堆、绝缘保温系统、不锈钢外壳、盖体等部分组成，如图13.2（a）所示。

引燃系统的作用是将电池内部的加热系统迅速点燃,包括发火源和高速引燃条两部分。发

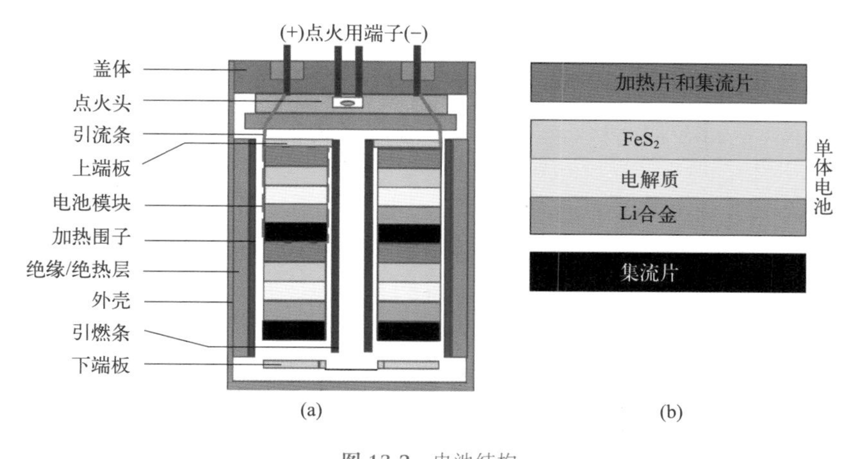

图 13.2　电池结构

（a）热电池的结构示意图；（b）电堆基本单元结构示意图

热源有两种，用电激活的内置电点火头和机械激活的撞击式火帽。

引燃装置燃烧产生热量引发加热系统发生化学反应放热，从而为热电池提供热量。加热系统由均匀分布在电堆内的加热片和位于电堆外部的加热套（也被称为加热围子）组成。

常被使用的加热片有锆-铬酸钡（$Zr-BaCrO_4$）和铁-高氯酸钾（$Fe-KClO_4$）两种体系。锆-铬酸钡体系的点火灵敏度高，燃烧速率快（$200mm \cdot s^{-1}$），放出热量高（$1.67kJ \cdot g^{-1}$），电池激活时产生的热冲击性较强，多被用于需快速激活、工作寿命短的热电池。锆-铬酸钡引燃纸采用造纸法工艺制成，将锆粉、铬酸钡和纤维在加入水后通过湿法造纸术制成类似纸张的条形材料。铁-高氯酸钾体系是将两种材料的混合粉末压制成薄片，紧贴正极FeS_2放置，燃烧时不变形，产生的气体少，能更好地保持电堆的刚性，可以使用轻薄的壳体。由于铁是良好的电子导体，铁-高氯酸钾体系直接作为层型电堆结构中单体电池之间的集流片。为获得快激活、长工作寿命、高能量密度的电池性能，多将两种加热片联合使用，锆-铬酸钡体系作为引燃条和加热围子，铁-高氯酸钾体系作为电堆内部主加热源。

电堆是热电池的关键部件，由单体电池、金属集流片及加热片组成的基本单元经过重叠装配组成［图13.2（b）］。单体电池由负极片、正极片和电解质片（隔膜）组成。电堆与盖体上接线柱通过金属条（引流条）连接。

热电池的结构演变经历了杯型和片型。热电池的发展初期采用了杯型结构，应用于镁系热电池和钙系热电池，负极材料为金属镁或钙，正极材料为WO_3、V_2O_5等，电解质为LiCl-KCl共熔盐。杯型热电池制造和装配过程复杂，工作寿命短，激活热源为$Zr-BaCrO_4$加热纸制成的点火条，点燃后体积缩小，易造成内部短路，现在已基本被片型结构热电池所替代。20世纪50年代中期，片型结构被开发出来用于钙系热电池，锂系热电池也沿用了片型结构。片型结构组成简单，结构非常紧凑，耐苛刻环境，可靠性高。加热使用铁-高氯酸钾体系，点火能量高，出气量小，安全性高。片型结构目前已很成熟，被大多数热电池采用。

13.1.2.2　使用原理

储备电池的激活方式分为冷激活和热激活。冷激活是将电解液和电极分开存放，使用前将电解液注入电池组而激活电池，如锌氧化银储备电池（5.1.3节）。热激活是使用时用电流引燃点火头或者撞击火帽，点燃内部加热源使电池内部温度迅速上升，电解质熔融形成高电导率的离子导体。

热电池的热激活过程常用的热源材料是由活性Fe粉和$KClO_4$按比例制成的加热粉。通过引燃系统引燃后，高氯酸钾受热分解放出氧气，氧气与铁粉燃烧放热，使热电池内部温度保持在400 ℃以上，放热反应如式（13.1）所示。

$$KClO_4 + 4Fe \longrightarrow KCl + 4FeO \quad \Delta_r H = -1136.7\ kJ \tag{13.1}$$

13.1.2.3　电化学反应原理

以锂镍合金-二硫化亚铁（LiNi-FeS_2）热电池为例介绍其电化学反应原理。负极活性材料是锂镍合金，正极材料是FeS_2，电解质为LiCl-KCl共熔盐，电池的放电原理如图13.3所示。

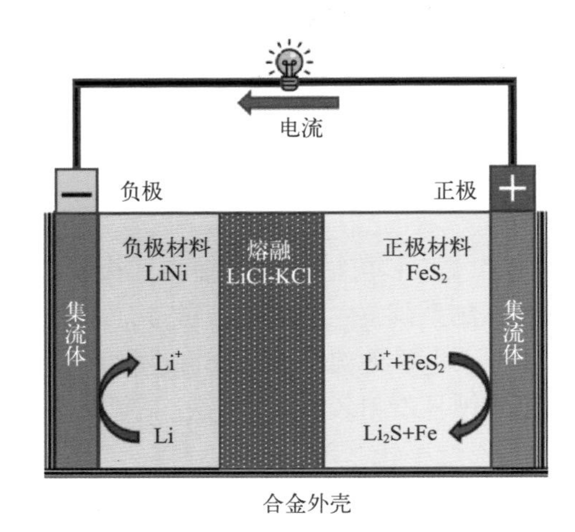

图13.3　LiNi-FeS_2热电池工作原理图

LiNi-FeS_2电池放电时的电化学反应如式（13.2）～式（13.4）所示。

负极反应：

$$4Li \longrightarrow 4Li^+ + e^- \tag{13.2}$$

正极反应：

$$4Li^+ + (Fe^{2+})(S^-)_2 + 4e^- \longrightarrow 2(Li^+)_2S^{2-} + Fe \tag{13.3}$$

电池反应：

$$4Li + FeS_2 = 2Li_2S + Fe \tag{13.4}$$

放电过程中，锂镍合金中的Li释放电子被氧化为Li^+［式（13.2）］，正极材料FeS_2得到电子发生两种元素的还原，铁由+2价被还原为铁单质，S^-被还原为S^{2-}，S^{2-}与Li^+结合生成Li_2S（熔点为938℃）［式（13.3）］。

思维拓展训练13.1　一种热电池的电池表达式是(−)Ca|KCl-LiCl|$PbSO_4$(+)。写出该电池的反应方程式并解释电池的放电过程。

13.1.3　热电池的分类

13.1.3.1　按照负极材料分类

按照负极活性材料可分为锂系热电池、钙系热电池和镁系热电池，具体材料如表13.1所示。具体主要有Ca-$PbSO_4$、Ca-$CaCrO_4$、Mg-V_2O_5、LiAl-FeS_2、LiSi-FeS_2等体系。Ca-K_2CrO_7体系仅适用于脉冲型热电池，这种类型的电池可根据需要提供快速的电流或电压变化。

表 13.1　按负极材料分类的热电池

体系	负极材料	正极材料	体系	负极材料	正极材料
镁系	镁	三氧化钨	钙系	钙	硫酸铅
		五氧化二钒			铬酸盐
		重铬酸钾			五氧化二钒
锂系	锂硅合金	二硫化亚铁			
	锂铝合金				
	锂镍合金				

13.1.3.2　按照工作温度分类

锂系热电池可以分为锂系低温热电池和锂系高温热电池。

锂系低温热电池的工作温度为150～300℃，正极材料使用Ag_2CrO_4和MnO_2等，电解质为碱金属硝酸盐及其二元共熔盐。

锂系高温热电池的工作温度高于300℃，常用正极材料主要为硫化物，电解质为碱金属和碱土金属卤化物以及它们的共晶熔融盐，如LiCl-KCl和LiF-LiCl-LiBr等。

13.1.3.3　按照使用功能特征分类

热电池按照使用功能可分为快速激活型（激活时间为0.5～2s）、短工作寿命功率型、中长寿命高能量密度型和高电压型（>200V），分别用于快速激活救生电池、常规战术短程导弹、水下动力电源和导弹炮弹。

13.2　热电池电化学

13.2.1　钙系热电池电化学

钙系热电池的负极活性材料为金属钙，正极为铬酸钙（$CaCrO_4$）。Ca-$CaCrO_4$电池的负极与正极之间夹着固体LiCl-KCl共熔盐电解质。电池被激活后，钙负极表面产生固态的$KCaCl_3$复盐，作为两极间的隔膜阻止负极与正极直接接触。电池单体电压超过3V。Ca-$CaCrO_4$电池电化学反应如式（13.5）～式（13.7）所示。

负极反应：

$$3Ca \longrightarrow 3Ca^{2+} + 6e^- \tag{13.5}$$

正极反应：

$$2CaCrO_4 + 6e^- \longrightarrow 3O^{2-} + Cr_2O_3 \cdot 2CaO \tag{13.6}$$

电池反应：

$$6LiCl + 2CaCrO_4 + 3Ca \longrightarrow 3Li_2O + Cr_2O_3 \cdot 2CaO + 3CaCl_2 \tag{13.7}$$

由式（13.5）得负极的电极电势如式（13.8）所示，正极的电极电势如式（13.9）所示，电池的电动势如式（13.10）所示，标准电动势为4.228V。

$$\varphi_{Ca^{2+}/Ca}=\varphi^{\ominus}_{Ca^{2+}/Ca}+\frac{RT}{nF}\ln\frac{a^3_{Ca^{2+}}}{a^3_{Ca}} \tag{13.8}$$

$$\varphi_{CaCrO_4/Cr_2O_3\cdot 2CaO}=\varphi^{\ominus}_{CrO_4^{2-}/Cr^{3+}}+\frac{RT}{nF}\ln\frac{a^3_{O^{2-}}a_{Cr_2O_3\cdot 2CaO}}{a^2_{CaCrO_4}a_{Li^+}} \tag{13.9}$$

式中，$\varphi^{\ominus}_{Ca^{2+}/Ca}$为−2.868V（vs. SHE）；$\varphi^{\ominus}_{CrO_4^{2-}/Cr^{3+}}$取$\varphi^{\ominus}_{Cr_2O_7^{2-}/Cr^{3+}}$的值1.360V（vs. SHE）。

$$U_d=U^{\ominus}-\frac{RT}{nF}\ln\frac{a^3_{CaCl_2}a_{Cr_2O_3\cdot 2CaO}a^3_{Li_2O}}{a^3_{Ca}a^6_{LiCl}a^2_{CaCrO_4}} \tag{13.10}$$

在放电过程中，负极活性材料钙释放电子被氧化成Ca^{2+}，正极铬酸钙中的CrO_4^{2-}接受电子生成O^{2-}和$Cr_2O_3\cdot 2CaO$，电池总反应式为式（13.7）。Ca-$CaCrO_4$电池工作过程中，如果没形成稳定的复盐隔膜，钙和锂接触形成的$CaLi_2$合金在高温下是熔融态，会引起电池短路；负极侧产生的$KCaCl_3$复盐导电性很差，不利于电池放电。目前钙系热电池已基本被锂系热电池所取代。

13.2.2 锂系热电池电化学

13.2.2.1 负极材料电化学

锂系热电池的负极材料是锂或锂合金。纯锂熔点较低，高温下熔融后流动容易造成热电池短路，通常用锂合金来提高负极活性材料的熔点。热电池中常用的负极材料有锂硅合金和锂铝合金，其性能如表13.2所示。锂硅合金制作工艺成熟，性能优良，已广泛用于各种型号的热电池。

表13.2 锂系热电池的负极材料性能

性能	铝锂合金	锂硅合金	性能	铝锂合金	锂硅合金
3A·cm^{-2}利用率/%	45	52	最高工作温度/℃	700	730
体积容量/A·h·cm^{-3}	0.75	1.36	电极电势/V（vs. Li^+/Li）	0.297	0.157
质量容量/A·h·g^{-1}	0.56	1.46	开路电压/V	2.05	2.20

注：正极为FeS_2。

思维创新训练13.2 通常合金的熔点比合金中的纯金属熔点低，为什么锂系热电池能用锂合金提高负极活性材料的熔点？

13.2.2.2 正极材料电化学

锂系热电池的正极活性材料有铬酸盐、金属氧化物和硫化物等。硫化物在高温下的热稳定性好，所以锂系热电池中常用硫化物作正极材料，最常使用的硫化物是FeS_2和CoS_2。FeS_2作为电池正极材料具有电池容量大、相对电压高、资源丰富、成本低廉的优点，但是FeS_2热稳定性较差，电阻率较高。CoS_2热稳定性高，电子导电性好，电阻率低，抗大电流密度能力较强。但是CoS_2天然物少，只能通过人工合成，合成的CoS_2含硫成分多，纯度不高且对电解质的湿润性差。

以FeS_2正极活性材料的放电为例，反应过程通常被分为三步（图13.4）。

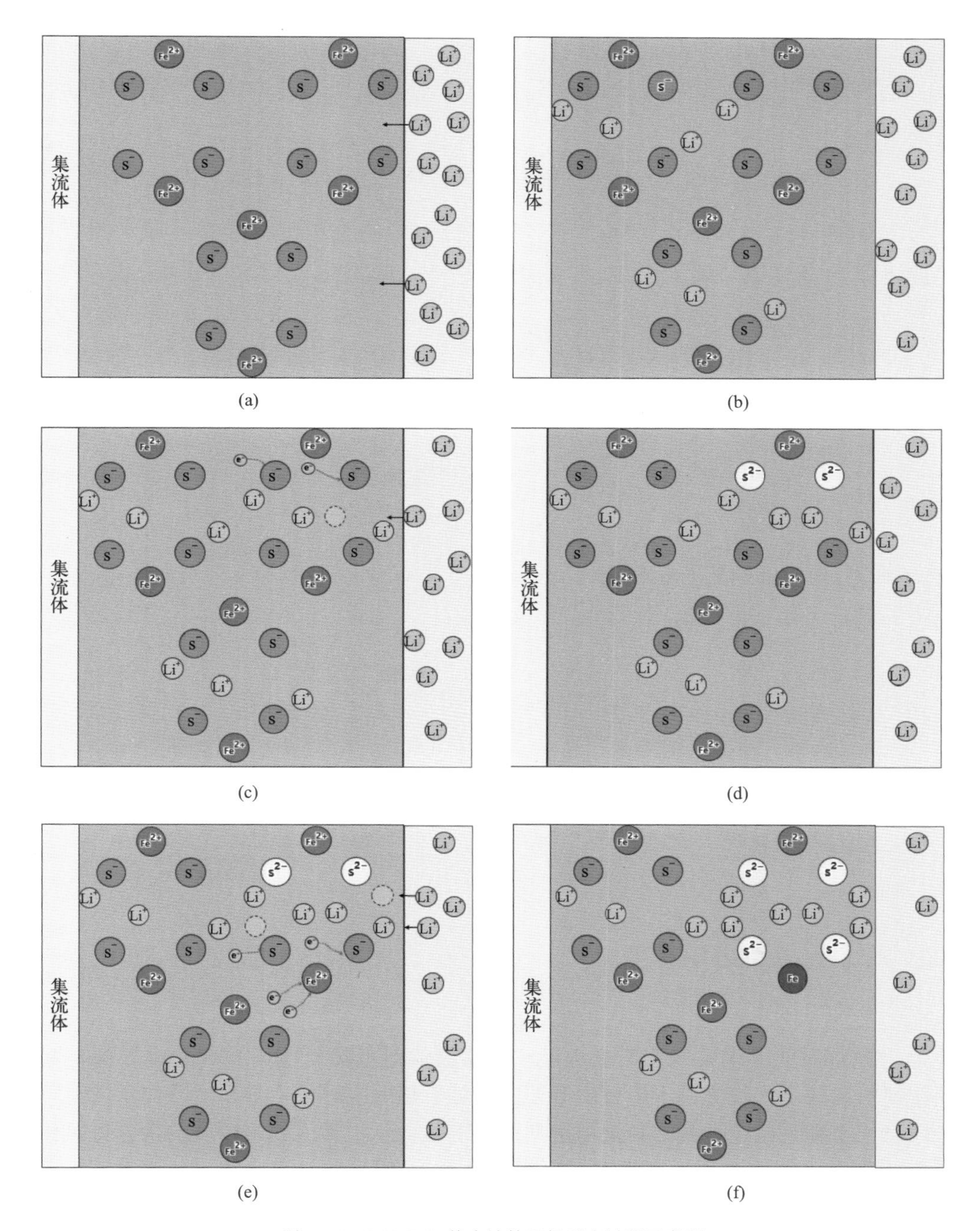

图 13.4　LiNi-FeS_2 热电池的正极反应过程示意图

（a）Li^+ 插入 FeS_2 层中；（b）形成 $Li_3Fe_2S_4$；（c）$Li_3Fe_2S_4$ 中 2 个 S^- 被还原为 S^{2-}；（d）生成 FeS、Li_2S 和 Li_2FeS_2；（e）Li_2FeS_2 中 2 个 S^- 被还原为 S^{2-}，Fe^{2+} 被还原为金属 Fe；（f）完成整个反应

第一步：与锂离子电池中 Li^+ 在石墨层间的插入过程相似，锂合金中的锂被氧化生成的锂离子插入到二硫化亚铁中形成了富锂层状化合物 $Li_3Fe_2S_4$［式（13.11），图 13.4（b）］，这一步不是电化学反应。

$$(Li^+)_3 + 2FeS_2 \longrightarrow (Li^+)_3 Fe_2S_4 \tag{13.11}$$

第二步：在放电过程中，由于 $\varphi^{\ominus}_{S_2^{2-}/S^{2-}}$ 较负，所以正极的硫先被还原［图 13.4（c）］。S_2^{2-} 得

到电子被还原为S^{2-}，再与嵌锂离子和亚铁离子结合形成高熔点的Li_2S（熔点1538℃）和FeS（熔点1194℃）两种还原产物以及富锂的Li_2FeS_2［式（13.12），图13.4（d）］，这步中$Li_3Fe_2S_4$化合物结构被破坏。

$$(Li^+)+(Li^+)_3Fe_2(S^-)_4+2e^- \longrightarrow (Li^+)_2Fe(S^-)_2+Fe(S^{2-})+(Li^+)_2(S^{2-}) \tag{13.12}$$

第三步：如式（13.13）所示，第二步产物Li_2FeS_2中的铁和硫继续被还原［图13.4（e）］，铁由Fe^{2+}被还原为金属铁，硫元素由S_2^{2-}被还原为S^{2-}，最终生成Li_2S和铁两种固态产物［图13.4（f）］。

$$(Li^+)_2(Fe^{2+})(S^-)_2+(Li^+)_2+2e^- \longrightarrow (Fe^0)+2(Li^+)_2(S^{2-}) \tag{13.13}$$

根据式（13.12）得正极第二步反应的电极电势：

$$\varphi_{S_2^{2-}/S^{2-}}=\varphi^{\ominus}_{S_2^{2-}/S^{2-}}+\frac{RT}{nF}\ln\frac{a_{Li_3Fe_2S_4}a_{Li^+}}{a_{Li_2FeS_2}a_{FeS}a_{Li_2S}} \tag{13.14}$$

式中，$\varphi^{\ominus}_{S_2^{2-}/S^{2-}}$为−0.524V（vs. SHE）。

正极第三步反应中亚铁还原反应的电极电势为：

$$\varphi_{Fe^{2+}/Fe}=\varphi^{\ominus}_{Fe^{2+}/Fe}+\frac{RT}{nF}\ln\frac{a^2_{Li^+}a_{Li_2FeS_2}}{a_{Fe}a^2_{Li_2S}} \tag{13.15}$$

式中，$\varphi^{\ominus}_{Fe^{2+}/Fe}$为−0.447V（vs. SHE）。

思维创新训练 13.3　根据以上内容试着阐述热电池正极材料的性能要求。

13.3　热电池材料

（1）电解质

热电池对电解质的要求不同于常规电池，通常要满足低蒸气压、高离子电导率、宽电化学窗口、正极材料和放电产物难溶于电解质等要求。处于熔融态时，电导率通常比水性电解液高一个数量级。可用于锂系热电池的熔融盐电解质如表13.3所示，常用的电解质均为含有氯化锂的混合体系，其中最常用的电解质为氯化锂-氯化钾（LiCl-KCl）共晶混合物，分解电压为3.61V。

表13.3　锂系热电池的主要熔融盐电解质性能

电解质	熔点/℃	电导率/S·cm^{-1}	电解质	熔点/℃	电导率/S·cm^{-1}
LiCl	610	5.92	LiCl-LiF	485	
NaCl	808	3.73	LiCl-LiF-LiI	341	2.30
KCl	775	2.42	LiCl-LiBr-LiF	436	1.89
LiCl-KCl	353	1.57	LiCl-LiBr-KBr	313	1.25

（2）绝热材料

热电池内部的工作温度一般在400～600℃，因此要对电堆进行绝热处理。热电池的绝热材料要满足材料强度高、绝热性能好、耐久性强和成本低等要求。目前热电池的绝热材料基本上都采用无机材料，包括陶瓷纤维和白炭黑等。白炭黑是白色多孔粉末材料，主要成分是二氧化硅和硅酸盐（硅酸铝和硅酸钙等），耐高温、不燃、电绝缘性好。

思维创新训练 13.4 对热电池进行绝热处理有哪些作用？

13.4 热电池的放电性能

图13.5所示为锂系高温热电池LiSi-FeS_2的单体电池在电流密度为100mA·cm^{-2}下进行恒流放电的放电曲线图，图中主要有两个平台电压。该电池开路电压为1.90V，由于硫的还原活化超电势的影响，电压会迅速下降到第一平台，大约为1.80V，主要是$Li_3Fe_2S_4$中的硫被还原，还原产物是FeS_2以及Li_2S［式（13.12）］；第二平台电压大约为1.45V，主要是Li_2FeS_2中的铁被还原为Fe以及硫被还原为Li_2S［式（13.13）］。

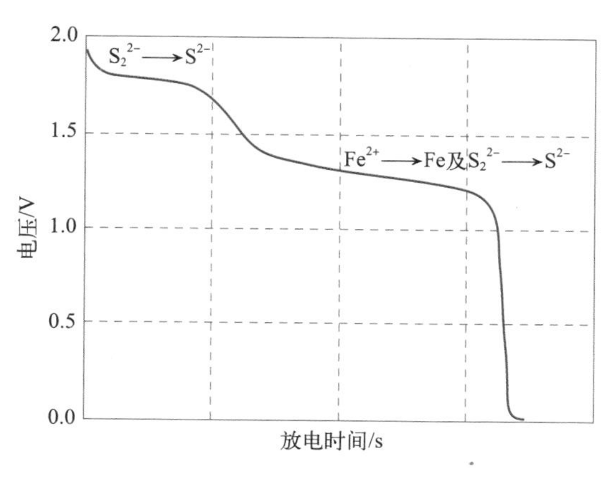

图 13.5 LiSi-FeS_2单体电池放电曲线变化图

当电池负极为锂合金时，此时的电池第一平台的电压为：

$$U=U^{\ominus}-\frac{RT}{nF}\ln\frac{a_{Li_2S}a_{Fe}}{a_{Li}a_{FeS_2}} \tag{13.16}$$

由于式中$\frac{a_{Li_2S}a_{Fe}}{a_{Li}a_{FeS_2}}=1$，所以电池的电动势就是标准电动势，为2.516V。

同理，$\varphi_{Fe^{2+}/Fe}=\varphi^{\ominus}_{Fe^{2+}/Fe}=-0.447V(vs.\ SHE)$，此时第二放电平台电压如式（13.17），也是标准电动势，为2.069V。

$$U=U^{\ominus}=\varphi^{\ominus}_{Fe^{2+}/Fe}+\varphi^{\ominus}_{S_2^{2-}/S^{2-}}-\varphi^{\ominus}_{Li^+/Li} \tag{13.17}$$

由于电池内阻较大，理论电压平台与实际测量放电电压平台大约相差0.5V。

钙系与锂系热电池性能如表13.4所示。

表 13.4 钙系和锂系热电池性能

性能	Ca-$CaCrO_4$电池	LiSi-FeS_2电池
工作电压 /V	25.5 ～ 34	24 ～ 36
工作电流 /A	1	3 ～ 5
使用环境 /℃	−40 ～ +50	−40 ～ +50
储存寿命 /a	10	25
能量密度 /W·h·cm^{-3}	53	70

思维创新训练 13.5 除了热电池，结合前面各章节所学内容思考还可以构建哪些储备电池。

13.5 热电池的制作工艺

生产热电池过程一般包括制备原料、组装单体电池、组装电池模块、组装电堆和装配电池组5道工序，工艺流程如图13.6所示。原料准备好后，将负极材料、正极材料和电解质压制和叠加制成单体电池。单体电池再与加热片和电连接片组合制成电堆。将电堆与点火头、引燃条、引流条、盖体等装配好后装入电池壳体，密封后即热电池产品。

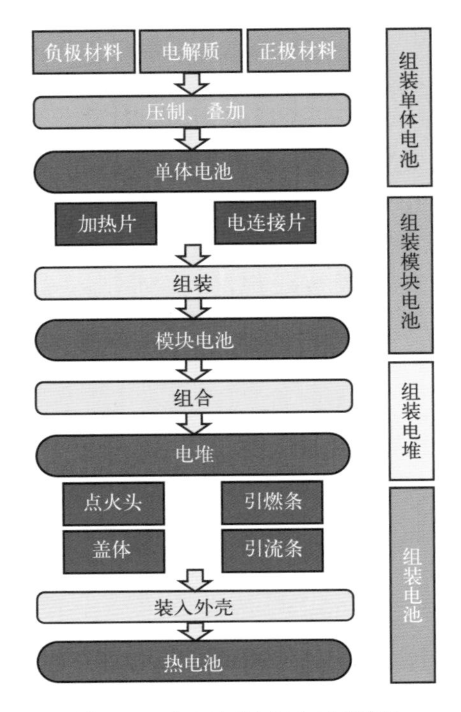

图13.6 热电池产品制作工艺流程

思维创新训练13.6 查找一篇最新的热电池的研究论文，分析论文中的创新点应用了哪些本章所述内容。

扫码获取
本章思维导图

第14章 核电池

14.1 概述

核素（nuclide）是指具有一定数目质子和一定数目中子的原子。质子数相同而中子数不同的核素互为同位素（isotope）。自然界中天然存在的同位素被称为天然同位素，人工合成的同位素被称为人造同位素。如果同位素具有放射性就称之为放射性同位素（radioactive isotope）。有些放射性同位素存在于自然界中，有些可通过粒子（如质子、中子或α粒子等）轰击原子核人为制造。

放射性同位素是不稳定的，它们在自发衰变过程中会不断地放出射线（α、β或γ射线），同时释放热量。放射性同位素的衰变过程不受外界环境中的温度、压力、化学条件、电磁场等影响，衰变速率的大小是每种放射性元素的固有特性。有些放射性同位素如^{90}Sr（锶）、^{238}Pu（钚）等的衰变时间往往很长，^{90}Sr的半衰期为29年，^{238}Pu的半衰期为88年，^{63}Ni的半衰期可达100年。

放射性同位素在衰变的过程中会有质量损失，根据爱因斯坦质能方程，这些质量损失会被转换为能量，表现形式可能是热能、光能或粒子的动能。因此，可以将放射性同位素衰变时产生的热、光、电离等能量转换为电能，这种转换装置被称为核电池（nuclear battery）或放射性同位素电池（radioisotope battery，简写为RIB）。

核电池抗干扰能力强，可靠性高，工作寿命长，适于需要长期稳定供电的场合，比如航天深空探索、深海探索等。但是核电池成本昂贵，并且发电效率较低，只有10% ～ 20%。

知识拓展14.1

α 衰变（alpha decay）：放射性元素自发地释放出 α 粒子的衰变过程叫 α 衰变。α 粒子是原子序数为2的高速运动的氦原子核，物理学中用$^4_2$He表示 α 粒子，放射性元素经过 α 衰变形成的原子序数减少2。

α 射线（alpha rays）也称为 α 粒子束，是高速运动的 α 粒子流，是带正电的射线。α 粒子由2个质子和2个中子组成。它的静止质量为6.64×10^{-27}kg，带电量为3.20×10^{-19}C，一颗 α 粒子带有5MeV的动能（约等于一颗 α 粒子总能量的0.13%），其移动速度是1.5×10^4km · s^{-1}。

β 衰变（beta decay）：放射性元素自发地使核内一个中子转变为质子，释放出β 粒子的衰变过程 β 粒子实质就是一个高速运动的电子。

β 射线（beta rays）是高速运动的 β 粒子流（高速电子流），带负电。β 射线具有比 α 射线高得多的穿透能力。经过 β 衰变形成的放射性元素与其母体相比质量数不变，但原子序数增加1。

γ 射线(gamma rays)，又称 γ 粒子流（光子流），是一种电磁波。是继 α 射线、β 射线后发现的第三种射线。原子核在发生 α 衰变、β 衰变后产生的新核往往处于高能级，要向低能级跃迁，辐射出 γ 光子 γ 射线波长比X射线要短，频率比X射线更高，所以 γ 射线具有比X射线还要强的穿透能力。

14.1.1 核电池的发展历史

1898年，法国化学家居里夫人（Marie Curie）发现了具有强放射性的镭元素。1913年，英国化学家莫塞莱（Henry Moseley）利用镭的衰变特性设计了第一个放射性同位素电池，该电池由一个内表面镀银膜的空心玻璃球组成，玻璃球内放置一个镭放射性同位素发射器，镭的β衰变释放出的电子积聚在银膜上，形成了一个利用放射性发电的电容器，从这个电容器可以提取电流。但这种电池需要在很高的真空度下工作，实际应用的范围十分有限。1929年，苏联物理学家艾奥夫（Abram Fedorovich Ioffe）第一次提出了热电转换机制，采用这种机制的核电池在航天方面具有极高的应用价值。

自20世纪50年代开始，核电池进入了快速发展时期，热电式核电池以及辐射伏特效应核电池从理论研究逐渐过渡到器件制造和应用。1954年，美国物理学家乔丹（Kenneth Jordan）和伯登（John Birden）第一次公开了使用^{210}Po（钋）作为放射源的热电式核电池。1956年，美国制定了核动力辅助计划SNAP（systems for nuclear auxiliary power），目的是开发用于空间、海洋和陆地使用的紧凑、轻型、可靠的放射性同位素电池装置。

20世纪60年代后，核电池被应用在航天、医学等领域。1961年，美国成功发射了载有放射性同位素^{238}Pu的温差发电机（radioisotope thermoelectric generators，简写为RTG）的导航卫星，这是核电池在空间探测方面的首次成功应用。同一时期，苏联也成功使用^{238}Pu的RTG为军用卫星供电。1971年，我国第一台核电池^{210}Po电池安装试验成功。1973年，美国将使用^{238}Pu源的核电池心脏起搏器应用于病人（图14.1）。但是核电池心脏起搏器只在20世纪70～80年代被应用，并且只有139人植入过。因为核电池心脏起搏器除了价格昂贵，还有放射性辐射风险，因此在医学上应用核电池集中在了开发更好的吸收核辐射及耐高温材料用来解决辐射损伤问题。

图 14.1　热电式核电池心脏起搏器

进入21世纪后，核电池的开发体现在采用新型换能机制和核电池小型化。2013年12月14日，我国“嫦娥三号”携带抗低温“暖宝宝”的^{238}Pu核电池抵达月球表面，开始“测月、巡天、观地”的科学探测任务。2024年1月8日，北京贝塔伏特新能科技有限公司发布了利用

^{63}Ni核同位素衰变技术和金刚石半导体制造的核电池。该电池功率是100μW，电压为3V，体积是15mm×15mm×5mm，可以实现50年稳定发电。图14.2展示了核电池的发展历程。

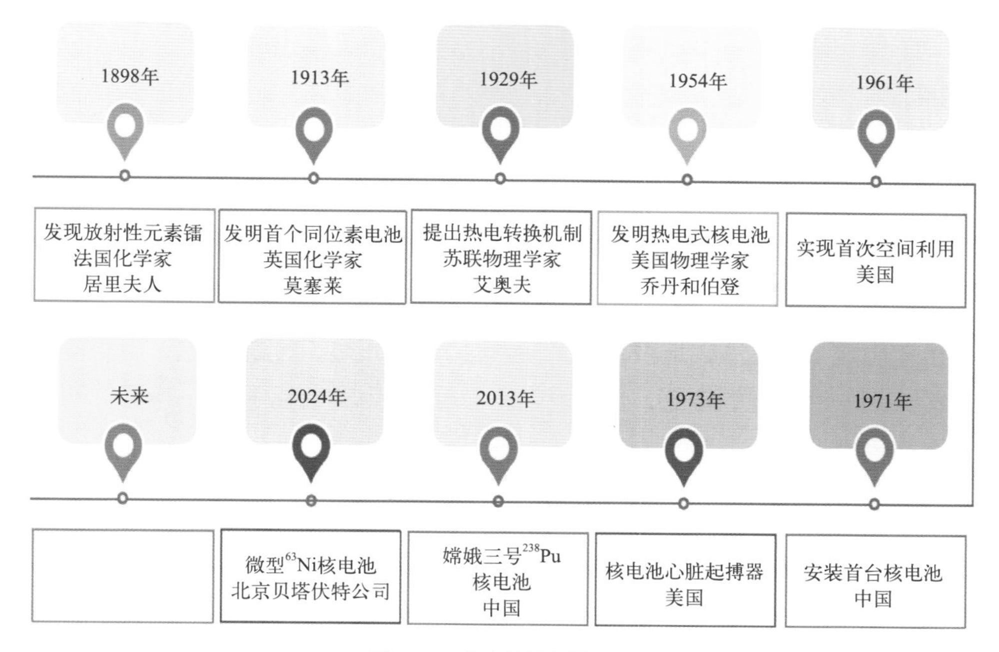

图 14.2 核电池的发展历程

14.1.2 核电池的工作原理

核电池有多种型式，其中热电式核电池结构简单且发展相对成熟。热电式核电池包括两个主要部件，一个是放射性同位素源，一个是热电转换器件——换能器。换能器由一些性能优异的半导体材料组成（如Bi_2Te_3、PbTe、硅锗合金和硒族化合物等），p型半导体器件和n型半导体器件作为换能器的两极，将它与电池外部环境的温差通过半导体热电器件转变为电势差，从而源源不断地发出电来。

14.1.2.1 换能器原理

核电池的核心是换能器。目前常用的换能器叫静态热电换能器，它利用温差发电原理在不同的半导体或金属材料中产生电势差实现发电。

热电式核电池的工作原理如图14.3所示。热电式核电池主要部件包括同位素热源、由n型半导体和p型半导体组成的换能器等。电池工作时，换能器一端与温度较高（T_h）的同位素热源接触，另一端接触相对温度较低（T_c）的电池外部，在换能器两端产生温差；由于塞贝克效应，n型半导体中有多余的自由电子产生负温差电势，p型半导体中自由电子不足产生正温差电势，n型与p型半导体之间产生电势差，两者组成了半导体热电器件，形成闭合回路即可输出电流，将放射性元素衰变释放的热能转化为电能。

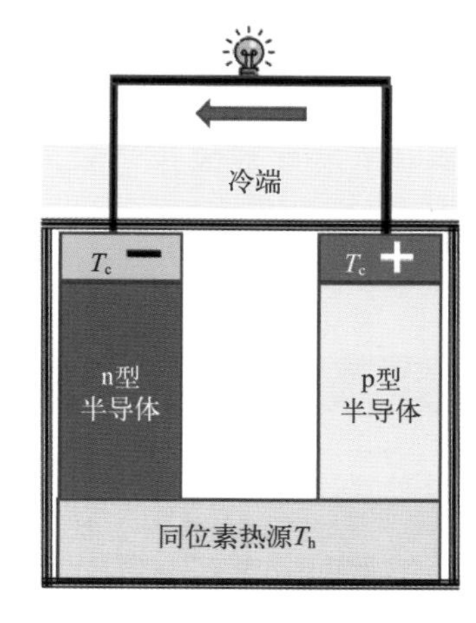

图 14.3 热电式核电池发电原理示意图

思维拓展训练 14.1 $^{238}_{94}Pu \longrightarrow ^{234}_{92}U+^{4}_{2}He$，应用爱因斯坦质能方程分析 $^{238}_{94}Pu$ 衰变释放的能量大小。

知识拓展14.2

塞贝克效应（Seebeck effect），指在两种不同金属或半导体材料构成的回路中，由于两端的温度差异而引起回路中产生电势差的热电现象，其方向取决于温度梯度方向，又被称为第一热电效应。

塞贝克效应的成因可以简单解释为在温度梯度下半导体内的载流子从热端向冷端运动（温差电流）并在冷端堆积，从而在半导体内部形成电势差。这个电势差形成的电场又能产生一个反向的电流，当温差电流与反向电流达到平衡时，半导体两端形成稳定的温差电势。

14.1.2.2 核电池中的同位素衰变原理

我国“嫦娥五号”探测器中使用了一块核电池供电，利用了最常用的同位素 $^{238}_{94}Pu$ 的衰变，其反应为：

$$^{238}_{94}Pu \longrightarrow ^{234}_{92}U + ^{4}_{2}He \tag{14.1}$$

$^{238}_{94}Pu$ 在衰变过程中放出α粒子 $^{4}_{2}He$ 同时放出热量，每个α粒子被发射出原子核时携带了 8.96×10^{-13}J的热量。

思维创新训练 14.1 试着阐述核电池与核电站的区别。

思维创新训练 14.2 热电式核电池工作原理是属于化学原理还是物理原理？简要说明理由。

14.1.3 核电池的电池结构

核电池虽有多种形状，但最外层大都由合金制成，起保护电池和散热的作用，散热是为了避免衰变释放的热量太多，破坏电池结构，造成核泄漏污染；次外层是辐射屏蔽层，防止泄漏辐射；再向内是换能器，在这里热能被转换成电能；最里面是电池的心脏部分，放射性同位素原子在这里发生衰变并放出热量。热电式核电池的基本结构如图14.4所示。

14.1.4 核电池的分类

14.1.4.1 按照能量转换方式分类

根据同位素衰变产生能量的转换方式，核电池可被分为热转换式和非热转换式两大类。热转换式核电池将放射性同位素衰变时产生的热能转换为电能，非热转换式核电池将放射性同位

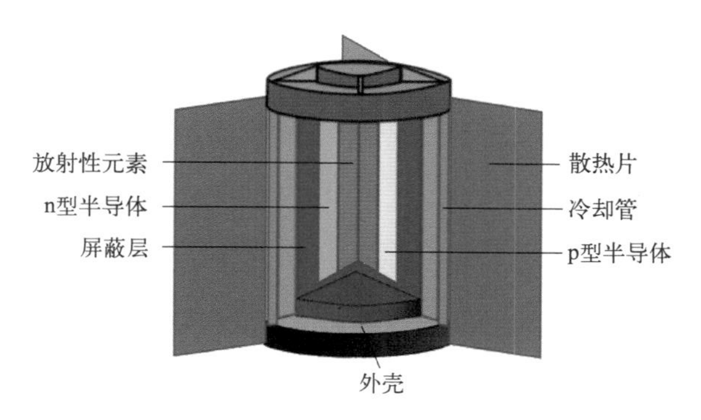

图 14.4　热电式核电池的结构示意图

素放出的带电粒子直接或间接地转换成电能。

（1）热转换式核电池

① 直接利用衰变产生的热能转换为电能，这类电池有热电式核电池、热离子发射式核电池等。热离子发射式核电池是通过衰变时产生的热能使金属的温度升高到一定值，大量电子从金属中逸出，产生电流。

② 经过热能-光能-电能途径的核电池，这类电池主要是热致光电式核电池。热致光电式核电池是用衰变释放的热量对发光体加热升温使之发光，再通过光伏电池将光能转换为电能。

③ 经过热能-机械能-电能途径的核电池，这类电池主要是热机转换式核电池。热机转换式核电池利用工质的热力学循环将热能转换为机械能，之后再由机械能转换为电能。这个过程和核电站发电过程相似。

（2）非热转换式核电池

① 利用衰变产生的光子（γ射线），将光能转换为电能，这类电池主要是荧光体光电式核电池。荧光体光电式核电池利用放射性同位素衰变时产生的γ射线激发荧光材料（有时被称为闪烁体）发光，再使用太阳能电池板将光能转换为电能，这种电池效率较低。

② 利用衰变产生电离能（α粒子、β粒子）直接产生电能，这类电池有直接充电式核电池、辐射伏特效应核电池、气体电离式核电池等。

直接充电式核电池是在真空环境下，放射性同位素发出β粒子或者α粒子，然后被收集带电粒子的金属收集电极捕捉，在两电极间产生电势差。收集电极通常是涂有一层很薄碳膜的镍金属。

辐射伏特效应核电池通常采用的是β源，利用β源放出的高能电子流与半导体材料作用形成电子-空穴对，电子和空穴分别在半导体产生的电场下发生定向移动产生电流。

气体电离式核电池是利用放射源使两种不同逸出功的金属电极材料间的气体电离，再由两极分别收集带有正负电荷的带电离子产生电势差。

图14.5列出了核电池根据能量转换方式的分类。

14.1.4.2　按照电压分类

按输出电压的高低，核电池可分为高电压型和低电压型两类。高电压型核电池通常由含有β射线源（^{90}Sr或^{3}H）的材料制成放射源，特点是电压高、电流低，如直接充电式核电池。低电压型核电池特点是体积较大、电压低、电流高，包括热电式核电池、气体电离式核电池、荧光体光电式核电池等。

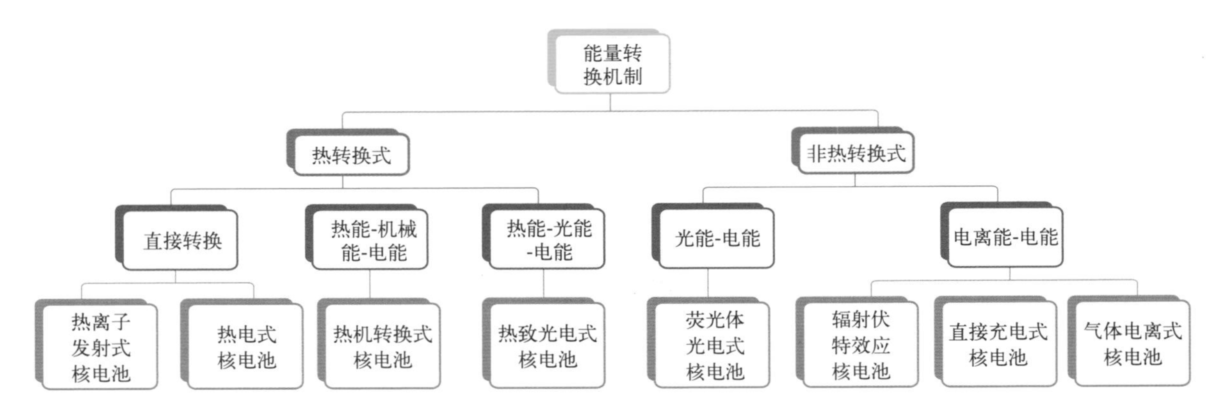

图 14.5 根据能量转换方式分类的核电池

14.1.5 应用场景

核电池最主要的应用在航天领域，以满足卫星、宇宙飞船等航天器对电源的可靠、长期、稳定、安全等要求。

其次，核电池应用于深海、远海等人迹罕至之处，为灯塔、水下监听站、海底电缆中继器等供电。核电池还可以作为心脏起搏器的电源，若采用^{238}Pu作为放射源，使用150 mg ^{238}Pu就能供应心脏起搏器连续运行10年以上。

14.2 核电池材料

14.2.1 放射性同位素

放射性同位素是核电池的热源，包括α源、β源和γ源三种，^{238}Pu和^{210}Po是主要的α源，^{63}Ni、^{90}Sr和^{90}Y是主要的β源，γ源主要是^{60}Co。氚（^{3}H）源由于具有较高的能量密度（1000 MW · h · g^{-1}），并且无毒、低污染，在未来核电池中具有良好的发展前景，核电池常用放射性同位素的参数列于表14.1中。

表 14.1 常用放射性同位素的参数

同位素	半衰期 /a	射线种类	功率密度 /W · g^{-1}	最大能量 /MeV	毒性
^{210}Po	0.38	α	141.14	5.30	极毒
^{238}Pu	87.74	α	0.56	5.50	极毒
^{137}Cs	30.17	β、γ	0.12	0.51、0.66	极毒
^{144}Ce	0.79	β、γ	0.28	0.32、0.13	高毒
^{60}Co	5.27	β、γ	5.54	0.31、1.17	高毒
^{90}Sr	28.60	β	0.15	0.55	高毒
^{63}Ni	100.00	β	0.0059	0.067	中毒
^{147}Pm	2.62	β	0.41	0.22	中毒
^{85}Kr	10.73	β	0.52	0.67	低毒
^{3}H	12.35	β	0.32	0.019	无毒

20世纪60年代以来，以^{238}Pu为放射源的核电池在空间任务中得到普遍应用。但仅有极少数国家能够生产^{238}Pu，且供应数量有限，因此研发以其他放射性同位素为放射源的核电池很重要。

^{240}Pu俘获1个中子生成的^{241}Pu，^{241}Pu的半衰期是13.2年，经β衰变生成^{241}Am（镅），接着衰变成^{237}Np（镎）。^{241}Am的半衰期为432年，远远超过^{238}Pu的87.74年，因此以^{241}Am为燃料的核电池将拥有更长的运行寿命。英国国家核实验室于2019年成功利用^{241}Am的衰变热发电，并点亮了一个小灯泡，证明了^{241}Am可以作为核电池的放射源。

14.2.2 能量转换材料

不同类型的核电池所用的能量转换材料差别很大。有数种类型的核电池均利用了半导体材料制造换能器。

常见的热电式核电池，换能器的n型半导体材料通常为PbTe、SiGe等，p型半导体材料通常为碲银锗硅（Te、Ag、Ge和Si，简写为TAGS）合金。

热致光电式核电池，主要应用n型半导体和p型半导体组成光伏发电器件，使用的半导体材料通常为GaSb、GaAs等。

荧光体光电式核电池一般使用光伏电池将光能转换为电能，常用铝镓铟磷（Al、Ga、In和P，简写为AGIP）材料制作光伏器件。

辐射伏特效应核电池，大多使用氮化镓（GaN）作为半导体材料。通常在GaN中掺杂5价元素作为n型半导体材料，在GaN中掺杂3价元素作为p型半导体材料。

气体电离式核电池的能量转换分别采用了高功函数和低功函数的材料，高功函数材料通常使用铂和氧化铅等，低功函数材料通常使用铝等。

直接充电式核电池的能量转换需要两个金属电极，分别用来收集带电粒子，发射电子的一端为正极,接收电子的一端为负极。直接充电式电池通常用铜板作为负极，用同位素^{63}Ni板作为负极。^{63}Ni衰变时会释放β粒子，^{63}Ni板失去电子后电势变得越来越正，铜板接收到β粒子积聚负电荷，电势越来越负。因此在铜板和^{63}Ni板间产生了持续的电势差。

核电池能量转换材料如表14.2所示。

表14.2 核电池能量转换材料

核电池种类	正极材料	负极材料
直接充电式核电池	^{63}Ni	Cu
气体电离式核电池	Pt	Al
	半导体材料	
辐射伏特效应核电池	GaN	
热致光电式核电池	GaSb	
荧光体光电式核电池	AlGaInP	
热电式核电池	n 型（PbTe）	p 型（TeAgGeSi）

14.2.3 密封保护材料

核电池的密封保护包括放射源的包覆、能量转换层外的防辐射层和外壳。目前的密封保护材料主要包括合金、碳材料及陶瓷材料。

合金具有高的导热性和强度，适用于高温高压环境，常见的金属密封材料包括铝合金、钛合金、钼铼合金、铂铑合金等耐热材料；作为心脏起搏器电源时外壳则采用惰性金属合金，如铂、钼、金及其合金等。

碳材料包括裂解碳、碳化锆（ZrC）和石墨等，主要作用是吸收衰变释放的α粒子。

陶瓷材料的作用是减少热量损失，常用的如氧化锆（ZrO_2）。

思维创新训练 14.3 怎样提高热电式核电池的能量转换率?

14.3 主要性能

核电池的使用寿命较长，有十几年甚至一百年以上，如最常见的以^{238}Pu为放射源的热电式核电池的使用寿命大约在100年，以^{63}Ni为放射源的直接充电式核电池的使用寿命理论上在200年。通过核电池中放射性同位素的半衰期可以推算出核电池的使用寿命，如^{90}Sr的半衰期为28.6年，使用^{90}Sr的辐射伏特效应核电池的使用寿命在56年左右。

核电池的能量密度可以达到$10^3 \sim 10^4 W \cdot h \cdot kg^{-1}$。β辐射伏特效应核电池使用$^{63}Ni$源时其开路电压、短路电流和最大输出功率分别为1.02V、1.27μA和0.93μW，能量密度为$3300W \cdot h \cdot kg^{-1}$，比传统化学电池高一个数量级。使用$^{90}Sr$的核电池，能量密度约为$1.4 \times 10^4 W \cdot h \cdot kg^{-1}$，使用放射性同位素$^{241}Am$的核电池，能量密度约为$4 \times 10^4 W \cdot h \cdot kg^{-1}$。

思维创新训练 14.4 查找一篇最新的核电池方面的研究论文，分析论文中的创新点应用了哪些本章所述内容。

扫码获取
本章思维导图

第四篇

能源电化学研究方法

第15章 能源电化学的相关标准

15.1 概述

15.1.1 了解标准的意义

不以规矩，不能成方圆。这句话的意思是不用圆规和角尺就不能准确地画出圆形和方形。后来，这句话被引申为做任何事情都要遵循一定的规则才能成功。在现代工业的生产活动中，标准就是这个“一定的规则”。按照国际标准化组织（International Organization for Standardization，简称ISO）、国际电工委员会（International Electrotechnical Commission，简称IEC）、国际电信联盟（International Telecommunication Union，简称ITU）三大国际标准组织的共同定义，标准就是为了在一定的范围内获得最佳秩序，经过协商一致制定并由公认机构批准，共同使用和重复使用的一种规范性文件。

标准具有权威性、民主性、实用性和科学性四个特征。权威性，指标准必须是由被社会公认的、在相关领域内具有一定权威的机构所制定和发布实施的。民主性，指标准的内容是经过充分协商的结果，标准的制定必须考虑各方的相关利益，充分听取来自社会公众的意见反馈。实用性，指标准的制定修订是为了解决现实问题或潜在问题，在一定的范围内获得最佳秩序，实现最大效益。科学性，指标准来源于人类社会实践活动，其产生的基础是科学研究和技术进步的成果，是实践经验的总结。

知识拓展15.1

和电化学技术有关的标准化组织

中国标准化协会（China Association for Standardization，简称CAS），成立于1978年，是我国唯一的标准化专业协会，是经国家民政部门批准的社会团体，受国家标准化管理委员会的业务指导和国家质量监督检验检疫总局（现为国家市场监督管理总局）的领导。

国家标准化管理委员会，是国务院下属的组织机构，负责下达国家标准计划、批准发布国家标准、审议并发布标准化政策等；代表国家参加国际标准化组织、国际电工委员会等国际标准化组织。

国际标准化组织（ISO）是标准化领域中的一个国际性非政府组织，现有165个成员，我国于1987年加入ISO，2008年成为常任理事国。该组织成立的目的是促进全世界的标准化工作的开展，便于技术和经济方面的国际交流合作。

国际电工委员会（IEC），也是国际性非政府组织。IEC成立于1906年，是成立最早的国际性电工标准化机构，宗旨是促进在电气、电子工程领域的标准化进程和相关内容的国际性合作。我国于1957年加入IEC，2011年成为常任理事国。

国际电信联盟（ITU），成立于1865年，是主管信息通信技术的联合国机构，也是联合国机构中历史最长的国际组织。

美国国家标准学会（American National Standards Institute，简称ANSI），前身为1918年成立的美国工程标准委员会，1969年更名为美国国家标准学会。

知识拓展15.2

国家标准制定流程

整体上来看是经过预阶段→立项阶段→标准起草阶段→征求意见阶段→审查阶段→批准阶段→出版阶段→复审阶段→废止阶段，总计九个流程。预阶段：对即将立项的工作进行研究和必要论证并提出新工作项目建议。立项阶段：对新工作项目建议进行审查、汇总、确定。标准起草阶段：组织标准起草工作，完成标准草案征求意见稿。征求意见阶段：对标准草案征求意见稿进行征集意见并针对返回意见汇总完成标准草案送审稿。审查阶段：对送审稿进行组织审查，协商后形成标准草案报批稿。批准阶段：对报批材料进行程序和技术审核，对报批稿进行必要协商和完善工作。出版阶段：国家标准化行政主管部门批准、发布国家标准，将国家标准出版稿出版。复审阶段：对已经发布实施五年的标准内容进行复审，结合实际情况确定是否继续有效，是否需要修订或者废止。废止阶段：对于复审后确定为无效的标准内容进行废止处理。

15.1.2 我国的标准化体系

为加快我国的标准化工作进程，促进国家科学技术的进步和社会经济发展水平，《中华人民共和国标准化法》将我国的标准化体系建设划分为国家标准、行业标准、地方标准、团体标准和企业标准。

国家标准是在全国范围内实施的统一技术要求，其他各级标准不得与国家标准抵触，一经发布与其重复的行业标准和地方标准要废止。国家标准又分为强制性国家标准和推荐性国家标准。强制性国家标准（代号为GB）是为了保障人身健康和生命财产安全、国家安全、生态环境安全以及满足经济社会管理基本需要的技术要求。强制性标准必须被执行，不符合强制性标准的任何产品不允许生产和销售。推荐性国家标准（代号为GB/T）是对满足基础通用、与强制性国家标准配套、对有关行业起引领作用等需要的技术要求，推荐性标准的技术要求不得低于强制性标准。

行业标准是由国务院有关行政主管部门制定的，通常情况下是在没有推荐性国家标准又需要对全国某个行业进行统一技术要求时制定。行业标准具有“临时的”国家标准的性质，是对相应国家标准欠缺时的补充，因此很多行业标准先于国家标准制定。行业标准具有自己的代号，如通信行业为YD、能源行业为NB、电子行业为SJ等。

地方标准是为满足地方自然条件、风俗习惯等特殊技术要求所制定的标准，由省、自治区、直辖市人民政府标准化行政主管部门制定，仅适用于本省、自治区、直辖市行政区域内。地方标准编号由地方标准代号、顺序号、年代号组成。其中地方标准代号是由DB加上对应省份的行政区划代码的前两位组成。《中华人民共和国标准化法》中将行业标准、地方标准都定义为推荐性标准。

知识拓展15.3

国家标准化指导性技术文件，代号为GB/Z，《国家标准化指导性技术文件管理规定》将其定义为：“是为仍处于技术发展过程中（如变化快的技术领域）的标准化工作提供指南或信息，供科研、设计、生产、使用和管理等有关人员参考使用而制定的标准文件。”对于某些技术仍处在发展期间的、需要相应的标准化文件引导其发展的项目，具有标准化价值但尚不能被制定为标准的项目，采用ISO、IEC和其他国际组织（包括区域性国际组织）的技术报告的项目可制定相关国家标准化指导技术文件，其本身不具备法律约束力。在发布后三年内必须复审，决定其是否继续有效、转化为国家标准或撤销。下面是电池行业相关的国家标准指导技术性文件示例。

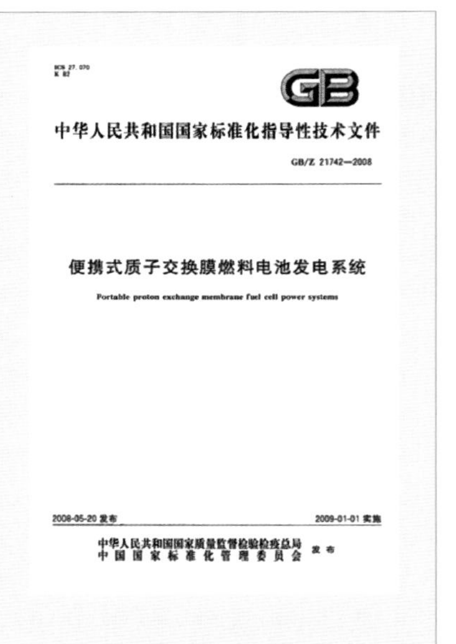
GB

中华人民共和国国家标准化指导性技术文件

GB/Z 21742—2008

便携式质子交换膜燃料电池发电系统

Portable proton exchange membrane fuel cell power systems

2008-05-20 发布　　2009-01-01 实施

中华人民共和国国家质量监督检验检疫总局
中国国家标准化管理委员会　发布

思维创新训练 15.1 为什么国家要求强制性国家标准必须执行而推荐性国家标准非必须采用？

团体标准是特定的行业组织、协会等非政府组织牵头，为满足市场和创新需求协调相关市场主体制定的非强制性标准。团体标准编号依次由团体标准代号（T）、社会团体代号、团体标准顺序号和年代号组成。

企业标准仅适用于企业内部，是企业为协调和统一技术要求、管理要求和工作要求所制定的标准。企业标准的代号为Q。

知识拓展15.4

几种常见行业标准代号及含义

BB：包装。CB：船舶。CH：测绘。CJ：城镇建设。CY：新闻出版。DL：电力。EJ：核工业。FZ：纺织。SJ：电子。GA：公共卫生。HB：航空。HG：化工。HJ：环境保护。JB：机械。JC：建材。JG：建筑工业。

15.1.3 标准对于能源电化学行业的意义

能源电化学行业的生产活动会受到相关标准的直接影响，某类电池的相关标准是否完善更是表明了其生产和应用是否已经成熟。铅酸蓄电池开发较早，使用场景相当广泛，因此相关标准较为完善。我国现行的铅酸蓄电池的相关标准有一百多条，约占能源电化学技术相关标准的三分之一。2004年起我国锂离子电池行业开始崛起，国际市场份额达到38%，2022年我国锂离子电池行业产能位居全球第一。锂离子电池在动力电池中的应用日趋成熟，因此相关标准也在紧急制定中，近五年公布的标准就有43条。燃料电池和液流电池的多数相关标准都是近五年内制定的，这与国家大力发展可持续新能源战略有关。由于这两种电池结构的特殊性，标准侧重于电池设计、安全性和性能的测试方面，标准的内容还需要进一步完善。热电池和核电池虽然已经开发数十年，但是应用范围过窄，一般仅用于军工或航天领域，因此尚无相关标准被公布。

具有科学性和规范性的标准可以节约社会资源、规范行业秩序、促进市场经济发展。任何行业，只有在统一的标准约束下，才能健康有序地发展。在国家大力支持发展电动车产业的背景下，动力电池产业链标准化已经成为影响电动车行业发展的重要因素，2021年两会上就有政协委员提出“推动新能源汽车电池国家标准建立”的提案。动力电池国家标准的出台将统一电池规格，实现电动车动力电池的互通互换，是解决电车续航问题的有效途径之一。但目前国内的动力电池标准化进程非常缓慢，这与国内相关标准的完善程度低有关。在国内动力电池发展早期，缺乏强制性的标准规范，各个厂家的活性材料、设计、工艺流程不同导致同一容量电池出现多种规格尺寸。采用统一的强制性标准来指导生产，设备的利用率、产品的一致性、产品的合格率将会得到提升，明显降低换电成本和提高换电效率，但是会给某些厂家带来更换生产线的难题。

标准是国际贸易的“通行证”，也是赢得国际贸易竞争的“制高点”，有了统一的标准才促进国际贸易和技术交流。如今国际贸易竞争越发激烈，用标准形成贸易壁垒已经成为限制他国产品进口的主要手段之一，标准也成了各国进行技术垄断的武器之一。谁的技术转化为了标准，谁掌握了标准制定权，谁就掌握了控制市场的主动权。过去在化学电源领域，我国制定的国际标准很少，导致我国企业在国际竞争中受制于人。近年来情况有了明显改变，我国专家牵头制定了燃料电池标准《燃料电池技术 第8-102部分：采用可逆模式燃料电池模块的储能系统可逆模式质子交换膜燃料单池与电堆的性能测试方法》（IEC 62282-8-102:2019）和《国际电工术语第485部分：燃料电池技术》（IEC 60050-485:2020）。2020年由中国科学院大连化物所牵头制定了液流电池核心标准《固定式液流电池2-1：性能通用条件及测试方法》（IEC 62932-2-1:2020），这也是我国首次在液流电池领域主导制定的国际标准。这些成果标志着我国在燃料电池和液流电池领域的技术水平被国际社会所认可。这些标准的制定和实施极大地推进了我国电池行业的产业化升级，也提升了我国电池企业的国际竞争力。

思维拓展训练 15.1 我国的标准体系建设中包含了哪些内容，这些标准间的区别和联系是什么？

思维拓展训练 15.2 可以去哪些网站查询到电池相关的标准，这些标准的实施状态是否为现行？

15.2 我国化学电源相关标准的制定情况

为提升我国产品在国际市场的竞争力，减少技术贸易壁垒，适应国际贸易的需求，我国电池相关标准的制定通常是参考和转化ISO、IEC、ITU等出台的标准，但国际标准在本土化落地的过程存在滞后现象。例如，为解决燃油汽车油耗高和污染物排放大的问题，给汽车安装起停系统可减少发动机不必要的怠速空转，使其每公里降低约12%的油耗和15%的污染物排放，在城市拥堵路段效果更加显著。我国自2010年起开始研究汽车起停系统，自2013年起国内少数合资车企开始配置起停系统，在政策引导下现在起停系统已成为汽车的标配。车辆起停系统的核心装备是起停用铅酸蓄电池，相较于传统铅酸蓄电池，起停用铅酸蓄电池需要满足大电流启动、频繁充放电、电解液损耗低、循环寿命长等要求。2019年IEC就已经发布了最新的相关国际标准《起动用铅酸蓄电池 第6部分：微循环应用》（IEC 60095-6:2019），该项国际标准已由全国铅酸蓄电池标准化技术委员会修改转化为国家标准《起停用铅酸蓄电池 技术条件》（GB/T 43346—2023），于2024年6月1日正式实施。

我国已公布实施电池的标准数量虽然不少，但仍存在覆盖电池种类不全面、部分电池标准内容不完善的现象。较为系统的电池标准主要集中在原电池、铅酸蓄电池、锂离子电池、质子交换膜燃料电池和全钒液流电池领域，对于应用面较小的电池如锌氧化银电池、热电池、核电池等缺乏甚至没有相关的标准。

在铅酸蓄电池和原电池领域的标准种类和数量最多，标准内容也比较完善，包含了电池的型号规格、尺寸信息、命名方式、技术条件、电池性能、安全性能、正极和负极活性材料性能、电解液性能等多方面内容。

我国锂离子电池相关的标准建设始于2000年初，早期主要集中在通信用锂离子电池，随着锂离子电池的技术进步和广泛应用，目前标准体系建设已经覆盖电池活性材料、电极材料、动力型锂离子电池、电力储能用锂离子电池、电池安全监管等多个方面，已经成为更新频率最快的电池标准。

在燃料电池领域相关电池标准制定和实施时间均较短，内容尚不够完善，电池标准的数量也相对较少。标准涉及了质子交换膜燃料电池、固体氧化物燃料电池、直接甲醇燃料电池、铝-空燃料电池等，其中直接甲醇燃料电池标准仅有2项，铝-空燃料电池标准数量仅有1项。这些标准侧重于电池的安全性、电池性能的测试方法、电池系统各组件的测试方法，但缺少对燃料电池的尺寸信息、电池型号命名方式和电池性能参数的明确规定，在一定程度上限制了燃料电池的标准化生产。类似的情况也出现在了液流电池领域，目前仅有全钒液流电池、锌溴液流电池和锌镍液流电池制定了相关标准，国家标准和行业标准总共也仅有26个，锌镍液流电池的标准仅有2个。

我国化学电源相关的标准名称可通过全国标准信息公共服务平台查询。

15.3 原电池型号的表示方法

常用的原电池有碱性锌锰电池、锂电池和锌银电池等。1996年我国就出台了首部原电池标准，对原电池的标准体系建设较为完善。截至2023年12月底我国现行的原电池相关标准有16项，其中国家标准10项，涵盖电池命名分类、外形尺寸、电池性能、电化学体系、电池安全要求、有毒元素含量限制等相关内容。

原电池型号由原电池的外形尺寸参数、电化学体系、必要的修饰符等组成。原电池型号要尽量清晰准确表示出电池的外形尺寸、形状、电化学体系和标称电压，必要时还需包括电池极端的类型、放电能力和某些特性。1996年发布的国家标准《原电池总则》（已废止，现行的是GB/T 8897.1—2021）首次将原电池的命名方式分为了1990年10月之前和之后两部分，所以我国的原电池型号命名体系有两套。1990年10月前已经标准化生产的电池保留原来的电池型号，1990年10月之后生产的电池均采用新的型号表示方式。

15.3.1 1990年10月前的原电池型号

1990年10月前的原电池型号多采用了4LR25X这种形式，型号中主要包括5个部分，依次是串联单体电池数量、电池电化学体系、电池的形状、电池标称尺寸代码和修饰符。

15.3.1.1 电化学体系代号

已标准化的电化学体系代号和对应的电池参数如表15.1所示。

表15.1 已标准化的电化学体系代号和对应的电池参数

字母	负极活性物质	电解质	正极活性物质	标称电压/V	最大开路电压/V	年自放电率/%
无字母	锌（Zn）	氯化铵、氯化锌	二氧化锰（MnO_2）	1.5	1.73	20
A	锌（Zn）	氯化铵、氯化锌	氧（O_2）	1.4	1.55	20
B	锂（Li）	有机电解质	一氟化碳聚合物（$(CF)_n$）	3.0	3.70	2
C	锂（Li）	有机电解质	二氧化锰（MnO_2）	3.0	3.70	2
E	锂（Li）	非水无机物	亚硫酰氯（$SOCl_2$）	3.6	3.90	2
F	锂（Li）	有机电解质	二硫化铁（FeS_2）	1.5	1.90	5
G	锂（Li）	有机电解质	氧化铜（Ⅱ）（CuO）	1.5	2.30	—
L	锌（Zn）	碱金属氢氧化物	二氧化锰（MnO_2）	1.5	1.68	10
P	锌（Zn）	碱金属氢氧化物	氧（O_2）	1.4	1.59	5
S	锌（Zn）	碱金属氢氧化物	氧化银（Ag_2O）	1.55	1.63	10
W	锂（Li）	有机电解质	二氧化硫（SO_2）	3.0	3.05	—
Y	锂（Li）	非水无机物	硫酰氯（SO_2Cl_2）	3.9	4.10	—
Z	锌（Zn）	碱金属氢氧化物	羟基氧化镍（NiOOH）	1.5	1.78	—

注：1. 标称电压值仅供参考。

2. 表示一个电化学体系时，一般先列出负极活性材料，再列出电解质，最后列出正极活性材料。例如锌-碱金属氢氧化物-二氧化锰。

15.3.1.2　原电池的极端类型

帽与底座型极端［图15.1（a）］：电池圆柱面与电池的正、负极端相绝缘，干电池多采用此类极端。常采用的电池类型有LR6（AA型）、LR03（AAA型）、CR15H270（CR2型）等。

帽与外壳型极端［图15.1（b）］：电池的圆柱面构成电池正极的一部分，正极接触面可以是电池侧面或者电池底部，纽扣形电池多属于此类极端。常采用的电池类型有CR1108、LR9、SR62等。

平面接触型极端［图15.1（c）］：为基本扁平的金属面，用适合的接触机构压在其上形成电接触。采用此类极端的电池类型有4LR44、2CR5等。

子母扣型极端［图15.1（d）］：由作为正极端的无弹性的子扣和作为负极端的有弹性的母扣组成，万用表中的9V方形电池多使用此类极端。采用此类极端的电池类型有6F22、6LR61等。

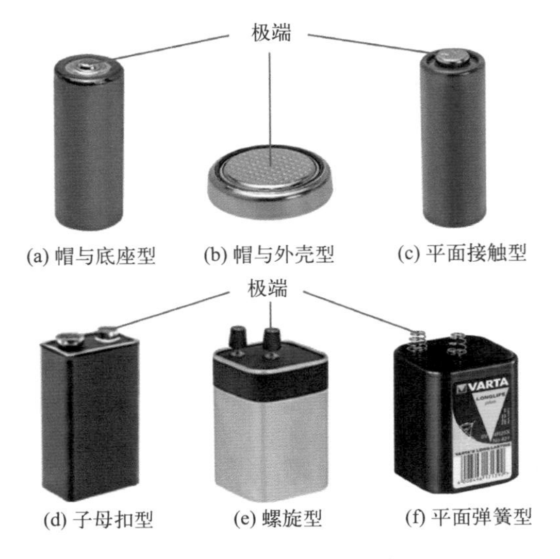

图 15.1　原电池的极端类型

螺旋型极端［图15.1（e）］：由金属螺杆和金属（或绝缘）螺母组合而成。采用此类极端的电池类型有5AR40、4R25Y等。

平面弹簧型极端［图15.1（f）］：由金属片或绕制成螺旋状的金属线构成，其形状能形成压力接触。采用此类极端的电池类型有4R25X、4LR25X等。

15.3.2　1990年10月之后的电池型号

1990年10月之后的电池仅采用字母R和P来表示电池形状。R表示圆形，包括硬币形、纽扣形和圆柱形。其他形状均用字母P表示。直径和高度小于100mm的圆形电池型号表示方法如图15.2所示。最大直径（非标准化）的代码由数字和代码组成，数字表示以1mm为单位电池直径的整数部分，代码表示最大直径的十分位数字。最大高度代码由数字和代码组成，其中数字以0.1mm为单位的电池最大高度的整数部分来表示（如3.2mm，表示为32），代码部分用来表示毫米百分位的数字，仅在必要时才使用。最后一位是修饰符，表示特殊极端结构、负载能力和其他特性。如电池型号6LR27C16J指由6个圆形单体电池串联或者6组并联的圆形单体电池

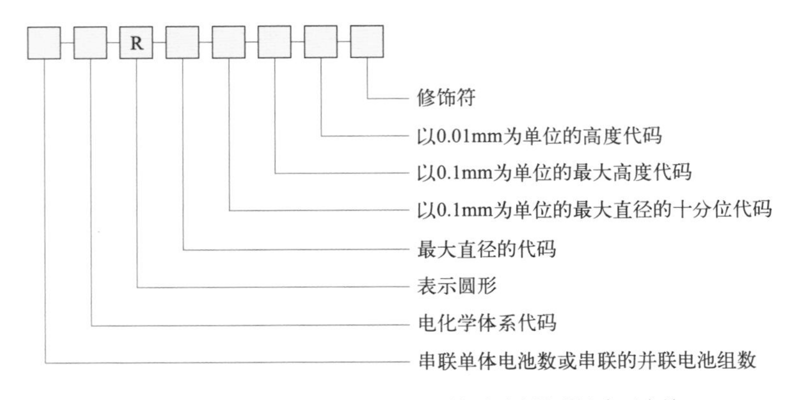

图 15.2　直径和高度小于 100 mm 的圆形电池型号表示方法

串联所构成的锌-碱金属氢氧化物-二氧化锰体系的电池，其最大直径为27.2mm，最大高度为1.67mm，J表示高度的百分位是7。

除了上述国标中采用的电池型号表示方法外，在日常生活中使用最多的电池命名方法还是传统的“几号电池”叫法，如1号电池、2号电池、5号电池等，这与我国早期电池工业化生产时采用国外的电池型号标准有关。生活中常见电池的型号区别见表15.2。

表15.2 生活中常见电池的型号

中国传统叫法	IEC型号	ANSI型号	最大直径/mm	最大高度/mm	标称电压	电池主要用途
1号电池	LR20 R20P	D	34.2	61.5	1.5V	燃气灶、热水器、手电筒
2号电池	LR14 R14P	C	26.2	50.0	1.5V	手电筒、电子琴、车位锁
5号电池	LR6 FR14505	AA	14.5	50.0	1.5V	遥控器、闹钟、无线鼠标
7号电池	R03 FR10G445	AAA	10.5	44.5	1.5V	智能门锁、体重秤、玩具
8号电池	LR1 R1	N	12.0	30.2	1.5V	防盗器、激光笔、汽车灯牌
9号电池	LR8D425	AAAA	8.3	42.5	1.5V	电子手写笔、遥控器、电子词典

中国传统叫法中的“几号电池”，仅代表了电池外观尺寸大小，并不专指某一类电池。如5号电池不仅包括碱性和酸性锌锰电池，还可以指镍氢电池和镍镉电池。虽然这些电池的尺寸大小相似，但它们的电压大小和电池用途差异比较大。5号镍镉、镍氢电池的标称电压是1.2V，而5号锌锰电池的标称电压为1.5V。

思维拓展训练15.3 查阅资料了解我国电池行业的发展过程，哪些电池是我国最早实现工业化生产的？目前哪种电池的进出口总量占比最大？

还有一种用数字来表示电池型号的方法，使用5位或4位数字，如18650、21700、26650、46120、4680等。这些数字直观地表示出了电池的尺寸，用于表示圆柱形锂离子电池。数字中前两位表示电池的直径，第三位或第三四位表示电池的高度，最后一位0表示电池为圆柱形电池。如比亚迪推出的46120倍率型磷酸铁锂圆柱电池，直径为46.6mm，高度为121mm，最小容量为24A·h。

15.4 铅酸蓄电池的标准

铅酸蓄电池是第一种商业化的二次电池，可用于汽车起动电源、电动车动力电池、不间断电源等。铅酸蓄电池是我国最早实现工业化生产的电池，我国是全球最大的铅酸蓄电池生产与出口国，铅酸蓄电池产业发展得非常成熟。1987年，我国就发布了第一条铅酸蓄电池国家标准《牵引用铅酸蓄电池 产品品种和规格》（已废止）。铅酸蓄电池标准建设经历了从基础标准、电池安全到电池原料、环保要求、电池系统管理的发展历程，标准体系逐渐完善，极大促进了行业发展。截至2023年12月底，铅酸蓄电池相关的现行标准共106项，其中国家标准34项，行业标准65项，地方标准7项。标准涵盖了电池相关术语、型号命名、电池技术要求、电池性能测试方法、电池安全、产品环保要求等内容，具有内容完善程度高、标准覆盖面广、标准数量种类多的特点。

15.4.1 铅酸蓄电池的型号代码

铅酸蓄电池的用途和结构特征代号分别如表15.3和表15.4所示。

表15.3 不同用途的铅酸蓄电池所对应的型号代码

序号	蓄电池类型	型号代码	序号	蓄电池类型	型号代码
1	起动型	Q	7	船舶用	C
2	固定型	G	8	储能用	CN
3	牵引（电力机车）用	D	9	电动道路车用	EV
4	内燃机车用	N	10	电动助力车用	DZ
5	铁路客车用	T	11	煤矿特殊	MT
6	摩托车用	M			

表15.4 不同结构特征的铅酸蓄电池对应的型号

序号	蓄电池特征	型号代码	序号	蓄电池特征	型号代码
1	密封式	M	6	排气式	P
2	免维护	W	7	胶体式	J
3	干式荷电	A	8	卷绕式	JR
4	湿式荷电	H	9	阀控式	F
5	微型阀控式	WF			

15.4.2 起动用铅酸蓄电池

起动用铅酸蓄电池的额定电压通常为12V，主要用于汽车、拖拉机及其他内燃机的起动、点火和照明。

铅酸蓄电池电解液密度在25℃条件下应保持在1.27～1.30g·cm^{-3}（使用该密度范围的硫酸的铅酸蓄电池的电动势约为2.09V，符合单体商用铅酸蓄电池的性能需求，见3.1.1节）的范围内。电池完全充电后在25℃下保持24h开路状态，排气式蓄电池的开路电压应保持在12.70～12.90V，阀控式蓄电池的开路电压应大于等于12.80V。起动用铅酸蓄电池的容量、循环寿命、质量损耗等性能如表15.5所示。

表 15.5　起动用铅酸蓄电池的性能要求

测试项目种类		性能要求
容量	20 小时率容量	需符合 GB/T 5008.2—2023 和 GB/T 5008.3—2023 的规定
	储备容量	实际储备容量在第三次或之前的测试中，达到额定储备容量
−18℃和 −29℃低温起动能力		蓄电池放电至 10s 时端电压≥ 7.5V；30s 时端电压≥ 7.2V；90s 时端电压≥ 6.0V
循环耐久能力	高温侵蚀	按规定的恒压限流充电方法充电 10h 后，电池处于 60℃ ±2℃的恒温水浴槽中测试循环周期≥ 4 个周期
	循环次数	对于 20 小时率容量在 60 ～ 220A·h 的排气式蓄电池，循环次数应该≥（2.8×20 小时率额定容量数值＋ 82）次； 对于额定储备容量在 40 ～ 150min 的蓄电池，循环次数应该≥（34× 额定储备容量数值 −581）次
水损耗	低水损耗蓄电池	按 20 小时率额定容量计算，质量损耗应该≤ 4g·A^{-1}·h^{-1}
	免维护蓄电池	按 20 小时率额定容量计算，质量损耗应该≤ 1g·A^{-1}·h^{-1}
充电接受能力		A 类、B 类和 C 类蓄电池充电到 10min 时的电流与充电接受试验的放电电流的比值≥ 2.0，D 类≥ 2.5
荷电保持能力		电池按 0.6 倍的 −18℃低温起动电流放电 30s，蓄电池的电压≥ 8.0V

注：A 类为普通类型蓄电池，B 类为长寿命、耐振动型蓄电池，C 类为高温起动型蓄电池，D 类为驻车型蓄电池。

思维创新训练 15.2 不同用途的电池会采用不同的小时率电池容量，为什么？统一采用 20 小时率额定容量有何优缺点？

15.4.3　通用阀控式铅酸蓄电池

通用阀控式铅酸蓄电池主要用于应急照明设备、不间断电源、移动测量设备及额定容量小于等于 65A·h 的各种直流电源。蓄电池中的硫酸电解液被吸附在电极间的微孔结构中或呈胶体状。

通用阀控式铅酸蓄电池的容量、荷电保持能力、循环寿命等性能要求如表 15.6 所示。

表 15.6　通用阀控式铅酸蓄电池的性能要求

测试项目种类		性能要求
容量	20 小时率容量	规定测试条件下，测得实际容量≥额定容量
	1 小时率容量	
27 分钟率放电		在规定的测试条件下，电池的持续放电时间≥ 27min
最大放电电流		电池在完全充电后，导电部位不会熔断，外观无异常现象。 以 40 倍的 20 小时率放电电流放电至电池单体电压 1.34V 时，放电时间≥ 150s
过放电		规定测试条件下，电池的实际容量≥ 0.75 倍 20 小时率额定容量。
气体析出量		规定测试条件下，电池在标准状态下对外析出气体量≤ 0.05mL·A^{-1}·h^{-1}
密封反应效率		规定测试条件下，电池的密封反应效率 η ≥ 90%
荷电保持能力		规定测试条件下，电池容量≥ 20 小时率额定容量的 75%
耐振动和耐冲击性能		规定测试条件下，电池端电压≥额定电压，不出现漏液等异常现象
循环寿命		充放电循环寿命 10A·h 以上≥ 300 次，10A·h 以下≥ 200 次
浮充电寿命	常温浮充电寿命	在 25℃的测试条件下，浮充电寿命≥ 2 年
	高温浮充电寿命	在 40℃的测试条件下，浮充电寿命≥ 260 天

15.4.4 铅酸蓄电池用电解液

铅酸蓄电池用电解液主要为液体电解液（指无添加剂的稀硫酸溶液）和胶体电解液（在硫酸电解液中加入添加剂使其呈现胶体特性，用于免维护电池中）。2023年发布的《铅酸蓄电池用电解液》（GB/T 42391—2023）对排气式和阀控式铅酸蓄电池中使用的液体电解液和胶体式铅酸蓄电池中使用的胶体电解液的母胶（指以二氧化硅为分散剂的水溶液）的性能做出了明确规定。铅酸蓄电池液体电解液的性能要求如表15.7所示。

表 15.7　铅酸蓄电池液体电解液性能要求

检验项目	指标	
	排气式	阀控式
外观	无色、透明	
密度（25℃）/g · cm^{-3}	1.100 ～ 1.300	
硫酸含量	15% ～ 40%	
还原高锰酸钾物质（以 O 计）含量 /mg · L^{-1}	≤ 7	≤ 6
氯含量 /mg · L^{-1}	≤ 5	≤ 3
铁含量 /mg · L^{-1}	≤ 30	≤ 10
锰、铬、钛、镍单个元素 /mg · L^{-1}	≤ 0.2	
铜含量 /mg · L^{-1}	≤ 0.5	

15.5 锂离子电池的标准

锂离子电池按照实际应用场景分为动力型、消费型、储能型，这就对相关标准的配套和完善提出了要求。我国的锂离子电池标准体系涵盖了基础标准（术语、规格命名、废电池回收利用等）、安全技术规范（电动自行车和摩托车用电池、电力储能用电池、便携式电子产品用电池和固定式电子设备用电池等）、电池材料（聚烯烃隔膜和石墨类负极材料）性能和测试等方面。工信部和国家能源局对电解液性能、电解液溶剂、生产安全和热失控等也制定了电子、汽车、能源等行业的相关标准。根据全国标准信息公共服务平台的数据，截至2023年12月底已经发布的锂离子电池相关标准约有60项。

知识拓展15.5

3C认证

3C认证的全称是中国强制性产品认证（China Compulsory Certification，缩写为CCC），其包括了国家安全认证（CCEE）、进口安全质量许可制度（CCIB）、中国电磁兼容认证（EMC），是为保护广大消费者人身和动植物生命安全，保护环境，保护国家安全，依照法律法规实施的一种产品合格评定制度，自2001年12月3日开始实施。目前涵盖的产品主要包括电线电缆、电池、电器、消防设备等。

15.5.1 便携式锂离子电池的IEC标准命名方法

便携式锂离子电池是指如手机、平板电脑、电动工具等设备使用的小型电池。IEC于2017年发布了关于便携式方形和圆形锂离子电池和电池组的命名、标识、尺寸和相关电性能测试方法等方面的标准，目前已成为电工产品合格测试的主要认证标准之一，我国目前正在对该标准转化编制中。该标准对于便携式锂离子电池的型号做了规定，单体电池和电池组的型号表示方法分别如图15.3和图15.4所示，实物如图15.5所示。

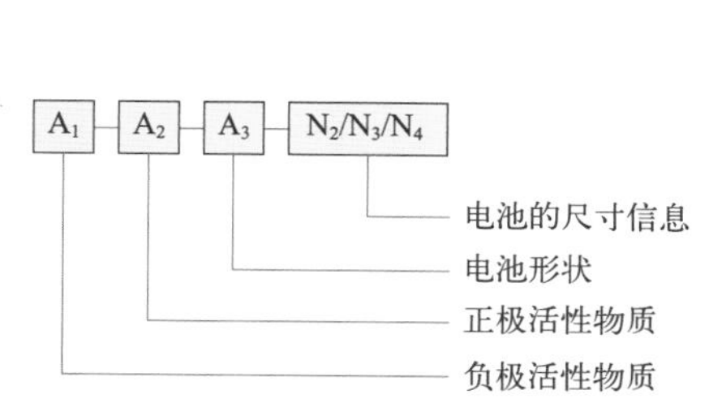

图15.3 便携式锂离子单体电池的型号表示方法

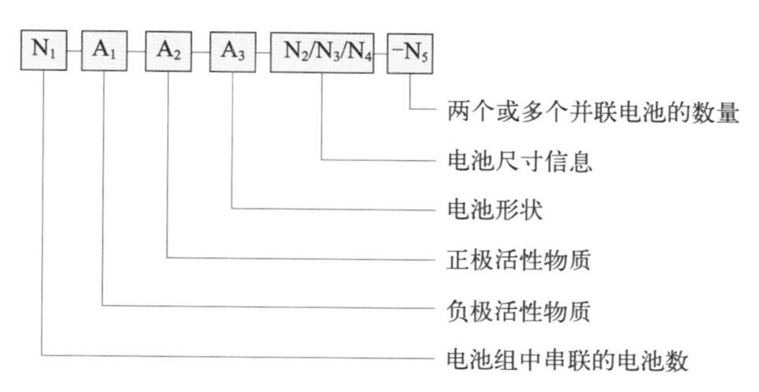

图15.4 便携式锂离子电池组的型号表示方法

ICP 9/35/48指一个方形锂离子单体电池，其负极活性材料为碳，正极活性材料为钴，8.5mm≤电池的最大厚度≤9.4mm，34.5mm≤电池的最大宽度≤35.4mm，47.5mm≤电池的最大高度≤48.4mm。

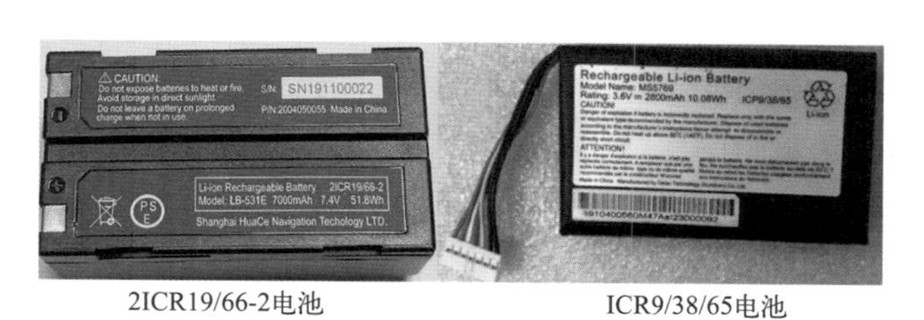

2ICR19/66-2电池　　ICR9/38/65电池

图15.5 IEC标准命名的便携式锂离子电池实物图

ICP 20/68/70-2指由两个相同型号的ICP电池并联而成的方形锂离子电池组，其负极活性材料为碳，正极活性材料为钴，19.5mm≤电池组的最大厚度≤20.4mm，67.5mm≤电池组的最大宽度≤68.4mm，69.5mm≤电池组的最大高度≤70.4mm。

15.5.2 锂离子电池的行业标准

为规范我国锂离子电池行业的管理，推动锂离子电池行业的健康发展与相关技术升级，工信部于2021年发布了《锂离子电池行业规范条件》。该规范条件从电池行业布局、电池生产工艺技术和质量管理、电池产品性能、生产安全、资源综合性利用、生态环境保护、生产企业的社会责任等多个方面规范了我国锂离子电池行业的全面发展。

15.5.2.1 锂离子电池的性能要求

消费型、动力型、储能型锂离子电池的能量密度、循环寿命和容量保持率等性能的要求如表15.8所示。可以看出消费型电池对循环寿命要求最低，动力型电池对能量密度要求最高，储能型电池对能量密度要求低但对循环寿命要求最高。

表 15.8　各种应用场景的锂离子电池的性能要求

电池类型	能量密度	循环寿命	容量保持率
消费型单体电池	≥ 230W · h · kg^{-1}	≥ 500 次	≥ 80%
消费型电池组	≥ 180W · h · kg^{-1}	≥ 500 次	≥ 80%
聚合物单体电池	≥ 500W · h · L^{-1}	≥ 500 次	≥ 80%
三元材料的能量型动力单体电池	≥ 210W · h · kg^{-1}	≥ 1000 次	≥ 80%
三元材料的能量型动力电池组	≥ 150W · h · kg^{-1}	≥ 1000 次	≥ 80%
其他能量型单体电池	≥ 160W · h · kg^{-1}	≥ 1000 次	≥ 80%
其他能量型电池组	≥ 115W · h · kg^{-1}	≥ 1000 次	≥ 80%
功率型动力单体电池	≥ 500W · h · kg^{-1}	≥ 1000 次	≥ 80%
功率型动力电池组	≥ 350W · h · kg^{-1}	≥ 1000 次	≥ 80%
储能型单体电池	≥ 145W · h · kg^{-1}	≥ 5000 次	≥ 80%
储能型电池组	≥ 100W · h · kg^{-1}	≥ 5000 次	≥ 80%

注：根据通信用磷酸铁锂电池组国标中规定电池的容量保持率指电池按规定方式充满电后在25℃ ±5℃的条件下静置28天，进行电池容量测试所得到的实际放电容量与额定容量的比值。

思维创新训练 15.3 为什么不同类型的锂离子电池的单体电池能量密度都大于电池组的能量密度？

15.5.2.2　负极和正极活性材料的性能要求

（1）负极活性材料的性能标准

我国已颁布了2项锂离子电池用负极活性材料标准。《锂离子电池石墨类负极材料》（GB/T 24533—2019）中规定了不同种类石墨的首次放电比容量、首次库仑效率、粉末压实密度、石墨化度、固定碳含量、磁性物质含量、铁含量、环保性能（是否通过RoHS认证）、石墨材料性能等级划分等方面。《锂离子电池用钛酸锂及其炭复合负极材料》（GB/T 30836—2014）中规范了钛酸锂材料的相关术语定义、材料分类代号、具体技术要求、性能测试方法等。使用钛酸锂负极材料的锂离子电池的电压较低且存在电池胀气问题，不适宜作为动力电池，目前仅应用在储能领域。

除了石墨材料外，软碳等无定型碳材料和硅碳材料也非常有希望被大规模用作锂离子电池负极材料（7.2.1.3节）。这三种材料的比容量要求如表15.9所示。

表 15.9　锂离子电池负极活性材料的比容量要求

负极活性材料	比容量
石墨	≥ 335A · h · kg^{-1}
无定型碳	≥ 250A · h · kg^{-1}
硅碳材料	≥ 420A · h · kg^{-1}

（2）正极活性材料的性能标准

目前主流的四类正极材料磷酸铁锂、锰酸锂、钴酸锂和三元材料的比容量要求如表15.10所示。

表 15.10　锂离子电池正极活性材料的比容量要求

正极活性材料	比容量	正极活性材料	比容量
磷酸铁锂	$\geqslant 145A \cdot h \cdot kg^{-1}$	锰酸锂	$\geqslant 115A \cdot h \cdot kg^{-1}$
三元材料（镍钴锰酸锂或镍钴铝酸锂）	$\geqslant 165A \cdot h \cdot kg^{-1}$	钴酸锂	$\geqslant 160A \cdot h \cdot kg^{-1}$

知识拓展15.6

RoHS认证

全称是关于限制在电子电气设备中使用某些有害成分的指令（Restriction of Hazardous Substances，简称为RoHS），是欧盟在2006年7月1日开始实施的一项用于规范电子电气产品材料及其工艺的强制性标准。旨在消除电子产品中的铅、汞、镉、六价铬、多溴联苯、多溴二苯醚共六项物质，要求镉含量≤0.01%，其他五项内容≤0.1%。

15.5.3　动力型锂离子电池性能要求

我国现行的动力型锂离子电池标准的数量较少且涵盖面不广，仅涉及电动摩托车用锂离子电池、电池用陶瓷密封圈、电池热失控测试方法、电池污染评定方法、产业链管理等方面，对电池性能测试进行详细规定的仅有《电动摩托车和电动轻便摩托车用锂离子电池》（GB/T 36672—2018）一项，如表15.11所示。

表 15.11　电动摩托车和电动轻便摩托车用锂离子电池性能要求

性能测试项目	性能要求
室温放电容量	放电容量不低于额定容量，且≤额定容量的 110%
循环寿命	循环次数达 300 次时放电容量≥初始容量的 90% 循环次数达 600 次时放电容量≥初始容量的 80%
温度均匀性	蓄电池系统内温差≤ 8℃
高压断电保护	蓄电池具备自动断电装置
过充放电保护	蓄电池系统无泄漏、着火、爆炸现象

15.5.4　电力储能用锂离子电池性能要求

相比于追求高倍率、高能量密度的动力电池，储能用锂离子电池更加注重安全性、可靠性和使用寿命。我国于2024年6月1日实施的《电力储能用锂离子电池》（GB/T 36276—2023）涵盖了电池单体、电池模块、电池簇的电性能、环境适应性、安全性能、耐久性能等技术要求，尤其是在安全性能测试中结合电力储能设备使用环境高温、高压的特点，提供了有针对性的测试手段，为我国储能产业健康发展提供了技术保障。

15.5.4.1　电力储能用锂离子电池的技术要求

电力储能用锂离子电池的电池单体和电池模块在高温和低温下的能量效率、能量保持率、循环寿命等性能要求如表15.12所示。

表15.12　电力储能用锂离子电池的性能要求

电池测试性能	电池种类	性能测试项目	性能要求	
基本性能	单体电池	初始充放电性能	能量效率≥93%	初始充放电能量≥额定充放电能量
		高温充放电性能	能量效率≥93%	充放电能量≥额定充放电能量
		低温充放电性能	能量效率≥93%	充放电能量≥额定充放电能量
		储存性能	电池在50%能量状态下贮存30d后充放电能量恢复率≥96.5%	
		室温、高温能量保持和恢复能力	能量保持率≥95%	充放电恢复率≥95%
	电池模组	初始充放电性能	电池模块能量效率≥94%	电池簇能量效率≥95%
		高温充放电性能	能量效率≥93%	充放电能量≥额定充放电能量
		低温充放电性能	能量效率≥94%	充放电能量≥额定充放电能量
		储存性能	电池在50%能量状态下贮存30d后充放电能量恢复率≥97%	
		室温和高温能量保持和恢复能力	能量保持率≥95%	充放电恢复率≥95%
	单体电池	循环性能	单次循环充放电能量损失的平均值≤额定的充放电能量的单次循环充放电能量损失的平均值	
	电池模组	循环性能	单次循环充放电能量损失的平均值≤额定的充放电能量的单次循环充放电能量损失的平均值	
			循环充放电过程中，充电结束时电池单体电压极差平均值≤250mV 循环充放电过程中，放电结束时电池单体电压极差平均值≤350mV	

15.5.4.2　电力储能用锂离子电池的安全要求

2021年，北京丰台区南四环大红门储能电站发生爆炸，导致3名消防人员伤亡，引起了锂离子电池行业的高度重视。同年12月21日由国家标准管理委员会下达了强制性国家标准计划《电能存储系统用锂蓄电池和电池组 安全要求》，该标准由工业和信息化部组织起草，起草单位包括中国电子技术标准化研究院、宁德时代和比亚迪等，足见国家对于储能电池安全的重视，该强制性标准对于保障储能电池和电站的安全具有里程碑式的意义。目前该标准还处于审查阶段，还未发布实施。2024年发布的《电力储能用锂离子电池》中对电池的安全性能也做出了明确规范，如表15.13所示。

表15.13　电力储能用离子电池的安全性能要求

电池种类	性能测试项目	性能要求
单体电池	过充电	充电达到充电终止电压的1.5倍或者时间达到1h，不起火爆炸
	过放电	放电时间达到1h或者电压达到0V时，不起火爆炸
	短路	电池单体的正负极经过外部短路10min，不起火爆炸
	低气压	电池在低气压环境下静置6h，不起火爆炸
	热失控	电池全寿命周期内热失控时表面温度>90℃，热失控后，不起火爆炸
电池模块	过充电	充电至任一单体电池电压达到充电终止电压的1.5倍或者时间达到1h，不起火爆炸
	过放电	任一电池单体电压达到0V或者放电时间达到1h时，不起火爆炸
	短路	电池模块的正负极经过外部短路10min或者以30mΩ外部电路短路30min，不起火爆炸
	热失控扩散	电池模块中任意位置的电池单体触发热失控条件后，不引发热失控扩散、不起火爆炸
电池簇	绝缘性能	电池簇正负极与外部裸露可导电部分的电阻大小应该≥1000Ω·V^{-1}
	耐压性能	电池簇正负极与外部裸露可导电部分施加相应的电压，电池不发生击穿或闪络现象

15.6 燃料电池的标准

ISO和IEC已发布多项燃料电池相关的标准，涵盖了系统性能和电池安全的多方面要求。ISO制定的标准主要关注燃料电池电动车领域的电池性能、安全性、可靠性等，IEC制定的标准侧重于电池技术、储氢能力和电池零部件测试。我国燃料电池的标准体系包含氢能基础设施、发电系统、电堆、燃料电池电动车、发动机等多个方面，为燃料电池技术的推广提供了重要依据。根据全国标准信息公共服务平台的数据，截至2023年12月底，已发布的燃料电池相关国家标准总计82项，其中质子交换膜燃料电池标准共25项。

15.6.1 质子交换膜燃料电池

（1）基本性能要求

我国已对质子交换膜燃料电池（PEMFC）制定了一系列标准，明确了219个相关术语和定义，对电池堆的通用技术条件和组件（质子交换膜、电催化剂、膜电极、双极板和炭纸）的测试方法都做出了规定，对基本性能的要求如表15.14所示。

表15.14 质子交换膜燃料电池的基本性能要求

性能测试项目	性能要求
气密性	按规定条件进行气体泄漏试验和窜气试验，应该满足制造商在技术文件中对泄漏速率的要求
耐压能力	经过允许工作压力试验、冷却系统耐压试验和压力差试验后，电池堆及其零部件不应出现开裂、永久变形等损伤，且满足气体泄漏试验和窜气试验的要求
绝缘性能	电池堆所有绝缘结构设计都应该符合相关标准要求，电池堆进行绝缘测验时，处于加注冷却液且冷却液处于冷态不循环状态下，正负极对地绝缘阻值≥ $100\Omega \cdot V^{-1}$
额定功率	电池堆在规定的技术条件下运行，测得额定功率≥制造商在技术文件中的规定值
电气过载	电池堆在进行相应电气过载测试后不应该出现开裂、永久变形等物理损伤
高、低温储存能力	电池堆在制造商规定的温度条件下进行高、低温储存试验后，不应出现开裂、破碎、永久变形等物理损伤
耐冲击、耐振动能力	电池堆应该在经受预期使用过程的冲击及振动条件下，不会引起任何危险和功能失效

（2）安全性能要求

质子交换膜燃料电池无论是作为新能源汽车的动力电池还是作为分布式电站，都必须要保证电池系统的输出功率，使得电池面临着氢气流量大、输出电流大、电池产热高等问题。为了保证燃料电池系统的安全，就要对电池的安全性能规定基本要求，如表15.15所示。

表15.15 质子交换膜燃料电池的安全性能要求

性能测试项目	性能参数要求
通用性要求	采取必要的安全措施（安装泄压阀、隔热构件等）来消除燃料电池堆外部的隐患，降低能量释放所造成的危害；安装电控装置进行主动控制，提供适当有关安全标记
气体安全	采取通风、气体检测等保护措施确保电池堆在泄漏气体时不会达到爆炸程度
运行安全	燃料电池堆在规定的条件下正常运行不产生任何损坏；电池堆及其零件应适合于预期使用时的温度、压力、流量、电压和电流范围，在正常使用时具有耐受所处的环境作用、运行过程和其他条件所带来的不利影响

思维创新训练15.4 相比于前2个小节中介绍的电池标准，你认为燃料电池的相关标准内容和其他电池标准有何显著性差异？

（3）组件性能要求

国家标准对质子交换膜燃料电池的各个关键组件的测试方法都做出了规定。对于质子交换膜，规定了厚度均匀性、质子传导率的测试方法；对于电催化剂，规定了铂含量、电化学活性面积的测试方法；对于膜电极，规定了厚度均匀性、铂担载量的测试方法；对于双极板，规定了气体致密性、抗弯强度、密度的测试方法；对于碳纸，规定了厚度均匀性、电阻、机械强度的测试方法。这些测试方法为新型组件材料和结构的开发提供了统一的标准，便于比较不同材料和结构的性能。

15.6.2 固体氧化物燃料电池

国家标准对固体氧化物燃料电池（SOFC）的术语和定义、安全条件、电池性能（阳极气体、阴极气体、输出电压和输出电流、电池温度等）的测试方法等都做出了规定。国家能源局对固体氧化物燃料电池的电解质膜、单电池和电池堆测试方法，以及模块和小型固定式电站安全技术制定了详细的行业标准。对电池单体和电池堆性能测试的目的如表15.16所示。

表15.16 固体氧化物燃料电池单体和电池堆的性能测试目的

性能测试项目	项目测试目的
电流 - 电压特性	测量电池的电流 - 电压特性，确定电流 - 电压特性曲线
性能与燃料利用率相关性	研究电池性能和燃料利用率的关系，确定最大燃料利用率
电化学阻抗谱	确定评估电池中总阻抗的欧姆与非欧姆成分
稳定性	评估电池单体长期使用时性能变化
热循环性能	评估电池单体的热循环稳定性

15.7 液流电池的标准

我国液流电池技术已经达到国际领先水平，由我国中国科学院大连化学物理研究所和大连融科储能公司联合牵头制定的IEC液流电池核心标准《固定式液流电池2-1：性能通用条件及测试方法》已经于2020年正式颁布。根据全国标准信息公共服务平台的数据，截止到2023年12月底，液流电池领域已经发布国家标准6项，行业标准17项，地方标准2项。其中应用程度最高的全钒液流电池相关标准总计20项，占液流电池标准总量的80%。

15.7.1 全钒液流电池

全钒液流电池的国家标准主要包括术语等基础标准，技术条件、设计导则、安全要求等通用标准。国家能源局对全钒液流电池的电解液、密封件、管理系统等技术条件，安装等技术规范，电极、离子传导膜、单电池和电堆的测试方法制定了行业标准。

15.7.1.1 全钒液流电池的通用技术要求

全钒液流电池的适宜工作条件为温度0～40℃、海拔≤1000m、环境空气湿度5%～95%。

思维创新训练15.5 为什么国标中要求全钒液流电池的最佳工作温度为0～40℃？

电池外观应保持清洁平整，外壳完整，标志清晰完好，电解液无析出、泄漏。电池性能如系统额定能量效率、容量保持能力、储存性能等的要求见表15.17。

表 15.17　全钒液流电池的电池性能要求

性能测试项目	性能参数要求
电池系统额定能量效率	额定功率 < 10kW 的电池系统，额定能量效率 > 50%
	额定功率在 10 ～ 100kW 的电池系统，额定能量效率 > 60%
	额定功率 > 100kW 的电池系统，额定能量效率 > 65%
容量保持能力	电池系统进行相应的技术测试后，瓦时容量保持率 > 90%
额定瓦时容量	≥制造商提出的标称值
额定功率	≥制造商提出的标称值
高低温存储性能	电池系统进行相应技术测试后，放电瓦时容量≥ 95% 额定瓦时容量
氢气浓度	氢气的体积分数 < 2%
绝缘电阻	电池系统按照相应的技术测试后，绝缘电阻≥ 1MΩ

15.7.1.2　全钒液流电池的安全要求

全钒液流电池和锂离子电池相比，在安全性上有独特的优点：电解液的传热性能比固态电解质更好，电池在高温条件下的热失控风险更小，水系电解液不易燃烧，电池不易发生爆炸和火灾事故等。但在电池的设计和实际使用过程中还是需要充分考虑电池结构的安全性，避免由危险液体泄漏、环境变化、电池短路等引起的电池安全问题，全钒液流电池的安全性能要求如表 15.18 所示。

表 15.18　全钒液流电池的安全性能要求

性能测试项目	性能参数要求
一般要求	能应对在运行过程中释放出的气体、液体、粉尘等造成的各类风险，电解液流过的部件应充分考虑电解液的影响
电气安全	具备减缓和防止电池短路的方法，在短路发生时电池系统能及时停止
气体安全	配备相应的气体排放或处理装置，控制气体的浓度在安全范围内
液体安全	配备收集电池在运行过程中产生的腐蚀性电解液的耐腐蚀处理装置，避免电解液泄漏带来的危害
机械安全	考虑电池运行时的稳定性和安全，避免使用时发生倾斜、翻倒、坠落等
运行安全	配备自动保护装置和锁死装置以确保电池的正常启动，配备手动和自动控制的紧急停机装置以确保电池的紧急制动

15.7.1.3　全钒液流电池的电解液要求

国家标准中对全钒液流电池用电解液的种类、电解液成分和测试方法等做出了明确规定。

电解液按照钒离子的价态分为3价电解液、3.5价电解液、4价电解液三类。电解液中的主要成分含量如表15.19所示。对于电解液中钒离子的含量测定，一般采用电位滴定法。

表 15.19　电解液主要成分含量表

产品品种	成分	
3 价电解液	V 含量	≥ 1.50mol · L^{-1}
	SO_4^{2-} 含量	≥ 2.30mol · L^{-1}
	V^{3+} ：V 比例	≥ 0.95
3.5 价电解液	V 含量	≥ 1.50mol · L^{-1}
	SO_4^{2-} 含量	≥ 2.30mol · L^{-1}
	V^{3+} ：VO^{2+} 比例	1.0
4 价电解液	V 含量	≥ 1.50mol · L^{-1}
	SO_4^{2-} 含量	≥ 2.30mol · L^{-1}
	VO^{2+} ：V 比例	≥ 0.95

思维创新训练 15.6 全钒电池电解液中 V^{2+} 和 VO^{+} 的含量也是影响液流电池性能的核心因素，为什么标准中仅规定商用正负极钒电解液中 V^{3+} 和 VO^{2+} 的浓度？查阅国标了解钒电解液离子浓度的测定方法。

15.7.2 锌溴液流电池

国家能源局对锌溴液流电池的通用技术条件和电极、隔膜和电解液的测试方法制定了行业标准。

15.7.2.1 锌溴液流电池的通用技术要求

锌溴液流电池适宜的工作条件与全钒液流电池类似，温度为−10 ～ 45℃，环境空气湿度为5% ～ 95%。电池的外观应保持整洁，外形平整，电解液无析出、泄漏。对电池的性能（如额定能量效率、容量保持能力、额定容量等）要求如表15.20所示。

表 15.20 锌溴液流电池的电池性能要求

性能测试项目	性能参数要求
电池系统额定能量效率	额定功率 < 10kW 的电池系统，额定能量效率 > 50%
	额定功率在 10 ～ 100kW 的电池系统，额定能量效率 > 60%
	额定功率 > 100kW 的电池系统，额定能量效率 > 65%
容量保持能力	电池系统进行相应的技术测试后，瓦时容量保持率 > 99%
额定瓦时容量	≥制造商提出的额定值

15.7.2.2 锌溴液流电池的安全要求

随着锌溴液流电池储能技术的发展，电池系统安全运行是其大规模应用的基础。锌溴液流电池的安全问题主要是电解液中溴具有易挥发性和强腐蚀性，容易在电池系统运行时造成安全事故。行业标准对溴离子浓度、氢气浓度、阻燃性能等安全性能做出了明确要求，如表15.21所示。

表 15.21 锌溴液流电池的安全性能要求

性能测试项目	性能参数要求
绝缘电阻	电池绝缘电阻应≥ 1MΩ
氢气浓度	≤相关国标中规定的一级报警设定值（25% 爆炸下限）
溴离子浓度	溴离子时间加权平均允许浓度≤ $0.6mg \cdot m^{-3}$
防渗漏	电池系统配备电解液防渗漏装置，且电堆支架、箱体外壳等需要防腐处理

扫码获取
本章思维导图

第16章 能源电化学的表征技术

16.1 电化学测试系统

16.1.1 概述

电化学测试系统是研究电化学反应和活性材料性质的重要工具，通过它可控制电池中正极和负极间的电压或电流，继而影响电极/电解液界面处的电化学反应和电解液中的离子转移，通过电压（或电势）和电流的变化来研究电池性能和活性材料性质随时间的变化。因此，电化学测试系统主要包括两类仪器：一类被称为电化学工作站，一般搭配三电极系统使用，主要研究电池中的半反应即工作电极处的反应，可以获得和工作电极相关的电势、电流、阻抗等性能信息；另一类被称为电池测试仪，一般搭配两电极系统使用，主要研究电池的整个反应，可以获得整个电池的电压、电流、库仑效率、充放电循环寿命等性能信息。经过适当改变电极的接线方式，电化学工作站可以作为电池测试仪来使用，但反之则不可以。

16.1.2 电化学仪器测量的基本原理

16.1.2.1 能斯特方程——电化学反应与仪器测量信号之间的关系

现在又回到了第一章讲过的能斯特方程。能斯特方程给出了平衡电极电势（φ）与电解液中活性材料的氧化态活度（a_{Ox}）与还原态活度（a_{Red}）之间的关系，如式（16.1）所示。

$$\varphi=\varphi^{\ominus}+\frac{RT}{nF}\ln\frac{a_{\mathrm{Ox}}}{a_{\mathrm{Red}}} \tag{16.1}$$

从能斯特方程中可以看出，影响平衡电极电势的因素主要有两个。一个因素是电池体系的温度，即能斯特方程中的T，可以看出φ和T成正比。另一个因素最重要，就是电解液中活性材料的氧化态活度与还原态活度的比值$a_{\mathrm{Ox}}/a_{\mathrm{Red}}$，可以看到$\varphi$和这个比值的自然对数成正比。

在电极/电解液界面处发生电化学氧化还原反应时，活性材料的氧化态活度与还原态活度就会发生相应的变化，其比值$a_{\mathrm{Ox}}/a_{\mathrm{Red}}$也会随之改变，那么电极电势也亦会发生相应变化。

这里要注意，比值$a_{\mathrm{Ox}}/a_{\mathrm{Red}}$指的是电极/电解液界面处的比值，而不是电解液内部的比值。

因此当通过外部电源向电极注入电子或者抽取电子时，和电极发生接触的活性材料就可能被还原或氧化，从而引起电极电势的变化。因此，电化学反应引起电解液中活性材料的氧化态活度与还原态活度的变化，这些变化会引起电极电势的变化，电化学测试仪器通过测量电压信号来获得电极电势的值。反之，电化学测试仪器也可以通过这种方式来控制电极电势。

16.1.2.2 两电极系统

在分析化学中，常采用电位法来测量水溶液中的氟离子浓度、氯离子浓度，或者进行电位滴定分析，其仪器如图16.1所示。此时采用的测试系统一般被称为两电极测试系统，一根电极是参比电极（reference electrode，常被简写为RE），另一个电极是工作电极（working electrode，常被简写为WE），在分析化学测试中常称作指示电极（indicating electrode）。

参比电极的主要作用是作为测量指示电极电势的基准，因此参比电极的电势要非常稳定。把参比电极的电势作为零点，用电压表测得的电压值作为指示电极的电势，单位是V（vs. 参比电极）。因此，电极电势的值虽然反映了电压，但是其单位和电压是不一样的，电压的单位是V。指示电极（工作电极）顾名思义就是“指示”出电极电势的电极。因为经常用于测量溶液中的离子浓度，指示电极多选用离子选择性电极或铂、玻碳等惰性材料电极。

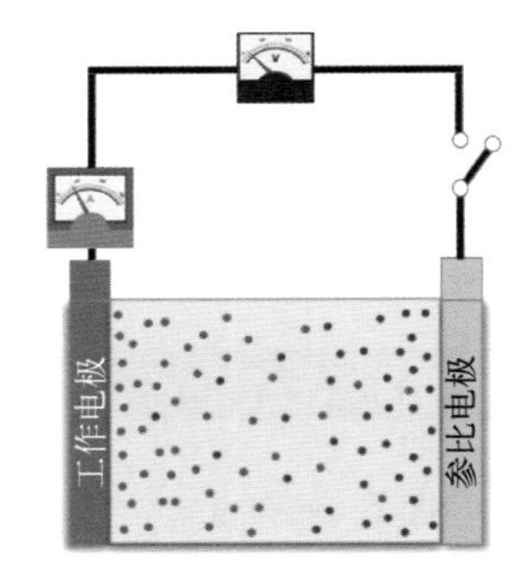

图 16.1　两电极测试系统示意图

在图16.1中，除了指示电极、参比电极和电解液外，还有两个测量仪器——电压表和电流表。电压表的作用就是测量指示电极和参比电极间的电压，那么电流表的作用是什么呢？

根据能斯特方程的使用条件可知，此时电解液中的电极反应应该处于平衡状态，即流经电极/电解液界面的净电流大小为零。因此在电位法分析中，当电流表的示数为零时即认为电池体系达到平衡，此时可以读取电压值作为指示电极的电极电势值。

如果电解液中的电极反应没有达到平衡，就有净的氧化反应或还原反应发生，那么指示电极/电解液界面就会流经电流，相应的参比电极/电解液界面也会流经电流，参比电极的电极电势就会偏离没有电流通过时的值，就是说此时的参比电极电势不是基准值了。由于参比电极发生的电势偏离值是未知的，所以此时测得的电压值还是指示电极与参比电极之间的真正电压，但是已经不能反映出指示电极的真实电势值了——因为参考基准已经发生了变化。

但是在实际的研究中，更多是研究电极表面发生反应时的情况，即电极/电解液界面会流经电流，而且电流很可能会不停变化，那么采用两电极系统测量工作电极电势产生的误差也会不停地变化，怎么解决这个难题呢？

知识拓展16.1

参比电极

为了防止参比电极溶液中的离子对研究体系产生影响，应该尽量选择与研究体系相同的离子溶液：

在酸性体系中，应选择Hg/Hg_2SO_4或者饱和甘汞电极作为参比电极；

在中性体系中，应选择Ag/AgCl或者饱和甘汞电极作为参比电极；

在碱性体系中，应选择Hg/HgO作为参比电极。

标准氢电极：由于单个电极的电势无法确定，人为规定在任何温度下的标准状态的氢电极电势为零，任何电极电势就是该电极与标准氢电极所组成的电池电势，在实际测量时可用电势已知的参比电极去代替标准氢电极，比如甘汞电极、氯化银电极等。

16.1.2.3 三电极系统

利用能斯特方程与两电极系统测得准确电极电势的重要条件之一就是流经参比电极的电流为零。因此可以在两电极系统的基础上，通过增加一根电极来专门为工作电极提供电流，这根电极被称为辅助电极（auxiliary electrode，简写为AE），也常被称为对电极（counter electrode，简写为CE）。这样就组成了三电极系统，如图16.2所示。

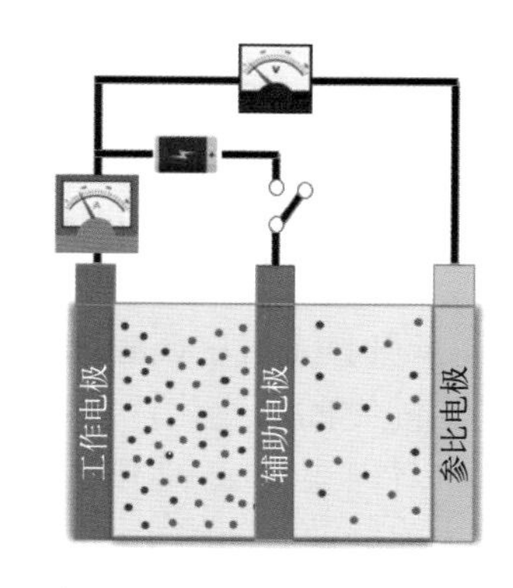

图 16.2 三电极测试系统示意图

三电极系统中，辅助电极提供电化学反应所需的电流，参比电极提供电极电势的测量基准，而工作电极主要用于研究电极/电解液界面处发生的电化学反应，因此工作电极也常被称为研究电极。

不管使用三电极系统还是两电极系统，测量仪器都是电压表和电流表，但使用三电极系统的测量电路变得稍微复杂。为了获得工作电极准确的电极电势，工作电极与参比电极组成了电压回路（电势回路），这个电路中流经的电流为零，专门用电压表测量工作电极与参比电极两端的电压，从而测得工作电极的电势值。工作电极和辅助电极组成了电流回路，专门提供工作电极发生反应时的电流。为了使工作电极表面发生研究人员设计的反应，还要在电流回路中加入提供可变电压和可变电流的电源。当工作电极表面发生研究人员设计的反应时，串联在电流回路中的电流表测得准确的电流值，而串联在电压回路（也是并联在电流回路）中的电压表测得准确的电压值，因此通过这种设计就可以同时准确测得工作电极发生反应时的电势和电流。

此时，在辅助电极上也要发生相应的反应。如果工作电极/电解液界面处发生氧化反应，辅助电极/电解液界面处就要发生还原反应，以保证整个电池体系中的电荷守恒。但是此时辅助电极的准确电势值是未知的，对于研究人员来说并不关心辅助电极的电势，所以也无关紧要。工作电极与辅助电极之间的电压被称为槽压（compliance voltage），这是电化学工作站的一个性能指标。

图16.2展示了最简单的电化学工作站的测量原理。如果将辅助电极和参比电极连接到一起，可以将三电极系统变为两电极系统，此时电化学工作站可以作为电池测试仪使用。

16.1.3 测试仪器

用于能源电化学研究和测试的仪器主要有两类：电化学工作站和电池测试仪（图16.3）。电化学工作站由于能揭示电化学反应过程中更多的信息，所以更面向于研究应用；电池测试仪可以看作是专用的电化学工作站，功能更为简洁实用，多用于反映器件的整体功能，在测试应用中被广泛使用。

16.1.3.1 电化学工作站

电化学工作站一般由恒电势仪/恒电位仪（potentiostat）、恒电流仪（galvanostat）、信号发生器、数据采集部分和数据显示部分组成。恒电势仪用来调节电极电势，恒电流仪用来调节电流，信号发生器用来产生扰动信号。使用过程中，只能单独调节电极电势（记录电流的变化）或单独调节电流（记录电势的变化），不能同时调节电极电势和电流。

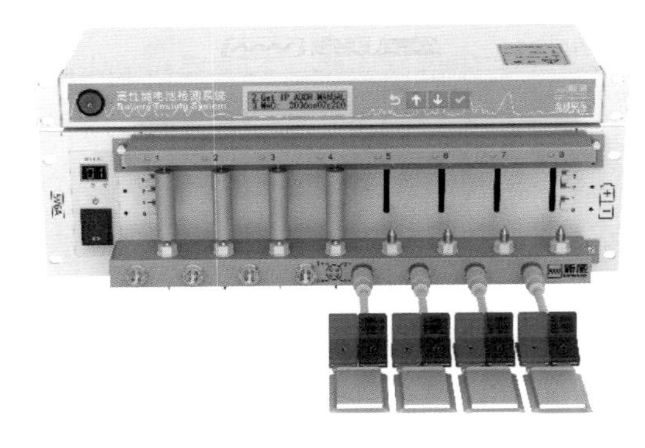

图 16.3 电池测试仪

电化学工作站可以用于研究电化学反应机理、物质的定性定量分析、电化学传感器、腐蚀与防护、化学电源、电催化、电合成等多个方面。增加一些附件后还可以进行电致发光、光电化学、电化学噪声等研究。

常用的电化学测试方法有以下几种。

计时电流法（chronoamperometry，简称CA）：用来测量工作电极在被施加一个恒定电势后电流随时间的变化，在测量方法中与恒电势法（potentiostatic method）基本相同。

计时电势法/电位法（chronopotentiometry，简称CP）：用来测量工作电极被施加一个恒定电流后电势随时间的变化，在测量方法中与恒电流法（galvanostatic method）基本相同。

开路电势法/电位法（open circuit potential，简称OCP）：用来测量工作电极与对电极间断路的情况下工作电极电势随时间的变化。

线性扫描伏安法（linear sweep voltammetry，简称LSV）：在某个电势区间内对工作电极施加一个随时间线性变化的电势，测量电流随电势的变化情况。

循环伏安法（cyclic voltammetry，简称CV）：可以认为是多次进行线性扫描伏安法，施加的电势在电势区间的两个端点之间往复变化，测量电流随电势的变化情况以及电流-电势关系随时间的变化。

电化学阻抗法（electrochemical impedance spectroscopy，简称EIS）：指工作电极在开路电势或者施加一个恒定电势条件下，在这个电势上施加一个频率变化的小振幅正弦交流电压，测量电池的阻抗随频率的变化关系，通过与物理电路中电阻、电容等元件对应去获得电池的等效电路。

16.1.3.2 电池测试仪

电池测试仪是应用于电池制造、电池研发等领域的特殊电化学工作站，能测量的参数少于电化学工作站，一般多采用两电极测试系统并且提供多条测试通道，因此可以同时测量多个电池。电池测试仪根据电池的状态和种类还可以细分为电芯测试仪、成品电池测试仪、手机电池测试仪、蓄电池测试仪等。

电池测试仪多用于测量电池的电流、电压、容量、内阻、温度、电池循环寿命等电池参数。常用的有以下电池测试方法。

充放电测试（charge-discharge test）：对电池进行充电和放电测试，通过记录和分析电池的电压、电流和温度等参数来评估电池的充放电性能。

容量测试（capacity test）：通过对电池进行恒流放电，测量电池在规定放电时间内所释放的电量，准确计算出电池的实际容量。

内阻测试（internal resistance test）：通过准确测量电池的内阻来评估电池的健康状况。

电池寿命测试（battery life test）：通过对电池进行循环充放电测试评估电池的使用寿命。

安全性能测试（safety test）：由过充测试、过放测试和短路测试等方法，检测电池在使用过程中可能会出现的过充、过放、短路等安全隐患，测试电池的保护功能是否正常工作，从而保证电池在实际运行中的安全可靠。

16.2 电池性能测试方法

16.2.1 电池容量的测试

16.2.1.1 电池容量测试原理

电池容量指在一定放电条件（放电率、温度、截止电压等）下可以从中获取的总电量。部分情况下，电池放电是恒电流放电，因此电池容量可以用电流乘以放电时间计算得到，如第一章式（1.30）所示。另一些情况下，电池的放电电流不是恒定的，因此电池容量的计算就采用放电过程中电流对时间的积分，如第一章式（1.31）所示。

对于锂离子电池正极活性材料的理论容量$C_{理论}$（$mA \cdot h \cdot g^{-1}$）可通过式（16.2）计算。

$$C_{理论} = F\frac{N_{Li^+}}{m_{摩尔}} \times \frac{1}{3.6} \tag{16.2}$$

式中，N_{Li^+}为锂离子物质的量；$m_{摩尔}$为正极活性材料的摩尔质量。

理论上电池容量的计算只与电流和时间有关，影响电池容量的实际因素并没有体现出来。

当放电电流很大时，浓差超电势的影响会使得电池放电的容量减小。因此要获得与理论容量接近的数值，在实际测试中就要使用较小的电流，避免出现较大的浓差超电势。

放电时如果电池温度较低，会降低电荷在电解液中的传递速率，会增加放电时的欧姆超电势，从而使电池的放电容量低于实际容量。

放电的截止电压也会影响到电池容量的测量，如果截止电压设置得较高，那么就会有一部分电量释放不出来，使得实际测得的电池容量偏低。因此，在电池性能测试或研究中，都要明确电池测试时的各种条件，才能比较不同电池的性能。

16.2.1.2 电池容量测试方法

根据国标《电动汽车用动力蓄电池电性能要求及试验方法》（GB/T 31486—2015），测量动力电池容量可使用如下测试方法。

以锂离子动力电池为例，将电池在室温（如25℃）下以一定电流（如$1I_{放}$，表示1倍的放电电流）放电到放电截止电压，搁置1h。然后以恒电流充电至充电截止电压时转为恒电压充电，当电流下降到一定值（如$0.05I_{放}$）时停止充电；充电之后放置一段时间（如1h），即完成充电过程。接着进行放电容量测试，在室温（如25℃）下将电池以一定电流（如$1I_{放}$）进行放电，到放电截止电压停止放电，记录放电时间（$t_{放}$）然后由式（16.3）计算电池的放电容量。重复充电和放电步骤多次，当其中连续三次测试结果的极差小于电池额定容量的3%时即可结束测试，由式（16.4）计算三次结果平均值，这三次测试结果的平均值即为电池的实际容量。

$$C_{实际} = C_{放} = I_{放}t_{放} \tag{16.3}$$

$$C_{实际}=\frac{C_1+C_2+C_3}{3} \tag{16.4}$$

为了获得尽可能高的容量，一般先用恒电流将电池充电到充电截止电压，在此电压下待充电电流小到某一数值（如1mA）时停止充电（图16.4）；放电时先用恒电流将电流放电到放电截止电压，在此电压下待放电电流小到某一数值（如1mA）时停止放电。

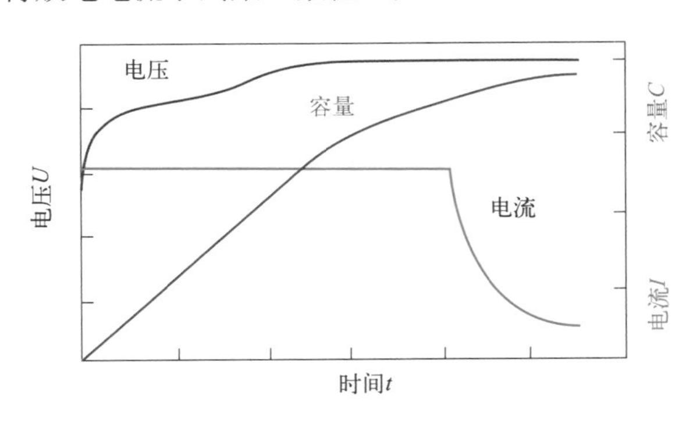

图 16.4　电池的恒流－恒压充电曲线

知识拓展16.2

极差被称为范围误差或全距（range），用$R_{极差}$来表示，意义为最大值与最小值之间的差距，即最大值减去最小值后所得的数值。

$R_{极差}=X_{max}-X_{min}$（其中，X_{max}为测量最大值，X_{min}为测量最小值）

思维拓展训练 16.1 在进行电池容量测试时，应该考虑哪些因素?

16.2.2 电池能量密度的测试

16.2.2.1 电池能量密度测试原理

电池的实际能量指电池放电时实际输出的电能，数值上等于电池实际容量与平均工作电压的乘积，见第一章式（1.36）。

因此在16.2.1中介绍的获得电池实际容量的基础上，测得了电池的平均工作电压就得到了实际能量，再用实际能量除以电池的质量或体积就得到了电池的质量能量密度或体积能量密度。电池平均工作电压的测量见16.2.5节。

16.2.2.2 电池能量密度测试方法

根据国标《电动助力车用阀控式铅酸蓄电池 第1部分：技术条件》（GB/T 22199.1—2017），测量电池能量密度可使用如下测试方法。

以铅酸蓄电池为例，测量电池能量密度需要首先测量电池的实际容量$C_{实际}$和电池额定电压值$U_{额定}$，然后称量完全充电之后的蓄电池的质量m，由式（16.5）计算得出该电池的能量密度$D_{能量}$（单位$W\cdot h\cdot kg^{-1}$）。

$$D_{能量}=U_{额定}\frac{C_{实际}}{m} \tag{16.5}$$

16.2.3 电池功率的测试

16.2.3.1 电池功率测试原理

功率是电流和电压的乘积，见1.6.3节中的式（1.37）。因为电池要供给用电器（如电动机、加热器、电灯等）做功，所以电池输出功率会影响到用电器的工作性能。在电池实际应用中需要考虑电池的额定功率和实际功率。

额定功率就是电池在一定的运行条件下可以连续稳定输出的功率，实际功率就是电池在保障用电器实际运行时输出的功率。

16.2.3.2 电池功率测试方法

根据国标《全钒液流电池通用技术条件》（GB/T 32509—2016），全钒液流电池的额定功率可以通过如下过程获得。

首先将电池系统完全放电，然后以恒功率进行充电，直至达到充电截止条件。再以恒功率对电池放电，直至达到放电截止条件。充放电过程中记录电池的荷电状态（SOC）。将上述过程重复操作三次，记录充放电过程中的最大连续功率，即得到此电池系统的额定功率。

16.2.4 放电率对电池容量影响的测试

16.2.4.1 电池放电时率的测试

（1）电池放电时率测试原理

时率就是电池在恒定电流下放出额定容量所用的时间，即知道电池放电电流$I_{放}$和额定容量$C_{额定}$便可计算电池放电时率$R_{放电}$［式（16.6）］。

$$R_{放电}=\frac{C_{额定}}{I_{放}} \tag{16.6}$$

（2）电池放电时率容量的测试方法

铅酸蓄电池中通常使用时率来称呼时率容量，如电池放电20h的容量称为20小时率容量（用$C20$表示）。根据国标《通用阀控式铅酸蓄电池 第1部分：技术条件》（GB/T 19639.1—2014），铅酸蓄电池的20小时率容量可以通过如下过程获得。蓄电池经过完全充电后在室温下（如25℃）静置一段时间（如3h），静置之后以一定电流（如$I_{放}$）连续放电至截止电压后停止放电。记录放电时间，将放电电流乘以放电时间即可计算出蓄电池的时率实际容量。

16.2.4.2 电池放电倍率的测试

（1）电池放电倍率测试原理

电池的放电率倍率就是指电池能在规定时间放出额定容量时所需要的电流值，在数值上是电池额定容量的倍数，5倍用$5C$表示，放电倍率常被用于评估电池在高负载条件下的放电性能。一个电池放电倍率越高，表示电池能够以更快的速度释放电能，适用于高负载和短时间放电的应用场景。不同类型的电池（如锂离子电池、镍氢电池等）的放电率倍率也会有所不同，需根据其规格和技术规范进行评估。其计算公式如式（16.6）所示，$I_{放}$表示放电电流，$C_{额定}$表示电池的额定容量。

（2）电池放电倍率容量的测试方法

根据国标《移动电话用锂离子蓄电池及蓄电池组总规范》（GB/T 18287—2013），锂离子蓄电池及蓄电池组的放电倍率容量可由以下测试得到。

首先对一定额定容量（如小于等于1000mA·h）的电池在室温（如25℃）下以一定电流（如$1I_{充}$）进行充电，达到充电截止电压后改为恒压充电，直到充电电流达到某一电流（如不大于$0.02I_{充}$）时停止充电。充完电后搁置一段时间（如1h），然后在室温下以一定电流（如$1I_{放}$）进行放电到放电截止电压，测量这段放电时间（$t_{放}$），再由式（16.3）获得该电池的放电倍率容量$C_{放}$。

16.2.5 电池电压的测试

16.2.5.1 电池平均工作电压的测试

电池工作电压又称电池端电压，是电池在工作状态下的电压值。图16.5所示是在一定电流I下电池的放电曲线，横坐标表示放电时间，纵坐标表示放电电压，想要测试电池平均工作电压$U_{平均}$就需要测得放电曲线中的两个拐点U_1和U_2，用式（16.7）进行计算即可得到电池平均工作电压。

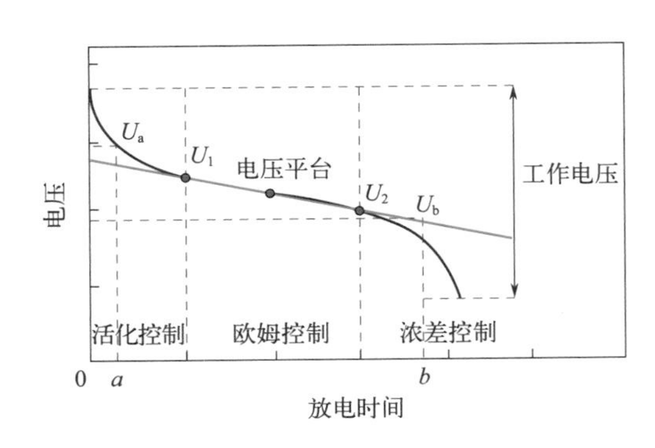

图16.5 电池放电曲线示意图

$$U_{平均}=\frac{U_1+U_2}{2} \tag{16.7}$$

16.2.5.2 电池标准放电电压的测试

对于一个确定的化学体系，它的标准放电电压$U_{标}$是特定的，它是一个和电池大小和内部结构无关的特性电压，它只和电池的电荷迁移反应有关。根据国标《原电池 第1部分：总则》（GB/T 8897.1—2021），原电池的标准放电电压可以通过如下过程获得：首先对电池在一定电流下（如$I_{充}$）进行充电，充电结束后以一定电流（如$I_{放}$）进行放电并记下放电时间$t_{放}$，由此计算得出放电容量$C_{放}$，然后再进行电池内阻测试（见16.2.6节）得到$R_{内阻}$，测得电池内阻之后按式（16.8）计算得出标准放电电压$U_{标}$。

$$U_{标}=\frac{C_{放}}{t_{放}}R_{内阻} \tag{16.8}$$

16.2.6 电池内阻的测试

16.2.6.1 电池内阻的测试原理

电池的内阻可以理解为电池充电或放电过程中的电阻，主要包括电化学反应和电池的材料电阻，前者通常被称为极化内阻，后者通常被称为欧姆内阻。欧姆内阻包括了活性材料、电解液、隔膜的电阻和集流体、极耳等进行电连接时的接触电阻。在电池充电或放电过程中，欧姆内阻的值基本保持不变，而极化内阻反映了活化超电势，因此会随着电流的大小变化。因此可以通过测量电池的电压-电流曲线来获得电池的欧姆内阻和极化内阻。

16.2.6.2 电池内阻的测试方法

（1）交流法测电池内阻

根据行业标准《平衡车用锂离子电池和电池组规范》（SJ/T 11685—2017），锂离子电池内阻可以按以下方法进行测试。

首先需要将电池在室温下（如25℃）以一定电流（如$I_{充}$）进行充电，达到充电截止电压后改为恒压充电，当下降到一定电流值（如$0.1I_{充}$）时停止充电。搁置一段时间（如1h）后施加一定频率（1.0kHz）的正弦交流电一定时间（如3s），然后测得电流的有效值$I_{有效}$。测得电压的有效值$U_{有效}$，最后用式（16.9）计算得到电池的内阻$R_{内阻}$。

$$R_{内阻}=\frac{U_{有效}}{I_{有效}} \tag{16.9}$$

（2）欧姆内阻和极化内阻的测试

欧姆内阻与电池的尺寸、结构、连接方式等有关，欧姆内阻一般是一个定值，可以通过测量极化曲线再计算得出。图16.5是在一定电流（如$I_{放}$）下的电池放电曲线。在欧姆控制的阶段，极化控制部分的内阻占比很小，可以忽略不计，欧姆内阻$R_{欧姆}$可以由式（16.10）计算得出。

$$R_{欧姆}=\frac{U_{中}}{I_{放}} \tag{16.10}$$

极化内阻是由放电电流或充电电流引起的，在整个放电或充电过程中一直存在。极化电阻可以分为受活化超电势控制和受浓差超电势控制两部分。

在活化控制过程中，极化内阻可由式（16.11）计算得出，即t=a时的极化内阻R_a随着放电进行是时刻变化的。在浓差控制过程中，极化内阻可由式（16.12）计算得出，即t=b时的极化内阻R_b也随着放电进行时刻变化。能看出R_a主要反映了电化学活化引起的电池内阻，而R_b主要反映了反应物扩散引起的电池内阻。

$$R_a=\frac{U_a}{I_{放}}-R_{欧姆} \tag{16.11}$$

$$R_b=\frac{U_b}{I_{放}}-R_{欧姆} \tag{16.12}$$

16.2.7 电池效率的测试

16.2.7.1 电池效率的测试原理

效率是衡量电池性能的重要指标，可以细分为库仑效率（coulombic efficiency，简写为CE）、电压效率（voltage efficiency，简写为VE）和能量效率（energy efficiency，简写为EE）。库仑效率也被称为电流效率，是指电池放电电量（$Q_{放}$）与同一循环中充电电量（$Q_{充}$）的比值。电池的电量与电流和时间成正比，计算公式如式（1.38）所示，因此采用恒电流（I_{con}）进行充放电时，电池的库仑效率为电池的放电时间（$t_{放}$）与充电时间（$t_{充}$）之比，如式（1.39）所示。

电压效率指放电电压（$U_{放}$）除以充电电压（$U_{充}$），计算公式如式（1.40）所示。能量效率通常反映了储能装置的能量转换效率，计算公式如式（1.41）所示。

16.2.7.2 库仑效率的测试方法

电池的库仑效率就是指电池在同一充放电循环中的放电电量（$Q_{放}$）与充电电量（$Q_{充}$）的比值。库仑效率除了被用来评估电池在能量转换过程中的效率，也可用于评估二次电池中活性材料的损耗情况，即估算二次电池的寿命。

根据国标《锂离子电池石墨类负极材料》（GB/T 24533—2019），锂离子电池的库仑效率可按以下方法进行测试。

以金属锂为电极，在室温下（如25℃）使用电池测试仪进行测试，检测记录充电电量$Q_{充}$和放电电量$Q_{放}$，由式（16.13）计算即可得库仑效率CE。

$$\mathrm{CE}=\frac{Q_{放}}{Q_{充}}\times 100\% \tag{16.13}$$

锂离子电池的库仑效率能反映出Li^{+}在每次充放电循环中的损失情况。使用式（16.14）计算得出循环一定次数后锂离子电池的容量保持率。

$$C_{\mathrm{r}}=(CE)^{z} \tag{16.14}$$

式中，C_{r}为充放电循环z次后的容量保持率；z为充放电循环次数。

由于充放电倍率、截止电压、电池温度、测试线路阻抗等都会影响库仑效率的准确度和精确度，进行库仑效率测试时要充分考虑上述因素的影响。

16.2.7.3 能量效率测试方法

根据国标《全钒液流电池通用技术条件》（GB/T 32509—2016），测量电池系统额定能量效率的检测步骤可使用如下测试方法。

首先需要将所测试的电池系统充电到100% SOC，再将电池以一定功率（如额定功率）进行放电直到达到放电截止电压；接着将电池以一定功率（如额定功率）进行充电直到达到充电截止条件，记下充电瓦时容量$C_{充}$（W·h）和充电过程的辅助能耗$E_{充}$（W·h）；再将电池以一定功率（如额定功率）进行放电，直到达到放电截止条件，由测量仪器记下放电瓦时容量$C_{放}$（W·h）和放电过程的辅助能耗$E_{放}$（W·h），由式（16.15）计算取得$\mathrm{EE}_{测}$；重复进行三次上述的充放电循环并记录充放电瓦时容量和辅助能耗（辅助能耗由电池自身供应）；取三次测试的平均值，由式（16.16）进行结果计算，即得出电池的额定能量效率。

$$\mathrm{EE}_{测}=\frac{C_{放}-E_{放}}{C_{充}+E_{充}}\times 100\% \tag{16.15}$$

$$\mathrm{EE}=\frac{\mathrm{EE}_{1}+\mathrm{EE}_{2}+\mathrm{EE}_{3}}{3} \tag{16.16}$$

思维创新训练 16.1 全钒液流电池系统工作时辅助设备的能耗有哪些？这些辅助设备的能耗是由该电池本身供应的。静放值是指在没有负载的情况下，电池系统自身的损耗所消耗的能量。利用静放值的定义讨论全钒液流电池和铅酸蓄电池储能效率的影响因素。

知识拓展16.3

国标（GB/T 32509—2016）中对全钒液流电池系统中电池系统额定能量的要求：

① 额定功率小于10 kW 的电池系统，额定能量效率应大于50%；

② 额定功率为10 ~ 100 kW 的电池系统，额定能量效率应大于60%；

③ 额定功率大于100 kW 的电池系统，额定能量效率应大于65%。

16.2.7.4 电压效率测试方法

由1.6.7节可知通过库仑效率CE和能量效率$EE_{测}$可以计算电压效率VE。

为了保证电压效率测试的准确性，我们应尽量避免线路阻抗以及温度变化等其他因素的影响。和库仑效率一样，电池的电压效率也可能会因电池类型、负载条件以及环境温度等因素影响的而有所差异。

16.2.8 电池寿命的测试

16.2.8.1 电池寿命测试原理

通常情况下说的电池寿命是电池的循环寿命，在1.6.8节中已经进行过讲述。电池经历一次充电和放电过程即为一个循环过程，循环寿命测试就是测试多次循环之后电池性能的保持情况，比如电池的电压降到一定程度后，电池就不能正常工作。

16.2.8.2 电池寿命测试方法

根据国标《电动摩托车和电动轻便摩托车用锂离子电池》（GB/T 36672—2018），测量锂离子电池标准循环寿命检测使用如下测试方法。

首先将电池以一定的电流（如$1I_{放}$）放电到厂商规定的放电截止电压，然后静置一段时间（如30min），接着以一定电流（如$1I_{充}$）进行恒流充电，达到充电截止电压后进行恒压充电，充电电流降到截止电流（一般$0.05I_{充}$）时停止充电，接着再搁置一段时间（如30min）后以一定电流（如$1I_{放}$）放电到厂商规定的放电截止电压，记录下放电容量，这便为一次循环；接着进行上述充放电循环300次（若300次循环之后放电容量低于初始容量的90%则再进行300次充放电循环测试）。这个测试需要循环次数300次时放电容量不低于初始容量的90%或者循环600次时放电容量不低于初始容量的80%才符合循环寿命要求。

思维创新训练16.2 在进行电池循环寿命测试时，应该考虑哪些因素？

16.2.9 电池自放电率的测试

自放电是电池在未工作状态下其电池容量会自动下降的一种现象。电池自放电率（self-discharge rate）是在无电流负载的情况下，电池每个月会流失的电量比例。就算没有电流负载，电池内仍会发生缓慢的化学反应，最终降低电池的电量。自放电率也是电池的荷电保持能力，是电池在自放电状态下其所能储存的电量在一定条件下的保持能力。

根据国标《移动电话用锂离子蓄电池及蓄电池组总规范》(GB/T 18287—2013)，锂离子电池自放电率也是电池的荷电保持能力检测使用如下方法。

锂离子电池充电前需要在室温（如25℃）下以一定电流（如$0.2I_{放}$）放电到放电截止电压，然后在室温（如25℃）下以一定电流（如$I_{充}$）进行充电，达到充电截止电压时停止充电，记录充电时间$t_{充}$，由式（16.17）计算充电电量$Q_{充}$；然后将电池在开路状态下静置一段时间（如28天），静置后将电池在室温（如25℃）以一定电流（如$0.2I_{放}$）进行放电，直至达到放电截止电压记录放电时间$t_{放}$，由式（16.18）计算放电电量$Q_{放}$，然后由式（16.19）计算锂离子电池自放电率$S_{放}$

$$Q_{充}=I_{充}t_{充} \tag{16.17}$$

$$Q_{放}=I_{放}t_{放} \tag{16.18}$$

$$S_{放}=\frac{Q_{充}-Q_{放}}{Q_{充}}\times 100\% \tag{16.19}$$

思维拓展训练 16.2 如何减少电池的自放电率?

16.2.10 电池高低温性能的测试

16.2.10.1 高温性能测试

电池高温性能测试是评估电池在高温环境下是否会发生过热和失控的一种方法，它可以通过测量电池在高温条件下的温度和其他相关参数来进行判断。电池在高温环境下可能产生过热，甚至导致热失控和安全问题。通过将电池暴露在一定的高温环境中，监测和记录电池的温度变化以及其他相关参数，以评估电池在高温条件下的稳定性和安全性。

根据国标《电力储能用锂离子电池》(GB/T 36276—2018)的推荐，锂离子电池高温性能试验可使用如下方法进行：

对锂离子电池高温性能检测试验需要使用加热装置（如平板加热装置），并且在其表面覆盖陶瓷、金属或绝缘层。将被测电池与加热装置直接接触，加热装置的尺寸规格不应大于电池单体的被加热面。安装温度监测器，监测点温度传感器布置在远离热传导的一侧，温度数据的采样间隔不应大于1s，准确度应为±2℃，温度传感器尖端的直径应小于1mm。

首先将电池进行完全放电，然后在一定电流下（如$1I_{充}$）恒流充电到截止电压，然后再恒压充电一段时间。充电完成后启动加热装置，以其最大功率对测试电池持续加热，同时监测电池的开路电压。当电池出现电压下降且监测点的升温速率大于或等于1℃·s^{-1}两个现象同时存在时，即可认为电池高温条件下性能不稳定。监测点温度达到电池的保护温度且监测点的温升速率大于或等于1℃·s^{-1}也视为高温性能下不稳定。在加热过程中及加热结束1h内，如果发生起火、爆炸现象，试验应终止并判定为电池在高温条件下性能不稳定。如果以上现象一直没有发生，等监测点温度达到300℃时，停止加热，结束试验。

16.2.10.2 低温性能测试

电池低温性能测试是用于检测电池在低温环境下的启动能力和性能的一种测试方法。将电池放置在低温环境中，电池在低温环境下存放一段时间之后，由于电池反应温度降低会出现电池反应速率降低、电解液凝固以及电极导电性能下降等现象，这些现象都会影响到电池的放电性能致使电池不能正常工作。在观察启动能力之后测量电池在低温条件下的启动电流、电压等参数以评估电池的起动能力和性能。

（1）低温敏感试验测试

根据国标《固定型阀控式铅酸蓄电池 第1部分：技术条件》（GB/T 19638.1—2014）的推荐，铅酸蓄电池低温敏感试验测试使用如下方法。

此处是测试铅酸蓄电池在低温下容量保持能力。首先对蓄电池进行完全充电，之后静置一段时间（如24h），接着在室温下（如25℃）将电池以一定电流（如$I_{放}$）进行放电直到单体蓄电池平均电压为1.80V停止，放电后将蓄电池置于低温冷冻机（温度-18℃）72h，在72h之后将蓄电池取出来在室温（如25℃）下开路静置24h，然后在室温（如25℃）下以一定电压充电168h，之后进行3小时率容量实验即可对比低温电池容量的性能变化。

（2）低温起动试验测试

据国标《起动用铅酸蓄电池 第1部分：技术条件和试验方法》（GB/T 5008.1—2023），铅酸蓄电池低温起动试验可使用如下方法进行。

将蓄电池在室温（如25℃）下以一定电流（$2I_{充}$）进行恒流充电，当电池电压达到一定值（如14.8V）时再以一定电流（如$1I_{充}$）充电一段时间（如4h）即可完成充电。充电之后静置一段时间（如24h），之后将电池放置在有空气循环的低温箱中一段时间（如26h），低温箱中温度需要保持在一定低温（如-29℃），到放置时间后将电池从低温室中取出进行放电。首先将电池以一定电流（如$I_{放}$）进行放电30s，记录放电10s和放电30s的蓄电池端电压；之后静置20s，接着以一定电流（如$0.6I_{放}$）进行放电40s，记录40s时蓄电池端电压。根据测试的端电压值可以判断电池低温起动性能是否符合要求。

16.2.11 电池热失控性能的测试

热失控是电池的产热无法得到控制。比如锂离子电池在一些外部因素的作用下，电池本身的温度快速升高，使得电池的产热功率远远大于冷却功率，便会积累大量的热，导致最终电池发生起火甚至爆炸等现象，这便称为锂离子电池的热失控。热失控的存在是制约新能源汽车大规模推广和应用的一个很大的障碍。所以对电池的热失控测试就显得极为重要。

电池热失控性能测试的目的是评估电池在正常使用和异常情况下都能保持稳定性能的能力，以降低安全风险、保障人员和环境的安全。2024年5月27日，工信部发布《电动汽车用动力蓄电池安全要求》（征求意见稿），准备替代GB 38031—2020。《电动汽车用动力蓄电池安全要求》（征求意见稿）中定义电池单体放热连锁反应引起电池温度不可控上升的现象即为热失控。对于电动汽车用动力电池的电池单体、电池包或系统，该征求意见稿提出了针刺、外部直接加热、在电池单体内部布置加热片3种触发电池单体热失控的试验。由于该征求意见稿未明确电池类型，因此磷酸铁锂电池、三元锂电池、钠离子电池、锂金属电池等动力蓄电池的制造和检测都得遵守此新标准。

电动汽车用动力蓄电池外部加热触发热失控试验简述如下。环境温度在0℃以上，相对湿度在10% ～ 90%之间，大气压力在86 ～ 106kPa之间。使用平面状或者棒状加热装置，并要求表面覆盖陶瓷等绝缘层；若加热装置尺寸与电池单体相同，可用该加热装置代替其中一个电池单体，与触发对象的表面直接接触；对于薄膜加热装置，则应将其始终附着在触发对象的表面；且加热装置的加热面积不能大于电池单体的表面积；将加热装置的加热面与电池单体表面直接接触，加热装置的布置位置应该在电池卷芯表面。

首先将电池进行完全放电，然后在一定电流下（如$1I_{充}$）恒流充电到截止电压，然后再恒压充电一段时间，对于设计为外部充电的电池包或系统最终充电要求电池SOC不低于制造商规定的最高工作荷电状态的95%。启动加热装置，由测试对象的容量选择不同范围的加热功率，如容量为800W·h时选择大于600W的加热功率，同时监测电池的开路电压。当电池出现电压下降且下降值超过初始电压的25%和监测点的温升速率大于等于1℃·s^{-1}且持续3s以上这两个现象同时发生时，即可认为发生了热失控。若监测点温度达到制造商规定的最高工作温度并且监测点的温升速率大于等于1℃·s^{-1}且持续3s以上这两个现象同时发生时，也可认为发生了热失控现象。触发电池单体热失控后，在试验环境温度下至少观察2h，并且所有监测点温度均不高于60℃时即可结束试验。

思维创新训练 16.3 为什么对锂离子电池加热会出现电池电压下降现象？

16.3 电极活性材料研究方法

16.3.1 循环伏安法

循环伏安法（CV）是非常重要的一种电化学研究手段。循环伏安法通过向电池中的工作电极施加恒定变化速率的电势，记录和研究通过工作电极的电流和电势之间的变化关系。

思维创新训练 16.4 在循环伏安法中，为什么需要选择适当的扫描速率？

循环伏安法可被用于研究电极反应的性质、反应的机理和电极过程动力学参数等。

循环伏安法可以定性地研究电极反应的可逆程度、反应步骤及机理。

思维拓展训练 16.3 如何通过循环伏安曲线来评估电化学反应的可逆性？

循环伏安法还可以进行定量分析，比如求得活性材料的扩散系数、计算反应的吉布斯自由能和标准平衡常数。

（1）计算活性材料离子的扩散系数

通常用兰德斯-赛夫齐克方程[式（16.20）]来表示循环伏安曲线上的峰电流值。

$$I_p = 0.4463\, n^{\frac{3}{2}}\, F^{\frac{3}{2}}\, S\left(\frac{D^{\frac{1}{2}}\, c\, v^{\frac{1}{2}}}{R^{\frac{1}{2}}\, T^{\frac{1}{2}}}\right) \tag{16.20}$$

式中，I_p为峰值电流；F为法拉第常数；S为工作电极的面积；D为扩散系数；c为电解液的浓度；v为电势的扫描速率；R为理想气体常数，T为温度。在25℃时将各常数代入上式可以简化为：

$$I_p = 2.69\times10^5\, n^{\frac{3}{2}} S\, D^{\frac{1}{2}}\, c\, v^{\frac{1}{2}} \tag{16.21}$$

当活性材料被工作电极氧化或还原后的离子在电解液中以扩散传递为主时，峰电流I_p与离子浓度c成正比，与扫描速率的平方根成正比。因此，绘制扫描速率的平方根与峰电流的关系图，在线性关系部分做线性拟合，通过拟合线的斜率来求得扩散系数。

当峰电流I_p与扫描速率成线性关系时，氧化或还原后的离子离开工作电极表面时被吸附行为控制。当峰电流I_p与扫描速率的平方根成线性关系时，氧化或还原后的离子离开工作电极表面时被扩散行为控制。

（2）计算反应吉布斯自由能ΔG和平衡常数k

由循环伏安曲线获得阴极峰的电势φ_{pc}和为阳极峰的电势φ_{pa}，获得两峰间的电势差U［式（16.22）］，U可视为由活性材料的氧化态和还原态组成的对称电池的电动势，即式（16.1）中的φ。当吉布斯自由能ΔG全部转化为电功时，可由式（16.23）表示，即可求得ΔG。再由式（16.24）计算该氧化还原反应的平衡常数。

$$U = \varphi_{pa} - \varphi_{pc} \tag{16.22}$$

$$\Delta G = -nUF \tag{16.23}$$

$$k = e^{-\frac{\Delta G}{RT}} \tag{16.24}$$

图16.6展示了循环伏安法用于不同电池体系时的曲线形状。当电池体系主要表现出电容行为时，电势-电流曲线近似为矩形［图16.6（a）～（c）］；当电解池体系主要表现为氧化还原时，在氧化过程和还原过程中电势-电流曲线呈现山峰形状［图16.6（b）～（e）］。

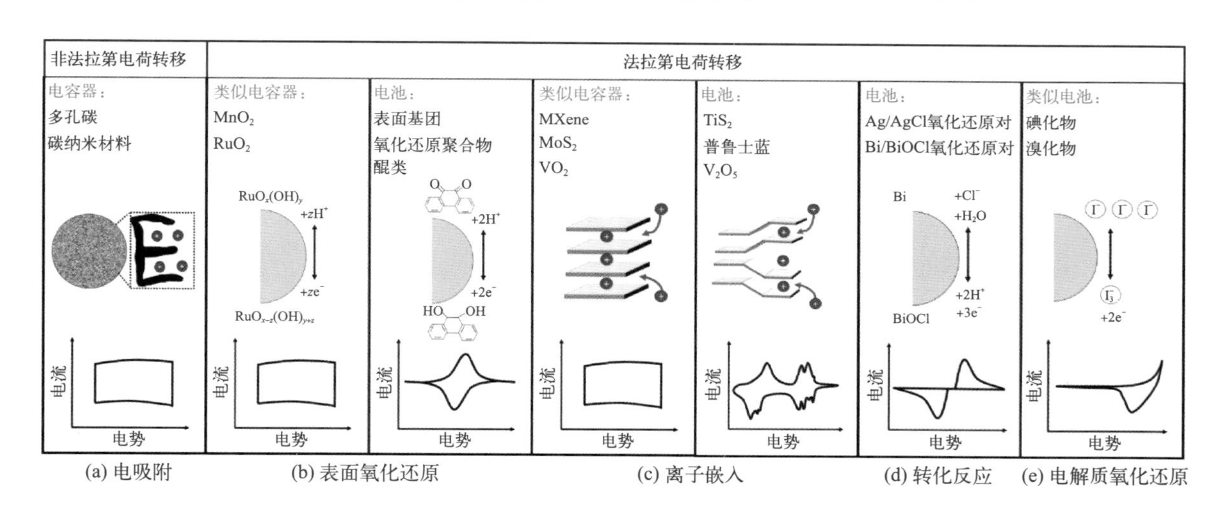

图 16.6　循环伏安图的应用

因此循环伏安法可以研究电池活性材料的氧化还原反应中的动力学过程。在电化学电容器的研究中，通过循环伏安法可以测量活性材料的电容量、电化学稳定性和循环寿命等［图16.6（b）和（c）］。在燃料电池研究中，通过循环伏安法可以测量催化剂材料的电化学活性面积和寿命，还能研究在催化过程中的反应机理［图16.6（b）和（d）］。在锂离子电池研究中，循环伏安法可以表征锂离子在正极和负极层状支撑材料中的插入和脱出过程，进行反应过程的机理研究［图16.6（c）］。

16.3.2 电化学阻抗法

电化学阻抗法（EIS）是一种通过测量电池中流经工作电极的电流变化求得阻抗变化的方法。电化学阻抗法的测试原理是用一系列不同频率的微小振幅的交流电压信号对电化学系统进行扰动，对电流响应进行测量和分析。通过分析电化学阻抗谱可以获得电解液中离子传递的导电性能、电极表面的电荷传递能力和界面反应动力学等。

由于电化学阻抗法应用于电池研究的文献非常多，本书不再赘述。

16.3.3 库仑滴定时间分析法

进行物质定量的电分析方法中的电量分析法被称为库仑分析法，可分别通过控制电位（电势）和电流实施。恒电流库仑滴定法，简称为库仑滴定法，在恒电流条件下电解一种助剂，助剂的电解产物和被测物质发生化学反应，可以通过指示剂或电势突变来确定反应终点。假设电解过程中的库仑效率是100%，通过法拉第定律计算电解消耗的电量就能得到被测物的物质的量或质量。库仑滴定中电荷起到滴定剂的作用。

借用分析化学中的库仑滴定思想，在锂金属固态电池中可以采用库仑滴定时间分析（coulometric titration time analysis，简写为CTTA）方法研究SEI膜的形成过程。例如研究使用固态电解质Li_6PS_5Cl的锂金属电池，进行库仑滴定时间分析时电池的充放电行为如图16.7所示，库仑滴定时间分析方法的工作原理如图16.8所示。

首先使用不锈钢作为工作电极，金属锂作为辅助电极和参比电极制作新电池，电池中锂金属与固态电解质的界面处会逐渐形成SEI膜［图16.7（a)］。在第一步滴定中，对锂电极在一定时间内施加恒定的阳极电流（对锂电池施加负电压），提供一定的电量将少量锂金属氧化［图16.7（b）和（a)］。被氧化的锂离子迁移到不锈钢电极表面［图16.7（c)］，被由外电路传导过来的电子还原为金属锂［图16.7（d)］。停止施加电流，完成第一步滴定。由于电池已经是开路状态，此时开始记录的电池电压都是开路电压，这个阶段可以视为弛豫过程。如果电解质稳定并且没有副反应，弛豫过程中电池电压将保持在0V。如果电解质不稳定并且发生了副反应，被滴定的锂金属就会被这些反应消耗掉，即锂金属和固态电解质反应生成了SEI［图16.7（e)］。只要工作电极上有锂金属，电压就保持在0V。在一定时间之后，锂金属最终会被消耗完，电池电压将会显著上升［图16.7（f）和（a)］。随着滴定的进行，弛豫过程将花费越来越长的时间［图16.8（b)］，前面形成的SEI膜阻碍了后面沉积的锂金属与固态电解质的反应。根据滴定过程中消耗的累积电荷量与弛豫过程花费时间的关系，就可以得出SEI膜生长随时间的变化规律。

16.3.4 恒电流间歇滴定法

循环伏安法可以通过三电极体系来测量电解液中氧化还原电对的扩散系数，但是对于两电极体系的电池却不太合适，因为改变电池电压的时候正极和负极的电势同时发生变化。因此在测量电池活性材料的扩散系数时采用了新的方法，例如恒电流间歇滴定法（galvanostatic intermittent titration technique，简写为GITT）。这种方法同样借用了库仑滴定思想，用来求得在锂离子电池充放电过程中的锂离子在活性材料中的扩散系数。

例如研究锂离子在钴酸锂正极材料的扩散系数。首先构建锂金属作负极和钴酸锂作正极的

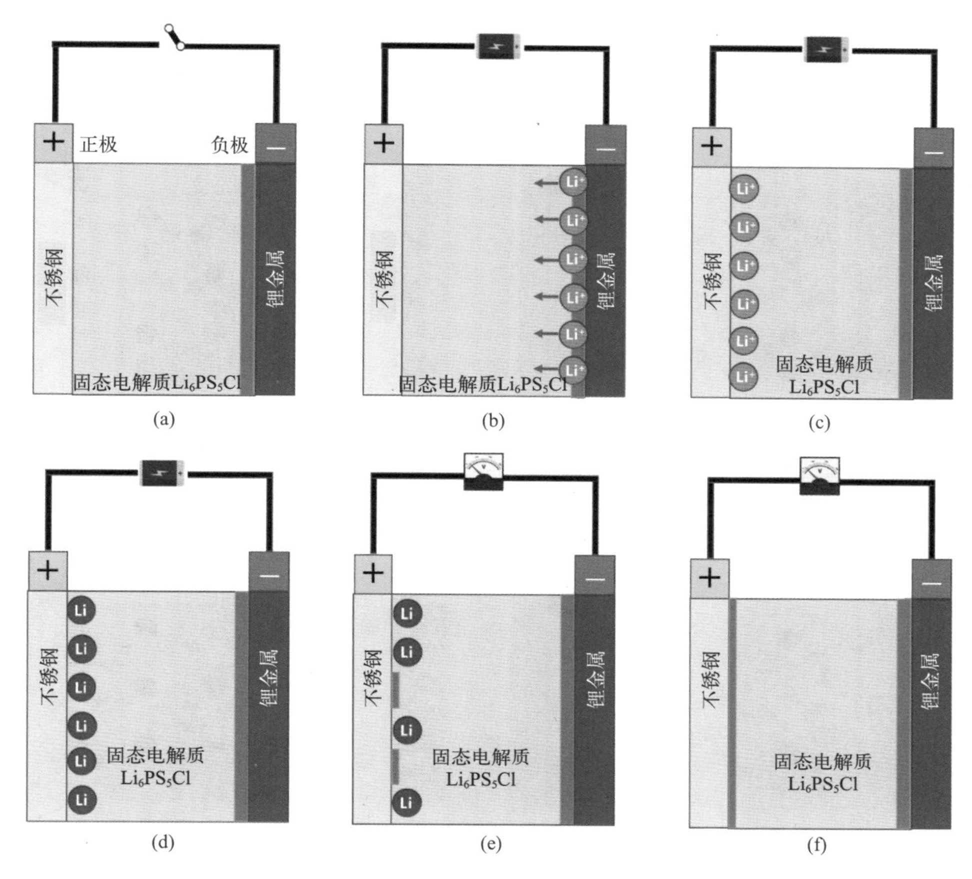

图 16.7　库仑滴定时间分析过程的电池工作原理

（a）新电池中形成了SEI膜；（b）施加阳极电流氧化锂金属；（c）锂离子迁移至对电极；（d）锂离子被还原为锂金属；（e）弛豫过程中锂金属与固态电解质反应生成SEI膜；（f）对电极处的锂金属与固态电解质反应完，弛豫过程结束

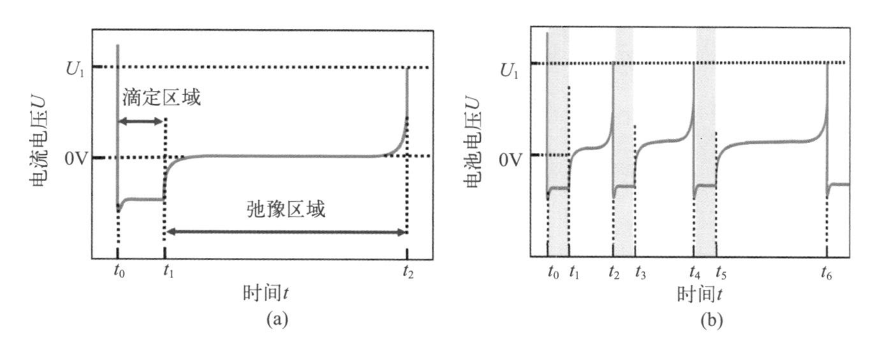

图 16.8　库仑滴定时间分析中锂金属电池的电压随时间的变化

（a）第一个库仑滴定过程；（b）滴定过程示意图

实验电池。恒电流间歇滴定过程中电池的充放电动作和锂离子的运动行为如图16.9所示，恒电流间歇滴定方法的工作原理如图16.10所示。

将电池充满电后断开电路，以锂负极作为参比电极，记录钴酸锂正极的电极电势，数值上等于电池电压［图16.10（b）］，此时正极钴酸锂的化学计量比接近$Li_{0.5}CoO_2$［图16.9（a）］。对该电池以恒电流放电一定时间，负极被施加阳极电流后将锂金属氧化为Li^+，电子经外电路传

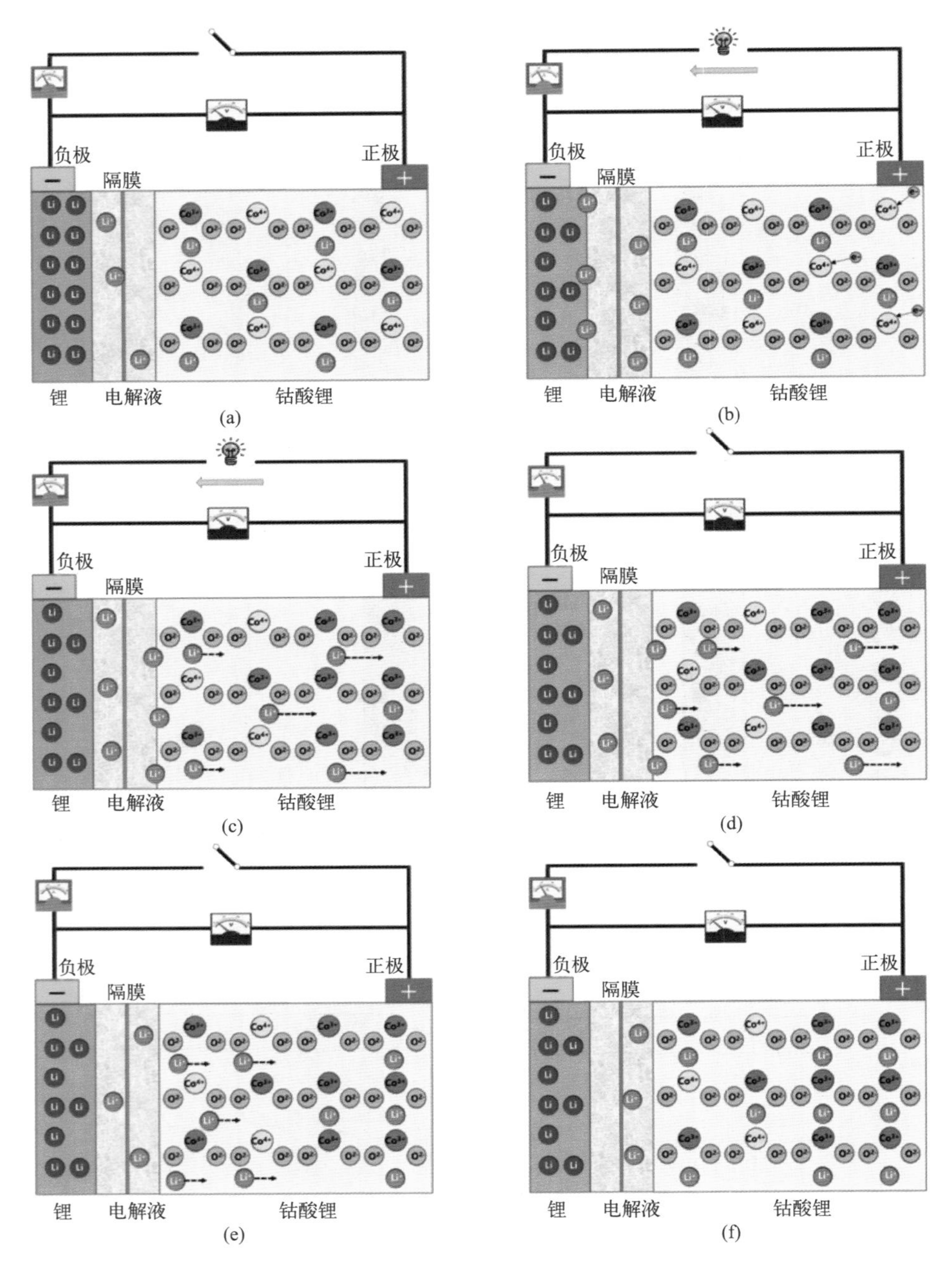

图 16.9 恒电流间歇滴定过程电池内部离子扩散示意图

（a）电池充满电的状态；（b）开始放电，锂被氧化，电子传导至正极；（c）部分Co^{4+}被还原为Co^{3+}，Li^{+}向Co^{3+}处扩散；（d）断开电路，电解液中Li^{+}扩散进入钴酸锂；（e）钴酸锂中Li^{+}继续扩散；（f）电荷被完全平衡

导到正极［图16.9（b）］。电子将钴酸锂中的部分Co^{4+}还原为Co^{3+}，为了维持电荷平衡，Li^{+}就要向Co^{3+}处扩散迁移［图16.9（c）］。由于Li^{+}的扩散落后于电子传导和Co^{4+}还原过程，因此即使已经停止放电，正极电势依然会变化［图16.10（b）、图16.9（d）和（e）］。锂离子的扩散持续进行，直至被还原得到的Co^{3+}全部被电荷平衡［图16.9（f）］。然后开始下一个滴定周期［图16.10（a）］。

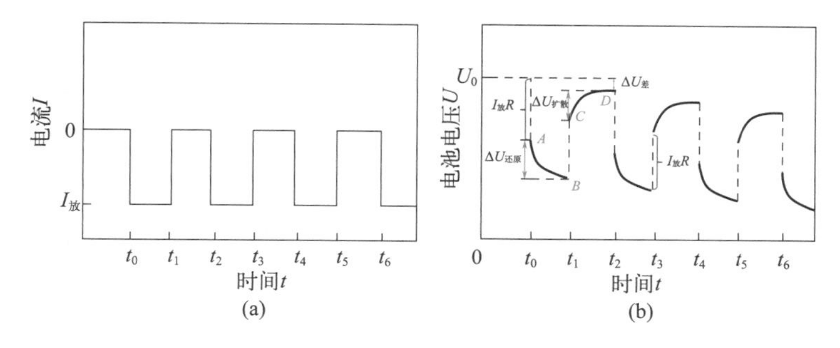

图 16.10　恒电流间歇滴定测试

（a）电流变化；（b）滴定过程中电池电压变化

记录恒电流间歇滴定测试前电池电压U_0［图16.10（b）］。在时间t_0开始施加一个恒定电流$I_{放}$对电池放电，经过时间t_1后停止放电。放电开始的瞬间电池电压有一个陡降，这是电池的欧姆内阻引起的（$I_{放}R$）。钴酸锂正极的电极电势随着Co^{4+}的还原而逐渐变负［图16.9（c）］，因此电池电压逐渐减小［图16.10（b）中AB段］，电压下降幅度为$\Delta U_{还原}$。停止放电后，Li^+的扩散插入逐渐增加，使得正极电势逐渐变正，电池电压也逐渐变大［图16.10（b）中CD段］，电压升高幅度为$\Delta U_{扩散}$，直至Li^+的扩散基本停止［图16.9（f）］。电池电压达到的稳态电压与开路电压U_0的差值为$\Delta U_{差}$，$\Delta U_{差}=\Delta U_{还原}-\Delta U_{扩散}$。电流很小并且施加脉冲电流时间$\Delta t$（等于$t_1-t_0$，$t_3-t_2$，依次类推）很短时，可由式（16.25）得到$Li^+$在正极活性材料中的扩散系数$D_{Li^+}$。

$$D_{Li^+}=\frac{4}{\pi\Delta t}\left(\frac{N_{正极}V_{正极}}{S}\right)^2\left(\frac{\Delta U_{差}}{\Delta U_{还原}}\right)^2 \tag{16.25}$$

式中，$N_{正极}$是正极活性材料的物质的量，$V_{正极}$是正极活性材料的摩尔体积。

GITT测试方法假设断电后电极电势的变化完全由Li^+的扩散行为引起，因此测试时放电的时间Δt要足够短，Δt时间内Li^+的扩散距离要远小于这段距离除以Li^+扩散系数的值；同时要使Li^+充分扩散到平衡状态。实际测试中可通过数次滴定过程粗略估计Li^+在正极活性材料中的扩散系数，同时还可获得电池的欧姆内阻。

扫码获取
本章思维导图

参考文献

[1] 恩格斯. 自然辩证法[M]. 北京: 人民出版社, 1971.
[2] 夏征农. 辞海[M]. 上海: 上海辞书出版社，1999.
[3] Collins Dictionaries. Collins English Dictionary: Complete and Unabridged[M]. 12th ed. New York: Harper Collins Publishers, 2014.
[4] Ross S, Faraday M. Faraday consults the scholars: the origins of the terms of electrochemistry[J]. Notes and Records of the Royal Society of London, 1961, 16(2): 187-220.
[5] 郭炳，李新海，杨松青. 化学电源: 电池原理及制造技术[M]. 长沙: 中南工业大学出版社，2000.
[6] 陈军，陶占良. 化学电源: 原理、技术与应用[M]. 2版. 北京：化学工业出版社，2022.
[7] 高效岳，杨辉鑫，陆天虹. 碱性锌二氧化锰电池[M]. 北京：科学出版社，2013.
[8] Haynes W M, David R L, Thomas J B. CRC Handbook of chemistry and physics [M]. 97th ed.Boca Raton: CRC Press, 2016.
[9] 吴维昌，冯洪清，吴开治. 标准电极电位数据手册[M]. 北京：科学出版社，1991.
[10] Lim M B, Lambert T N, Chalamala B R. Rechargeable alkaline zinc–manganese oxide batteries for grid storage: Mechanisms, challenges and developments[J]. Materials Science and Engineering R: Reports, 2021, 143: 100593.
[11] 朱立才，袁中直，李伟善，等. γ-MnO_2第一电子放电机理及质子嵌入模型[J]. 广东化工，2007, 34(3): 58-61.
[12] Pourbaix M. Atlas of electrochemical equilibria in aqueous solutions[M]. Houston: National association of corrosion engineers, 1974.
[13] 邓润荣. 碱性锌锰电池可充性的研究[J]. 电池工业，2008, 13(6): 367-371.
[14] Chen F, Zhao J, Song W, et al. Facile controlled synthesis of MnO_2 nanostructures of novel shapes and their application in batteries[J]. Inorganic Chemistry, 2006, 45(5): 2038-2044.
[15] 安石妍. 铅酸蓄电池发展现状与回收利用[J]. 黑龙江科技信息，2012, 13: 83.
[16] 于尊奎，赵勇，王旭东. 硫酸钡对阀控式铅酸蓄电池性能的影响[J]. 电源技术，2003, 3: 287-289.
[17] 李渠，唐胜群，高光磊，等. 影响铅酸蓄电池的杂质综述[J]. 蓄电池，2021, 58(5): 238-240.
[18] 戴德兵，付定华，张琳，等. 铅酸蓄电池正极添加剂的研究进展[J]. 蓄电池，2021, 58(5): 246-250.
[19] 卢奇秀. 铅碳电池进军储能领域[N]. 中国能源报，2023-08-28(011).
[20] Liu B, Liu X, Fan X, et al. 120 Years of nickel-based cathodes for alkaline batteries[J]. Journal of Alloys & Compounds, 2020, 834: 155185.
[21] 任泽民. 我国烧结式镉镍电池的进展[J]. 电池，1990, 2: 16-19.
[22] 黄志高. 储能原理与技术[M]. 2版. 北京：中国水利水电出版社，2020.
[23] Li Y. Structure and catalysis of NiOOH: Recent advances on atomic simulation[J]. The Journal of Physical Chemistry C, 2021, 125(49): 27033-27045.
[24] Wu T, Hou B. Superior catalytic activity of α-$Ni(OH)_2$ for urea electrolysis[J]. Catalysis Science & Technology, 2021, 11(12): 4294-4300.
[25] Bode H, Dehmelt K, Witte J. Zur kenntnis der nickelhydroxidelektrode—I. über das nickel(Ⅱ)-hydroxidhydrat[J]. Electrochimica Acta, 1966, 11: 1079-1087.
[26] Karpinski A, Makovetski B, Russell S J, et al. Silver–zinc: status of technology and applications[J]. Journal of Power Sources, 1999, 80(1): 53-60.
[27] 徐金. 锌银电池的应用和研究进展[J]. 电源技术，2011, 35(12): 1613-1616.
[28] 杨彦涛. 锌银二次电池研究及其发展方向[J]. 船电技术，2015, 35(12): 22-25.
[29] Whittingham M S. Lithium batteries and cathode materials[J]. Chemical reviews, 2004, 104(10): 4271-4302.

[30] Vincent C A. Lithium batteries: a 50-year perspective, 1959—2009[J]. Solid State Ionics, 2000, 134(1-2): 159-167.
[31] Zhang C, Wang A, Zhang J, et al. 2D materials for lithium/sodium metal anodes[J]. Advanced Energy Materials, 2018, 8(34): 1802833.
[32] Liu R, Wei Z, Peng L, et al. Establishing reaction networks in the 16-electron sulfur reduction reaction[J]. Nature, 2024, 626(7997): 98-104.
[33] 李泓. 锂电池基础科学[M]. 北京：化学工业出版社，2021.
[34] 黄可龙，王兆翔，刘素琴. 锂离子电池原理与关键技术[M]. 北京：化学工业出版社，2008.
[35] 杜强，张一鸣，田爽，等. 锂离子电池SEI膜形成机理及化成工艺影响[J]. 电源技术，2018, 42(12): 1922-1926.
[36] 卢赟，陈来，苏岳锋. 锂离子电池层状富锂正极材料[M]. 北京：北京理工大学出版社，2020.
[37] 杨绍斌，梁正. 锂离子电池制造工艺原理与应用[M]. 北京：化学工业出版社，2019.
[38] 李文涛. 锂离子电池安全与质量管控[M]. 北京：化学工业出版社，2022.
[39] Jin L, Zheng J, Zheng J P. Theoretically quantifying the effect of pre-lithiation on energy density of li-ion batterie[J]. Journal of The Electrochemical Society, 2021, 168(1): 010532.
[40] 曹殿学，王贵领，吕艳卓，等. 燃料电池系统[M]. 北京：北京航空航天大学出版社，2009.
[41] Starr C, Searl M F, Alpert S. Energy sources: a realistic outlook[J]. Science, 1992, 256(5059): 981-987.
[42] 衣宝廉. 燃料电池——高效、环境友好的发电方式[M]. 北京：化学工业出版社，2000.
[43] 陆天虹，孙公权. 我国燃料电池发展概况[J]. 电源技术，1998, 4: 46-48.
[44] Grove W R. On voltaic series and the combination of gases by platinum[J]. Philosophical Magazine and Journal of Science, 1839, 14(86): 127-130.
[45] Grove W R. On a Gaseous Voltaic Battery[J]. Philosophical Magazine and Journal of Science, 1842, 21(140): 417-420.
[46] Von P, Ostwald D. Die Wissenschaftliche elektrochemie der gegenwart und die technische der Zukunft[J]. Zeitschrift für Elektrotechnik und Elektrochemie, 1894, 1(3): 81-84.
[47] Stone C, Morrison A E. From curiosity to"power to change the world®"[J]. Solid State Ionics, 2002, 1: 152-153.
[48] Rychcik M, Skyllas-Kazacos M. Characteristics of a new all-vanadium redox flow battery[J]. Journal of Power Sources, 1988, 22(1): 59-67.
[49] Parasuraman A, Lim T M, Menictas C. Review of material research and development for vanadium redox flow battery applications[J]. Electrochimica Acta, 2013, 101: 27-40.
[50] Nakajima M, Akahoshi T, Sawahata M, et al. Method for producing high purity vanadium electrolytic solution[P]. 1996.
[51] Kazacos M S, Kazacos M. Stabilized electrolyte solutions, methods of preparation thereof and redox cells and batteries containing stabilized electrolyte solutions[P]: Germany, DE69432428D. 1994.
[52] 张华民. 液流电池储能技术及应用[M]. 北京：科学出版社，2022.
[53] Yuan Y, Tu J, Wu H, et al. Effect of tin ion additive on zinc electrode in alkaline solution[J]. Acta Scientiarum Naturalum Universitatis Sunyatseni, 2005, 44: 46-49.
[54] Matsuda Y, Tanaka K, Okada M, et al. A rechargeable redox battery utilizing ruthenium complexes with nonaqueous organic electrolyte.[J]. Journal of Applied Electrochemistry, 1988, 18(6): 909-914.
[55] Wu B, Yang C, Liu F, et al. A long-life aqueous redox flow battery based on a metal–organic framework perovskite $[CH_3NH_3][Cu(HCOO)]_3$ as negative active substance[J]. Applied Thermal Engineering, 2023, 227: 120384.
[56] 杨鹰，雷甜甜. 一类原子簇化合物及其制备方法和在储能方面的应用[P]: 中国，CN117125741A. 2023-11-28.
[57] Sun W, Wang F, Zhang B, et al. A rechargeable zinc-air battery based on zinc peroxide chemistry[J]. Science, 2021, 371(6524): 46-51.
[58] 朱明骏，袁振善，桑林，等. 金属/空气电池的研究进展[J]. 电源技术，2012, 36(12): 1953-1995.
[59] 温术来，李向红，孙亮，等. 金属空气电池技术的研究进展[J]. 电源技术，2019, 43(12): 2048-52.
[60] Zhang X, Zhang Q, Zhang Z, et al. Rechargeable Li-CO_2 batteries with carbon nanotubes as air cathodes[J]. Chemical Communications, 2015, 51(78): 14636-146399.
[61] Ye L, Liao M, Zhang K, et al. A rechargeable calcium–oxygen battery that operates at room temperature[J]. Nature, 2024, 626(7998): 313-3188.
[62] Zhang W, Zhang J, Wang N, et al. Two-electron redox chemistry via single-atom catalyst for reversible zinc–air batteries[J]. Nature Sustainability, 2024: 1-11.
[63] Béguin F, Frąckowiak E. Supercapacitors : materials, systems, and applications[M]. Weinheim: Wiley-VCH Verlag GmbH & Co. KGaA, 2013.
[64] Faraday M. Experimental researches in electricity. fourth series[J]. Philosophical Transactions of the Royal Society of London, 1833, 123: 507-522.

[65] Einstein A. On a heuristic viewpoint concerning the production and transformation of light[J]. Annalen der Physik, 1905, 17: 132-148.
[66] Harry L. Electrolytic analog transistor[J]. Journal of Applied Physics, 1954,25(5): 600-606.
[67] Brattain W H, Garrett C G B. Experiments on the Interface between Germanium and an Electrolyte[J]. Bell Labs Technical Journal, 1955, 34(1): 129-176.
[68] Fujishima A, Kenichi H. Electrochemical photolysis of water at a semiconductor electrode[J]. Nature, 1972, 238(5358): 37-38.
[69] Brian O, Michael G. A low-cost, high-efficiency solar cell based on dye-sensitized colloidal TiO_2 films[J]. Nature, 1991, 353(6346): 737-740.
[70] Zhu H, Xu L, Luan G, et al. A miniaturized bionic ocean-battery mimicking the structure of marine microbial ecosystems[J]. Nature communications, 2022, 13(1): 5608.
[71] 吕淑媛，刘崇琪，罗文峰. 半导体物理与器件[M]. 西安：西安电子科技大学出版社，2017.
[72] 陆瑞生. 热电池[M]. 北京：国防工业出版社，2005.
[73] Guidotti R, Masset P. Thermally activated (“thermal”) battery technology : Part Ⅰ: An overview [J]. Journal of Power Sources, 2006, 161(2): 1443-1449.
[74] 王传东. 热电池发展综述[J]. 电源技术，2013, 37(11): 3.
[75] Masset P, Guidotti R. Thermal activated (“thermal”) battery technology: Part Ⅲ b. Sulfur and oxide-based cathode materials [J]. Journal of Power Sources, 2008, 178(1): 456-466.
[76] Masset P, Guidotti R. Thermal activated (“thermal”) battery technology: Part Ⅲ a: FeS_2 cathode material[J]. Journal of Power Sources, 2008, 177: 595-609.
[77] 吕坤，杨少华，赵平，等. LiSi/FeS_2热电池薄膜正极性能影响因素的研究[J]. 电源技术，2014, 38(8): 1519-1522.
[78] 田雯，刘国强，王正仁，等. 热电池生产制造过程中的环境影响分析[J]. 化工设计通讯，2021, 47(2): 146-147.
[79] Bower K E, Barbanel Y A, Shreter Y, et al. Polymers, phosphors, and voltaics for radioisotope microbatteries [M]. Boca Raton: CRC Press, 2002.
[80] 郝少昌，卢振明，符晓铭，等. 核电池材料及核电池的应用[J]. 原子核物理评论，2006(3): 353-358.
[81] 李潇祎，陆景彬，郑人洲，等. 核电池概述及展望[J]. 原子核物理评论，2020, 37(4): 875-892.
[82] 张焰，伍浩松. 英将加速推进镅-241核电池研发[J]. 国外核新闻，2023, 4: 18.
[83] Liu H, Zhang X, Bu Z, et al. Thermoelectric properties of $(GeTe)_{1-x}[(Ag_2Te)_{0.4}(Sb_2Te_3)_{0.6}]_x$ alloys [J]. Rare Metals, 2022, 41(3): 921-930.
[84] Tsvetkov L, Tsvetkov S, Pustovalov A, et al. Radionuclides for beta voltaic nuclear batteries: micro scale, energy-intensive batteries with long-term service life [J]. Radiochemistry, 2022, 64: 360-366.
[85] GB/T 16733—1997.
[86] GB/T 8897. 1—2021.
[87] GB/T 5008. 1—2023.
[88] GB/T 19639. 1—2014.
[89] GB/T 42391—2023.
[90] IEC 61960-3:2017.
[91] 王彩娟，宋杨，秦剑峰，等. 锂离子电池标准IEC 62619:2017和GB/T 36276—2018解析[J]. 电池，2020, 50(5): 483-487.
[92] GB/T 36276—2018.
[93] GB/T 20042. 2—2023.
[94] GB/T 32509—2016.
[95] GB/T 34866—2017.
[96] GB/T 37204—2018.
[97] Xiao J, Li Q, Bi Y, et al. Understanding and applying coulombic efficiency in lithium metal batteries[J]. Nature Energy, 2020, 5(8): 561-568.
[98] Srimuk P, Su X, Yoon J, et al. Charge-transfer materials for electrochemical water desalination, ion separation and the recovery of elements[J]. Nature Reviews Materials, 2020, 5(7): 517-538.
[99] Aktekin B, Riegger L M, Otto S K, et al. SEI growth on Lithium metal anodes in solid-state batteries quantified with coulometric titration time analysis[J]. Nature Communications, 2023, 14: 6946.
[100] Kang S D, Chueh W C. Galvanostatic intermittent titration technique reinvented: Part Ⅰ. A critical review[J]. Journal of The Electrochemical Society, 2021, 168(12), 120504.